QUÍMICA 2.0

Cuestiones y problemas para la Selectividad

FRANCISCO JOSÉ MORENO HUESO

Química 2.0 Cuestiones y problemas para la Selectividad

Segunda Edición, 2023

Edita: Independently published

©Francisco José Moreno Hueso

ISBN: 9798390294376

A mi madre

Para Begoña y Jaime

Nota del autor

Expreso mi agradecimiento a los compañeros y compañeras, todos ellos Profesores de Física y Química de Enseñanza Secundaria, que han dedicado su tiempo a leer diligente y amablemente todos los capítulos de este libro. Reciban mi gratitud más sincera por las correcciones realizadas a las pruebas, así como por sus sugerencias y opiniones, que tanto me han ayudado a configurar el presente manual tal y como ahora es:

Juan José Benito Gastelut, Diego Colomo Mármol, Pedro García Soto, Cecilia Martínez Ocaña, Pilar Mateo Quero, Antonio D. Megías Fernández, Adolfo Muñoz Muñoz, Felipe Ortega Guardia, Higinio Paterna de la Torre, Juan José Toledano Peláez e Inés Rojas Duro.

Quedo también agradecido a Luis Arribas San José y a Patricia Gálvez Cañete, por su inestimable ayuda a la hora de de la corrección ortotipográfica y de estilo del libro.

Prólogo

*Nada puedes enseñar a un hombre, sólo
ayudarlo a encontrarlo por sí mismo.*

Galileo Galilei

Los manuales de Química tradicionales que manejan los alumnos de 2º de Bachillerato resultan, comúnmente, bastante exhaustivos en los aspectos teóricos de la materia, y la cantidad de información que les aportan suele ser sobrada para sus necesidades reales. Sin embargo, no contienen la cantidad y variedad de ejercicios que el estudiante de Química necesita practicar hasta resolver sus dudas, con lo que el profesorado se ve, a menudo, en la tarea de compilar las actividades dispersas por los distintos manuales.

El presente libro cubre precisamente ese aspecto práctico al que aludíamos antes, y por ello se convierte en un instrumento de trabajo adecuado tanto a profesores, como a alumnos. En él encontrarán una amplia gama de ejercicios acompañados de sus correspondientes soluciones, que serán de gran ayuda a la hora de poner en práctica los conocimientos teóricos. La mayor parte de los ejercicios corresponden a pruebas de selectividad de convocatorias anteriores para que el alumno compruebe su nivel de conocimientos en la materia. Pretende ser, por tanto, un recurso didáctico accesible para el alumno, y un instrumento útil y manejable.

La materia se ha dividido en diez capítulos según lo dispuesto en el Real Decreto 1467/2007 y en el Decreto 416/2008. Cada capítulo contiene una serie de ejercicios que tratan un núcleo temático de la materia con sus correspondientes soluciones explicadas. Se ha estimado conveniente incluir tres capítulos más con algunos aspectos del curso anterior (*Aspectos básicos*, *Disoluciones y estequiometría* y *Formulación y nomenclatura*), para que el alumno comience repasando los conocimientos adquiridos. Asimismo, dispone de notas a pie de página que aclaran aspectos tanto teóricos como de la resolución de los ejercicios.

El Autor

Capítulo 1

Aspectos básicos

Cuestión 1.1

Una bombona de butano, C_4H_{10}, contiene $12\,kg$ de este gas. Para esta cantidad calcule:

a) El número de moles de butano.

b) El número de átomos de carbono e hidrógeno.

Masas atómicas: C = 12; H = 1.

---

a) El número de moles de moléculas de butano que hay en $12\,kg$ ($12\,000\,g$) de butano es:

$$n = \frac{m}{M_m} = \frac{12\,000\,g}{58\,g/mol} = 207\,mol\,C_4H_{10}$$

b) Calculamos el número de moléculas de butano que hay en $207\,mol$ de moléculas de butano, teniendo en cuenta que en un mol de moléculas hay un número de Avogadro de moléculas ($6,023 \cdot 10^{23}$ moléculas):

$$\frac{1\,mol\,C_4H_{10}}{6,023 \cdot 10^{23}\,moléculas\,C_4H_{10}} = \frac{207\,mol\,C_4H_{10}}{x\,moléculas\,C_4H_{10}}$$

$$x = 1,25 \cdot 10^{26}\,moléculas\,C_4H_{10}$$

Y ahora, los átomos de carbono e hidrógeno en esas moléculas, teniendo en cuenta que en cada molécula de butano hay 4 átomos de carbono y 10 átomos de hidrógeno:

$$1,25 \cdot 10^{26}\,moléculas\,C_4H_{10} \cdot \frac{4\,átomos\,C}{1\,molécula\,C_4H_{10}} = 5,00 \cdot 10^{26}\,átomos\,C$$

$$1,25 \cdot 10^{26}\,moléculas\,C_4H_{10} \cdot \frac{10\,átomos\,H}{1\,molécula\,C_4H_{10}} = 1,25 \cdot 10^{27}\,átomos\,H$$

Cuestión 1.2

Para 2 moles de SO_2, calcule:

a) El número de moléculas.

b) El volumen que ocupan, en condiciones normales.

c) El número total de átomos.

---

a) Fácil, como un mol de moléculas de SO_2 contiene un número de Avogadro de moléculas ($6,023 \cdot 10^{23}$ moléculas), 2 moles de moléculas de SO_2 contendrán el doble: $1,21 \cdot 10^{24}$ moléculas de SO_2.

b) En condiciones normales de presión y de temperatura ($1\,atm$ y $273\,K$), el dióxido de azufre es un gas. Según la ecuación de los gases ideales, un mol de moléculas de cualquier gas en condiciones normales ocupa $22,4\,L$, luego 2 moles de SO_2 en esas mismas condiciones ocuparán el doble de volumen: $44,8\,L$.

c) Como en una molécula de SO_2 hay 3 átomos (uno de azufre y dos de oxígeno), en $1,21 \cdot 10^{24}$ moléculas de SO_2 (2 moles de moléculas de SO_2) habrá:

$$1,21 \cdot 10^{24}\,\text{moléculas}\,SO_2 \cdot \frac{3\,\text{átomos}}{1\,\text{molécula}\,SO_2} = 3,63 \cdot 10^{24}\,\text{átomos}$$

Cuestión 1.3

En 10 litros de dihidrógeno y en 10 litros de dioxígeno, ambos en las mismas condiciones de presión y de temperatura, hay:

a) El mismo número de moles.

b) Idéntica masa de ambos.

c) El mismo número de átomos.

Indique si son correctas o no estas afirmaciones, razonando las respuestas.

Masas atómicas: O = 16; H = 1.

---

a) Verdadera. Suponiendo que en esas condiciones de presión y temperatura el dihidrógeno y el oxígeno son gases que se comportan como gases ideales, el número de moles de moléculas que hay en ambos volúmenes es el mismo. Según Avogadro, volúmenes iguales de gases diferentes en las mismas condiciones de presión y de temperatura contienen el mismo número de moles de moléculas.

b) Falsa. La masa molar del dihidrógeno (H_2) es $2\,g/mol$, y la masa molar del oxígeno (O_2) es $32\,\text{g/mol}$; como en ambos volúmenes hay el mismo número de moles de moléculas, la masa del volumen que contiene oxígeno es mayor que la masa del volumen que contiene dihidrógeno. Concretamente, una masa 16 veces mayor.

c) Verdadera. Dado que en ambos volúmenes hay el mismo número de moléculas, y que tanto el dihidrógeno como el oxígeno son moléculas diatómicas, ambos recipientes contienen el mismo número de átomos.

Cuestión 1.4

La estricnina, cuya fórmula es $C_{21}H_{22}N_2O_2$, es un potente veneno que se ha usado como raticida. Para 1 mg de estricnina, calcule:
a) El número de moles de carbono.
b) El número de moléculas de estricnina.
c) El número de átomos de nitrógeno.
Masas atómicas: C = 12; H = 1; N = 14; O = 16.

---

a) Calculamos primero los moles de estricnina:

$$n = \frac{m}{M_m} = \frac{0,001\,\text{g}}{334\,\text{g/mol}} = 2,99 \cdot 10^{-6}\,\text{mol}\,C_{21}H_{22}N_2O_2$$

Calculamos los moles de carbono interpretando la fórmula de la escetricnina: como en cada molécula de estricnina hay 21 átomos de carbono, en cada mol de moléculas de estricnina habrá 21 mol de átomos de carbono. Por tanto:

$$\frac{1\,\text{mol}\,C_{21}H_{22}N_2O_2}{21\,\text{mol}\,C} = \frac{2,99 \cdot 10^{-6}\,\text{mol}\,C_{21}H_{22}N_2O_2}{x\,\text{mol}\,C}; \; x = 6,28 \cdot 10^{-5}\,\text{mol}\,C$$

b) Calculamos las moléculas de estricnina teniendo en cuenta que en un mol de moléculas hay $6,023 \cdot 10^{23}$ moléculas:

$$\frac{1\,\text{mol}\,C_{21}H_{22}N_2O_2}{6,023 \cdot 10^{23}\,\text{moléculas}\,C_{21}H_{22}N_2O_2} = \frac{2,99 \cdot 10^{-6}\,\text{mol}\,C_{21}H_{22}N_2O_2}{x\,\text{moléculas}\,C_{21}H_{22}N_2O_2}$$

$$x = 1,80 \cdot 10^{18}\,\text{moléculas}\,C_{21}H_{22}N_2O_2$$

c) Para determinar los átomos de nitrógeno, lo haremos también mediante la interpretación de la fórmula: como en cada molécula de estricnina hay 2 átomos de nitrógeno, en cada mol de moléculas de estricnina habrá 2 mol de átomos de nitrógeno. Por tanto:

$$\frac{1\,\text{mol}\,C_{21}H_{22}N_2O_2}{2\,\text{mol}\,N} = \frac{2,99 \cdot 10^{-6}\,\text{mol}\,C_{21}H_{22}N_2O_2}{x\,\text{mol}\,N}; \; x = 5,98 \cdot 10^{-6}\,\text{mol}\,N$$

Como en un mol de átomos de nitrógeno hay $6,023 \cdot 10^{23}$ átomos de nitrógeno:

$$\frac{1\,\text{mol N}}{6,023 \cdot 10^{23}\,\text{átomos N}} = \frac{5,98 \cdot 10^{-6}\,\text{mol N}}{x\,\text{átomos N}}\, ;\ x = 3,60 \cdot 10^{18}\,\text{átomos N}$$

Cuestión 1.5

Un recipiente de 1 litro de capacidad se encuentra lleno de gas amoniaco a 27 °C y 0,1 atmósferas. Calcule:
a) La masa de amoniaco presente.
b) El número de moléculas de amoniaco en el recipiente.
c) El número de átomos de hidrógeno y nitrógeno que contiene.
Datos: $R = 0,082\,\text{atm} \cdot \text{L} \cdot \text{K}^{-1} \cdot \text{mol}^{-1}$. Masas atómicas: N = 14; H = 1.

---

a) Calculamos primero los moles de amoniaco aplicando la ley de los gases ideales para esas condiciones de presión y de temperatura, y después calculamos la masa, conocida la masa molar:

- El número de moles de moléculas de amoniaco es:

$$n = \frac{pV}{RT} = \frac{0,1\,\text{atm} \cdot 1\,\text{L}}{0,082\,\dfrac{\text{atm} \cdot \text{L}}{\text{K} \cdot \text{mol}} \cdot 300\,\text{K}} = 4,06 \cdot 10^{-3}\,\text{mol NH}_3$$

$$\lfloor T = 27 + 273\,^\circ\text{C} = 300\,\text{K} \rfloor$$

- La masa de amoniaco presente es:

$$m = n \cdot M_m = 4,06 \cdot 10^{-3}\,\text{mol} \cdot \frac{17\,\text{g}}{\text{mol}} = 0,0690\,\text{g NH}_3$$

b) Calculamos el número de moléculas de amoniaco presentes en el recipiente, teniendo en cuenta que un mol de moléculas contiene un número de Avogadro de moléculas ($6,023 \cdot 10^{23}$ moléculas):

$$4,06 \cdot 10^{-3}\,\text{moles NH}_3 \cdot \frac{6,023 \cdot 10^{23}\,\text{moléculas NH}_3}{\text{mol NH}_3} = 2,44 \cdot 10^{21}\,\text{moléculas NH}_3$$

c) Calculamos, fácilmente, el número de átomos de nitrógeno e hidrógeno presentes en esas moléculas de amoniaco, teniendo en cuenta que una molécula de amoniaco tiene un átomo de nitrógeno y tres átomos de nitrógeno. Por tanto, habrá el mismo número de átomos de nitrógeno que de moléculas de amoniaco y el triple de átomos de hidrógeno que de moléculas de amoniaco:

- Átomos de nitrógeno: $2,44 \cdot 10^{21}$ átomos H

- Átomos de hidrógeno: $3 \cdot 2,44 \cdot 10^{21} = 7,32 \cdot 10^{21}$ átomos N

Cuestión 1.6

En 5 moles de $CaCl_2$, calcule:
a) El número de moles de átomos de cloro.
b) El número de moles de átomos de calcio.
c) El número total de átomos.

---

a) Es como si te preguntan: ¿cuántas docenas de caras y orejas hay en cinco docenas de cabezas de Mickey? Está claro: como en cada cabeza hay una cara y dos orejas, en cinco docenas de cabezas habrá 5 docenas de caras y $5 \cdot 2 = 10$ docenas de orejas.

De acuerdo con la fórmula, como en 1 mol de unidades fórmula (u.f.) de $CaCl_2$ hay 2 mol de átomos de Cl (en forma de iones Cl^-), en 5 mol de u.f. de $CaCl_2$ habrá $5 \cdot 2$ mol $= 10$ mol de átomos de Cl.

b) De la misma manera, según la fórmula, como en 1 mol de unidades fórmulas (u.f.) de $CaCl_2$ hay 1 mol de átomos de Ca (en forma de iones Ca^{2+}), en 5 mol de u.f. de $CaCl_2$ habrá 5 mol de átomos de Ca.

c) En 5 mol de $CaCl_2$ habrá pues 5+10= 15 mol de átomos, que expresado en átomos son:

$$15\,\text{mol} \cdot \frac{6,023 \cdot 10^{23}\,\text{átomos}}{1\,\text{mol}} = 9,03 \cdot 10^{24}\,\text{átomos}$$

Cuestión 1.7

Indique, razonadamente, si son verdaderas o falsas las siguientes afirmaciones:
a) Dos masas iguales de los elementos A y B contienen el mismo número de átomos.
b) La masa atómica de un elemento es la masa, en gramos, de un átomo de dicho elemento.
c) El número de átomos que hay en 5 g de oxígeno atómico es igual al número de moléculas que hay en 10 g de oxígeno molecular.

a) Falsa. Dos sustancias de elementos diferentes tienen masa molar diferente y, por ello, dos masas iguales de cada uno de ellos no pueden tener el mismo número de átomos.

b) Falsa. La masa atómica de un elemento (mejor, masa atómica relativa de un elemento) es un número que nos dice las veces que la masa de un átomo de ese elemento es mayor que la unidad de masa atómica.

c) Verdadera. Como el oxígeno molecular (dioxígeno), O_2, está formado por moléculas diatómicas, el mismo número de moléculas diatómicas de oxígeno que de átomos de oxígeno atómico (monooxígeno), O, debe tener una masa doble.

Cuestión 1.8

Calcule el número de átomos contenidos en:
a) 10 g de agua.
b) 0,2 moles de C_4H_{10}.
c) 10 L de oxígeno en condiciones normales.
Masas atómicas: H = 1; C = 12; O = 16.

---

a) Calculamos primero el número de moles de moléculas de agua que hay en 10 g de agua:

$$n = \frac{m}{M_m} = \frac{10\,\text{g}}{18\,\text{g/mol}} = 0,556\,\text{mol}\,H_2O$$

Calculamos ahora el número de moléculas de agua que contiene esa cantidad de sustancia:

Como un mol de moléculas de agua contiene un número de Avogadro de moléculas de agua ($6,023 \cdot 10^{23}$ moléculas), 0,556 mol de moléculas de agua contendrán:

$$0,556\,\text{mol}\,H_2O \cdot \frac{6,023 \cdot 10^{23}\,\text{moléculas}\,H_2O}{\text{mol}\,H_2O} = 3,35 \cdot 10^{23}\,\text{moléculas}\,H_2O$$

Por último, calculamos el número de átomos totales:

Como una molécula de agua contiene tres átomos (dos de hidrógeno y uno de oxígeno), $3,35 \cdot 10^{23}$ moléculas de agua contendrán:

$$3,35 \cdot 10^{23}\,\text{moléculas}\,H_2O \cdot \frac{3\,\text{átomos}}{\text{molécula}\,H_2O} = 1,00 \cdot 10^{24}\,\text{átomos}$$

b) Calculamos primero las moléculas que hay en los 0,2 moles de moléculas de butano:

Como un mol de moléculas de butano contiene un número de Avogadro de moléculas de butano, 0,2 mol de moléculas de butano contendrán:

$$0,2 \, \text{mol} \, C_4H_{10} \cdot \frac{6,023 \cdot 10^{23} \, \text{moléculas} \, C_4H_{10}}{\text{mol} \, C_4H_{10}} = 1,20 \cdot 10^{23} \, \text{moléculas} \, C_4H_{10}$$

Calculamos ahora el número de átomos totales:

Como una molécula de butano contiene catorce átomos (cuatro de carbono y diez de oxígeno), $1,20 \cdot 10^{23}$ moléculas C_4H_{10} contendrán:

$$1,20 \cdot 10^{23} \, \text{moléculas} \, C_4H_{10} \cdot \frac{14 \, \text{átomos}}{\text{molécula} \, C_4H_{10}} \cdot = 1,68 \cdot 10^{24} \, \text{átomos}$$

c) Según la ecuación de los gases ideales, un mol de moléculas de cualquier sustancia gaseosa, en condiciones normales de presión y de temperatura (1 atm y 273 K), ocupa un volumen de 22,4 L. Por tanto:

$$\frac{22,4 \, L \, O_2}{6,023 \cdot 10^{23} \, \text{moléculas} \, O_2} = \frac{10 \, L \, O_2}{x \, \text{moléculas} \, O_2}; \, x = 2,69 \cdot 10^{23} \, \text{moléculas} \, O_2$$

Que resultan, puesto que cada molécula de oxígeno tiene dos átomos de oxígeno:

$$2,69 \cdot 10^{23} \, \text{moléculas} \, O_2 \cdot \frac{2 \, \text{átomos} \, O}{\text{molécula} \, O_2} = 5,38 \cdot 10^{23} \, \text{átomos} \, O$$

Cuestión 1.9

Para los compuestos benceno (C_6H_6) y acetileno (C_2H_2), justifique la veracidad o falsedad de las siguientes afirmaciones:
a) Ambos tienen la misma fórmula empírica.
b) Poseen la misma fórmula molecular.
c) La composición centesimal de los dos compuestos es la misma.

---

a) Verdadera. La fórmula empírica de una sustancia indica la relación más sencilla en la que aparecen los distintos átomos que forman la molécula. Para ambas sustancias su fórmula empírica es la misma, CH. En ambas existe un átomo de carbono por cada átomo de hidrógeno.

b) Falsa. La fórmula molecular de una sustancia indica el número de átomos de cada elemento que compone la molécula. Las fórmulas del enunciado son las fórmulas moleculares de las sustancias. Las fórmulas moleculares del benceno y del acetileno son distintas porque son distintos el número de átomos de carbono y de hidrógeno que forman sus moléculas.

La fórmula molecular del benceno, C_6H_6, indica que la molécula de benceno está formada por 6 átomos de carbono y 6 átomos de hidrógeno. La fórmula molecular del acetileno o etino, C_2H_2, indica que la molécula de acetileno está formada por 2 átomos de carbono y 2 átomos de hidrógeno.

c) Verdadera. La composición centesimal de una sustancia hace referencia al número de gramos de cada uno de los elementos que contiene por cada $100\,g$ de sustancia.

Como las dos sustancias tienen la misma fórmula empírica, la relación entre el número de átomos de carbono e hidrógeno es la misma; también es la misma la relación entre las masas de carbono e hidrógeno y, por tanto, la composición centesimal.

Cuestión 1.10

Se dispone de tres recipientes que contienen 1 litro de CH_4 gas, 2 litros de N_2 gas y 1,5 litros de O_2 gas, respectivamente, en las mismas condiciones de presión y temperatura. Indíquese razonadamente:
a) ¿Cuál contiene mayor número de moléculas?
b) ¿Cuál contiene mayor número de átomos?

---

a) Según Avogadro, en las mismas condiciones de presión y temperatura, el volumen que ocupa cualquier gas depende del número de moles de moléculas:

$$V \propto n$$

Teniendo en cuenta la anterior expresión, si en 1 L de metano hay n moles de metano, en 2 L de dinitrógeno habrá $2\,n$ moles de dinitrógeno y en 1,5 L de oxígeno habrá $1,5\,n$ moles de oxígeno. Hay, por tanto, más moléculas en el recipiente de 2 L de dinitrógeno.

b) Teniendo ahora en cuenta el número de átomos que compone cada molécula de estas sustancias y que en 1 mol de moléculas hay N_A moléculas ($6,023 \cdot 10^{23}$ moléculas), el número de átomos de cada recipiente será:

$$\text{metano: } N_A n \text{ moléculas} \cdot \frac{5\,\text{átomos}}{\text{molécula}} = 5 N_A n \text{ átomos}$$

$$\text{dinitrógeno: } 2 N_A n \text{ moléculas} \cdot \frac{2\,\text{átomos}}{\text{molécula}} = 4 N_A n \text{ átomos}$$

$$\text{oxígeno: } 1,5 N_A n \text{ moléculas} \cdot \frac{2\,\text{átomos}}{\text{molécula}} = 3 N_A n \text{ átomos}$$

Por tanto, contiene más átomos el recipiente de 1 L de metano.

Cuestión 1.11

Calcule:

a) La masa de un átomo de bromo.

b) Los moles de átomos de oxígeno contenidos en 3,25 mol de oxígeno molecular.

c) Los átomos de hierro contenidos en 5 g de este metal.

Masas atómicas: Br = 80; O = 16; Fe = 56.

a) Para calcular la masa de un átomo de bromo, partimos de la masa atómica relativa del bromo (monobromo), Br:

$$\text{Como } A_{r\,\text{Br}} = 80 \Rightarrow M_{m\,\text{Br}} = 80\,\text{g/mol}$$

Este número quiere decir que un mol de átomos de bromo $(6,023 \cdot 10^{23}$ átomos$)$ tiene una masa de 80 g. Por tanto:

$$\frac{6,023 \cdot 10^{23}\,\text{átomos}}{80\,\text{g}} = \frac{1\,\text{átomo}}{x\,\text{g}}; \; x = 1,33 \cdot 10^{-22}\,\text{g Br}$$

b) Como en 1 mol de oxígeno molecular (O_2) hay 2 mol de átomos de oxígeno, en 3,25 mol de moléculas de oxígeno habrá:

$$3,25\,\text{mol}\,O_2 \cdot \frac{2\,\text{mol}\,O}{\text{mol}\,O_2} = 6,5\,\text{mol}\,O$$

c) Para calcular los átomos de hierro en una determinada masa de hierro, partimos de la masa atómica relativa del hierro, Fe:

$$\text{Como } A_{r\,\text{Fe}} = 56 \Rightarrow M_{m\,\text{Fe}} = 56\,\text{g/mol}$$

Este número significa que un mol de átomos de hierro $(6,023 \cdot 10^{23}$ átomos$)$ tiene una masa de 56 g. Por tanto:

$$\frac{56\,\text{g Fe}}{6,023 \cdot 10^{23}\,\text{átomos}} = \frac{5\,\text{g Fe}}{x\,\text{átomos}}; \; x = 5,38 \cdot 10^{22}\,\text{átomos Fe}$$

Cuestión 1.12

a) ¿Cuántos átomos de oxígeno hay en 200 L de oxígeno molecular en condiciones normales de presión y temperatura?

b) Una persona bebe al día 2 L de agua. Si suponemos que la densidad del agua es 1 g/mL, ¿cuántos átomos de hidrógeno incorpora a su organismo mediante esta vía?

Masas atómicas: H = 1; O = 16.

a) Según la ecuación de los gases ideales, un mol de cualquier sustancia gaseosa, en condiciones normales de presión y de temperatura (1 atm y 273 K), ocupa un volumen de 22,4 L.

Un mol de partículas (átomos, iones, moléculas, etc.) es la cantidad de materia que contiene $6,023 \cdot 10^{23}$ partículas. Por tanto:

$$\frac{22,4\,\text{L}\,O_2}{6,023 \cdot 10^{23}\,\text{moléculas}\,O_2\,(1\,\text{mol}\,O_2)} = \frac{200\,\text{L}\,O_2}{x\,\text{moléculas}\,O_2}$$

$$x = 5,38 \cdot 10^{24}\,\text{moléculas}\,O_2$$

Como cada molécula de oxígeno contiene 2 átomos de oxígeno, hay:

$$5,38 \cdot 10^{24}\,\text{moléculas}\,O_2 \cdot \frac{2\,\text{átomos}\,O}{\text{molécula}\,O_2} = 1,08 \cdot 10^{25}\,\text{átomos}\,O$$

b) Como la densidad del agua es 1 g/mL, $2\,000\,\text{mL}$ de agua (2 L) tendrán una masa de $2\,000\,\text{g}$.

Por otra parte, como $M_{m\,H_2O} = 18\,\text{g/mol}$ y un mol de moléculas de agua contiene $6,023 \cdot 10^{23}$ moléculas:

$$\frac{18\,\text{g}\,H_2O}{6,023 \cdot 10^{23}\,\text{moléculas}\,H_2O} = \frac{2\,000\,\text{g}\,H_2O}{x\,\text{moléculas}\,H_2O}$$

$$x = 6,69 \cdot 10^{25}\,\text{moléculas}\,H_2O$$

Como cada molécula de agua contiene 2 átomos de hidrógeno, incorpora:

$$6,69 \cdot 10^{25}\,\text{moléculas}\,H_2O \cdot \frac{2\,\text{átomos}\,H}{\text{molécula}\,H_2O} = 1,34 \cdot 10^{26}\,\text{átomos}\,H$$

Cuestión 1.13

En tres recipientes de la misma capacidad, indeformables y a la misma temperatura, se introducen respectivamente 10 g de dihidrógeno, 10 g de oxígeno y 10 g de dinitrógeno, los tres en forma molecular y en estado gaseoso. Justifique en cuál de los tres:

a) Hay mayor número de moléculas.

b) Es menor la presión.

c) Hay mayor número de átomos.

Masas atómicas: N = 14; H = 1; O = 16.

a) Hay mayor número de moléculas de sustancias gaseosas en el recipiente que tiene mayor número de moles de moléculas. El número de moles de moléculas de una sustancia depende la masa y de la masa molar:

$$n = \frac{m}{M_m}$$

Como los recipientes tienen la misma masa, aquél que tenga menos masa molar será el que mayor número de moles de moléculas tenga.

Las masas molares de las distintas sustancias son :

$$M_{m\,H_2} = 2\,\text{g/mol}; \; M_{m\,O_2} = 32\,\text{g/mol}; \; M_{m\,N_2} = 28\,\text{g/mol}$$

Observamos que el dihidrógeno es el que tiene menor masa molar; por tanto, el recipiente que contiene dihidrógeno es aquél que contiene mayor número de moles de moléculas y también el que contiene más moléculas.

b) La ecuación de los gases ideales relaciona la presión, p, que ejercen n moles de cualquier gas con el volumen que ocupa, V, a una determinada temperatura, T, mediante la siguiente expresión:

$$pV = nRT \qquad R = \text{constante de los gases}; T \text{ en K}$$

Como V y T son constantes, dado que los recipientes tienen la misma capacidad y la temperatura es la misma, tendremos que:

$$p = cte\,n$$

Esta expresión significa que la presión ejercida por un gas es directamente proporcional al número de moles del mismo.

La presión es menor en el recipiente que contiene oxígeno, ya que el número de moles de moléculas es menor al ser su masa molar mayor.

c) Como el dihidrógeno, el oxígeno y el dinitrógeno son sustancias formadas por moléculas diatómicas, hay mayor número de átomos en el recipiente que contiene mayor número de moléculas, esto es, en el recipiente que contiene dihidrógeno, que es el que contiene más moles de moléculas.

Cuestión 1.14

La fórmula empírica de un compuesto orgánico es C_2H_4O. Si su masa molecular es 88:

a) Determine su fórmula molecular.

b) Calcule el número de átomos de hidrógeno que hay en 5 g de dicho compuesto.

Masas atómicas: C = 12; H = 1; O = 16.

a) La fórmula molecular de una sustancia indica el número de átomos de cada elemento que componen la molécula. En cambio, la formula empírica indica la relación más sencilla que existe entre los átomos de los elementos que forman la molécula. Podemos decir que la fórmula molecular de una sustancia es un múltiplo de su fórmula empírica. Por tanto, la masa molecular relativa de una sustancia es también múltiplo de la masa relativa de su fórmula empírica.

Al calcular la masa relativa de la fórmula empírica obtenemos este valor:

$$M_r(C_2H_4O) = 2 \cdot 12 + 1 \cdot 4 + 1 \cdot 16 = 44$$

Como la masa molecular es 88, el doble de la masa relativa de la formula empírica, la fórmula molecular es también el doble de la fórmula empírica:

$$2 \cdot (C_2H_4O) = C_4H_8O_2$$

b) Al interpretar la fórmula de la sustancia, observamos que un mol de $C_4H_8O_2$ (88 g) tiene 8 mol de átomos de hidrógeno: $8 \cdot 6,023 \cdot 10^{23}$ átomos de hidrógeno. Por tanto, 5 g de $C_4H_8O_2$ tendrán una masa de:

$$\frac{88\,\text{g}\,C_4H_8O_2}{8 \cdot 6,023 \cdot 10^{23}\,\text{átomos H}} = \frac{5\,\text{g}\,C_4H_8O_2}{x\,\text{átomos H}}; \; x = 2,74 \cdot 10^{23}\,\text{átomos H}$$

Cuestión 1.15

En tres recipientes de 15 litros de capacidad cada uno, se introducen, en condiciones normales de presión y temperatura, dihidrógeno en el primero, dicloro en el segundo y metano en el tercero. Para el contenido de cada recipiente, calcule:

a) El número de moléculas.

b) El número total de átomos.

Dato: $R = 0,082\,\text{atm} \cdot \text{L} \cdot \text{K}^{-1} \cdot \text{mol}^{-1}$.

a) El número de moléculas en cada uno de los recipientes es el mismo. Según la hipótesis de Avogadro de los gases ideales, volúmenes iguales de gases diferentes, en las mismas condiciones de presión y temperatura, contienen el mismo número de moléculas. Puesto que los tres recipientes tienen el mismo volumen y los gases se encuentran en las mismas condiciones de presión y temperatura, contienen el mismo número de moléculas.

Aplicando la ecuación de los gases ideales, el número de moles de moléculas en condiciones normales de presión y temperatura (1 atm y 273 K) que contendrá cada recipiente será:

$$n = \frac{pV}{RT} = \frac{1\,\text{atm} \cdot 15\,\text{L}}{0,082\,\dfrac{\text{atm} \cdot \text{L}}{\text{K} \cdot \text{mol}} \cdot 273\,\text{K}} = 0,670\,\text{mol}$$

Y el número de moléculas será:

$$0,670\,\text{mol} \cdot \frac{6,023 \cdot 10^{23}\,\text{moléculas}}{1\,\text{mol}} = 4,04 \cdot 10^{23}\,\text{moléculas}$$

b) El número de átomos en cada recipiente depende del número de átomos que tiene cada molécula.

Como el dihidrógeno, H_2, y el dicloro, Cl_2, están formados por moléculas diatómicas, los recipientes con dihidrógeno y dicloro contendrán:

$$2 \cdot 4,04 \cdot 10^{23} = 8,08 \cdot 10^{23}\,\text{átomos}$$

Por otro lado, como la molécula de metano, CH_4, tiene cinco átomos, el recipiente con metano contendrá:

$$5 \cdot 4,04 \cdot 10^{23} - 2,02 \cdot 10^{24}\,\text{átomos}$$

Cuestión 1.16

Las masas atómicas del hidrógeno y del helio son 1 y 4, respectivamente. Indique, razonadamente, si las siguientes afirmaciones son verdaderas o falsas:

a) Un mol de He contiene el mismo número de átomos que un mol de dihidrógeno, H_2.

b) La masa de un átomo de helio es 4 gramos.

c) En un gramo de monohidrógeno, H, hay $6,023 \cdot 10^{23}$ átomos.

---

a) Falsa. El helio (He) es una sustancia formada por átomos aislados mientras que el dihidrógeno (H_2) es una sustancia formada por moléculas diatómicas. Por ello, un mol de átomos de helio contiene un número de Avogadro de átomos de helio ($6,023 \cdot 10^{23}$ átomos de helio), mientras que un mol de moléculas de dihidrógeno contiene dos moles de átomos de hidrógeno: $2 \cdot 6,023 \cdot 10^{23} = 1,20 \cdot 10^{24}$ átomos de hidrógeno.

b) Falsa. Dado que la masa molar del helio es $4\,\text{g/mol}$, un mol de átomos de helio es lo que tiene una masa de $4\,\text{g}$. Un átomo no tiene una masa tan grande. Es del orden de los $10^{-24}\,\text{g}$.

c) Verdadera. La masa molar del monohidrógeno, H, es $1\,\text{g/mol}$, luego 1 mol de átomos ($6,023 \cdot 10^{23}$ átomos) tiene una masa de 1 gramo.

Cuestión 1.17

a) ¿Cuántos moles de átomos de carbono hay en 1,5 moles de sacarosa, $C_{12}H_{22}O_{11}$?

b) Determina la masa en kilogramos de $2,6 \cdot 10^{20}$ moléculas de NO_2.

c) Indica el número de átomos de nitrógeno que hay en 0,76 g de NH_4NO_3.

Masas atómicas: H = 1; O = 16; N = 14.

---

a) Al interpretar la fórmula de la sacarosa, comprobamos que en cada mol de moléculas de sacarosa hay 12 mol de átomos de carbono. Por tanto, en 1,5 mol de moléculas de $C_{12}H_{22}O_{11}$ habrá:

$$\frac{1\,\text{mol}\,C_{12}H_{22}O_{11}}{12\,\text{mol}\,C} = \frac{1,5\,\text{mol}\,C_{12}H_{22}O_{11}}{x\,\text{mol}\,C}; \quad x = 18\,\text{mol átomos C}$$

b) Con los datos de las masas atómicas calculamos la masa molar del dióxido de nitrógeno, NO_2: 46 g/mol. Este número significa que 1 mol de moléculas ($6,026 \cdot 10^{23}$ moléculas) tiene una masa de 46 g = 0,046 kg. Por tanto, $2,6 \cdot 10^{20}$ moléculas de NO_2 tendrá una masa de:

$$\frac{6,023 \cdot 10^{23}\,\text{moléculas}}{0,046\,\text{kg}} = \frac{2,6 \cdot 10^{20}\,\text{moléculas}}{x\,\text{kg}}; \quad x = 1,99 \cdot 10^{-5}\,\text{kg}$$

c) Con los datos de las masas atómicas calculamos la masa molar del nitrato de amonio, NH_4NO_3: 80 g/mol. Este número significa que 1 mol de unidades fórmula de NH_4NO_3 tiene una masa de 80 g. Por otra parte, al interpretar la fórmula, sabemos que en cada mol de unidades fórmula de NH_4NO_3 hay 2 mol de átomos de N ($2 \cdot 6,023 \cdot 10^{23}$ átomos N). Por tanto, en 0,76 g de NH_4NO_3 habrá:

$$\frac{80\,\text{g}\,NH_4NO_3}{2 \cdot 6,023 \cdot 10^{23}\,\text{atomos N}} = \frac{0,76\,\text{g}\,NH_4NO_3}{x\,\text{atomos N}}; \quad x = 1,14 \cdot 10^{22}\,\text{átomos N}$$

Cuestión 1.18

En 20 g de $Ni_2(CO_3)_3$:
a) ¿Cuántos moles de dicha sal hay?
b) ¿Cuántos átomos hay de oxígeno?
c) ¿Cuántos moles hay de iones carbonato?
Masas atómicas: C = 12; O = 16; Ni = 58,7.

---

a) Con los datos de las masas atómicas calculamos la masa molar del carbonato de níquel(III): $M_{m\,Ni_2(CO_3)_3} = 297{,}4$ g/mol. Este número quiere decir que un mol de unidades fórmula (u.f.) de carbonato de níquel(III) tiene una masa de 297,4 g. Por tanto, en 20 g de $Ni_2(CO_3)_3$ habrá:

$$\frac{297,4\,\text{g}\,Ni_2(CO_3)_3}{1\,\text{mol}\,Ni_2(CO_3)_3} = \frac{20\,\text{g}\,Ni_2(CO_3)_3}{x\,\text{mol}\,Ni_2(CO_3)_3}; \; x = 0{,}0672\,\text{mol}\,Ni_2(CO_3)_3$$

b) Al interpretar la fórmula, sabemos que en cada mol de u.f. de $Ni_2(CO_3)_3$ hay 9 mol de átomos de O ($9 \cdot 6{,}023 \cdot 10^{23}$ átomos O). Por tanto, en 0,0672 mol de u. f. de $Ni_2(CO_3)_3$ habrá:

$$\frac{1\,\text{mol}\,Ni_2(CO_3)_3}{9 \cdot 6,023 \cdot 10^{23}\text{átomos O}} = \frac{0,0672\,\text{mol}\,Ni_2(CO_3)_3}{x\,\text{átomos O}}; \quad x = 3,64 \cdot 10^{23}\,\text{átomos O}$$

c) Según la fórmula, en cada u.f. de carbonato de níquel(III) hay 3 iones carbonato. Por tanto, en un mol de u.f. habrá 3 mol de iones carbonato. Entonces:

$$\frac{1\,\text{mol u.f.}\,Ni_2(CO_3)_3}{3\,\text{mol iones}\,CO_3^{2-}} = \frac{0,0672\,\text{mol u.f.}\,Ni_2(CO_3)_3}{x\,\text{mol iones}\,CO_3^{2-}}; x = 0,202\,\text{mol iones}\,CO_3^{2-}$$

Cuestión 1.19

Calcule el número de átomos que hay en:
a) 44 g de CO_2.
b) 50 L de gas He, medidos en condiciones normales.
c) 0,5 moles de O_2.
Masas atómicas: C = 12; O = 16.

---

a) Con los datos de las masas atómicas calculamos la masa molar del dióxido de carbono (CO_2): 44 g/mol. Este número significa que 1 mol de moléculas de CO_2 tiene una masa de 44 g. Por otra parte, al interpretar la fórmula, sabemos que en cada mol de moléculas de CO_2 hay 3 mol de átomos (1 mol de átomos C y 2 mol de átomos de O) que son: $3 \cdot 6{,}023 \cdot 10^{23}$ átomos. Por tanto, en 44 g de CO_2 hay:

$$3 \cdot 6,023 \cdot 10^{23}\,\text{átomos} = 1,81 \cdot 10^{24}\,\text{átomos}$$

b) Según la ley de los gases ideales, en 22,4 L de cualquier gas en condiciones normales (1 atm y 273 K), hay un mol de moléculas ($6,023 \cdot 10^{23}$ moléculas). Por tanto:

$$\frac{22,4 \, \text{L He}}{1 \, \text{mol He}} = \frac{50 \, \text{L He}}{x \, \text{mol He}}; \, x = 2,23 \, \text{mol He}$$

Puesto que las moléculas de helio son monoatómicas, hay el mismo número de moles de átomos de helio que de moléculas:

$$2,23 \, \text{mol átomos He} \cdot \frac{6,023 \cdot 10^{23} \, \text{átomos He}}{\text{mol átomos He}} = 1,34 \cdot 10^{24} \, \text{átomos He}$$

c) En 0,5 mol de moléculas de O_2 hay doble cantidad de átomos de O: 1 mol átomos O, que son $6,023 \cdot 10^{23}$ átomos de O.

Cuestión 1.20

En 10 g de $Fe_2(SO_4)_3$:
a) ¿Cuántos moles hay de dicha sal?
b) ¿Cuántos moles hay de iones sulfato?
c) ¿Cuántos átomos hay de oxígeno?
Masas atómicas: Fe = 56; S = 32; O = 16; H = 1.

---

a) Calculamos primero la masa molar del sulfato de hierro(III): $M_{m \, Fe_2(SO_4)_3} = 400 \, \text{g/mol}$, que quiere decir que un mol de unidades fórmula (u.f.) de sulfato de hierro(III) tiene una masa de 400 g. Por tanto, en 10 g de $Fe_2(SO_4)_3$ habrá:

$$\frac{400 \, \text{g Fe}_2(\text{SO}_4)_3}{1 \, \text{mol Fe}_2(\text{SO}_4)_3} = \frac{10 \, \text{g Fe}_2(\text{SO}_4)_3}{x \, \text{mol Fe}_2(\text{SO}_4)_3}; \quad x = 0,025 \, \text{mol Fe}_2(\text{SO}_4)_3$$

b) Según la fórmula, en cada u.f. de sulfato de hierro(III) hay 3 iones sulfato, y, por tanto, en 1 mol de u.f. habrá 3 mol de iones sulfato. Entonces:

$$\frac{1 \, \text{mol Fe}_2(\text{SO}_4)_3}{3 \, \text{mol SO}_4^{2-}} = \frac{0,025 \, \text{mol Fe}_2(\text{SO}_4)_3}{x \, \text{mol SO}_4^{2-}}; \quad x = 0,075 \, \text{mol SO}_4^{2-}$$

c) Al interpretar la fórmula, sabemos que en cada mol de u.f. de $Fe_2(SO_4)_3$ hay 12 mol de átomos de O ($12 \cdot 6,023 \cdot 10^{23}$ átomos O). Por tanto, en 0,025 mol de u. f. de $Fe_2(SO_4)_3$ habrá:

$$\frac{1 \, \text{mol Fe}_2(\text{SO}_4)_3}{12 \cdot 6,023 \cdot 10^{23} \, \text{átomos O}} = \frac{0,025 \, \text{mol Fe}_2(\text{SO}_4)_3}{x \, \text{átomos O}}; \quad x = 1,81 \cdot 10^{23} \, \text{átomos O}$$

Cuestión 1.21

Indique, razonándolo, si las siguientes afirmaciones son correctas o no:
a) 17 g de NH_3 ocupan, en condiciones normales, un volumen de 22,4 litros.
b) En 17 g NH_3 hay $6,023 \cdot 10^{23}$ moléculas.
c) En 32 g de O_2 hay $6,023 \cdot 10^{23}$ átomos de oxígeno.
Masas atómicas: H = 1; N = 14; O = 16.

---

a) Correcta. La masa molar del amoniaco es 17 g/mol, que significa que un mol de moléculas tiene una masa de 17 g, y según la ecuación de los gases ideales un mol de moléculas en condiciones normales (1 atm y 273 K) de cualquier gas ocupa un volumen de 22,4 L.

b) Correcta. 17 g de NH_3 es la masa de un mol de moléculas de NH_3 y en un mol de moléculas hay $6,023 \cdot 10^{23}$ moléculas.

c) Incorrecta. La masa molar del oxígeno es 32 g/mol, lo que significa que un mol de moléculas de oxígeno tiene una masa de 32 g. Como cada molécula de oxígeno tiene 2 átomos de oxígeno, dicha masa contendrá 2 moles de moléculas de oxígeno, que son: $2 \cdot 6,023 \cdot 10^{23} = 1,20 \cdot 10^{24}$ átomos de O.

Cuestión 1.22

Se tienen 8,5 g de amoniaco y se eliminan $1,5 \cdot 10^{23}$ moléculas.
a) ¿Cuántas moléculas de amoniaco quedan?
b) ¿Cuántos gramos de amoniaco quedan?
c) ¿Cuántos moles de átomos de hidrógeno quedan?
Masas atómicas: N − 14; H = I.

---

a) Calculamos las moléculas de amoniaco que hay en 8,5 g, teniendo en cuenta la masa molar del amoniaco (17 g/mol) y que en un mol de moléculas de amoniaco hay $6,023 \cdot 10^{23}$ moléculas:

$$\frac{17\,\text{g}\,NH_3\,(1\,\text{mol})}{6,023 \cdot 10^{23}\,\text{moléculas}\,NH_3} = \frac{8,5\,\text{g}\,NH_3}{x\,\text{moléculas}\,NH_3}; \quad x = 3,01 \cdot 10^{23}\,\text{moléculas}\,NH_3$$

Le restamos a esta cantidad el número de moléculas que eliminamos y obtenemos las que nos quedan:

$$3,01 \cdot 10^{23} - 1,50 \cdot 10^{23} = 1,51 \cdot 10^{23}\,\text{moléculas}\,NH_3$$

b) Hacemos un cálculo inverso al realizado en el apartado anterior. Puesto que sabemos la masa de un mol de moléculas de amoniaco, podemos determinar la masa de un determinado número de moléculas de amoniaco:

$$\frac{6,023 \cdot 10^{23} \text{ moléculas NH}_3}{17 \text{ g NH}_3} = \frac{1,51 \cdot 10^{23} \text{ moléculas NH}_3}{x \text{ g NH}_3}; \quad x = 4,26 \text{ g NH}_3$$

c) Calculamos los moles de átomos de hidrógeno que quedan teniendo en cuenta que un mol de moléculas de amoniaco contiene 3 moles de átomos de hidrógeno:

$$\frac{17 \text{ g NH}_3 \, (1 \text{ mol NH}_3)}{3 \text{ mol átomos H}} = \frac{4,26 \text{ g NH}_3}{x \text{ mol átomos H}}; \quad x = 0,752 \text{ mol átomos H}$$

Cuestión 1.23

La fórmula del tetraetilplomo, conocido antidetonante para gasolinas, es $Pb(C_2H_5)_4$. Calcule:
a) El número de moléculas que hay en 12,94 g.
b) El número de moles de $Pb(C_2H_5)_4$ que pueden obtenerse con 1,00 g de plomo.
c) La masa, en gramos, de un átomo de plomo.
Masas atómicas: Pb = 207; C = 12; H = 1.

---

a) La masa molar del tetraetilplomo, $Pb(C_2H_5)_4$, es 323 g/mol. Este número significa que un mol de moléculas de $Pb(C_2H_5)_4$ $(6,023 \cdot 10^{23}$ moléculas) tiene una masa de 323 g. Por tanto,

$$\frac{323 \text{ g Pb}(C_2H_5)_4}{6,023 \cdot 10^{23} \text{ moléculas}} = \frac{12,94 \text{ g Pb}(C_2H_5)_4}{x \text{ moléculas Pb}(C_2H_5)_4}$$

$$x = 2,41 \cdot 10^{22} \text{ moléculas Pb}(C_2H_5)_4$$

b) De acuerdo con la fórmula del tetraetilplomo, en un mol de moléculas de tetraetilplomo hay un mol de átomos de plomo (207 g). Por lo tanto:

$$\frac{207 \text{ g Pb}}{1 \text{ mol Pb}(C_2H_5)_4} = \frac{1 \text{ g Pb}}{x \text{ mol Pb}(C_2H_5)_4}; \quad x = 4,83 \cdot 10^{-3} \text{ mol Pb}(C_2H_5)_4$$

c) Para calcular la masa de un átomo de plomo partimos de la masa molar del plomo, Pb: 207 g/mol. Esto es, un mol de átomos de plomo $(6,023 \cdot 10^{23}$ átomos) tiene una masa de 207 g. Por tanto:

$$\frac{6,023 \cdot 10^{23} \text{ átomos Pb}}{207 \text{ g}} = \frac{1 \text{ átomo Pb}}{x \text{ g}}; \quad x = 3,44 \cdot 10^{-22} \text{ g}$$

Cuestión 1.24

Defina los siguientes conceptos:
a) Masa atómica de un elemento.
b) Masa molecular.
c) Mol.

a) Masa atómica de un elemento: es la masa de un átomo de una sustancia elemento. Expresada en u, unidad de masa atómica, dicha cantidad representa el número de veces que la masa de un átomo de ese elemento es mayor que la unidad de masa atómica, u.

Así, $m_O = 16\,u$ quiere decir que la masa de un átomo de oxígeno es 16 veces la unidad de masa atómica.

La unidad de masa atómica es la masa de la doceava parte de un átomo de C-12.

b) Masa molecular: es la masa de una molécula de una sustancia. Expresada en u, dicha cantidad representa el número de veces que la masa de una molécula de esa sustancia es mayor que la unidad de masa atómica.

Así, $m_{O_2} = 32\,u$ quiere decir que la masa de una molécula de oxígeno es 32 veces la masa de la unidad de masa atómica.

c) El mol es la unidad del S.I. de la cantidad de sustancia. El mol es la cantidad de sustancia que contiene tantas unidades elementales (átomos, moléculas, iones, electrones, etc.) como átomos hay en 0,012 kg de C-12 ($6,023 \cdot 10^{23}$ átomos).

Cuestión 1.25

Se dispone de un recipiente cerrado con dihidrógeno gaseoso en condiciones normales de presión y temperatura. Si se mantiene constante la temperatura y se aumenta el volumen hasta el doble, conteste, razonadamente, a las siguientes cuestiones:
a) ¿Ha variado la masa del gas?
b) ¿Ha variado el número de moléculas?
c) ¿Ha variado la densidad del gas?

a) No, el recipiente ha permanecido cerrado durante el cambio de volumen, y no ha entrado ni salido ninguna sustancia.

b) No, la masa de dihidrógeno es la misma y, por tanto, el número de moléculas. En el proceso de expansión del gas las moléculas no sufren ninguna alteración, sólo aumenta las distancia entre ellas.

c) Sí, disminuye; como el volumen aumenta, y la masa sigue siendo la misma, la masa por unidad de volumen (la densidad) disminuye.

Cuestión 1.26

Indique, razonadamente, qué cantidad de las siguientes sustancias tiene mayor número de átomos:

a) 0,5 moles de SO_2.

b) 14 gramos de nitrógeno molecular.

c) 67,2 litros de gas helio en condiciones normales de presión y temperatura.

Masas atómicas: N = 14; O = 16; S = 32.

Determinamos los moles de átomos de cada sustancia. Aquella que contenga más moles de átomos, obviamente, tendrá más átomos:

a) En 0,5 moles de moléculas de azufre hay 0,5 mol de átomos de azufre y $0,5 \cdot 2 = 1$ mol de átomos de oxígeno. En total, 1,5 mol de átomos.

b) El nitrógeno molecular (dinitrógeno) es diatómico, N_2. Como $M_{m\,N_2} = 28$ g/mol, en 14 g de dinitrógeno habrá 0,5 mol de moléculas de dinitrógeno, que estarán formadas por 1 mol de átomos de nitrógeno.

c) De acuerdo con la ecuación de los gases ideales, un mol de moléculas de cualquier gas, en condiciones normales, ocupa 22,4 L. Por tanto:

$$\frac{22,4 \, \text{L He}}{1 \, \text{mol He}} = \frac{67,2 \, \text{L He}}{x \, \text{mol He}}; \; x = 3 \, \text{mol He}$$

Como las moléculas de helio son monoatómicas, hay 3 mol de átomos de helio.

Por tanto, en 67,2 L de helio gaseoso hay mayor número de átomos.

Cuestión 1.27

En 0,6 moles de clorobenceno (C_6H_5Cl):

a) ¿Cuántas moléculas hay?

b) ¿Cuántos átomos de hidrógeno?

c) ¿Cuántos moles de átomos de carbono?

---

a) En un mol de moléculas de C_6H_5Cl hay un número de Avogadro de moléculas,

$6,023 \cdot 10^{23}$ moléculas. Por tanto, en 0,6 mol de moléculas de C_6H_5Cl habrá:

$$0,6 \, \text{mol} \, C_6H_5Cl \cdot \frac{6,023 \cdot 10^{23} \, \text{moléculas} \, C_6H_5Cl}{\text{mol} \, C_6H_5Cl} = 3,61 \cdot 10^{23} \, \text{moléculas} \, C_6H_5Cl$$

b) De acuerdo con la fórmula del C_6H_5Cl, en una molécula de C_6H_5Cl hay 5 átomos de hidrógeno, H. Por tanto, en $3,61 \cdot 10^{23}$ moléculas de C_6H_5Cl habrá:

$$3,61 \cdot 10^{23} \, \text{moléculas} \, C_6H_5Cl \cdot \frac{5 \, \text{átomos} \, H}{\text{molécula} \, C_6H_5Cl} = 1,80 \cdot 10^{24} \, \text{átomos} \, H$$

c) Sabemos que en cada mol de moléculas de C_6H_5Cl hay 6 mol de átomos de C. Por tanto, en 0,6 mol de moléculas de C_6H_5Cl habrá:

$$0,6 \, \text{mol} \, C_6H_5Cl \cdot \frac{6 \, \text{mol} \, C}{\text{mol} \, C_6H_5Cl} = 3,6 \, \text{mol} \, C$$

Problema 1.28

Determine:
a) La composición centesimal de la sacarosa.
b) El porcentaje de agua en el cloruro de magnesio hexahidratado, $MgCl_2 \cdot 6\,H_2O$.
Masas atómicas: C = 12; O = 16; H = 1; Mg = 24; Cl = 35,5.

---

a) La composición centesimal de una sustancia representa los gramos que hay de cada elemento por cada 100 g de sustancia.

Calculamos la masa molecular relativa de la sacarosa a partir de las masas atómicas relativas de sus elementos:

$$M_{r \, C_{12}H_{22}O_{11}} = 12 \cdot A_{r \, C} + 12 \cdot A_{r \, H} + 11 \cdot A_{r \, O} = 12 \cdot 12 + 22 \cdot 1 + 11 \cdot 16 = 342$$

Como la masa molar de una sustancia coincide numéricamente con su masa molecular relativa:

$$M_{m \, C_{12}H_{22}O_{11}} = 342 \, \text{g/mol}$$

Una interpretación molar de la fórmula de la sacarosa y una interpretación del significado de la masa molar de una sustancia nos indica que en 1 mol de moléculas de sacarosa (342 g) hay 12 mol de átomos de carbono (144 g), 22 mol de átomos de hidrógeno (22 g) y 11 mol de átomos de oxígeno (176 g de oxígeno).

Podemos hacer, por tanto, las siguientes proporciones:

$$\frac{342 \, \text{g} \, C_{12}H_{22}O_{11}}{144 \, \text{g} \, C} = \frac{100 \, \text{g} \, C_{12}H_{22}O_{11}}{x \, \text{g} \, C}; \quad x = 42,1 \, \text{g} \, C \Rightarrow 42,1 \, \% \, C$$

$$\frac{342\,\mathrm{g}\,C_{12}H_{22}O_{11}}{22\,\mathrm{g}\,H} = \frac{100\,\mathrm{g}\,C_{12}H_{22}O_{11}}{x\,\mathrm{g}\,H}; \quad x = 6,4\,\mathrm{g}\,H \Rightarrow 6,4\,\%\,H$$

Por diferencia, hasta el 100 %, calculamos el % de O, que resulta ser del 51, 5 % O.

b) Determinamos la masa molecular relativa del cloruro de magnesio hexahidratado:

$$M_{r\,MgCl_2\cdot 6\,H_2O} = 1 \cdot A_{r\,Mg} + 2 \cdot A_{r\,Cl} + 6 \cdot M_{r\,H_2O} = 1 \cdot 24 + 2 \cdot 35,5 + 6 \cdot 18 = 203$$

Como la masa molar de una sustancia coincide numéricamente con su masa molecular relativa:

$$M_{m\,MgCl_2\cdot 6\,H_2O} = 203\,\mathrm{g/mol}$$

Una interpretación molar de la fórmula del cloruro de magnesio hexahidratado y una interpretación del significado de la masa molar de una sustancia nos indica que en 1 mol de unidades fórmula de cloruro de magnesio hexahidratado (203 g) hay 6 mol de moléculas de agua (108 g).

Podemos hacer, por tanto, la siguiente proporción:

$$\frac{203\,\mathrm{g}\,MgCl_2 \cdot 6\,H_2O}{108\,\mathrm{g}\,H_2O} = \frac{100\,\mathrm{g}\,MgCl_2 \cdot 6\,H_2O}{x\,\mathrm{g}\,H_2O}; \quad x = 53,2\,\mathrm{g}\,H_2O \Rightarrow 53,2\,\%\,H_2O$$

Problema 1.29

El sulfato de amonio, $(NH_4)_2SO_4$, se utiliza como fertilizante en agricultura. Calcule:

a) El tanto por ciento en peso de nitrógeno en el compuesto.

b) La cantidad de sulfato de amonio necesaria para aportar a la tierra 10 kg de nitrógeno.

Masas atómicas: H = 1; N = 14; O = 16; S = 32.

---

a) La composición centesimal de una sustancia representa los gramos que hay de cada elemento por cada 100 g de sustancia.

Calculamos la masa molecular relativa del sulfato de amonio:

$$M_{r\,(NH_4)_2SO_4} = 2 \cdot A_{r\,N} + 8 \cdot A_{r\,H} + 1 \cdot A_{r\,S} + 4 \cdot A_{r\,O} = 2 \cdot 14 + 8 \cdot 1 + 1 \cdot 32 + 4 \cdot 16 = 132$$

Como la masa molar de una sustancia coincide numéricamente con su masa molecular relativa:

$$M_{m\,(NH_4)_2SO_4} = 132\,\mathrm{g/mol}$$

Una interpretación molar de la fórmula del sulfato de amonio y una interpretación del significado de la masa molar de una sustancia nos indica que en 1 mol de unidades fórmula de sulfato de amonio (132 g) hay 2 mol de átomos de nitrógeno (28 g).

Para el cálculo del porcentaje de nitrógeno de la sustancia podemos hacer la siguiente proporción:

$$\frac{132\,\text{g}\,(\text{NH}_4)_2\text{SO}_4}{28\,\text{g}\,\text{N}} = \frac{100\,\text{g}\,(\text{NH}_4)_2\text{SO}_4}{x\,\text{g}\,\text{N}}; \quad x = 21,2\,\text{g}\,\text{N} \Rightarrow 21,2\ \%\,\text{N}$$

b) La cantidad de sulfato de amonio necesaria la calculamos teniendo en cuenta el porcentaje de nitrógeno del sulfato de amonio:

$$\frac{\text{Si quisiéramos aportar}\,21,2\,\text{g}\,\text{N}}{\text{necesitaríamos}\,100\,\text{g}\,(\text{NH}_4)_2\text{SO}_4} = \frac{\text{como queremos aportar}\,10\,000\,\text{g}\,\text{N}}{\text{necesitamos}\,x\,\text{g}\,(\text{NH}_4)_2\text{SO}_4}$$

$$x = 47\,200\,\text{g} = 47,2\,\text{kg}$$

Problema 1.30

Una sustancia orgánica tiene la siguiente composición centesimal: C = 53,3 %, H = 11,2 % y O = 35,5 %. Sabiendo que 0,850 g del mismo en estado gaseoso ocupan 250 mL a 50 °C y 760 mm Hg, determine:
a) La fórmula empírica.
b) La fórmula molecular.
Datos: $R = 0,082\,\text{atm} \cdot \text{L} \cdot \text{K}^{-1} \cdot \text{mol}^{-1}$. Masas atómicas: C = 12; H = 1; O = 16.

---

a) La composición centesimal de una sustancia representa los gramos de cada elemento que hay por cada 100 g de sustancia. Por tanto, en 100 g de esta sustancia orgánica hay 53,3 g de carbono, 11,2 g de hidrógeno y 35,5 g de oxígeno.

Averiguamos los moles de C, H y O en 100 g de compuesto, conocidas sus masas molares:

$$n_\text{C} = \frac{m_\text{C}}{M_{m\,\text{C}}} = \frac{53,3\,\text{g}}{12\,\text{g/mol}} = 4,44\,\text{mol}\,\text{C}$$

$$n_\text{H} = \frac{m_\text{H}}{M_{m\,\text{H}}} = \frac{11,2\,\text{g}}{1\,\text{g/mol}} = 11,2\,\text{mol}\,\text{H}$$

$$n_\text{O} = \frac{m_\text{O}}{M_{m\,\text{O}}} = \frac{35,5\,\text{g}}{16\,\text{g/mol}} = 2,22\,\text{mol}\,\text{O}$$

Dividiendo estas cantidades por la menor, 2,22 mol O, obtenemos la relación más sencilla en la que se encuentran los átomos de C, H y O en la sustancia, esto es, su fórmula empírica:

$$\frac{4,44\,\text{mol C}}{2,22\,\text{mol O}} = 2,00\frac{\text{mol C}}{\text{mol O}} \simeq 2\,\frac{\text{átomos C}}{\text{átomo O}}$$

$$\frac{11,2\,\text{mol H}}{2,22\,\text{mol O}} = 5,04\frac{\text{mol H}}{\text{mol O}} \simeq 5\,\frac{\text{átomos H}}{\text{átomo O}}$$

$$\frac{2,22\,\text{mol O}}{2,22\,\text{mol O}} = 1,00\frac{\text{mol O}}{\text{mol O}} \simeq 1\,\frac{\text{átomos O}}{\text{átomo O}}$$

La fórmula empírica es: C_2H_5O.

b) Determinamos ahora la fórmula molecular con los otros datos del problema. Antes calculamos la masa molar de la fórmula empírica para ver si coincide con la masa molar de la sustancia, o si ésta es un múltiplo de aquélla. Si coincide, la fórmula molecular de la sustancia es igual a la fórmula empírica; si es un múltiplo, la fórmula molecular será un múltiplo de la fórmula empírica.

La masa molar de la fórmula empírica es: $M_{m\,C_2H_5O} = 45\,\text{g/mol}$

Averiguamos la masa molar de la sustancia mediante la ecuación de los gases perfectos:

$$M_m = \frac{mRT}{pV} = \frac{0,850\,\text{g} \cdot 0,082\,\dfrac{\text{atm} \cdot \text{L}}{\text{K} \cdot \text{mol}} \cdot 323\,\text{K}}{1\,\text{atm} \cdot 0,25\,\text{L}} = 90,0\,\text{g/mol}$$

$$\lfloor T = 50\,°\text{C} + 273 = 323\,\text{K};\ p = 760\,\text{mm Hg} = 1\,\text{atm};\ V = 250\,\text{mL} = 0,25\,\text{L}\rfloor$$

Observamos que la masa molar de la sustancia es el doble que la masa molar de la fórmula empírica, luego los subíndices de la fórmula molecular serán el doble que los de la fórmula empírica. La fórmula molecular es, por tanto, $C_4H_{10}O_2$.

Problema 1.31

Al analizar un compuesto resultó que contenía 48,7 % de C, 8,1 % de H y el resto de oxígeno. Se sabe que 0,30 g del mismo en estado gaseoso ocupan 90 mL en condiciones normales de presión y de temperatura. Calcule :
a) La fórmula empírica.
b) La fórmula molecular.
Datos: $R = 0,082\,\text{atm} \cdot \text{L} \cdot \text{K}^{-1} \cdot \text{mol}^{-1}$; Masas atómicas: C = 12; H = 1; O = 16.

a) La composición centesimal de una sustancia representa los gramos que hay de cada elemento por cada 100 g de sustancia. Por tanto, en 100 g de esta sustancia orgánica hay 48,7 g de carbono, 8,1 g de hidrógeno y el resto hasta 100 g, 43,2 g, de oxígeno.

Calculamos los moles de C, H y O en 100 de compuesto, conocidas sus masas molares:

$$n_C = \frac{m_C}{M_{m\,C}} = \frac{48,7\,\text{g}}{12\,\text{g/mol}} = 4,1\,\text{mol C}$$

$$n_H = \frac{m_H}{M_{m\,H}} = \frac{8,1\,\text{g}}{1\,\text{g/mol}} = 8,1\,\text{mol H}$$

$$n_O = \frac{m_O}{M_{m\,O}} = \frac{43,2\,\text{g}}{16\,\text{g/mol}} = 2,7\,\text{mol O}$$

Dividiendo estas cantidades por la menor, 2,7 mol O, y multiplicando por 2/2 las razones atómicas para obtener números enteros, obtenemos la relación más sencilla en la que se encuentran los átomos de C, H y O en la sustancia, esto es, su fórmula empírica:

$$\frac{4,1\,\text{mol C}}{2,7\,\text{mol O}} = 1,52\,\frac{\text{mol C}}{\text{mol O}} \simeq 1,5\,\frac{\text{átomos C}}{\text{átomo O}} = 3\,\frac{\text{átomos C}}{2\,\text{átomos O}}$$

$$\frac{8,2\,\text{mol H}}{2,7\,\text{mol O}} = 3,04\,\frac{\text{mol H}}{\text{mol O}} \simeq 3,0\,\frac{\text{átomos H}}{\text{átomo O}} = 6\,\frac{\text{átomos H}}{2\,\text{átomos O}}$$

$$\frac{2,7\,\text{mol O}}{2,7\,\text{mol O}} = 1,00\,\frac{\text{mol O}}{\text{mol O}} \simeq 1,0\,\frac{\text{átomos O}}{\text{átomo O}} = 2\,\frac{\text{átomos O}}{2\,\text{átomos O}}$$

La fórmula empírica es: $C_3H_6O_2$.

b) Determinamos ahora la fórmula molecular con los otros datos del problema. Antes calculamos la masa molar de la fórmula empírica para ver si coincide con la masa molar de la sustancia, o si ésta es un múltiplo de aquélla. Si coincide, la fórmula molecular de la sustancia es igual a la fórmula empírica; si es un múltiplo, la fórmula molecular será un múltiplo de la fórmula empírica.

La masa molar de la fórmula empírica es: $M_{m\,C_3H_6O_2} = 74\,\text{g/mol}$

La masa molar de la sustancia la averiguamos mediante la ecuación de los gases perfectos:

$$M_m = \frac{mRT}{pV} = \frac{0,30\,\text{g} \cdot 0,082\,\dfrac{\text{atm} \cdot \text{L}}{\text{K} \cdot \text{mol}} \cdot 273\,\text{K}}{1\,\text{atm} \cdot 0,09\,\text{L}} = 74,6\,\text{g/mol}$$

$$\lfloor \text{c.n.} : T = 273\,\text{K y } p = 1\,\text{atm}; V = 90\,\text{mL} = 0,09\,\text{L} \rfloor$$

Se observa que la masa molar de la sustancia coincide, prácticamente, con la masa molar de la fórmula empírica, luego la fórmula molecular coincide con la fórmula empírica: $C_3H_6O_2$.

Problema 1.32

Un compuesto orgánico contiene 24,25 % de C, 4,05 % de H y el resto de Cl. Sabiendo que 1 L de dicho compuesto en estado gaseoso medido a 700 mm Hg y a 110 °C tiene una masa de 2,90 g, deduzca:
a) La formula empírica.
b) La fórmula molecular. ¿De qué compuesto se trata?
Datos: $R = 0,082 \, atm \cdot L \cdot K^{-1} \cdot mol^{-1}$. Masas atómicas: C = 12; H = 1; Cl = 35,5.

---

a) La composición centesimal de una sustancia representa los gramos que hay de cada elemento por cada 100 g de sustancia. Por tanto, en 100 g de esta sustancia orgánica hay 24,25 g de carbono, 4,05 g de hidrógeno y el resto hasta 100 g, 71,7 g, de cloro.

Calculamos los moles de C, H y Cl en 100 g de compuesto, conocidas sus masas molares:

$$n_C = \frac{m_C}{M_{m\,C}} = \frac{24,25\,g}{12\,g/mol} = 2,02\,mol\,C$$

$$n_H = \frac{m_H}{M_{m\,H}} = \frac{4,05\,g}{1\,g/mol} = 4,05\,mol\,H$$

$$n_{Cl} = \frac{m_{Cl}}{M_{m\,Cl}} = \frac{71,7\,g}{35,5\,g/mol} = 2,02\,mol\,Cl$$

Dividiendo estas cantidades por la menor, 2,02 mol Cl (o 2,02 mol C), obtenemos la relación más sencilla en la que se encuentran los átomos de C, H y Cl en la sustancia, esto es, su fórmula empírica:

$$\frac{2,02\,mol\,C}{2,02\,mol\,Cl} = 1 \, \frac{mol\,C}{mol\,Cl} = 1 \, \frac{átomo\,C}{átomo\,Cl}$$

$$\frac{4,05\,mol\,H}{2,02\,mol\,Cl} = 2 \, \frac{mol\,H}{mol\,Cl} = 2 \, \frac{átomos\,H}{átomo\,Cl}$$

$$\frac{2,02\,mol\,Cl}{2,02\,mol\,Cl} = 1 \, \frac{mol\,Cl}{mol\,Cl} = 1 \, \frac{átomo\,Cl}{átomo\,Cl}$$

La fórmula empírica es: CH_2Cl.

b) Determinamos ahora la fórmula molecular con los otros datos del problema. Antes calculamos la masa molar de la fórmula empírica para ver si coincide con la masa molar de la sustancia, o si ésta es un múltiplo de aquélla. Si coincide, la fórmula molecular de la sustancia es igual a la fórmula empírica; si es un múltiplo, la fórmula molecular será un múltiplo de la fórmula empírica.

La masa molar de la fórmula empírica es: $M_{m\,CH_2Cl} = 49,5\,g/mol$

Calculamos la masa molar de la sustancia mediante la ecuación de los gases perfectos:

$$M_m = \frac{mRT}{pV} = \frac{2,90\,g \cdot 0,082\,\dfrac{atm \cdot L}{K \cdot mol} \cdot 383\,K}{0,921\,atm \cdot 1\,L} = 98,9\,g/mol \simeq 99\,g/mol$$

$$\left\lfloor T = t + 273 = 110\,°C + 273 = 383\,K; \; p = 700\,mmHg \cdot \frac{1\,atm}{760\,mm\,Hg} = 0,921\,atm \right\rfloor$$

Observamos que la masa molar de la sustancia es el doble que la masa molar de la fórmula empírica, luego los subíndices de la fórmula molecular serán el doble que los de la fórmula empírica. La fórmula molecular es, por tanto, $C_2H_4Cl_2$.

Puede tratarse del compuesto CH_3CHCl_2 (1,1-dicloroetano), o bien de su isómero de posición, CH_2ClCH_2Cl (1,2-dicloroetano).

Problema 1.33

El sulfato de cobre(II) hidratado al calentarse a 150 °C se transforma en sulfato de cobre(II) anhidro. Calcule:
a) La fórmula del sulfato de cobre(II) anhidro, sabiendo que su composición centesimal es S (20,06 %), O (40,12 %) y Cu (resto hasta 100 %).
b) El numero de moléculas de agua que tiene el compuesto hidratado, conociendo que 2,5026 g del hidrato se transforman al calentarse en 1,6018 g del compuesto anhidro.
Masas atómicas: H = 1; O = 16; S = 32; Cu = 63,5.

---

a) La composición centesimal de una sustancia representa los gramos que hay de cada elemento por cada 100 g de sustancia. Por tanto, en 100 g de sulfato de cobre(II) anhidro hay 20,06 g de azufre, 40,12 g de oxígeno y el resto hasta 100 g, 39,82 g, de cobre.

Determinamos los moles de S, O y Cu en 100 g de compuesto, conocidas sus masas molares:

$$n_S = \frac{m_S}{M_{m\,S}} = \frac{20,06\,g}{32\,g/mol} = 0,627\,mol$$

$$n_O = \frac{m_O}{M_{m\,O}} = \frac{40,12\,g}{16\,g/mol} = 2,508\,mol$$

$$n_{Cu} = \frac{m_{Cu}}{M_{m\,Cu}} = \frac{39,82\,g}{63,5\,g/mol} = 0,627\,mol$$

Dividiendo estas cantidades por la menor, 0,627 mol S (o 0,627 mol Cu), obtenemos la relación más sencilla en la que se encuentran los átomos de S, O y Cu en la sustancia, esto es, su fórmula empírica:

$$\frac{0,627\,mol\,S}{0,627\,mol\,S} = 1,0\,\frac{mol\,S}{mol\,S} = 1\,\frac{\text{átomo S}}{\text{átomo S}}$$

$$\frac{2,508\,mol\,O}{0,627\,mol\,S} = 4,0\,\frac{mol\,O}{mol\,S} = 4\,\frac{\text{átomo O}}{\text{átomo S}}$$

$$\frac{0,627\,mol\,Cu}{0,627\,mol\,S} = 1,0\,\frac{mol\,Cu}{mol\,S} = 1\,\frac{\text{átomo Cu}}{\text{átomo S}}$$

Como el sulfato de cobre(II) es una sal inorgánica, su fórmula es una fórmula empírica. Por tanto, su fórmula es: $CuSO_4$.

b) Pretendemos conocer la fórmula del sulfato de cobre(II) hidratado que debe ser: $CuSO_4 \cdot x\,H_2O$, donde x es el número de moléculas de agua que hay por unidad fórmula de sustancia o, expresando en moles, el número de moles de moléculas de agua que hay por cada mol de unidad fórmula de sustancia.

Por una parte, según los datos del problema, en 2,5026 g de sustancia hay 1,6018 g de compuesto anhidro. Por tanto, el resto, 0,9008 g, es de agua. Por otra parte, de acuerdo con la fórmula, en cada mol de unidades fórmula de sustancia hay 1 mol de unidades fórmula de compuesto anhidro y x moles de moléculas de agua.

Calculamos los moles de unidades fórmula de sulfato de cobre(II) anhidro y los moles de moléculas de agua que hay en 2,5026 g de compuesto:

$$n_{CuSO_4} = \frac{m_{CuSO_4}}{M_{m\,CuSO_4}} = \frac{1,6018\,g}{159,5\,g/mol} = 0,010\,mol$$

$$n_{H_2O} = \frac{m_{H_2O}}{M_{m\,H_2O}} = \frac{0,9008\,g}{18\,g/mol} = 0,050\,mol$$

Del resultado obtenido podemos deducir que las moléculas de agua y las unidades fórmula de sulfato de cobre(II) se encuentran en la relación 5:1, luego la fórmula del sulfato de cobre hidratado es $CuSO_4 \cdot 5\,H_2O$. Hay, por tanto, 5 moléculas de agua en cada unidad fórmula de sulfato de cobre(II) hidratado.

Problema 1.34

Al quemar 0,897 g de un compuesto orgánico se forman 3,035 g de CO_2 y 0,621 g de agua. Si 0,649 g de compuesto en estado gaseoso ocupan 254,3 mL a 100 °C y 760 mm Hg, calcule:

a) La fórmula empírica.

b) La fórmula molecular.

Datos: $R = 0,082\,\mathrm{atm} \cdot \mathrm{L} \cdot \mathrm{K}^{-1} \cdot \mathrm{mol}^{-1}$. Masas atómicas: C = 12; H = 1

a) Calculamos primero las masas de cada uno de los elementos de la muestra haciendo una interpretación molar de las fórmulas del dióxido de carbono y del agua:

Obtenemos la masa de carbono de la muestra a partir de la masa de dióxido de carbono que se obtiene, ya que todo el carbono de la muestra aparece en el dióxido de carbono:

$$\frac{44\,\mathrm{g\,CO_2}\,(1\,\mathrm{mol\,CO_2})}{12\,\mathrm{g\,C}\,(1\,\mathrm{mol\,C})} = \frac{3,035\,\mathrm{g\,CO_2}}{x\,\mathrm{g\,C}}; \quad x = 0,828\,\mathrm{g\,C}$$

Obtenemos, de la misma manera, la masa de hidrógeno de la muestra, pero ahora a partir de la masa de agua que se obtiene, ya que todo el hidrógeno de la muestra aparece en el agua:

$$\frac{18\,\mathrm{g\,H_2O}\,(1\,\mathrm{mol\,H_2O})}{2\,\mathrm{g\,H}\,(2\,\mathrm{mol\,H})} = \frac{0,621\,\mathrm{g\,H_2O}}{x\,\mathrm{g\,H}}; \quad x = 0,069\,\mathrm{g\,H}$$

Si nos damos cuenta, la masa de la muestra es igual a la suma de las masas de carbono y de hidrógeno de la misma, luego se deduce que la muestra contiene sólo carbono e hidrógeno: es un hidrocarburo.

Calculamos ahora los moles de cada uno de los elementos de la muestra:

$$n_C = \frac{m_C}{M_{m\,C}} = \frac{0,828\,\mathrm{g}}{12\,\mathrm{g/mol}} = 0,069\,\mathrm{mol}$$

$$n_H = \frac{m_H}{M_{m\,H}} = \frac{0,069\,\mathrm{g}}{1\,\mathrm{g/mol}} = 0,069\,\mathrm{mol}$$

Del resultado obtenido, podemos deducir que los átomos de carbono e hidrógeno en la muestra se encuentran en la relación 1:1, luego la fórmula empírica del hidrocarburo es CH.

b) Determinamos ahora la fórmula molecular con los otros datos del problema. Antes calculamos la masa molar de la fórmula empírica para ver si coincide con la masa molar de la sustancia o si ésta es un múltiplo de aquélla. Si coincide, la fórmula molecular de la sustancia es igual a la fórmula empírica; si es un múltiplo, la fórmula molecular será un múltiplo de la fórmula empírica.

La masa molar de la fórmula empírica es:

$$M_{m\,CH} = 13\,\text{g/mol}$$

Determinamos la masa molar de la sustancia mediante la ecuación de los gases perfectos:

$$M_m = \frac{mRT}{pV} = \frac{0,649\,\text{g} \cdot 0,082\,\dfrac{\text{atm} \cdot \text{L}}{\text{K} \cdot \text{mol}} \cdot 373\,\text{K}}{1\,\text{atm} \cdot 0,2543\,\text{L}} = 78\,\text{g/mol}$$

$\lfloor T = 100\,^\circ\text{C} + 273 = 373\,\text{K};\ p = 760\,\text{mm Hg} = 1\,\text{atm};\ V = 254,3\,\text{mL} = 0,2543\,\text{L}\rfloor$

Observamos que la masa molar de la sustancia es 6 veces la masa molar de la fórmula empírica $\left(\dfrac{78}{13} = 6\right)$, luego los subíndices de la fórmula molecular son el séxtuplo de los subíndices de la fórmula empírica. La fórmula molecular es, por tanto, C_6H_6.

Problema 1.35

En la combustión de 6,49 g de compuesto orgánico se formaron 9,74 g de CO_2 y 2,64 g de vapor de agua. Sabiendo que el compuesto contiene C, H y O y que su masa molecular relativa es 88, determine:
a) La fórmula empírica.
b) La fórmula molecular.
Masas atómicas: C = 12; H = 1; O = 16.

---

a) Calculamos primero las masas de cada uno de los elementos de la muestra haciendo una interpretación molar de las fórmulas del dióxido de carbono y del agua:

Obtenemos la masa de carbono de la muestra a partir de la masa de dióxido de carbono que se obtiene ya que todo el carbono de la muestra aparece en el dióxido de carbono:

$$\frac{44\,\text{g CO}_2\,(1\,\text{mol CO}_2)}{12\,\text{g C}\,(1\,\text{mol C})} = \frac{9,74\,\text{g CO}_2}{x\,\text{g C}};\quad x = 2,656\,\text{g C}$$

Obtenemos la masa de hidrógeno de la muestra de la misma manera, pero ahora a partir de la masa de vapor de agua que se obtiene, ya que todo el hidrógeno de la muestra aparece en el vapor de agua:

$$\frac{18\,\text{g}\,H_2O\,(1\,\text{mol}\,H_2O)}{2\,\text{g}\,H\,(2\,\text{mol}\,H)} = \frac{2,64\,\text{g}\,H_2O}{x\,\text{g}\,H}; \quad x = 0,293\,\text{g}\,H$$

La masa de oxígeno la obtenemos por diferencia:

$$m_O = m_{\text{muestra}} - m_C - m_O = 6,49\,\text{g} - 2,656\,\text{g} - 0,293\,\text{g} = 3,541\,\text{g}$$

Ahora calculamos los moles de cada uno de los elementos de la muestra:

$$n_C = \frac{m_C}{M_{m\,C}} = \frac{2,656\,\text{g}}{12\,\text{g/mol}} = 0,221\,\text{mol}$$

$$n_H = \frac{m_H}{M_{m\,H}} = \frac{0,293\,\text{g}}{1\,\text{g/mol}} = 0,293\,\text{mol}$$

$$n_O = \frac{m_O}{M_{m\,O}} = \frac{3,541\,\text{g}}{16\,\text{g/mol}} = 0,221\,\text{mol}$$

Dividiendo estas cantidades por la menor, 0,221 mol O (o 0,221 mol C), y multiplicando las razones atómicas por 3/3 para obtener números enteros, obtenemos la relación más sencilla en la que se encuentran los átomos de C, H y O en la sustancia, esto es, su fórmula empírica:

$$\frac{0,221\,\text{mol}\,C}{0,221\,\text{mol}\,O} = 1,00\,\frac{\text{mol}\,C}{\text{mol}\,O} = 1\,\frac{\text{átomo}\,C}{\text{átomo}\,O} = 3\,\frac{\text{átomos}\,C}{3\,\text{átomos}\,O}$$

$$\frac{0,293\,\text{mol}\,H}{0,221\,\text{mol}\,O} = 1,33\,\frac{\text{mol}\,H}{\text{mol}\,O} = 1,33\,\frac{\text{átomos}\,H}{\text{átomo}\,O} = 4\,\frac{\text{átomos}\,H}{3\,\text{átomos}\,O}$$

$$\frac{0,221\,\text{mol}\,O}{0,221\,\text{mol}\,O} = 1,00\,\frac{\text{mol}\,O}{\text{mol}\,O} - 1\,\frac{\text{átomo}\,O}{\text{átomo}\,O} - 3\,\frac{\text{átomos}\,O}{3\,\text{átomos}\,O}$$

La fórmula empírica es: $C_3H_4O_3$.

b) Determinamos ahora la fórmula molecular con el dato de que la masa molecular relativa es 88. Antes calculamos la masa molecular relativa de la fórmula empírica para ver si coincide con la masa molecular relativa de la sustancia o si ésta es un múltiplo de aquélla. Si coincide, la fórmula molecular de la sustancia es igual a la fórmula empírica; si es un múltiplo, la fórmula molecular será un múltiplo de la fórmula empírica.

La masa molecular relativa de la fórmula empírica es: $M_{r\,C_3H_4O_3} = 88$

Se observa que la masa molecular relativa de la sustancia coincide con la masa molecular relativa de la fórmula empírica, luego la fórmula molecular coincide con la fórmula empírica: $C_3H_4O_3$.

Problema 1.36

Una mezcla de dos gases está constituida por 2 g de SO_2 y otros 2 g de SO_3 y está contenida en un recipiente a 27 °C y a 2 atm de presión. Calcule:
a) El volumen que ocupa la mezcla de gases.
b) La fracción molar de cada gas.
Datos: $R = 0,082\,\text{atm} \cdot \text{L} \cdot \text{K}^{-1} \cdot \text{mol}^{-1}$. Masas atómicas: $O = 16$; $S = 32$.

a) Calculamos el volumen de la mezcla mediante la ecuación de los gases perfectos, teniendo en cuenta que n_{total} es el número de moles totales de la mezcla:

$$V = \frac{n_{\text{total}}RT}{p} = \frac{0,0562\,\text{mol} \cdot 0,082\,\dfrac{\text{atm} \cdot \text{L}}{\text{K} \cdot \text{mol}} \cdot 300\,\text{K}}{2\,\text{atm}} = 0,691\,\text{L}$$

$$\lfloor n_{\text{total}} = n_{SO_2} + n_{SO_3} = \frac{m_{SO_2}}{M_{m\,SO_2}} + \frac{m_{SO_3}}{M_{m\,SO_3}} = \frac{2\,\text{g}}{64\,\text{g/mol}} + \frac{2\,\text{g}}{80\,\text{g/mol}} = 0,0562\,\text{mol};$$

$$T = 27\,°C + 273 = 300\,\text{K}; \ p = 2\,\text{atm}; \ M_{m\,SO_2} = 32\,\text{g/mol}; \ M_{m\,SO_3} = 80\,\text{g/mol} \rfloor$$

b) La fracción molar de cada componente es:

$$\chi_{SO_2} = \frac{n_{SO_2}}{n_{\text{total}}} = \frac{0,0312\,\text{mol}}{0,0562\,\text{mol}} = 0,555 \quad \chi_{SO_3} = \frac{n_{SO_3}}{n_{\text{total}}} = \frac{0,0250\,\text{mol}}{0,0562\,\text{mol}} = 0,445$$

$$\lfloor n_{\text{total}} = 0,0562\,\text{mol}; \ n_{SO_2} = 0,0312\,\text{mol}; \ n_{SO_3} = 0,0250\,\text{mol} \rfloor$$

Problema 1.37

En un recipiente de 2 L de capacidad, que está a 27 °C, hay 60 g de una mezcla equimolar de dihidrógeno y helio. Calcule:
a) La presión total del recipiente.
b) Las presiones parciales ejercidas por los gases.
Datos: $R = 0,082\,\text{atm} \cdot \text{L} \cdot \text{K}^{-1} \cdot \text{mol}^{-1}$. Masas atómicas: $H = 1$; $He = 4$.

a) Calculamos primero el número de moles de cada componente, que es el mismo, dado que la mezcla es equimolar. Se debe de cumplir que:

$$m_{\text{total}} = m_{H_2} + m_{He} = n_{H_2} \cdot M_{m\,H_2} + n_{He} \cdot M_{m\,He}$$

Sustituyendo en la anterior expresión los datos del problema, tenemos:

$$60 = n \cdot 2 + n \cdot 4 \Rightarrow n = \frac{60}{6} = 10\,\text{mol}$$

$$\lfloor n_{H_2} = n_{He} = n; \ M_{m\,H_2} = 2\,\text{g/mol}; \ M_{m\,He} = 4\,\text{g/mol} \rfloor$$

Como hay 10 mol de cada componente, $n_{total} = 2\,n = 2 \cdot 10\,\text{mol} = 20\,\text{mol}$

La presión total, p_{total}, es directamente proporcional al número de moles totales, n_{total}:

$$p_{total} = \frac{n_{total}RT}{V} = \frac{20\,\text{mol} \cdot 0,082\,\dfrac{\text{atm} \cdot \text{L}}{\text{K} \cdot \text{mol}} \cdot 300\,\text{K}}{2\,\text{L}} = 246\,\text{atm}$$

$$\lfloor T = 27^\circ\,\text{C} + 273 = 300\,\text{K} \rfloor$$

b) La presión parcial, p_i, de cada componente es directamente proporcional a su fracción molar:

$$p_i = \chi_i\,p_{total}$$

Como el número de moles de cada componente es el mismo, la fracción molar de cada uno es 0,5, y, por tanto, la presión parcial de cada componente es la mitad de la presión total:

$$p_{H_2} = p_{He} = \frac{p_{total}}{2} = \frac{246\,\text{atm}}{2} = 123\,\text{atm}$$

Problema 1.38

Se dispone de un recipiente de 10 L de capacidad, que se mantiene siempre a la temperatura de 25 °C, y se introducen en el mismo 5 L de CO_2 a 1 atm y 5 L de CO a 2 atm, ambos a 25 °C. Calcule:
a) La composición en porcentaje de la mezcla.
b) La presión del recipiente.
Datos: $R = 0,082\,\text{atm} \cdot \text{L} \cdot \text{K}^{-1} \cdot \text{mol}^{-1}$.

---

a) Expresamos el porcentaje de la mezcla en moles, puesto que la presión que ejerce cada gas en la mezcla es directamente proporcional al número de moles de cada componente.

Determinamos el número de moles de cada componente, n_i, que hay en cada recipiente mediante la ecuación de los gases perfectos:

$$n_{CO_2} = \frac{p_{CO_2}V}{RT} = \frac{1\,\text{atm} \cdot 5\,\text{L}}{0,082\,\dfrac{\text{atm} \cdot \text{L}}{\text{K} \cdot \text{mol}} \cdot 298\,\text{K}} = 0,205\,\text{mol}$$

$$n_{CO} = \frac{p_{CO}V}{RT} = \frac{2\,\text{atm} \cdot 5\,\text{L}}{0,082\,\dfrac{\text{atm} \cdot \text{L}}{\text{K} \cdot \text{mol}} \cdot 298\,\text{K}} = 0,409\,\text{mol}$$

$$\lfloor T = 25\,^{\circ}\text{C} + 273 = 298\,\text{K} \rfloor$$

El número de moles totales, n_{total}, es:

$$n_{\text{total}} = n_{\text{CO}_2} + n_{\text{CO}} = 0,205\,\text{mol} + 0,409\,\text{mol} = 0,614\,\text{mol}$$

El porcentaje en moles de cada componente es:

$$\%\text{CO}_2 = \frac{n_{\text{CO}_2}}{n_{\text{total}}} = \frac{0,205\,\text{mol}}{0,614\,\text{mol}} \cdot 100 = 33,4\,\%$$

$$\%\text{CO (el resto hasta el } 100\,\%) = 66,6\,\%$$

b) Al introducir ambos gases en el recipiente de mayor tamaño, la presión total, p_{total}, es directamente proporcional al número de moles totales, n_{total}:

$$p_{\text{total}} = \frac{n_{\text{total}}RT}{V} = \frac{0,614\,\text{mol} \cdot 0,082\,\frac{\text{atm}\cdot\text{L}}{\text{K}\cdot\text{mol}} \cdot 298\,\text{K}}{10\,\text{L}} = 1,50\,\text{atm}$$

Problema 1.39

0,157 g de un gas recogido sobre agua ocupan un volumen de 135 mL a 25 °C y 746 mm de Hg de presión. Suponiendo comportamiento ideal, determine:
a) La masa molar del gas.
b) La fracción molar de cada componente.
Datos: Presión de vapor del agua a 25 °C = 23,76 mm de Hg.
$R = 0,082\,\text{atm}\cdot\text{L}\cdot\text{K}^{-1}\cdot\text{mol}^{-1}$.

a) La presión total de la mezcla de gases es igual a la suma de las presiones parciales que ejercen cada uno:

$$p_{\text{total}} = p_{\text{vapor de agua}} + p_{\text{gas}}$$

Como conocemos la presión total y la presión parcial del vapor de agua:

$$p_{\text{gas}} = p_{\text{total}} - p_{\text{vapor de agua}} = 746\,\text{mm Hg} - 23,76\,\text{mm Hg} = 722,24\,\text{mm Hg}$$

Como la presión parcial que ejerce un gas en una mezcla de gases es la misma que la que ejercería si estuviese solo, podemos aplicar la ecuación de los gases perfectos para averiguar su masa molar:

$$M_m = \frac{mRT}{p_{gas}V} = \frac{0,157\,\text{g} \cdot 0,082\,\frac{\text{atm}\cdot\text{L}}{\text{K}\cdot\text{mol}} \cdot 298\,\text{K}}{0,950\,\text{atm} \cdot 0,135\,\text{L}} = 29,9\,\text{g/mol}$$

$$\lfloor T = 25\,^{\circ}\mathrm{C} + 273 = 298\,\mathrm{K}; \; p = 722,24\,\mathrm{mmHg} \cdot \frac{1\,\mathrm{atm}}{760\,\mathrm{mm\,Hg}} = 0,950\,\mathrm{atm} \rfloor$$

b) La presión parcial, p_i, de cada componente en una mezcla de gases es directamente proporcional a su fracción molar:

$$p_i = \chi_i\, p_{\text{total}}$$

Por tanto:

$$\chi_{\text{gas}} = \frac{p_{\text{gas}}}{p_{\text{total}}} = \frac{722,24\,\mathrm{mm\,Hg}}{746\,\mathrm{mm\,Hg}} = 0,968$$

$$\chi_{\text{vapor de agua}} = \frac{p_{\text{vapor de agua}}}{p_{\text{total}}} = \frac{23,76\,\mathrm{mm\,Hg}}{746\,\mathrm{mm\,Hg}} = 0,032$$

Problema 1.40

Cuando arden 25 g de un hidrocarburo, se forman 68,67 g de CO_2 y 56,25 g de H_2O. Calcule:

a) La fórmula empírica del compuesto. ¿Podría asegurar, sin datos adicionales, de qué compuesto se trata?

b) El número de moléculas de CO_2 y H_2O formadas, y el número de moles de oxígeno necesarios para su combustión.

Masas atómicas: C = 12; O = 16; H = 1.

---

a) Calculamos primero las masas de cada uno de los elementos de la muestra, haciendo una interpretación molar de las fórmulas del dióxido de carbono y del agua.

Obtenemos la masa de carbono a partir de la masa de dióxido de carbono que se obtiene, ya que todo el carbono de la muestra aparece en el dióxido de carbono:

$$\frac{44\,\mathrm{g\,CO_2}\,(1\,\mathrm{mol\,CO_2})}{12\,\mathrm{g\,C}\,(1\,\mathrm{mol\,C})} = \frac{68,67\,\mathrm{g\,CO_2}}{x\,\mathrm{g\,C}}; \quad x = 18,7\,\mathrm{g\,C}$$

Podemos obtener la masa de hidrógeno de la misma manera, pero ahora a partir de la masa de agua que se forma, ya que todo el hidrógeno de la muestra aparece en el agua. Podemos calcularla por una simple diferencia, puesto que la muestra posee sólo carbono e hidrógeno, y sabemos su masa y la masa de carbono que contiene:

$$m_{\mathrm{H}} = m_{\text{muestra}} - m_{\mathrm{C}} = 25\,\mathrm{g} - 18,7\,\mathrm{g} = 6,3\,\mathrm{g\,H}$$

Ahora calculamos los moles de cada uno de los elementos de la muestra:

$$\frac{m_{\mathrm{C}}}{M_{m\,\mathrm{C}}} = \frac{18,7\,\mathrm{g}}{12\,\mathrm{g/mol}} = 1,56\,\mathrm{mol\,C}; \quad \frac{m_{\mathrm{H}}}{M_{m\,\mathrm{H}}} = \frac{6,3\,\mathrm{g}}{1\,\mathrm{g/mol}} = 6,30\,\mathrm{mol\,H}$$

Dividiendo estas cantidades por la menor, 1,56 mol C, obtenemos la relación más sencilla en la que se encuentran los átomos de C y H en la sustancia, esto es, su fórmula empírica:

$$\frac{1,56\,\text{mol C}}{1,56\,\text{mol C}} = 1,00\,\frac{\text{mol C}}{\text{mol C}} = 1\,\frac{\text{átomo C}}{\text{átomo C}}; \quad \frac{6,30\,\text{mol H}}{1,56\,\text{mol C}} = 4,04\,\frac{\text{mol H}}{\text{mol C}} \simeq 4\,\frac{\text{átomos H}}{\text{átomo C}}$$

La fórmula empírica es: CH_4.

Se trata del metano, puesto que no hay ningún otro compuesto con la misma fórmula empírica.

b) Calculamos el número de moléculas de CO_2 y H_2O formadas una vez determinadas sus masas molares ($M_{m\,CO_2} = 44\,\text{g/mol}$ y $M_{m\,H_2O} = 18\,\text{g/mol}$), y sabiendo que en un mol de moléculas hay $6,023 \cdot 10^{23}$ moléculas:

$$\frac{44\,\text{g CO}_2}{6,023 \cdot 10^{23}\,\text{moléculas CO}_2} = \frac{68,67\,\text{g CO}_2}{x\,\text{moléculas CO}_2}$$

$$x = 9,40 \cdot 10^{23}\,\text{moléculas CO}_2$$

$$\frac{18\,\text{g H}_2\text{O}}{6,023 \cdot 10^{23}\,\text{moléculas H}_2\text{O}} = \frac{56,25\,\text{g H}_2\text{O}}{x\,\text{moléculas H}_2\text{O}}$$

$$x = 1,88 \cdot 10^{24}\,\text{moléculas H}_2\text{O}$$

Calculamos, por último, el número de moles de O_2 ($M_{m\,O_2} = 32\,\text{g/mol}$), una vez determinada la masa de oxígeno que reacciona con el metano. Por el principio de conservación de la masa, la suma de la masa de los reactivos (metano y oxígeno) debe ser igual a la masa de los productos (dióxido de carbono y agua). Por tanto:

$$m_{O_2} = m_{CO_2} + m_{H_2O} - m_{CH_4} = 68,67\,\text{g} + 56,25\,\text{g} - 25,00\,\text{g} = 99,92\,\text{g O}_2$$

El número de moles de moléculas de oxígeno es:

$$\frac{32\,\text{g O}_2}{1\,\text{mol O}_2} = \frac{99,92\,\text{g CO}_2}{x\,\text{mol O}_2}$$

$$x = 3,12\,\text{mol O}_2$$

Capítulo 2

Disoluciones y Estequiometría

Problema 2.1

a) Calcule la masa de NaOH sólido del 80 % de pureza en peso, necesaria para preparar 250 mL de una disolución acuosa 0,025 M.

b) Explique el procedimiento para preparar la disolución, indicando el material necesario.

Masas atómicas: H = 1; O = 16; Na = 23.

---

a) Esquema de los pasos para la resolución:

$$\text{mL dn NaOH} \xrightarrow[\text{①}]{n=M\cdot V} \text{mol NaOH} \xrightarrow[\text{②}]{m=n\cdot M_m} \text{g NaOH} \xrightarrow[\text{③}]{\% \text{ pureza}} \text{g NaOH impuro}$$

① Moles de NaOH en 250 mL de disolución (0,25 L) 0,025 M

$$n = M \cdot V = 0,025 \, \frac{\text{mol NaOH}}{\text{L dn}} \cdot 0,25 \, \text{L dn} = 6,25 \cdot 10^{-3} \, \text{mol NaOH}$$

Llegaríamos al mismo resultado haciendo el siguiente razonamiento:

$$\frac{\text{Si preparáramos } 1 \, \text{L dn NaOH}}{\text{necesitaríamos } 0,025 \, \text{mol NaOH}} = \frac{\text{como preparamos } 0,25 \, \text{L dn NaOH}}{\text{necesitaremos } x \, \text{mol NaOH}}$$

$$x = 6,25 \cdot 10^{-3} \, \text{mol NaOH}$$

② Gramos de NaOH

$$m = n \cdot M_m = 6,25 \cdot 10^{-3} \, \text{mol} \cdot 40 \, \text{g/mol} = 0,25 \, \text{g NaOH}$$

45

③ Gramos de NaOH impuro

Una pureza del NaOH del 80 % significa que en 100 g de NaOH impuro hay 80 g de NaOH. Por tanto:

$$\frac{\text{Si necesitáramos } 80\,\text{g NaOH}}{\text{pesaríamos } 100\,\text{g NaOH impuro}} = \frac{\text{como necesitamos } 0,25\,\text{g NaOH}}{\text{pesaremos } x\,\text{g NaOH impuro}}$$

$$x = 0,31\,\text{g NaOH impuro}$$

b) Material: vidrio de reloj, balanza granatario, vaso de precipitados, matraz aforado, frasco lavador y pipeta.

Procedimiento: ponemos NaOH impuro sobre un vidrio de reloj y pesamos 0,31 g de esta sustancia en una balanza granatario de sensibilidad 0,01 g. Seguidamente, lo echamos en un vaso de precipitados que contenga un poco de agua destilada y agitamos hasta su completa disolución. A continuación, vertemos su contenido en un matraz aforado de 250 mL y, ayudándonos con un frasco lavador que contiene agua destilada, limpiamos el vidrio de reloj y el vaso de precipitados para arrastrar restos de disolución, luego vertemos ese agua en el matraz aforado. Después añadimos agua destilada con el frasco lavador hasta cerca del enrase. Seguidamente, con una pipeta añadimos, gota a gota, más agua destilada hasta el enrase. Por último, tapamos y etiquetamos la disolución con la leyenda "NaOH 0,025 M".

Problema 2.2

Se toman 25 mL de un ácido sulfúrico de densidad 1,84 g/cm^3 y del 96 % de riqueza en peso y se le adiciona agua hasta 250 mL.
a) Calcule la molaridad de la disolución resultante.
b) Indique el material necesario y el procedimiento a seguir para preparar la disolución.
Masas atómicas: H = 1; O = 16; S = 32.

---

a) Esquema de los pasos para la resolución:

$$\text{mL dn H}_2\text{SO}_4 \xrightarrow[\;①\;]{m=d\cdot V} \text{g dn H}_2\text{SO}_4 \xrightarrow[\;②\;]{\%\ \text{Riqueza}} \text{g H}_2\text{SO}_4 \xrightarrow[\;③\;]{n=\frac{m}{M_m}} \text{mol H}_2\text{SO}_4 \xrightarrow[\;④\;]{M=\frac{n}{V}} \text{M H}_2\text{SO}_4$$

① Gramos de disolución H_2SO_4 que contiene 25 mL de disolución

Conocida la densidad de la disolución, podemos determinar la masa de 25 mL de disolución:

$$m = d \cdot V = 1,84 \, \frac{\text{g dn}}{\text{mL dn}} \cdot 25 \, \text{mL dn} = 46 \, \text{g dn} \, H_2SO_4$$

② Gramos de H_2SO_4 que contiene 25 mL de disolución

Conocida la riqueza en ácido sulfúrico de la disolución, podemos determinar la masa de ácido sulfúrico de una porción de disolución. Una riqueza de un 96 % de H_2SO_4 significa que 100 g de disolución contienen una masa de 96 g de H_2SO_4. Por tanto:

$$\frac{100 \, \text{g dn} \, H_2SO_4}{96 \, \text{g} \, H_2SO_4} = \frac{46 \, \text{g dn} \, H_2SO_4}{x \, \text{g} \, H_2SO_4}; \quad x = 44,2 \, \text{g} \, H_2SO_4$$

③ Moles de H_2SO_4

$$n = \frac{m}{M_m} = \frac{44,2 \, \text{g}}{98 \, \text{g/mol}} = 0,451 \, \text{mol} \, H_2SO_4$$

④ Molaridad de la disolución de H_2SO_4 preparada

$$M = \frac{n}{V} = \frac{0,451 \, \text{mol} \, H_2SO_4}{0,25 \, \text{L dn}} = 1,80 \, \text{M} \, H_2SO_4$$

b) Material: pipeteador, varilla de vidrio, vaso de precipitados, matraz aforado, frasco lavador y pipeta.

Procedimiento: extraemos con un pipeteador 25 mL de la disolución de H_2SO_4 concentrado mediante una pipeta aforada de 25 mL y lo vertemos lentamente, agitando con una varilla de vidrio, en un vaso de precipitados de 250 mL que contiene unos 150 mL de agua destilada. A continuación, vertemos su contenido en un matraz aforado de 250 mL y, ayudándonos con un frasco lavador que contiene agua destilada, limpiamos el vaso de precipitados para arrastrar restos de la disolución, luego vertemos ese agua en el matraz aforado[1]. Después añadimos más agua destilada con el frasco lavador hasta cerca del enrase. Seguidamente, con una pipeta añadimos, gota a gota, más agua destilada hasta el enrase. Por último, tapamos y etiquetamos la disolución con la leyenda "H_2SO_4 1,8 M".

---

[1] Es importante hacer esta operación con seguridad. Para ello, hay que añadir el ácido sobre el agua, y no al contrario, para evitar proyecciones del ácido que podrían dañarnos.

Problema 2.3

Una disolución de HNO_3 15 M tiene una densidad de 1,40 g/mL. Calcule:
a) La concentración de dicha disolución en tanto por ciento en masa de HNO_3.
b) El volumen de la misma que debe tomarse para preparar 10 L de disolución de HNO_3 0,05 M.
Masas atómicas: N = 14; O = 16; H = 1.

---

a) La concentración de la disolución acuosa de ácido nítrico, HNO_3, en tanto por ciento, representa los gramos de ácido nítrico que contiene la disolución en cada 100 g de la misma.

Por una parte, del dato de la concentración del ácido, 15 M, podemos deducir la masa de ácido nítrico que hay en un 1 L de disolución:

$$\frac{15\,\text{mol}\,HNO_3}{\text{L dn}} \cdot \frac{63\,\text{g}\,HNO_3}{1\,\text{mol}\,HNO_3} = 945\,\text{g}\,HNO_3/\text{L dn} \qquad \lfloor M_{m\,HNO_3} = 63\,\text{g/mol}\rfloor$$

Por otra parte, por el dato de la densidad de la disolución[2] 1,4 g/mL=$1\,400$ g/L sabemos que 1 L de disolución tiene una masa de $1\,400$ g.

A partir de los datos anteriores, podemos concluir que 1 L de disolución tiene una masa de $1\,400$ g, de los cuales 945 g corresponden a ácido ácido nítrico . Podemos hacer, por tanto, la siguiente proporción:

$$\frac{1\,400\,\text{g dn}}{945\,\text{g}\,HNO_3} = \frac{100\,\text{g dn}}{x\,\text{g}\,HNO_3}; \quad x = 67,5\,\text{g}\,HNO_3 \Rightarrow 67,5\,\%\,HNO_3$$

b) Para determinar el volumen de la disolución concentrada que debemos tomar para preparar la disolución diluida, debemos determinar primero los moles de ácido nítrico que debe contener la disolución a preparar:

Como queremos preparar 10 L de de disolución 0,05 M de HNO_3:

$$\frac{1\,\text{L dn}}{0,05\,\text{mol}\,HNO_3} = \frac{10\,\text{L dn}}{x\,\text{mol}\,HNO_3}; \; x = 0,5\,\text{mol}\,HNO_3$$

Considerando la molaridad del ácido concentrado, calculamos el volumen que tenemos que tomar de éste de manera que contenga 0,5 mol HNO_3:

---

[2]Hay que distinguir entre:

- Densidad de la disolución, en g/L, que hace referencia a los gramos de disolución (disolvente más soluto) que hay en un litro de disolución, y

- Concentración de la disolución, en g/L, que hace referencia a los gramos de soluto que hay en un litro de disolución.

La concentración de ácido concentrado es 15 M. Este número significa que 1 L $(1\,000\,\text{mL})$ de disolución de esa concentración contiene 15 moles de HNO_3.

Por tanto:

$$\frac{15\,\text{mol}\,HNO_3}{1\,000\,\text{mL dn}\,HNO_3} = \frac{0,5\,\text{mol}\,HNO_3}{x\,\text{mL dn}\,HNO_3}; \quad x = 33,3\,\text{mL dn}\,HNO_3$$

Problema 2.4

Se toman 2 mL de una disolución de ácido sulfúrico concentrado del 92 % de riqueza en peso y de densidad 1,80 g/mL y se diluye con agua hasta 100 mL. Calcule:
a) La molaridad de la disolución concentrada.
b) La molaridad de la disolución diluida.
Masas atómicas: S = 32; H = 1; O = 16.

---

a) Calculamos, en este caso, la molaridad de la disolución concentrada de H_2SO_4, $M_{\text{concentrada}}$, mediante factores de conversión:

$$M_{\text{concentrada}} = \frac{1\,800\,\text{g dn}}{\text{L dn}} \cdot \frac{92\,\text{g}\,H_2SO_4}{100\,\text{g dn}} \cdot \frac{1\,\text{mol}\,H_2SO_4}{98\,\text{g}\,H_2SO_4} = 16,9\,\text{M}$$

$$\lfloor M_m = 98\,\text{g}\,H_2SO_4/\text{mol}\,H_2SO_4; \ d = 1,8\,\text{g dn/mL dn} = 1\,800\,\text{g dn/L dn};$$
$$\text{Riqueza} = 92\,\% = 92\,\text{g}\,H_2SO_4/100\,\text{g dn} \rfloor$$

b) Para calcular la molaridad de la disolución diluida de H_2SO_4, calculamos primero los moles de H_2SO_4 que contienen 2 mL (0,002 L) de la disolución concentrada:

$$16,9\,\frac{\text{mol}\,H_2SO_4}{\text{L dn}} \cdot 0,002\,\text{L dn} - 0,0338\,\text{mol}\,H_2SO_4$$

La molaridad de la disolución diluida M_{diluida}, formada al añadir agua hasta un volumen total de disolución de 100 mL (0,1 L), será:

$$M_{\text{diluida}} = \frac{n_{H_2SO_4}}{V} = \frac{0,0338}{0,1\,\text{L dn}} = 0,338\,\text{M}$$

Problema 2.5

Una disolución acuosa de alcohol etílico (C_2H_5OH), tiene una riqueza del 95 % y una densidad de 0,90 g/mL. Calcule:
a) La molaridad de esa disolución.
b) Las fracciones molares de cada componente.
Masas atómicas: C = 12; O = 16; H = 1.

a) Calculamos la molaridad de la disolución a partir de la densidad de la disolución y de su riqueza en alcohol etílico (% en peso).

La densidad de la disolución en g/L es:

$$0,90 \, \frac{\text{g dn}}{\text{mL}} \cdot \frac{1\,000 \, \text{mL dn}}{1 \, \text{L dn}} = 900 \, \frac{\text{g dn}}{\text{L dn}}$$

Significa que 1 L de disolución tiene una masa de 900 g.

La riqueza de la disolución en alcohol etílico es del 95 %; esto quiere decir que en 100 g de disolución hay 95 g de alcohol etílico. Por tanto, en 900 g de disolución habrá:

$$\frac{100 \, \text{g dn} \, C_2H_5OH}{95 \, \text{g} \, C_2H_5OH} = \frac{900 \, \text{g dn} \, C_2H_5OH}{x \, \text{g} \, C_2H_5OH} \qquad x = 855 \, \text{g} \, C_2H_5OH$$

que son:

$$n_{C_2H_5OH} = \frac{m}{M_m} = \frac{855 \, \text{g} \, C_2H_5OH}{46 \, \text{g/mol} \, C_2H_5OH} = 18,6 \, \text{mol} \, C_2H_5OH$$

Puesto que 1 L de disolución contiene 18,6 mol de C_2H_5OH, la concentración de la disolución es 18,6 M.

b) Hallamos las fracciones molares de cada componente, agua y alcohol, a partir de la riqueza. Como la riqueza es del 95 %, en 100 g de disolución, hay 95 g de alcohol etílico (y, por tanto, 5 g de agua).

Calculamos primero el número de moles de cada componente en 100 g de disolución:

$$n_{C_2H_5OH} = \frac{m_{C_2H_5OH}}{M_{m \, C_2H_5OH}} = \frac{95 \, \text{g}}{46 \, \text{g/mol}} = 2,06 \, \text{mol} \, C_2H_5OH$$

$$n_{H_2O} = \frac{m_{H_2O}}{M_{m \, H_2O}} = \frac{5 \, \text{g}}{18 \, \text{g/mol}} = 0,278 \, \text{mol} \, H_2O$$

A continuación, los moles totales:

$$n_{\text{totales}} = 2,06 + 0,278 = 2,34 \, \text{mol}$$

Y por último, las fracciones molares de cada componente:

$$\chi_{C_2H_5OH} = \frac{n_{C_2H_5OH}}{n_{\text{totales}}} = \frac{2,06 \, \text{mol}}{2,34 \, \text{mol}} = 0,880$$

$$\chi_{H_2O} = 1 - \chi_{C_2H_5O} = 1 - 0,880 = 0,120$$

Problema 2.6

a) Calcule la molaridad de una disolución de HNO_3, del 36 % de riqueza en peso y densidad 1,22 g/mL.

b) ¿Qué volumen de ese ácido debemos tomar para preparar 0,5 litros de disolución 0,25 M?

Masas atómicas: H = 1; N = 14; O = 16.

a) Calculamos la molaridad de la disolución a partir de la densidad de la disolución y de su riqueza en ácido nítrico (% en peso).

La densidad de la disolución en g/L es:

$$1,22 \, \frac{\text{g dn}}{\text{mL dn}} \cdot \frac{1\,000 \, \text{mL dn}}{1 \, \text{L dn}} = 1\,220 \, \frac{\text{g dn}}{\text{L dn}}$$

Significa que 1 L de disolución tiene una masa de $1\,220$ g.

La riqueza de la disolución en ácido nítrico es del 36 %; esto quiere decir que en 100 g de disolución hay 36 g de ácido nítrico. Por tanto, en $1\,220$ g de disolución habrá:

$$\frac{100 \, \text{g dnHNO}_3}{36 \, \text{g HNO}_3} = \frac{1\,220 \, \text{g dn HNO}_3}{x \, \text{g HNO}_3}; \; x = 439 \, \text{g HNO}_3$$

que son:

$$n_{HNO_3} = \frac{m}{M_m} = \frac{439 \, \text{g}}{63 \, \text{g/mol}} = 6,97 \, \text{mol HNO}_3$$

Puesto que 1 L de disolución de HNO_3 contiene 6,97 mol de HNO_3, la concentración de la disolución es 6,97 M $\simeq$ 7 M.

b) Resolvemos este apartado mediante esta secuencia de pasos:

① Calculamos los moles de ácido nítrico que debe contener la disolución a preparar.

Como queremos preparar 0,5 L de disolución 0,25 M de HNO_3, debe contener:

$$\frac{1 \, \text{L dn}}{0,25 \, \text{mol HNO}_3} = \frac{0,5 \, \text{L dn}}{x \, \text{mol HNO}_3}; \; x = 0,125 \, \text{mol HNO}_3$$

② Consideramos la molaridad del ácido concentrado calculada.

La molaridad de ácido concentrado es 7 M. Quiere decir que 1 L ($1\,000$ mL) de disolución de esa concentración contiene 7 moles de HNO_3.

③ Calculamos el volumen de ácido nítrico concentrado de manera que contenga los 0,125 mol de ácido nítrico necesarios para preparar la disolución.

$$\frac{7 \, \text{mol} \, HNO_3}{1\,000 \, \text{mL dn}} = \frac{0,125 \, \text{mol} \, HNO_3}{x \, \text{mL dn}}; \quad x = 18 \, \text{mL dn} \, HNO_3$$

Problema 2.7

Si 25 mL de una disolución 2,5 M de $CuSO_4$ se diluyen con agua hasta un volumen de 450 mL:

a) ¿Cuántos gramos de cobre hay en la disolución original?

b) ¿Cuál es la molaridad de la disolución final?

Masas atómicas: $Cu = 63,5$.

---

a) Esquema de los pasos para la resolución:

$$\text{mL dn} \, CuSO_4 \xrightarrow[①]{n=M \cdot V} \text{mol} \, CuSO_4 \xrightarrow[②]{\text{Interpretación fórmula}} \text{mol} \, Cu \xrightarrow[③]{m=n \cdot M_m} \text{g} \, Cu$$

① Moles de $CuSO_4$ en los 25 mL (0,025 L) de disolución 2,5 M de $CuSO_4$

$$n = M \cdot V = 2,5 \, \frac{\text{mol} \, CuSO_4}{\text{L dn}} \cdot 0,025 \, \text{L dn} = 0,0625 \, \text{mol} \, CuSO_4$$

② Moles de Cu

Según la fórmula del sulfato de cobre(II), por cada mol de unidades fórmula de sulfato de cobre(II) hay un mol de átomos de cobre. Por tanto, en 0,0625 mol de sulfato de cobre(II) habrá también 0,0625 mol de cobre.

③ Gramos de cobre

$$m = n \cdot M_m = 0,0625 \, \text{mol} \cdot 63,5 \, \frac{\text{g}}{\text{mol}} = 3,97 \, \text{g} \, Cu$$

b) Molaridad de la nueva disolución, formada al añadir agua hasta un volumen de 450 mL de disolución:

La nueva disolución contiene la misma cantidad de sulfato de cobre(II) que la original (0,0625 mol), pero en 0,450 L de disolución. Por tanto su molaridad es:

$$M = \frac{n}{V} = \frac{0,0625 \, \text{mol} \, CuSO_4}{0,45 \, \text{L dn}} = 0,139 \, \text{M} \, CuSO_4$$

Problema 2.8

Una disolución acuosa de ácido sulfúrico tiene una densidad de 1,05 g/mL, a 20 °C, y contiene 147 g de ese ácido en 1 500 mL de disolución. Calcule:
a) La fracción molar de soluto y de disolvente de la disolución.
b) ¿Qué volumen de la disolución anterior hay que tomar para preparar 500 mL de disolución 0,5 M del citado ácido?
Masas atómicas: H = 1; O = 16; S = 32.

a) Para calcular la fracción molar de la disolución acuosa de ácido sulfúrico, hemos de determinar primero los gramos de agua y ácido sulfúrico que hay en un determinado volumen de disolución y, seguidamente, los moles de cada una de esas sustancias.

Como sabemos que en 1 500 mL de disolución hay 147 g de ácido y la densidad de la disolución, podemos determinar la masa de los 1 500 mL de disolución y, por diferencia, la masa de agua.

- Gramos de los 1 500 mL de disolución

$$m = d \cdot V = 1,05 \, \frac{\text{g dn}}{\text{mL dn}} \cdot 1\,500 \, \text{mL dn} = 1\,575 \, \text{g dn}$$

- Gramos de agua en 1 575 g de disolución

$$1\,575 \, \text{g dn} - 147 \, \text{g} \, H_2SO_4 = 1\,428 \, \text{g} \, H_2O$$

Ahora ya podemos determinar los moles de ácido sulfúrico y agua que hay en los 1 575 g de disolución:

$$n_{H_2SO_4} = \frac{m_{H_2SO_4}}{M_{m\,H_2SO_4}} = \frac{147 \, \text{g}}{98 \, \text{g/mol}} = 1,50 \, \text{mol} \, H_2SO_4$$

$$n_{H_2O} = \frac{m_{H_2O}}{M_{m\,H_2O}} = \frac{1\,428 \, \text{g}}{18 \, \text{g/mol}} = 79,3 \, \text{mol} \, H_2O$$

A continuación, los moles totales:

$$n_{\text{totales}} = 1,50 + 79,3 = 80,8 \, \text{moles}$$

y, por último, la fracción molar del soluto (ácido sulfúrico) y del disolvente (agua):

$$\chi_{H_2SO_4} = \frac{n_{H_2SO_4}}{n_{\text{totales}}} = \frac{1,5 \, \text{mol}}{80,8 \, \text{mol}} = 0,0190$$

$$\chi_{H_2O} = 1 - \chi_{H_2SO_4} = 1 - 0,019 = 0,981$$

b) Para calcular el volumen de la disolución primera que hemos de tomar para preparar 500 mL de una disolución 0,5 M del mismo ácido, hemos de seguir la siguiente secuencia de pasos:

① Moles de ácido sulfúrico que contiene la disolución a preparar

La disolución es 0,5 M, si quisiéramos preparar un litro de disolución, debería contener 0,5 mol de ácido sulfúrico. Como queremos preparar la mitad, 500 mL, debe contener la mitad, 0,25 mol de ácido sulfúrico.

② Molaridad de la disolución primera

Como conocemos la masa de ácido sulfúrico, su masa molar y el volumen de la disolución, podemos determinar su molaridad:

$$M = \frac{n}{V} = \frac{\dfrac{m}{M_m}}{V} = \frac{\dfrac{147\,\mathrm{g}}{98\,\mathrm{g/mol}}}{1,5\,\mathrm{L}} = 1\,\mathrm{M\,H_2SO_4}$$

③ Volumen que necesitamos de la primera disolución

La concentración de la primera disolución es 1 M, esto quiere decir que 1 mol de H_2SO_4 está contenido en 1 L de disolución ($1\,000\,\mathrm{mL}$). Por tanto, 0,25 mol de H_2SO_4 estarán contenidos en:

$$\frac{1\,\mathrm{mol}\,H_2SO_4}{1\,000\,\mathrm{mL\,dn}} = \frac{0,25\,\mathrm{mol}\,H_2SO_4}{x\,\mathrm{mL\,dn}}; \ x = 250\,\mathrm{mL\,dn}$$

Hemos de tomar, por tanto, 250 mL.

Problema 2.9

Una disolución de ácido acético (CH_3COOH) tiene un 10 % en peso de riqueza y una densidad de 1,05 g/mL. Calcule:
a) La molaridad de la disolución.
b) La molaridad de la disolución preparada, llevando 25 mL de la disolución anterior a un volumen final de 250 mL mediante la adición de agua destilada.
Masas atómicas: H = 1; C = 12; O = 16.

---

a) Calculamos la molaridad de la disolución a partir de la densidad de la disolución y de su riqueza en ácido acético (% en peso).

La densidad de la disolución en g/L es:

$$1,05\,\frac{\mathrm{g\,dn}}{\mathrm{mL\,dn}} \cdot \frac{1\,000\,\mathrm{mL\,dn}}{1\,\mathrm{L\,dn}} = 1\,050\,\frac{\mathrm{g\,dn}}{\mathrm{L\,dn}}$$

Significa que 1 L de disolución tiene una masa de $1\,050\,g$.

La riqueza de la disolución en ácido acético es del 10 %, esto quiere decir que en 100 g de disolución hay 10 g de ácido acético. Por tanto, en $1\,050\,g$ de disolución habrá:

$$\frac{100\,g\,dnCH_3COOH}{10\,g\,CH_3COOH} = \frac{1\,050\,g\,dn\,CH_3COOH}{x\,g\,CH_3COOH}; \, x = 105\,g\,CH_3COOH$$

que son:

$$n_{CH_3COOH} = \frac{m}{M_m} = \frac{105\,g}{60\,g/mol} = 1,75\,mol\,CH_3COOH$$

Puesto que 1 L de disolución contiene 1,75 mol de CH_3COOH, la concentración de la disolución es 1,75 M.

b) Calculamos la concentración de la disolución diluida de ácido acético:

- Calculamos primero los moles de ácido acético que contienen los 25 mL (0,025 L) tomados de la disolución 1,75 M:

$$0,025\,L\,dn \cdot 1,75\,\frac{mol\,CH_3COOH}{L\,dn} = 0,0438\,mol\,CH_3COOH$$

- Y después, la molaridad de la nueva disolución, teniendo en cuenta que contiene 0,0438 mol CH_3COOH en 250 mL de disolución:

$$M = \frac{n}{V} = \frac{0,0438\,mol\,CH_3COOH}{0,25\,L\,dn} = 0,175\,M\,CH_3COOH$$

Problema 2.10

Dada una disolución acuosa de HCl 0,2 M, calcule:
a) Los gramos de HCl que hay en 20 mL de dicha disolución.
b) El volumen de agua que habrá que añadir a 20 mL de HCl 0,2 M para que la disolución pase a ser 0,01 M. Suponga que los volúmenes son aditivos.
Masas atómicas: H = 1; Cl = 35,5.

a) Una disolución acuosa de HCl 0,2 M significa que 1 L de disolución ($1\,000\,mL$) de ésta contiene 0,2 moles de HCl. Por tanto, los moles de HCl que hay en 20 mL de disolución de esta concentración son:

$$\frac{1\,000\,mL\,dn\,HCl}{0,2\,mol\,HCl} = \frac{20\,mL\,dn\,HCl}{x\,mol\,HCl}; \, x = 4 \cdot 10^{-3}\,mol\,HCl$$

Y la masa, en gramos, de esta cantidad de sustancia es:

$$m = n \cdot M_m = 4 \cdot 10^{-3} \, \text{mol} \cdot 36,5 \, \frac{\text{g}}{\text{mol}} = 0,146 \, \text{g HCl}$$

b) Se quiere ahora preparar un disolución diluida de HCl 0,01 M a partir de 20 mL de la disolución primera, de concentración 0,2 M.

Hemos visto que 20 mL de disolución 0,02 M contienen $4 \cdot 10^{-3}$ mol HCl. Nos preguntamos ahora qué volumen tendrá la disolución diluida, 0,01 M, de manera que contenga $4 \cdot 10^{-3}$ mol HCl:

$$V = \frac{n}{M} = \frac{4 \cdot 10^{-3} \, \text{mol}}{0,01 \, \text{mol/L}} = 0,4 \, \text{L dn} = 400 \, \text{mL dn}$$

Hemos de añadir $400 \, \text{mL} - 20 \, \text{mL} = 380 \, \text{mL}$ de agua destilada, suponiendo, como dice el enunciado, que los volúmenes son aditivos.

Problema 2.11

Se disuelven 30 g de hidróxido de potasio en la cantidad de agua necesaria para preparar 250 mL de disolución.
a) Calcule su molaridad.
b) Se diluyen 250 mL de esa disolución hasta un volumen doble. Calcule el número de iones potasio que habrá en 50 mL de la disolución resultante.
Masas atómicas: K = 39; H = 1; O = 16.

---

a) La molaridad de una disolución representa los moles de soluto, en este caso, el hidróxido de potasio, por litro de disolución. Por tanto:

$$M = \frac{n}{V} = \frac{\frac{m}{M_m}}{V} = \frac{\frac{30 \, \text{g}}{56 \, \text{g/mol}}}{0,25 \, \text{L}} = 2,14 \, \text{M KOH}$$

$$\lfloor V = 250 \, \text{mL} = 0,25 \, \text{L} \rfloor$$

b) Si se diluyen los 250 mL de disolución de hidróxido de potasio 2,14 M hasta un volumen doble (500 mL), su concentración será la mitad: 1,07 M.

La concentración de la disolución en iones potasio tiene el mismo valor ($1,07 \, \text{M K}^+$), dado que cada mol de hidróxido de potasio da lugar a un mol de iones potasio.

El número de moles de iones potasio en 50 mL de esta disolución 1,07 M K^+ es:

$$\frac{1\,000 \, \text{mL dn} \, (1 \, \text{L dn})}{1,07 \, \text{mol K}^+} = \frac{50 \, \text{mL dn}}{x \, \text{mol K}^+}; \quad x = 0,0535 \, \text{mol K}^+$$

Y de iones potasio:

$$0,0535 \, \text{mol K}^+ \cdot \frac{6,023 \cdot 10^{23} \, \text{iones K}^+}{1 \, \text{mol iones K}^+} = 3,22 \cdot 10^{22} \, \text{iones K}^+$$

Problema 2.12

Una disolución acuosa de H_3PO_4, a 20 °C, contiene 200 g/L del citado ácido. Su densidad a esa temperatura es 1,15 g/mL. Calcule:
a) La concentración en tanto por ciento en peso.
b) La molaridad.
Masas atómicas: H = 1; O = 16; P = 31.

---

a) La concentración de la disolución acuosa de ácido fosfórico, H_3PO_4, en tanto por ciento, representa los gramos de ácido fosfórico que contiene cada 100 g de disolución.

Por una parte, a partir del dato de la concentración del ácido, 200 g/L, averiguamos que 1 L de disolución contiene 200 g de ácido fosfórico. Por otra parte, por el dato de la densidad de la disolución: 1,15 g/mL = 1 150 g/L sabemos que 1 L de disolución tiene una masa de 1 150 g.

Partiendo de los datos anteriores, podemos concluir que de los 1 150 g de disolución, 200 g son de ácido fosfórico. Por tanto:

$$\frac{1\,150 \, \text{g dn}}{200 \, \text{g H}_3\text{PO}_4} = \frac{100 \, \text{g dn}}{x \, \text{g H}_3\text{PO}_4}; \quad x = 17,4 \, \text{g H}_3\text{PO}_4 \Rightarrow 17,4\,\% \, \text{H}_3\text{PO}_4$$

b) La molaridad de la disolución representa los moles de ácido fosfórico por litro de disolución.

Podemos obtenerla fácilmente a partir de la concentración en g/L:

$$M = \frac{200 \, \text{g H}_3\text{PO}_4}{1 \, \text{L dn}} \cdot \frac{1 \, \text{mol H}_3\text{PO}_4}{98 \, \text{g H}_3\text{PO}_4} = 2,04 \, \text{M H}_3\text{PO}_4$$

Problema 2.13

a) Calcule el volumen de ácido clorhídrico del 36 % de riqueza en peso y densidad 1,19 g/mL necesario para preparar 1 L de disolución 0,3 M.
b) Se toman 50 mL de la disolución 0,3 M y se diluyen con agua hasta 250 mL. Calcule la molaridad de la disolución resultante.
Masas atómicas: H = 1; Cl = 35,5.

a) El cálculo del volumen de ácido concentrado que hay que tomar para preparar un cierto volumen de una disolución diluida se puede hacer de varias maneras. En este caso, vamos a seguir los siguientes pasos:

① Gramos de ácido clorhídrico que debe contener la disolución a preparar

Como queremos preparar 1 L de disolución 0,3 M, debe contener 0,3 mol de HCl y su masa, teniendo en cuenta la masa molar del HCl, será de:

$$0,3\,\text{mol HCl} \cdot \frac{36,5\,\text{g HCl}}{\text{mol HCl}} = 11,0\,\text{g HCl}$$

② Gramos de disolución de ácido clorhídrico concentrado que debemos tomar

Como conocemos la riqueza de la disolución en ácido clorhídrico, podemos determinar los gramos de disolución de ácido concentrado, de manera que que contenga 11 g de HCl:

$$\frac{36\,\text{g HCl}}{100\,\text{g dn}} = \frac{11,0\,\text{g HCl}}{x\,\text{g dn}}; \quad x = 30,6\,\text{g dn HCl}$$

③ Mililitros de disolución de ácido clorhídrico concentrado que ocupará la masa de ácido clorhídrico necesario

Como conocemos la densidad del ácido concentrado, podemos determinar el volumen que ocupan 30,6 g de disolución de HCl concentrado:

$$V = \frac{m}{d} = \frac{30,6\,\text{g HCl}}{1,19\,\text{g HCL/mL dn}} = 25,7\,\text{mL dn HCl}.$$

Hemos de tomar, por tanto, 25,7 mL.

b) Calculamos la concentración de la disolución diluida. Lo hacemos de la siguiente manera:

■ Calculamos primero los moles de ácido clorhídrico que contienen los 50 mL (0,050 L) tomados de la disolución 0,3 M :

$$0,05\,\text{L dn} \cdot 0,3\,\frac{\text{mol HCl}}{\text{L dn}} = 0,015\,\text{mol HCl}$$

■ Y después, la molaridad de la nueva disolución, teniendo en cuenta que contiene 0,015 mol HCl en 250 mL de disolución:

$$M = \frac{n}{V} = \frac{0,015\,\text{mol}}{0,25\,\text{L}} = 0,06\,\text{M HCl}$$

Problema 2.14

En el laboratorio se dispone de un ácido clorhídrico cuya densidad es de 1,2 g/mL y 36 % de riqueza en peso. Calcule:
a) Su fracción molar.
b) Su molalidad.
Masas atómicas: Cl = 35,5; H = 1.

---

a) A partir del dato del tanto por ciento de riqueza en peso, podemos resolver los dos apartados del problema.

Una riqueza en peso del 36 % significa que en 100 g de disolución hay 36 g de HCl, el soluto, y el resto hasta 100 g, 64 g, de agua, el disolvente.

Los moles de cada componente de la disolución en 100 g de la misma son:

$$n_{HCl} = \frac{36\,\text{g}}{36,5\,\text{g/mol}} = 0,986\,\text{mol HCl}; \qquad n_{H_2O} = \frac{64\,\text{g}}{18\,\text{g/mol}} = 3,56\,\text{mol H}_2\text{O}$$

La fracción molar de cada componente es:

$$\chi_{HCl} = \frac{n_{HCl}}{n_{total}} = \frac{0,986\,\text{mol}}{4,546\,\text{mol}} = 0,217; \quad \chi_{H_2O} = 1 - \chi_{HCl} = 1 - 0,217 = 0,783$$

$\lfloor n_{HCl} = 0,986\,\text{mol}; \ n_{total} = n_{HCl} + n_{H_2O} = 0,986\,\text{mol} + 3,560\,\text{mol} = 4,546\,\text{mol} \rfloor$

b) La molalidad, m, es el número de moles de soluto por kilogramo de disolvente.

Calculamos la molalidad también a partir del tanto por ciento de riqueza en peso, teniendo en cuenta que en 100 g de disolución hay, como hemos visto, 0,986 mol de HCl y 64 g (0,064 kg) de H_2O:

$$m = \frac{n_{HCl}}{m_{agua}} = \frac{0,986\,\text{mol}}{0,064\,\text{kg}} = 15,4\,\text{m HCl}$$

Problema 2.15

Dada la siguiente reacción química:

$$2\,AgNO_3 + Cl_2 \rightarrow N_2O_5 + 2\,AgCl + 1/2\,O_2$$

Calcule:
a) Los moles de N_2O_5 que se obtienen a partir de 20 g de $AgNO_3$.
b) El volumen de oxígeno obtenido, medido a 20 °C y 620 mm de Hg.
Datos: $R = 0,082\,\text{atm} \cdot \text{L} \cdot \text{K}^{-1} \cdot \text{mol}^{-1}$.
Masas atómicas: N = 14; O = 16; Ag = 108.

---

a) La ecuación de la reacción y la estequiometría de la misma son las siguientes:

$$2\,AgNO_3 \quad + \quad Cl_2 \quad \rightarrow \quad N_2O_5 \quad + \quad 2\,AgCl \quad + \quad 1/2\,O_2$$

Estequiometría   2 mol   1 mol   1 mol   2 mol   0,5 mol

Esquema de los pasos para la resolución:

$$g\,AgNO_3 \xrightarrow[\textcircled{1}]{n=\frac{m}{M_m}} mol\,AgNO_3 \xrightarrow[\textcircled{2}]{Estequiometría} mol\,N_2O_5$$

① Moles $AgNO_3$

$$n = \frac{m}{M_m} = \frac{20\,g}{170\,g/mol} = 0,118\,mol\,AgNO_3$$

② Moles de N_2O_5

De acuerdo con la estequiometría de la la reacción, si a partir de 2 mol de $AgNO_3$ se obtiene 1 mol de N_2O_5 (la mitad), a partir de 0,118 mol de $AgNO_3$ se obtendrán 0,0590 mol de $AgNO_3$, también la mitad.

b) Esquema de los pasos para la resolución:

$$mol\,AgNO_3 \xrightarrow[\textcircled{1}]{Estequiometría} mol\,O_2 \xrightarrow[\textcircled{2}]{V=\frac{nRT}{p}} L\,O_2\,c.\,p\,y\,T$$

① Moles O_2

De acuerdo con la estequiometría de la la reacción, si a partir de 2 mol de $AgNO_3$ que reacciona se obtiene medio mol de O_2 (la cuarta parte), a partir de 0,118 mol de $AgNO_3$ se obtendrán: $\dfrac{0,118}{4} = 0,0295\,mol\,O_2$.

② Litros de O_2 en las condiciones de p y T del problema

Despejamos el volumen, V, en la ecuación de los gases perfectos:

$$V = \frac{nRT}{p} = \frac{0,0295\,mol \cdot 0,082\,\dfrac{atm \cdot L}{K \cdot mol} \cdot 293\,K}{0,816\,atm} = 0,868\,L\,O_2$$

$$\left\lfloor T = 273 + 20\,^{\circ}C = 293\,K;\ p = 620\,mm\,Hg \cdot \frac{1\,atm}{760\,mm\,Hg} = 0,816\,atm \right\rfloor$$

Problema 2.16

La tostación de la pirita se produce según la reacción:

$$2\,FeS_2 + 11/2\,O_2 \rightarrow 4\,SO_2 + Fe_2O_3$$

Calcule:

a) La cantidad de Fe_2O_3 que se obtiene al tratar 500 kg de pirita de un 92 % de riqueza en FeS_2, con exceso de oxígeno.

b) El volumen de oxígeno, medido a 20 °C y 720 mm de Hg, necesario para tostar los 500 kg de pirita del 92 % de riqueza.

Datos: $R = 0,082\,atm \cdot L \cdot K^{-1} \cdot mol^{-1}$. Masas atómicas: Fe = 56; S = 32; O = 16.

a) La ecuación de la reacción y la estequiometría de la misma son las siguientes:

$$2\,FeS_2 \quad + \quad 11/2\,O_2 \quad \rightarrow \quad 4\,SO_2 \quad + \quad Fe_2O_3$$

Estequiometría   2 mol   11/2 mol   4 mol   1 mol

Esquema de los pasos para la resolución:

$$g\,pirita \xrightarrow[①]{\%\,Riqueza} g\,FeS_2 \xrightarrow[②]{n=\frac{m}{M_m}} mol\,FeS_2 \xrightarrow[③]{Estequiometría} mol\,Fe_2O_3 \xrightarrow[④]{m=n\cdot M_m} g\,Fe_2O_3$$

① Gramos de FeS_2:

Uno de los reactivos del proceso es el FeS_2, componente principal de la pirita. Una riqueza en FeS_2 de un 92 % significa que en 100 g de pirita hay 92 g de FeS_2 (el resto, hasta 100 g, es de otras sustancias que acompañan al sulfuro de hierro). Por tanto:

$$\frac{100\,g\,pirita}{92\,g\,FeS_2} = \frac{5 \cdot 10^5\,g\,pirita}{x\,g\,FeS_2}; \; x = 4,60 \cdot 10^5\,g\,FeS_2$$

$$\lfloor 500\,kg = 500\,000\,g = 5 \cdot 10^5\,g \rfloor$$

② Moles de FeS_2

$$n = \frac{m}{M_m} = \frac{4,60 \cdot 10^5\,g}{120\,\frac{g}{mol}} = 3\,830\,mol\,FeS_2$$

③ Moles de Fe_2O_3

Según la estequiometría de la reacción, por cada 2 mol de FeS_2 que reaccionan, se forma 1 mol de Fe_2O_3 (la mitad). Si disponemos de $3\,830\,mol\,FeS_2$ se formarán $1\,915\,mol\,Fe_2O_3$, también la mitad.

④ Gramos de Fe_2O_3

$$m = n \cdot M_m = 1\,915\,\text{mol} \cdot 160\,\frac{\text{g}}{\text{mol}} = 3,06 \cdot 10^5\,\text{g}\,Fe_2O_3 = 306\,\text{kg}\,Fe_2O_3$$

b) Esquema de los pasos para la resolución:

$$\text{mol}\,FeS_2 \xrightarrow[\textcircled{1}]{\text{Estequiometía}} \text{mol}\,O_2 \xrightarrow[\textcircled{1}]{V=\frac{nRT}{p}} L\,O_2\,c\,p\,y\,T$$

- Moles de O_2

  De acuerdo con la estequiometría de la reacción:

$$\frac{2\,\text{mol}\,FeS_2\,\text{reaccionarían con}}{11/2\,\text{mol}\,O_2} = \frac{3\,830\,\text{mol}\,FeS_2\,\text{reaccionarán con}}{x\,\text{mol}\,O_2}$$

$$x = 1,05 \cdot 10^4\,\text{mol}\,O_2$$

- Litros de O_2 en las condiciones de p y T dadas

$$V = \frac{nRT}{p} = \frac{1,05 \cdot 10^4\,\text{mol} \cdot 0,082\,\frac{\text{atm} \cdot \text{L}}{\text{K} \cdot \text{mol}} \cdot 293\,\text{K}}{0,947\,\text{atm}} = 2,66 \cdot 10^5\,L\,O_2$$

$$\lfloor T = 273 + 20\,^\circ\text{C} = 293\,\text{K};\ p = 720\,\text{mm Hg} \cdot \frac{1\,\text{atm}}{760\,\text{mm Hg}} = 0,947\,\text{atm}\rfloor$$

Problema 2.17

El ácido sulfúrico reacciona con cloruro de bario según la siguiente reacción:

$$H_2SO_4\,(aq) + BaCl_2\,(aq) \rightarrow BaSO_4\,(s) + 2\,HCl\,(aq)$$

Calcule:

a) El volumen de ácido sulfúrico de densidad 1,84 g/mL y 96 % en peso de riqueza, necesario para que reaccionen totalmente 21,6 g de cloruro de bario.

b) La masa de sulfato de bario que se obtendrá.

Masas atómicas: H = 1; S = 32; O = 16; Ba = 137,4; Cl = 35,5.

---

a) La ecuación de la reacción y la estequiometría de la misma son las siguientes:

	H_2SO_4	+	$BaCl_2$	$\rightarrow$	$BaSO_4$	+	$2\,HCl$
Estequiometría	1 mol		1 mol		1 mol		2 mol

Esquema de los pasos para la resolución:

$$g\,BaCl_2 \xrightarrow[\text{\textcircled{1}}]{n=\frac{m}{M_m}} mol\,BaCl_2 \xrightarrow[\text{\textcircled{2}}]{\text{Estequiometría}} mol\,H_2SO_4 \xrightarrow[\text{\textcircled{3}}]{V=\frac{n}{M}} L\,dn\,H_2SO_4$$

① Moles de $BaCl_2$

$$n = \frac{m}{M_m} = \frac{21,6\,g}{208,4\,\dfrac{g}{mol}} = 0,104\,mol\,BaCl_2$$

② Moles de H_2SO_4

Según la estequiometría de la reacción, el cloruro de bario y el ácido sulfúrico reaccionan mol a mol. Por tanto, 0,104 mol de cloruro de bario reaccionarán con 0,104 mol de ácido sulfúrico.

③ Volumen de la disolución de H_2SO_4

Calculamos primero la molaridad del ácido con los datos de la densidad y de la riqueza en ácido sulfúrico:

$$M_{H_2SO_4} = \frac{1\,840\,g\,dn}{L\,dn} \cdot \frac{96\,g\,H_2SO_4}{100\,g\,dn} \cdot \frac{1\,mol\,H_2SO_4}{98\,g\,H_2SO_4} = 18\,M$$

$$\lfloor M_m = 98\,g\,H_2SO_4/mol\,H_2SO_4;\ d = 1,84\,g\,dn/mL\,dn = 1\,840\,g\,dn/L\,dn;$$

$$Riqueza = 96\,\% = 96\,g\,H_2SO_4/100\,g\,dn\rfloor$$

Ahora calculamos el volumen de la disolución de ácido sulfúrico, conocidos el número de moles de ácido y la molaridad de la disolución:

$$V = \frac{n}{M} = \frac{0,104\,mol}{18\,\dfrac{mol}{L}} = 5,78 \cdot 10^{-3}\,L\,dn = 5,78\,mL$$

b) Esquema de los pasos para la resolución:

$$mol\,BaCl_2 \xrightarrow[\text{\textcircled{1}}]{\text{Estequiometría}} mol\,BaSO_4 \xrightarrow[\text{\textcircled{2}}]{m=n\cdot M_m} g\,BaSO_4$$

① Moles de $BaSO_4$

Según la estequiometría de la reacción, por cada mol de cloruro de bario que reaccione se forma un mol de sulfato de bario. Si disponemos de 0,104 mol de cloruro de bario, se obtendrán 0,104 mol de sulfato de bario.

② Gramos de $BaSO_4$

$$m = n \cdot M_m = 0,104 \, \text{mol} \cdot 233,4 \, \frac{\text{g}}{\text{mol}} = 24,3 \, \text{g} \, BaSO_4$$

Problema 2.18

El carbonato de sodio se puede obtener por descomposición térmica del hidrogenocarbonato de sodio, según la reacción:

$$2 \, NaHCO_3 \rightarrow Na_2CO_3 + CO_2 + H_2O$$

Se descomponen 50 g de hidrogenocarbonato de sodio de un 98 % de riqueza en peso. Calcule:
a) El volumen de CO_2 desprendido, medido a 25 °C y 1,2 atm.
b) La masa, en gramos, de carbonato de sodio que se obtiene.
Datos: $R = 0,082 \, \text{atm} \cdot L \cdot K^{-1} \cdot mol^{-1}$. Masas atómicas: Na = 23; H = 1; C = 12; O = 16.

a) La ecuación de la reacción y la estequiometría de la misma son las siguientes:

$$\begin{array}{ccccccc}
2 \, NaHCO_3 & \rightarrow & Na_2CO_3 & + & CO_2 & + & H_2O \\
2 \, \text{mol} & & 1 \, \text{mol} & & 1 \, \text{mol} & & 1 \, \text{mol}
\end{array}$$

Esquema de los pasos para la resolución:

$$\text{g } NaHCO_3 \text{ impuro} \xrightarrow[①]{\text{Riqueza}} \text{g } NaHCO_3 \xrightarrow[②]{n=m/M_m} \text{mol } NaHCO_3 \xrightarrow[③]{\text{Estequiometría}} \text{mol } CO_2 \xrightarrow[④]{V=\frac{nRT}{P}} \text{L } CO_2 \text{ c } p \text{ y } T$$

① Gramos de $NaHCO_3$

$$\frac{100 \, \text{g } NaHCO_3 \text{ impuro}}{98 \, \text{g } NaHCO_3} = \frac{50 \, \text{g } NaHCO_3 \text{ impuro}}{x \, \text{g } NaHCO_3}; \quad x = 49 \, \text{g } NaHCO_3$$

② Moles de $NaHCO_3$

$$n = \frac{m}{M_m} = \frac{49 \, \text{g } NaHCO_3}{84 \, \text{g/mol}} = 0,583 \, \text{mol } NaHCO_3$$

③ Moles de CO_2

De acuerdo con la estequiometría de la reacción, si a partir de 2 mol de hidrogenocarbonato de sodio se obtiene 1 mol de dióxido de carbono (la mitad), a partir de 0,583 mol de hidrogenocarbonato de sodio se obtendrán 0,292 mol de dióxido de carbono, también la mitad.

④ Litros de CO_2 en las condiciones de p y T dadas

$$V = \frac{nRT}{p} = \frac{0,292\,\text{mol} \cdot 0,082\,\text{atm} \cdot \text{L} \cdot \text{K}^{-1} \cdot \text{mol}^{-1} \cdot 298\,\text{K}}{1,2\,\text{atm}} = 5,95\,\text{L}\,CO_2$$

$$\lfloor T = 273 + 25\,^\circ\text{C} = 298\,\text{K} \rfloor$$

b) Esquema de los pasos para la resolución:

$$\text{mol}\,NaHCO_3 \xrightarrow[\textcircled{1}]{\text{Estequiometría}} \text{mol}\,Na_2CO_3 \xrightarrow[\textcircled{2}]{m=n\cdot M_m} \text{g}\,Na_2CO_3$$

① Moles de CO_2

De acuerdo con la estequiometría de la reacción, si a partir de 2 mol de hidrogenocarbonato de sodio se obtiene un mol de carbonato de sodio (la mitad), a partir de 0,583 mol de hidrogenocarbonato de sodio se obtendrá 0,292 mol de dióxido de carbono, también la mitad.

② Gramos de Na_2CO_3

$$m = n \cdot M_m = 0,292\,\text{mol} \cdot 106\,\frac{\text{g}}{\text{mol}} = 31,0\,\text{g}\,Na_2CO_3$$

Problema 2.19

Reaccionan 230 g de carbonato de calcio del 87 % en peso de riqueza con 178 g de cloro según:

$$CaCO_3\,(s) + 2\,Cl_2\,(g) \rightarrow OCl_2\,(g) + CaCl_2\,(s) + CO_2\,(g)$$

Los gases formados se recogen en un recipiente de 20 L a 10 °C . En estas condiciones, la presión parcial del OCl_2 es 1,16 atmósferas. Calcule:
a) El rendimiento de la reacción.
b) La molaridad de la disolución de $CaCl_2$ que se obtiene cuando a todo el cloruro de calcio producido se añade agua hasta un volumen de 800 mL.
Datos: $R = 0,082\,\text{atm} \cdot \text{L} \cdot \text{K}^{-1} \cdot \text{mol}^{-1}$. Masas atómicas: Ca = 40; C = 12; O = 16; H = 1.

---

a) La ecuación de la reacción y la estequiometría de la misma son las siguientes:

	$CaCO_3$	+	$2\,Cl_2$	→	OCl_2	+	$CaCl_2$	+	CO_2
Estequiometría	1 mol		2 mol		1 mol		1 mol		1 mol

Pasos para la resolución:

① Calculamos los moles de $CaCO_3$ de que disponemos:

$$\text{g } CaCO_3 \text{ impuro} \xrightarrow{\text{Riqueza}} \text{g } CaCO_3 \xrightarrow{n=\frac{m}{M_m}} \text{mol } CaCO_3$$

② Calculamos los moles de Cl_2 de que disponemos:

$$\text{g } Cl_2 \xrightarrow{n=\frac{m}{M_m}} \text{mol } Cl_2$$

③ De acuerdo a la estequiometría de la reacción, calculamos el reactivo limitante para hacer los cálculos estequiométricos con él.

④ Calculamos los moles de OCl_2 obtenidos teóricamente utilizando el reactivo limitante.

⑤ Calculamos los moles de OCl_2 obtenidos realmente.

⑥ Comparamos los moles de OCl_2 obtenidos teóricamente con los obtenidos realmente y calculamos el rendimiento.

① Moles de $CaCO_3$ de que disponemos

  ■ Gramos de $CaCO_3$

    Uno de los reactivos del proceso es el $CaCO_3$, componente principal de la muestra impura de carbonato de calcio. Una riqueza en $CaCO_3$ de un 87 % significa que en 100 g de muestra impura hay 87 g de $CaCO_3$ (el resto, hasta 100 g, es de otras sustancias que acompañan al carbonato de calcio). Por tanto:

$$\frac{100\,\text{g muestra}}{87\,\text{g } CaCO_3} = \frac{230\,\text{g muestra}}{x\,\text{g } CaCO_3}; \ x = 200\,\text{g } CaCO_3$$

  ■ Moles de $CaCO_3$

$$n = \frac{m}{M_m} = \frac{200\,\text{g}}{100\,\text{g/mol}} = 2\,\text{mol } CaCO_3$$

② Moles de Cl_2 de que disponemos:

$$n = \frac{n}{M_m} = \frac{178\,\text{g}}{71\,\text{g/mol}} = 2,50\,\text{mol } Cl_2$$

③ Determinación del reactivo limitante

De acuerdo con la estequiometría de la reacción, 1 mol de $CaCO_3$ reacciona con 2 mol de Cl_2. Si se ponen en contacto 2 mol de $CaCO_3$ con 2,5 mol de Cl_2, es obvio que el reactivo limitante es el cloro (2 mol de $CaCO_3$ pueden reaccionar hasta con 4 mol de Cl_2, si los hubiera). Por tanto, reaccionarán totalmente 2,5 mol de Cl_2.

④ Cálculo de los moles de OCl_2 obtenidos teóricamente utilizando el reactivo limitante

Utilizando el reactivo limitante Cl_2, de acuerdo con la estequiometría de la reacción, si 2 mol de Cl_2 producen 1 mol de OCl_2 (la mitad), 2,5 mol de Cl_2 producirán 1,25 mol de OCl_2 (también la mitad). Se producen, por tanto, 1,25 mol de OCl_2 teóricos.

⑤ Moles de OCl_2 reales

Obtenemos los moles reales de OCl_2 a partir de la ecuación de los gases perfectos:

$$n = \frac{pV}{RT} = \frac{1,16\,\text{atm} \cdot 20\,\text{L}}{0,082\,\dfrac{\text{atm} \cdot \text{L}}{\text{K} \cdot \text{mol}} \cdot 283\,\text{K}} = 1\,\text{mol}\,OCl_2\ \text{reales}$$

$$\lfloor T = 273 + 10\,°C = 283\,\text{K};\ p = 1,16\,\text{atm};\ V = 20\,\text{L} \rfloor$$

⑥ Comparación de los moles de OCl_2 obtenidos teóricamente con los obtenidos realmente para calcular el rendimiento.

En este caso, el rendimiento de la reacción hace referencia a los moles de OCl_2 que se obtienen realmente por cada 100 mol de OCl_2 que se obtendrían teóricamente. Luego:

$$\frac{1,25\,\text{mol}\,OCl_2\ \text{teóricos}}{1\,\text{mol}\,OCl_2\ \text{reales}} = \frac{100\,\text{mol}\,OCl_2\ \text{teóricos}}{x\,\text{mol}\,OCl_2\ \text{reales}}; x = 80\,\text{mol}\,OCl_2\ \text{reales}$$

El rendimiento es de un 80 %.

También podemos resolverlo mediante una fórmula:

$$\text{Rendimiento}\,(\%) = \frac{n_{\text{reales}}}{n_{\text{teóricos}}} \cdot 100 = \frac{1\,\text{mol}\,OCl_2\ \text{reales}}{1,25\,\text{mol}\,OCl_2\ \text{teóricos}} \cdot 100 = 80\,\%$$

b) De acuerdo con la estequiometría de la reacción, se forma el mismo número de moles de OCl_2 que de $CaCl_2$. Según hemos visto en el apartado anterior, se obtiene realmente 1 mol de OCl_2. Por tanto, se obtendrá, igualmente, 1 mol de $CaCl_2$.

La molaridad de la disolución obtenida, al disolver esta cantidad de materia en 0,8 L de disolución, es:

$$M = \frac{n}{V} = \frac{1 \, mol \, CaCl_2}{0,8 \, L \, dn} = 1,25 \, M \, CaCl_2$$

Problema 2.20

Se hacen reaccionar 200 g de piedra caliza que contiene un 60 % de carbonato de calcio con exceso de ácido clorhídrico, según:

$$CaCO_3 + 2\,HCl \rightarrow CaCl_2 + CO_2 + H_2O$$

Calcule:
a) Los gramos de cloruro de calcio obtenidos.
b) El volumen de CO_2 medido a 17 °C y a 740 mm de Hg.
Datos: $R = 0,082 \, atm \cdot L \cdot K^{-1} \cdot mol^{-1}$. Masas atómicas: C $= 12$; O $= 16$; Cl $= 35,5$; Ca $= 40$.

a) La ecuación de la reacción y la estequiometría de la misma son las siguientes:

	$CaCO_3$	$+$	$2\,HCl$	$\rightarrow$	$CaCl_2$	$+$	CO_2	$+$	H_2O
Estequiometría	1 mol		2 mol		1 mol		1 mol		1 mol

Esquema de los pasos para la resolución:

$$g \, Caliza \xrightarrow[\textcircled{1}]{Riqueza} g \, CaCO_3 \xrightarrow[\textcircled{2}]{n=\frac{m}{M_m}} mol \, CaCO_3 \xrightarrow[\textcircled{3}]{Estequiometría} mol \, CaCl_2 \xrightarrow[\textcircled{4}]{m=n \cdot M_m} g \, CaCl_2$$

① Gramos de $CaCO_3$

   Uno de los reactivos del proceso es el $CaCO_3$, componente principal de la caliza. Una riqueza en $CaCO_3$ de un 60 % significa que en 100 g de muestra impura hay 60 g de $CaCO_3$ (el resto, hasta 100 g, es de otras sustancias que acompañan al carbonato de calcio). Por tanto:

$$\frac{100 \, g \, caliza}{60 \, g \, CaCO_3} = \frac{200 \, g \, caliza}{x \, g \, CaCO_3}; \, x = 120 \, g \, CaCO_3$$

② Moles de $CaCO_3$

$$n = \frac{m}{M_m} = \frac{120 \, g}{100 \, g/mol} = 1,2 \, mol \, CaCO_3$$

③ Moles de $CaCl_2$

Según la estequiometría de la reacción, por cada mol de carbonato de calcio se forma 1 mol de cloruro de calcio. Si disponemos de 1,2 mol de carbonato de calcio se formarán 1,2 mol de cloruro de calcio.

④ Gramos de $CaCl_2$:

$$m = n \cdot M_m = 1,2 \, mol \cdot 111 \, \frac{g}{mol} = 133 \, g \, CaCl_2$$

Los tres últimos pasos podemos darlos de una vez de esta manera:

$$\frac{100 \, g \, CaCO_3 \, (1 \, mol \, CaCO_3)}{111 \, g \, CaCl_2} = \frac{120 \, g \, CaCO_3 \, (1 \, mol \, CaCO_3)}{x \, g \, CaCl_2}; \ x = 133 \, g \, CaCl_2$$

b) Esquema de los pasos para la resolución:

$$mol \, CaCO_3 \ \xrightarrow[①]{Estequiometría} \ mol \, CO_2 \ \xrightarrow[②]{V = \frac{nRT}{p}} \ L \, CO_2 \ c. \, p \, y \, T$$

① Moles de CO_2

Según la estequiometría de la reacción, por cada mol de carbonato de calcio se obtiene 1 mol de dióxido de carbono. Si disponemos de 1,2 mol de carbonato de calcio, se formarán 1,2 mol de dióxido de carbono.

② Litros de CO_2 en las condiciones de presión y temperatura dadas

Despejamos el volumen, V, en la ecuación de los gases perfectos:

$$V = \frac{nRT}{p} = \frac{1,2 \, mol \cdot 0,082 \, \dfrac{atm \cdot L}{K \cdot mol} \cdot 290 \, K}{740 \, mm \, Hg \cdot \dfrac{1 \, atm}{760 \, mm \, Hg}} = 29,3 \, L \, CO_2$$

$$\lfloor T = 273 + 17 \, °C = 290 \, K \rfloor$$

Problema 2.21

El níquel reacciona con ácido sulfúrico según:

$$Ni + H_2SO_4 \rightarrow NiSO_4 + H_2$$

a) Una muestra de 3 g de níquel impuro necesita, para reaccionar completamente, 2 mL de una disolución de ácido sulfúrico 18 M. Calcule el porcentaje de níquel de la muestra.

b) Calcule el volumen de dihidrógeno desprendido a 25 °C y 1 atm cuando reaccionan 20 g de níquel puro con exceso de ácido sulfúrico.

Datos: $R = 0,082\,atm \cdot L \cdot K^{-1} \cdot mol^{-1}$. Masa atómica: Ni = 58,7.

a) La ecuación de la reacción y la estequiometría de la misma son las siguientes:

	Ni	+	H_2SO_4	$\rightarrow$	$NiSO_4$	+	H_2
Estequiometría	1 mol		1 mol		1 mol		1 mol

Esquema de los pasos para la resolución:

$$L\,dn\,H_2SO_4 \xrightarrow[\textcircled{1}]{n=M\cdot V} mol\,H_2SO_4 \xrightarrow[\textcircled{2}]{Estequiometría} mol\,Ni \xrightarrow[\textcircled{3}]{m=n\cdot M_m} g\,Ni \xrightarrow[\textcircled{4}]{Comp.\,g\,muestra} \%\,en\,Ni$$

① Moles H_2SO_4

$$n = M \cdot V = 18\,\frac{moles}{L} \cdot 0,002\,L = 0,036\,mol\,H_2SO_4$$

$$\lfloor M = 18\,M = 18\,\frac{mol}{L};\ V = 2\,mL = 0,002\,L \rfloor$$

② Moles Ni

Según la estequiometría de la reacción, el H_2SO_4 y el Ni reaccionan mol a mol. Por tanto, 0,036 moles de H_2SO_4 reaccionarán con 0,036 moles de Ni.

③ Gramos Ni

$$m = n \cdot M_m = 0,036\,mol \cdot 58,7\,\frac{g}{mol} = 2,11\,g\,Ni$$

④ Porcentaje de Ni de la muestra

El porcentaje de níquel de la muestra representa los gramos de Ni que hay en 100 g de muestra de níquel impuro. Por tanto:

$$\frac{3\,g\,Ni\,impuro}{2,11\,g\,Ni} = \frac{100\,g\,Ni\,impuro}{x\,g\,Ni};\ x = 70,3\,g\,Ni$$

El porcentaje de Ni de la muestra es del 70,3 %.

b) Esquema de los pasos para la resolución:

$$\text{g Ni} \xrightarrow[\textcircled{1}]{n=\frac{m}{M_m}} \text{mol Ni} \xrightarrow[\textcircled{2}]{\text{Estequiometría}} \text{moles H}_2 \xrightarrow[\textcircled{3}]{V=\frac{nRT}{p}} \text{L H}_2 \text{ c. } p \text{ y } T$$

① Moles Ni

$$n = \frac{m}{M_m} = \frac{20\,\text{g}}{58,7\,\text{g/mol}} = 0,341\,\text{mol Ni}$$

② Moles H_2

De acuerdo con la estequiometría de la la reacción, si a partir de 1 mol de Ni se forma 1 mol de H_2, a partir de 0,341 mol de Ni se formarán 0,341 mol de H_2.

③ L de H_2 en las condiciones de p y T del problema

Despejamos el volumen, V, en la ecuación de los gases perfectos:

$$V = \frac{nRT}{p} = \frac{0,341\,\text{mol} \cdot 0,082\,\dfrac{\text{atm} \cdot \text{L}}{\text{K} \cdot \text{mol}} \cdot 298\,\text{K}}{1\,\text{atm}} = 8,33\,\text{L H}_2$$

$$\lfloor T = 273 + 25\,^{\circ}\text{C} = 298\,\text{K}\rfloor$$

Problema 2.22

En el lanzamiento de naves espaciales se emplea como combustible hidracina, N_2H_4, y como comburente, peróxido de hidrógeno, H_2O_2. Estos dos reactivos arden por simple contacto según:

$$N_2H_4\,(l) + 2\,H_2O_2\,(l) \rightarrow N_2\,(g) + 4\,H_2O\,(g)$$

Los tanques de una nave llevan 15 000 kg de hidracina y 20 000 kg de peróxido de hidrógeno.

a) ¿Sobrará algún reactivo? En caso de respuesta afirmativa, ¿en qué cantidad?

b) ¿Qué volumen de dinitrógeno se obtendrá en condiciones normales de presión y temperatura?

Masas atómicas: N = 14; O = 16; H = 1.

---

a) La ecuación de la reacción y la estequiometría de la misma son las siguientes:

$$N_2H_4\,(l) \quad + \quad 2\,H_2O_2\,(l) \quad \rightarrow \quad N_2\,(g) \quad + \quad 4\,H_2O\,(g)$$

| Estequiometría | 1 mol | 2 mol | 1 mol | 4 mol |

Pasos para la resolución:

① Calculamos los moles de N_2H_4 de que disponemos

$$n_{N_2H_4} = \frac{m}{M_m} = \frac{1,5 \cdot 10^7 \, \text{g}}{32 \, \text{g/mol}} = 4,69 \cdot 10^5 \, \text{mol} \, N_2H_4$$

$$\lfloor m = 15\,000 \, \text{kg} = 1,5 \cdot 10^7 \, \text{g} \rfloor$$

② Calculamos los moles de H_2O_2 de que disponemos:

$$n_{H_2O_2} = \frac{m}{M_m} = \frac{2 \cdot 10^7 \, \text{g}}{34 \, \text{g/mol}} = 5,88 \cdot 10^5 \, \text{mol} \, H_2O_2$$

$$\lfloor m = 20\,000 \, \text{kg} = 2 \cdot 10^7 \, \text{g} \rfloor$$

③ Calculamos el reactivo limitante de acuerdo a la estequiometría de la reacción

La estequiometría de la reacción nos dice que cada mol de N_2H_4 reacciona con doble número de moles de H_2O_2. Puesto que disponemos de $4,69 \cdot 10^5 \, \text{mol} \, N_2H_4$, deberían reaccionar con:

$$2 \cdot 4,69 \cdot 10^5 \, \text{mol} \, H_2O_2 = 9,38 \cdot 10^5 \text{mol} \, H_2O_2$$

Como sólo disponemos de $5,88 \cdot 10^5 \, \text{mol} \, H_2O_2$, decimos que el peróxido de hidrógeno es el reactivo limitante, ya que impide que se desarrolle la reacción completamente. En la reacción, pues, el peróxido de hidrógeno se consumirá totalmente y la hidracina quedará en exceso.

④ ¿Cuánta hidracina sobrará?

Puesto que el peróxido de hidrógeno se consume totalmente, de acuerdo con la estequiometría de la reacción, se combinará con una cantidad de hidracina igual a la mitad de moles de peróxido de hidrógeno de que disponemos:

$$1/2 \cdot 5,88 \cdot 10^5 = 2,94 \cdot 10^5 \, \text{mol}$$

Sobrarán pues:

$$4,69 \cdot 10^5 - 2,94 \cdot 10^5 = 1,75 \cdot 10^5 \, \text{mol} \cdot 32 \frac{\text{g}}{\text{mol}} = 5,6 \cdot 10^6 \, \text{g} = 5\,600 \, \text{kg} \, N_2H_2$$

b) Para determinar el volumen de N_2 hacemos los cálculos estequiométricos con la hidracina.

Esquema de los pasos para la resolución:

$$\text{mol} \, N_2H_4 \xrightarrow[①]{\text{Estequiometría}} \text{mol} \, N_2 \xrightarrow[②]{V=n \cdot V_m} L \, N_2 \, \text{en c.n.}$$

① Moles de N_2

Según la estequiometría de la reacción, por cada mol de hidracina que reacciona se produce 1 mol de dinitrógeno. Si reaccionan completamente $2,94 \cdot 10^5$ mol de hidracina, se producirán $2,94 \cdot 10^5$ mol de dinitrógeno. También podríamos haber hecho los cálculos con los moles del reactivo limitante $(5,88 \cdot 10^5$ mol$)$, que siempre es mejor para no equivocarnos.

② Litros de N_2 en condiciones normales

Dado que un mol de cualquier gas ideal en condiciones normales ocupa un volumen de 22,4 L, $2,94 \cdot 10^5$ mol de nitrógeno ocuparán:

$$V = V_m \cdot n = 22,4 \, \frac{L}{mol} \cdot 2,94 \cdot 10^5 mol = 6,58 \cdot 10^6 \, L \, N_2 = 6\,580 \, m^3 \, N_2$$

Problema 2.23

Al tratar 5 g de galena con ácido sulfúrico se obtienen 410 cm^3 de H_2S, medidos en condiciones normales, según la ecuación:

$$PbS + H_2SO_4 \rightarrow PbSO_4 + H_2S$$

Calcule:
a) La riqueza de la galena en PbS.
b) El volumen de ácido sulfúrico 0,5 M gastado en esa reacción.
Masas atómicas: Pb = 207; S = 32.

---

a) La ecuación de la reacción y la estequiometría de la misma son las siguientes:

$$\begin{array}{ccccccc} & PbS & + & H_2SO_4 & \rightarrow & PbSO_4 & + & H_2S \\ \text{Estequiometría} & 1\,mol & & 1\,mol & & 1\,mol & & 1\,mol \end{array}$$

b) Esquema de los pasos para la resolución:

$$L\,H_2S\,en\,c.n. \xrightarrow[①]{n=\frac{V}{V_m}} mol\,H_2S \xrightarrow[②]{Estequiometría} mol\,PbS \xrightarrow[③]{m=nM_m} g\,PbS \xrightarrow[④]{Comparación\ muestra} Riqueza\,(\%)$$

① Moles de H_2S

En condiciones normales de presión y de temperatura un mol de cualquier gas ocupa 22,4 L, tal y como se deduce de la ecuación de los gases perfectos. Por tanto:

$$n = \frac{V}{V_m} = \frac{0,410\,L}{22,4\,L/mol} = 0,0183 \, mol \, H_2S$$

② Moles de PbS

Según la estequiometría de la reacción, cada mol de sulfuro de hidrógeno se obtiene a partir de 1 mol de sulfuro de plomo(II). Por tanto, si se obtienen 0,0183 mol de sulfuro de hidrógeno, será a partir de 0,0183 mol de sulfuro de plomo(II).

③ Gramos de sulfuro de plomo(II)

$$m = n \cdot M_m = 0,0183\,\text{mol} \cdot 239\,\frac{\text{g}}{\text{mol}} = 4,37\,\text{g PbS}$$

④ Riqueza de la galena en PbS

La riqueza en PbS de la galena (PbS impuro) representa los gramos de PbS que hay en 100 g de galena. Por tanto:

$$\frac{5\,\text{g galena}}{4,37\,\text{g PbS}} = \frac{100\,\text{g galena}}{x\,\text{g PbS}}; \ x = 87,4\,\text{g PbS}$$

La riqueza es de un $87,4\,\%$

b) Esquema de de los pasos para la resolución:

$$\text{mol PbS} \xrightarrow[\text{①}]{\text{Estequiometría}} \text{mol H}_2\text{SO}_4 \xrightarrow[\text{②}]{V = \frac{n}{M}} \text{L H}_2\text{SO}_4$$

① Moles de H_2SO_4

Según la estequiometría de la reacción, el sulfuro de plomo(II) y el ácido sulfúrico reaccionan mol a mol. Por tanto, 0,0183 mol de sulfuro de plomo(II) reaccionarán con 0,0183 mol de ácido sulfúrico.

② Litros de disolución $H_2SO_4\,0,5\,M$

$$V = \frac{n}{M} = \frac{0,0183\,\text{mol}}{0,5\,\dfrac{\text{mol}}{\text{L}}} = 0,0366\,\text{L} = 36,6\,\text{mL H}_2\text{SO}_4$$

Problema 2.24

El clorato de potasio se descompone a alta temperatura para dar cloruro de potasio y oxígeno molecular.

a) Escriba y ajuste la reacción. ¿Qué cantidad de clorato de potasio puro debe descomponerse para obtener 5 L de oxígeno medidos a 20 °C y 2 atmósferas?

b) ¿Qué cantidad de cloruro de potasio se obtendrá al descomponer 60 g de clorato de potasio del 83 % de riqueza?

Datos: $R = 0,082\,\text{atm} \cdot \text{L} \cdot \text{K}^{-1} \cdot \text{mol}^{-1}$. Masas atómicas: Cl = 35,5; K = 39; O = 16.

a) La ecuación ajustada de la reacción y la estequiometría de la misma son las siguientes:

$$2\,KClO_3 \quad \rightarrow \quad 2\,KCl \quad + \quad 3\,O_2$$

Estequiometría   2 mol   2 mol   3 mol

Esquema de los pasos para la resolución:

$$\text{L}\,O_2\,\text{c.}\,p\,\text{y}\,T \xrightarrow[①]{n=\frac{pV}{RT}} \text{mol}\,O_2 \xrightarrow[②]{\text{Estequiometría}} \text{mol}\,KClO_3 \xrightarrow[③]{m=n\cdot M_m} \text{g}\,KClO_3$$

① Moles de O_2

Despejamos el número de moles, n, de la ecuación de los gases perfectos:

$$n = \frac{pV}{RT} = \frac{2\,\text{atm} \cdot 5\,\text{L}}{0,082\,\dfrac{\text{atm} \cdot \text{L}}{\text{K} \cdot \text{mol}} \cdot 293\,\text{K}} = 0,416\,\text{mol}\,O_2$$

② Moles de $KClO_3$

Según la estequiometría de la reacción, se desprenden 3 mol de O_2 por cada 2 mol de $KClO_3$ que se descomponen. Por tanto:

$$\frac{3\,\text{mol}\,O_2}{2\,\text{mol}\,KClO_3} = \frac{0,416\,\text{mol}\,O_2}{x\,\text{mol}\,KClO_3}; \quad x = 0,277\,\text{mol}\,KClO_3$$

③ Gramos de $KClO_3$

$$m = n \cdot M_m = 0,277\,\text{g} \cdot 122,5\,\text{g/mol} = 33,9\,\text{g}\,KClO_3$$

b) Esquema de los pasos para la resolución:

$$\text{g}\,KClO_3\,\text{impuro} \xrightarrow[①]{\text{Riqueza}} \text{g}\,KClO_3 \xrightarrow[②]{n=\frac{m}{M_m}} \text{mol}\,KClO_3 \xrightarrow[③]{\text{Estequiometía}} \text{mol}\,KCl \xrightarrow[④]{m=n\cdot M_m} \text{g}\,KCl$$

① Gramos de $KClO_3$

El único reactivo del proceso es el clorato de potasio y se encuentra en forma de clorato de potasio impuro, es decir, que además de clorato de potasio contiene otras sustancias. Que posee una riqueza en clorato de potasio del 83 % significa que en 100 g de clorato de potasio impuro hay 83 g de clorato de potasio. Por tanto:

$$\frac{100\,\text{g}\,KClO_3\,\text{impuro}}{83\,\text{g}\,KClO_3} = \frac{60\,\text{g}\,KClO_3\,\text{impuro}}{x\,\text{g}\,KClO_3}; \; x = 49,8\,\text{g}\,KClO_3$$

② Moles de $KClO_3$

$$n = \frac{m}{M_m} = \frac{49,8\,\text{g}}{122,5\,\text{g/mol}} = 0,406\,\text{mol}\,KClO_3$$

③ Moles de KCl

Según la estequiometría de la reacción, por cada 2 mol de $KClO_3$ que se descomponen se forman 2 mol de KCl, o lo que es lo mismo, por cada mol de $KClO_3$ que se descompone se forma un mol de KCl. Luego, si se descomponen 0,406 mol de $KClO_3$, se formarán también 0,406 mol de KCl.

④ Gramos de KCl

$$m = n \cdot M_m = 0,406\,\text{mol} \cdot 74,5\,\frac{\text{g}}{\text{mol}} = 30,2\,\text{g}\,KCl$$

Problema 2.25

Se mezclan 20 g de zinc puro con 200 mL de disolución de HCl 6 M. Cuando finalice la reacción y cese el desprendimiento de dihidrógeno:

a) Calcule la cantidad del reactivo que queda en exceso.

b) ¿Qué volumen de dihidrógeno, medido a 27 °C y 760 mm Hg, se habrá desprendido?

Datos: $R = 0,082\,\text{atm} \cdot \text{L} \cdot \text{K}^{-1} \cdot \text{mol}^{-1}$. Masas atómicas: Zn = 65,4; Cl = 35,5; H= 1.

---

a) La ecuación de la reacción y la estequiometría de la misma son las siguientes:

	Zn	+	2 HCl	→	$ZnCl_2$	+	H_2
Estequiometría	1 mol		2 mol		1 mol		1 mol

Cuando en los problemas de estequiometría no se indica el reactivo que está en exceso[3], conviene seguir una serie de pasos para su determinación, aunque en muchos casos, como el de este problema, no sea difícil adivinar cuál es el reactivo en exceso haciendo unos razonamientos lógicos. Este que aparece a continuación es el protocolo que tenemos que seguir.

Pasos para la resolución:

① Calculamos los moles de Zn de que disponemos

$$n_{Zn} = \frac{m}{M_m} = \frac{20\,g}{65,4\,g/mol} = 0,306\,mol\,Zn$$

$$\lfloor m = 20\,g;\ M_m = 65,4\,g/mol \rfloor$$

② Calculamos los moles de HCl de que disponemos:

$$n_{HCl} = M \cdot V = 6\,mol/L \cdot 0,2\,L = 1,2\,mol\,HCl$$

$$\lfloor M_{HCl} = 6\,M = 6\,mol/L;\ V = 200\,mL = 0,2\,L \rfloor$$

③ Determinamos la razón molar estequiométrica, esto es, la proporción en la que reaccionan los reactivos de acuerdo con la estequiometría de la reacción:

$$r_{estequiométrica} = \frac{n_{HCl}}{n_{Zn}} = \frac{2\,mol\,HCl}{1\,mol\,Zn} = 2\,\frac{mol\,HCl}{mol\,Zn}$$

④ Determinamos la razón molar inicial, esto es, la proporción en la que se encuentran los reactivos antes de la reacción:

$$r_{inicial} = \frac{n_{HCl}}{n_{Zn}} = \frac{1,2\,mol\,HCl}{0,306\,mol\,Zn} = 3,92\,\frac{mol\,HCl}{mol\,Zn}$$

---

[3]Podemos poner el siguiente símil: ¿cuántas hojas de un álbum fotográfico podemos tener completas?, teniendo en cuenta que en cada hoja ponemos dos fotos, si:

- Disponemos de 20 hojas y 40 fotos
  En este caso tendremos 20 hojas completas. No sobrarán ni hojas ni fotos.
- Disponemos de 20 hojas y 30 fotos
  En este caso podemos tener 15 hojas completas. Sobrarán 5 hojas. Podemos decir que las fotos son el factor que nos limita el número de hojas completas. Para determinar el número de hojas completas, hacemos el cálculo con las fotos: $30/2 = 15$ hojas completas.
- Disponemos de 20 hojas y 50 fotos.
  En este caso podemos tener 20 hojas completas. Sobrarán 10 fotos. Podemos decir que las hojas son el factor que nos limita el número de hojas completas. Para determinar el número de hojas completas, tendremos en cuenta el número de hojas: 20 hojas completas. No podremos nunca hacer el cálculo con las fotos: $50/2 = 25$ hojas completas, porque no se pueden tener más hojas completas que hojas disponibles.

⑤ Determinamos el reactivo que está en exceso:

Puesto que $r_{inicial} > r_{estequiométrica}$, sobrará ácido clorhídrico (está en exceso). El zinc es el reactivo limitante.

⑥ Determinamos los gramos de ácido clorhídrico que sobran, haciendo los cálculos estequiométricos con el reactivo limitante:

$$\frac{1\,\text{mol Zn}}{2\,\text{mol HCl}} = \frac{0,306\,\text{mol Zn}}{x\,\text{mol HCl}}; \quad x = 0,612\,\text{mol HCl}$$

Sobrarán, pues:

$$1,2\,\text{mol} - 0,612\,\text{mol} = 0,588\,\text{mol} \cdot \frac{36,5\,\text{g}}{\text{mol}} = 21,5\,\text{g HCl}$$

b) Realizamos los cálculos estequimétricos con el reactivo limitante, el zinc.

Esquema de los pasos para la resolución:

$$\text{mol Zn} \xrightarrow[①]{\text{Estequiometría}} \text{moles H}_2 \xrightarrow[②]{V=\frac{nRT}{p}} \text{L H}_2\,\text{c.}\,p\,\text{y}\,T$$

① Moles H_2

De acuerdo con la estequiometría de la la reacción, si a partir de 1 mol de Zn se forma 1 mol de H_2, a partir de 0,306 mol de Zn se formarán 0,306 mol de H_2.

② L de H_2 en las condiciones de p y T del problema

Despejamos el volumen, V, en la ecuación de los gases perfectos:

$$V = \frac{nRT}{p} = \frac{0,306\,\text{mol} \cdot 0,082\,\dfrac{\text{atm} \cdot \text{L}}{\text{K} \cdot \text{mol}} \cdot 300\,\text{K}}{1\,\text{atm}} = 7,53\,\text{L H}_2$$

$$\lfloor T = 273 + 27\,^{\circ}\text{C} = 300\,\text{K}\rfloor$$

Cuestión 2.26

Un compuesto orgánico de masa molecular 204 contiene un 58,8 % de carbono, un 9,8 % de hidrógeno y un 31,4 % de oxígeno.
a) Determine la fórmula molecular del compuesto.
b) ¿Qué volumen de oxígeno medido en condiciones normales será necesario para producir la combustión completa de 102 g del compuesto.
Masas atómicas: H = 1; C = 12; O = 16.

a) La composición centesimal de una sustancia representa los gramos que hay de cada elemento por cada 100 g de sustancia. Por tanto, en 100 g de esta sustancia orgánica hay 58,8 g de carbono, 9,8 g de hidrógeno y 31,4 g de oxígeno.

Averiguamos los moles de C, H y O en 100 de compuesto, conocidas sus masas molares:

$$n_C = \frac{m_C}{M_{m\,C}} = \frac{58,8\,g}{12\,g/mol} = 4,90\,mol\,C$$

$$n_H = \frac{m_H}{M_{m\,H}} = \frac{9,8\,g}{1\,g/mol} = 9,80\,mol\,H$$

$$n_O = \frac{m_O}{M_{m\,O}} = \frac{31,4\,g}{16\,g/mol} = 1,96\,mol\,O$$

Dividiendo estas cantidades por la menor, 1,96 mol O, y multiplicando por 2/2 para obtener números enteros, obtenemos la relación más sencilla en la que se encuentran los átomos de C, H y O en la sustancia, esto es, su fórmula empírica:

$$\frac{4,90\,mol\,C}{1,96\,mol\,O} = 2,5\,\frac{mol\,C}{mol\,O} = 2,5\,\frac{átomos\,C}{átomo\,O} = 5\,\frac{átomos\,C}{2\,átomos\,O}$$

$$\frac{9,80\,mol\,H}{1,96\,mol\,O} = 5,0\,\frac{mol\,H}{mol\,O} = 5\,\frac{átomos\,H}{átomo\,O} = 10\,\frac{átomos\,H}{2\,átomos\,O}$$

$$\frac{1,96\,mol\,O}{1,96\,mol\,O} = 1,0\,\frac{mol\,O}{mol\,O} = 1\,\frac{átomo\,O}{átomo\,O} = 2\,\frac{átomos\,O}{2\,átomos\,O}$$

La fórmula empírica es: $C_5H_{10}O_2$.

Averiguamos ahora la fórmula molecular, teniendo en cuenta que la masa molar del compuesto es 204 g/mol, ya que la masa molecular relativa es 204. Antes, calculamos la masa molar de la fórmula empírica para ver si coincide con la masa molar de la sustancia o si ésta es un múltiplo de aquélla. Si coincide, la fórmula molecular de la sustancia es igual a la fórmula empírica; si es un múltiplo, la fórmula molecular será un múltiplo de la fórmula empírica.

La masa molar de la fórmula empírica es: $M_{m\,C_5H_{10}O_2} = 102\,g/mol$

Observamos que la masa molar de la sustancia es el doble que la masa molar de la fórmula empírica, luego los subíndices de la fórmula molecular serán el doble que los de la fórmula empírica. La fórmula molecular es, por tanto, $C_{10}H_{20}O_4$.

b) La ecuación de la reacción y la estequiometría de la misma son las siguientes:

	$C_{10}H_{20}O_4$	+	$13\,O_2$	→	$10\,CO_2$	+	$10\,H_2O$
Estequiometría	1 mol		13 mol		10 mol		10 mol

Esquema de los pasos para la resolución:

$$\text{g } C_{10}H_{20}O_4 \xrightarrow[\textcircled{1}]{n=\frac{m}{M_m}} \text{mol } C_{10}H_{20}O_4 \xrightarrow[\textcircled{3}]{\text{Estequiometría}} \text{mol } O_2 \xrightarrow[\textcircled{3}]{V=n\cdot V_m} \text{L } O_2 \text{ en c.n.}$$

① Moles de $C_{10}H_{20}O_4$

$$n = \frac{m}{M_m} = \frac{102\,\text{g}}{204\,\dfrac{\text{g}}{\text{mol}}} = 0,5\,\text{mol } C_{10}H_{20}O_4$$

② Moles de O_2

Según la estequiometría de la reacción, cada mol de compuesto orgánico reacciona con 13 mol de oxígeno. Si disponemos de 0,5 mol de compuesto orgánico (la mitad), reaccionarán con la mitad de moles oxígeno: 6,5 mol.

③ Litros de O_2 en condiciones normales

Dado que un mol de cualquier gas ideal en condiciones normales ocupa un volumen de 22,4 L, 6,5 mol de oxígeno ocupará:

$$V = V_m \cdot n = 22,4\,\text{L/mol} \cdot 6,5\,\text{mol} = 146\,\text{L } O_2$$

Capítulo 3

Estructura atómica y Sistema periódico

Cuestión 3.1

Dados los siguientes grupos de números cuánticos (n, l, m_l): (3,2,0); (2,3,0); (3,3,2); (3,0,0); (2,−1,1); (4,2,0). Indique:

a) Cuáles no son permitidos y por qué.

b) Los orbitales atómicos que se correspondan con los grupos cuyos números cuánticos sean posibles.

---

a) Un orbital está definido por tres números cuánticos: (n, l, m_l). Estos números no pueden tomar valores cualesquiera. Hay ciertas restricciones:

- n (número cuántico principal) puede tomar los valores:

$$1, 2, 3, ..., n$$

- Para un determinado valor de n, l (número cuántico del momento angular orbital) puede tomar los valores:

$$0, 1, 2, ..., (n - l)$$

- Para un determinado valor de l, m_l (número cuántico magnético), puede tomar los valores:

$$-l, -(l-1), -(l-2), ..., 0, ...(l-2), (l-1), l$$

No están permitidos los siguientes grupos de números cuánticos:

- (2,3,0): para $n = 2$, l sólo puede tomar los valores 0 y 1, no 3. l no puede ser mayor que $n - 1$.

- (3,3,2): para $n = 3$, l sólo puede tomar los valores 0, 1 y 2, no 3. l no puede ser mayor que $n - 1$.

- (2,−1,1): para $n = 2$, l sólo puede tomar los valores 0 y 1, no −1.

b) Los orbitales son:

$$(3, 2, 0) : \text{un orbital } 3d; \quad (3, 0, 0) : \text{el orbital } 3s; \quad (4, 2, 0) : \text{un orbital } 4d$$

.

Cuestión 3.2

a) Indique cuáles de los siguientes grupos de números cuánticos son posibles para un electrón en un átomo: (4,2,0,+1/2); (3,3,2,−1/2); (3,2,−2,−1/2); (2,0,0,−1/2).
b) De la combinaciones de números cuánticos anteriores que sean correctas, indique el orbital donde se encuentra el electrón.
c) Enumere los orbitales del apartado anterior en orden creciente de energía.

---

a) Los grupos posibles son: (4,2,0,+1/2), (3,2,−2,−1/2) y (2,0,0,−1/2).

b) (4,2,0,+1/2) corresponde a un electrón que se encuentra en un orbital $4d$, (3,2,−2,−1/2) corresponde a un electrón que se encuentra en un orbital $3d$ y (2,0,0,−1/2) corresponde a un electrón que se encuentra en el orbital $2s$.

c) $2s < 3d < 4d$.

Cuestión 3.3

Indique si las configuraciones electrónicas son posibles en un estado fundamental o en un estado excitado. Razone su respuesta.
a) $1s^2 2s^2 2p^4 3s^1$
b) $1s^2 2s^2 2p^6 3s^2 3p^1$
c) $1s^2\, 2s^2 2p^6 2d^{10} 3s^2$

La configuración electrónica del estado fundamental, el de mínima energía, es aquella en la que los electrones ocupan los orbitales en orden creciente de energía, empezando por los de menor valor, que son los más cercanos al núcleo. Si algún electrón está en un orbital energético de más energía, tendremos la configuración electrónica de un estado excitado.

Para los átomos polielectrónicos, el orden de menor a mayor energía sería:

$$1s < 2s < 2p < 3s < 3p < 4s < 3d < 4p < 5s < 4d < 5p < 6s < 4f < 5d < 6p...$$

a) La configuración electrónica: $1s^2 2s^2 2p^4 3s^1$ es posible en un estado excitado. Un electrón del subnivel energético $2p$, con una capacidad para albergar $6\,e^-$, se encuentra en el orbital $3s$, de mayor energía.

b) La configuración electrónica: $1s^2 2s^2 2p^6 3s^2 3p^1$ es posible en un estado fundamental. Los electrones se encuentran ocupando los orbitales de menos energía.

c) La configuración electrónica: $1s^2 2s^2 2p^6 2d^{10} 3s^2$ no es posible ni en un estado fundamental ni en un estado excitado. Es una configuración electrónica prohibida, pues no existen orbitales d en el segundo nivel energético. Los orbitales d aparecen a partir del tercer nivel energético.

Cuestión 3.4

a) ¿En qué nivel energético aparecen por primera vez los orbitales d? ¿Y los f?
b) ¿Cuántos puede haber de cada tipo?
Justifique las respuestas.

---

a) Los orbitales d, caracterizados por el valor $l = 2$, aparecen por primera vez en el tercer nivel energético. Para $n = 3$, l puede tomar los valores de 0, 1 y 2. Los orbitales f, caracterizados por el valor $l = 3$, aparecen por primera vez en el cuarto nivel energético. Para $n = 4$, l puede tomar los valores de 0, 1, 2 y 3.
b) Puede haber 5 orbitales d, tantos como los valores que m_l puede tomar para $l = 2$: $-2, -1, 0, 1$ y 2. Puede haber 7 orbitales f, tantos como los valores que m_l puede tomar para $l = 3$: $-3, -2, -1, 0, 1, 2$ y 3.

Cuestión 3.5

Los números atómicos de los elementos P y Mn son 15 y 25, respectivamente.
a) Escriba la configuración electrónica de cada uno de ellos.
b) Indique los números cuánticos que correspondan a los electrones situados, en cada caso, en los orbitales más externos.

---

a) Las configuraciones electrónicas de ambos elementos son:

$$\text{P}\,(Z = 15) : 1s^2 2s^2 2p^6 3s^2 3p^3 \equiv [\text{Ne}]3s^2 3p^3$$

$$\text{Mn}\,(Z = 25) : 1s^2 2s^2 2p^6 3s^2 3p^6 3d^5 4s^2 \equiv [\text{Ar}]3d^5 4s^2$$

b) Los electrones más externos de un átomo son aquellos que se encuentran en los orbitales del último nivel de energía.

- Escribimos la configuración electrónica expandida del P para determinar el grupo de números cuánticos que corresponde a los electrones más externos:

$$\text{P}\,(Z = 15) : [\text{Ne}]3s^2 3p_x^1 3p_y^1 3p_z^1$$

Los electrones más externos son los electrones que se encuentran en los orbitales $3s$ y $3p$. Los números cuánticos de esos electrones son:

$$3s : (3, 0, 0, +1/2)\,\text{y}\,(3, 0, 0, -1/2)$$

$$3p : (3, 1, -1, +1/2),\,(3, 1, 0, +1/2)\,\text{y}\,(3, 1, 1, +1/2)$$

- Los electrones más externos de Mn son los electrones que se encuentran en el orbital $4s$. Los números cuánticos de esos electrones son:

$$4s : (4, 0, 0, +1/2)\,\text{y}\,(4, 0, 0, -1/2)$$

Cuestión 3.6

Indique:
a) Los subniveles de energía, dados por el número cuántico secundario l, que corresponden al nivel cuántico $n = 4$.
b) A qué tipo de orbitales corresponden los subniveles anteriores.
c) Si existe algún subnivel de $n = 5$ con energía menor que algún subnivel de $n = 4$, diga cuál.

---

a) Para un determinado valor del nivel energético n, l (subnivel energético) puede tomar los valores 0, 1, 2, ... n. Por tanto, para $n = 4$, l puede tomar los valores de 0, 1, 2 y 3.

b) A $l = 0$ le corresponden los orbitales s, a $l = 1$ le corresponden los orbitales p, a $l = 2$ le corresponden los orbitales d y a $l = 3$ le corresponden los orbitales f.

c) Mediante la regla $n + l$, podemos ordenar los subniveles energéticos de acuerdo con su energía. Esta regla dice que:

- Cuanto mayor es el valor de $n + l$ de un subnivel energético mayor es su energía.

- En el caso de subniveles cuyo valor de $n + l$ sea el mismo, el subnivel de mayor n tiene más energía.

Teniendo en cuenta esta regla, el subnivel $5s$ (5+0, según la regla) tiene menos energía que el subnivel $4d$ (4+2), y el subnivel $5p$ (5+1) tiene menos energía que el subnivel $4f$ (4+3). Podemos visualizarlo mejor en el diagrama de Moeller, que aparece a la derecha.

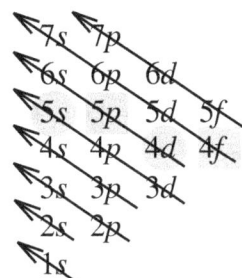

Cuestión 3.7

a) Escriba las configuraciones electrónicas de las especies siguientes:

N^{3-} $(Z = 7)$; Mg^{2+} $(Z = 12)$; Cl^- $(Z = 17)$; K^+ $(Z = 19)$; Ar $(Z = 18)$

b) Indique los que son isoelectrónicos.

c) Indique los que presentan electrones desapareados y el número de los mismos.

---

a) Las configuraciones electrónicas de dichas especies son las siguientes:

$$N^{3-} \, (Z = 7) : 1s^2 2s^2 2p^6 \equiv [\text{Ne}]$$

$$Mg^{2+} \, (Z = 12) : 1s^2 2s^2 2p^6 \equiv [\text{Ne}]$$

$$Cl^- \, (Z = 17) : 1s^2 2s^2 2p^6 3s^2 3p^6 \equiv [\text{Ar}]$$

$$K^+ \, (Z = 19) : 1s^2 2s^2 2p^6 3s^2 3p^6 \equiv [\text{Ar}]$$

$$Ar \, (Z = 18) : 1s^2 2s^2 2p^6 3s^2 3p^6 \equiv [\text{Ar}]$$

b) El ion nitruro y el ion magnesio(2+) son especies isoelectrónicas (10 e^-). También lo son el ion cloruro, el ion potasio(1+) y el átomo de argón (18 e^-).

c) Ninguna de esas especies poseen electrones desapareados. En todos los casos, cada orbital está ocupado por dos electrones.

Cuestión 3.8

Para un átomo en su estado fundamental, indique, razonado sus respuestas, si son verdaderas o falsas las siguientes afirmaciones:

a) El número máximo de electrones con número cuántico $n = 3$ es 6.

b) En un orbital $2p$ sólo puede haber 2 electrones.

c) Si en los orbitales $3d$ se sitúan 6 electrones, no habrá ninguno desapareado.

a) Falsa. En cada nivel energético hay $2n^2$ electrones. Por tanto, en el nivel $n = 3$ puede haber como máximo $2 \cdot 3^2 = 18$ electrones. En este nivel energético hay 1 orbital s, 3 orbitales p y 5 orbitales d, cada uno de ellos con capacidad para albergar como máximo 2 electrones, de acuerdo con el principio de exclusión de Pauli.

b) Verdadera. Según el principio de exclusión de Pauli, un átomo no puede tener dos electrones con los cuatro números cuánticos iguales, de donde se deduce que un orbital puede albergar como máximo dos electrones que han de tener sus espines opuestos.

c) Falsa. Según el principio de máxima multiplicidad de Hund, los electrones de un subnivel energético en el que todos sus orbitales tienen la misma energía, ocupan el máximo número de ellos y con sus espines paralelos. Por tanto, si en los orbitales $6d$ se sitúan 6 electrones ocuparán los cinco orbitales d, quedando cuatro electrones desapareados: $d_{xy}^2 d_{xz}^1 d_{yz}^1 d_{x^2-y^2}^1 d_{z^2}^1$.

Cuestión 3.9

Dadas las configuraciones electrónicas:

$$A : 1s^2 3s^1; \quad B : 1s^2 2s^3; \quad C : 1s^2 2s^2 2p^6 3s^2 3p^5; \quad D : 1s^2 2s^2 2p_x^2 2p_y^0 2p_z^0$$

Indique razonadamente:

a) La que no cumple el principio de exclusión de Pauli.

b) La que no cumple el principio de máxima multiplicidad de Hund.

c) La que, siendo permitida, contiene electrones desapareados.

a) La configuración electrónica del B. El principio de exclusión de Pauli dice: "Dos electrones de un átomo no pueden tener los cuatro números cuánticos iguales." De este principio se deduce que en cada orbital puede haber como máximo dos electrones que han de tener sus espines contrarios. No la cumple porque el orbital $2s$ alberga 3 electrones.

b) La configuración eléctrónica del D. El principio de máxima multiplicidad de Hund dice: "Los electrones de un subnivel energético en el que todos sus orbitales tienen la misma energía ocupan el máximo número de ellos, y con los espines paralelos". No cumple el principio, porque los dos únicos electrones del subnivel p ocupan solamente uno de los orbitales p. La configuración electrónica expandida correcta sería:

$$D : 1s^2 2s^2 2p_x^1 2p_y^1 2p_z^0$$

c) Las configuraciones permitidas son la del A y la del C. Están permitidas, porque no incumplen ninguno de los principios anteriores. La primera corresponde a un estado excitado (los electrones no ocupan los orbitales según su energía creciente) y contiene un electrón desapareado en el orbital $3s$. La segunda corresponde a un estado fundamental (los electrones ocupan los orbitales según su energía creciente) y contiene un electrón desapareado en el orbital $3p_z$.

Cuestión 3.10

Dadas las siguientes configuraciones electrónicas:

$$A : 1s^2 2s^2 2p^6 3s^2 3p^4; \quad B : 1s^2 2s^2; \quad C : 1s^2 2s^2 2p^6$$

Indique, razonadamente:
a) El grupo y periodo en los que se hallan A, B y C.
b) Los iones más estables que formarán A, B y C.

---

a) A pertenece al grupo 16, anfígenos (la configuración electrónica de la capa de valencia es del tipo $ns^2 np^4$) y al periodo 3 (los electrones más externos están en el tercer nivel energético).

B pertenece al grupo 2, alcalinotérreos (la configuración electrónica de la capa de valencia es del tipo ns^2) y al periodo 2 (los electrones más externos están en el segundo nivel energético).

C pertenece al grupo 18, gases nobles (la configuración electrónica de la capa de valencia es del tipo $ns^2 np^6$) y al periodo 2 (los electrones más externos están en el segundo nivel energético).

b) El ion más estable de A es A^{2-} y el de B es B^{2+}, ya que los átomos de esos elementos captan o ceden, respectivamente, dos electrones para alcanzar la configuración estable de gas noble (la del argón en el primer caso y la del helio en el segundo). C no puede formar un ion estable, puesto que el átomo neutro ya es estable (su capa de valencia está completa) y no tiene tendencia a captar o ceder electrones.

Cuestión 3.11

Para el ion Cl^- (Z=17) del isótopo cuyo número másico es 36:

a) Indique el número de protones, electrones y neutrones.

b) Escriba su configuración electrónica.

c) Indique los valores de los números cuánticos de uno de los electrones externos.

a) El número de protones que posee es 17, puesto que el número atómico de un elemento, Z, es el número de protones que contiene.

El número de electrones que posee es 18, puesto que el ion cloruro tiene una carga neta negativa (tiene un electrón más que protones).

El número de neutrones, N, que posee es 19, puesto que el número másico, A, es la suma del número de protones y de neutrones. Como el número másico es 36, tiene: $N = A - Z = 36 - 17 = 19$.

b) Los 18 electrones del ion cloruro están distribuidos de la siguiente manera:

$$Cl^- \, (Z = 17) : 1s^2 2s^2 2p^6 3s^2 3p^6$$

c) Los electrones más externos son los situados en el último nivel energético. En este caso, los electrones más externos son los situados en el tercer nivel energético y ocupan los subniveles s y p.

Los valores de los números cuánticos correspondientes a uno de los electrones situado en un orbital p son: (3,1,1,+1/2).

Cuestión 3.12

Para un elemento de número atómico $Z = 20$, a partir de su configuración electrónica:

a) Indique el grupo y el periodo al que pertenece y nombre otro elemento del mismo grupo.

b) Señale la valencia más probable de ese elemento. Justifique la respuesta.

c) Indique el valor de los números cuánticos del electrón más externo.

a) La configuración electrónica del elemento, llamémoslo X, es la siguiente:

$$X \, (Z = 20) : 1s^2 2s^2 p^6 3s^2 3p^6 4s^2$$

Pertenece al grupo 2, alcalinotérreos (la configuración electrónica de la capa de valencia es del tipo ns^2) y al periodo 4 (los electrones más externos están en el cuarto nivel energético). Se trata del calcio, Ca. Otro elemento perteneciente a ese grupo es el bario.

b) La valencia más probable es +2. Observando la configuración electrónica del elemento, se aprecia que posee dos electrones en su última capa, la capa de valencia. Los átomos de este elemento tienden a perder esos dos electrones para formar el ion Ca^{2+}, muy estable, al tener la configuración electrónica de gas noble.

c) El elemento tiene dos electrones externos, que son los electrones del último nivel energético, el de la capa de valencia. Los números cuánticos de esos electrones son: (4,0,0,+1/2) y (4,0,0,−1/2).

Cuestión 3.13

Dado el elemento de $Z = 19$:
a) Escriba su configuración electrónica.
b) Indique a qué grupo y periodo pertenece.
c) ¿Cuáles son los valores posibles que pueden tomar los números cuánticos de su electrón más externo?

---

a) La configuración electrónica es la siguiente:

$$X\,(Z = 19) : 1s^2 2s^2 2p^6 3s^2 3p^6 4s^1$$

b) Pertenece al grupo 1 (alcalinos) y al periodo 4. Se trata del potasio, K.

c) La configuración electrónica del elemento muestra que el electrón más externo está en el orbital $4s$, perteneciente a la capa de valencia. Son dos los valores que pueden tomar los números cuánticos, ya que m_s, número cuántico de espín, puede tomar los valores de +1/2 y −1/2. Los valores de los números cuánticos posibles son: (4,0,0, +1/2) y (4,0,0,−1/2).

Cuestión 3.14

La configuración electrónica del ion X^{3-} es $1s^2\,2s^2 2p^6\,3s^2 3p^6$.
a) ¿Cuál es el número atómico y el símbolo de X?
b) ¿A qué grupo y periodo pertenece ese elemento?
c) Indique si el elemento X posee electrones desapareados. Justifique su respuesta.

---

a) Si nos fijamos en su configuración electrónica y sumamos los superíndices, que hacen referencia a los electrones que hay en cada uno de los subniveles energéticos, obtenemos 18 electrones. Se trata de un ion con tres cargas negativas, esto significa que tiene tres electrones más que protones: 15 protones. Por lo tanto, el número atómico del elemento, Z, que es el número de protones que tiene un átomo de un elemento, es 15. Se trata del fósforo, de símbolo P.

b) Pertenece al grupo 15, nictógenos (la configuración electrónica de la capa de valencia es del tipo ns^2np^3) y al periodo 3 (los electrones más externos están en el tercer nivel energético).

c) La configuración eléctrónica expandida del fósforo es la que aparece más abajo. En ella se observa que contiene tres electrones desapareados en el subnivel $3p$. Hemos tenido en cuenta para su representación el principio de máxima multiplicidad de Hund que dice lo siguiente: "Los electrones de un subnivel energético en el que todos sus orbitales tienen la misma energía ocupan el máximo número de ellos, y con sus espines paralelos":

$$P\,(Z = 15) : 1s^2 2s^2 p^6 3s^2 3p_x^1 3p_y^1 3p_z^1$$

Cuestión 3.15

Para un átomo de número atómico $Z = 50$ y número másico $A = 126$:
a) Escriba el número de protones, neutrones y electrones que posee.
b) Escriba su configuración electrónica.
c) Diga el grupo y el periodo al que pertenece el elemento correspondiente.

---

a) El número de protones que posee es 50, puesto que el número atómico, Z, de un átomo de un elemento es el número de protones que contiene.

Como se trata de un átomo neutro, el número de electrones que posee es el mismo, 50 (un átomo neutro tiene carga neta cero y el número de protones y de electrones es el mismo).

El número de neutrones, N, que tiene es 76, puesto que el número másico, A, es la suma del número de protones y de neutrones. Como el número másico es 126, el número de neutrones que tiene es: $N = A - Z = 126 - 50 = 76$.

b) Los 50 electrones del átomo X están distribuidos de la siguiente manera:

$$X\,(Z = 50) : 1s^2 2s^2 2p^6 3s^2 3p^6 3d^{10} 4s^2 4p^6 4d^{10} 5s^2 5p^2 \equiv [\text{Kr}]4d^{10}5s^2 5p^2$$

c) Pertenece al grupo 14, carbonoideos (la configuración electrónica de la capa de valencia es del tipo ns^2np^2), y al periodo 5 (los electrones más externos están en el quinto nivel energético). Se trata del estaño, Sn.

Cuestión 3.16

Los números atómicos de los elementos A, B, y C son, respectivamente: 19, 31 y 36.
a) Escriba las configuraciones electrónicas de estos elementos.
b) Indique qué elementos, de los citados, tienen electrones desapareados.
c) Indique los números cuánticos que caracterizan a esos electrones desapareados.

a) Las configuraciones electrónicas son:

A $(Z = 19)$: $1s^2 2s^2 2p^6 3s^2 3p^6\, 4s^1 \equiv [Ar]4s^1$

B $(Z = 31)$: $1s^2 2s^2 2p^6 3s^2 p^6 3d^{10} 4s^2 4p^1 \equiv [Ar]3d^{10}4s^2 4p^1$

C $(Z = 36)$: $1s^2 2s^2 2p^6 3s^2 3p^6 3d^{10} 4s^2 4p^6 \equiv [Kr]$

b) Las configuraciones electrónicas muestran que los elementos A y B tienen un electrón desapareado (tienen un electrón solitario en los orbitales $4s$ y $4p$, respectivamente).

c) Los números cuánticos del electrón desapareado del elemento A pueden ser $(4,0,0,+1/2)$ y los del electrón desapareado de B pueden ser $(4,1,-1,+1/2)$.

Cuestión 3.17

Un ion estroncio tiene 36 electrones y 50 neutrones.
a) Calcule su número de protones y su número másico.
b) Escriba su notación y la de otro ion estroncio que sea isótopo.

a) El ion estroncio estable tiene dos cargas positivas. Si el ion tienen 36 electrones en su corteza, debe tener 38 protones y, puesto que tiene 50 neutrones, su número másico es 88, que es la suma del número de protones y neutrones.

b) La notación de ese ion es: $^{88}_{38}Sr^{2+}$. La de un isótopo de ese ion puede ser: $^{90}_{38}Sr^{2+}$, que posee 52 neutrones en vez de 50, pero tiene el mismo número de protones.

Cuestión 3.18

La configuración electrónica del ion X^{3+} es $1s^2 2s^2 2p^6 3s^2 3p^6$.
a) ¿Cuál es el número atómico y el símbolo de X?
b) ¿A qué grupo y periodo pertenece ese elemento?
c) Exlique si posee electrones desapareados el elemento X.

a) Si nos fijamos en su configuración electrónica y sumamos los superíndices, que hacen referencia a los electrones que hay en cada uno de los subniveles energéticos, obtenemos 18 electrones. Se trata de un ion con tres cargas positivas, esto significa que tiene tres protones más que electrones: 21 protones. Por lo tanto, el número atómico del elemento, Z, que es el número de protones que tiene un átomo de un elemento, es 21.

b) Pertenece al grupo 3 y al periodo 4 (los electrones más externos están en el cuarto nivel energético). Se trata del escandio, de símbolo Sc.

c) Su configuración electrónica es la que aparece a continuación. En ella se observa que contiene un electrón desapareado en el subnivel $3d$ (en un orbital d sólo hay un electrón):

$$\text{Sc}\,(Z = 21) : 1s^2 2s^2 2p^6 3s^2 3p^6 3d^1 4s^2 \equiv [\text{Ne}]3d^1 4s^2$$

Cuestión 3.19

Dadas las siguientes configuraciones electrónicas externas:

$$ns^1; \quad ns^2 np^1; \quad ns^2 np^6$$

a) Identifique el grupo del sistema periódico al que corresponde cada una de ellas.
b) Para el caso de $n = 4$, escriba la configuración electrónica completa de cada uno de esos elementos y nómbrelo.

---

a) La configuración externa tipo:

- ns^1 corresponde a los elementos del grupo 1 (alcalinos).

- $ns^2 np^1$ corresponde a los elementos del grupo 13 (boroideos).

- $ns^2 np^6$ corresponde a los elementos del grupo 18 (gases nobles).

b) La configuración electrónica del elemento de cada uno de esos grupos para el caso de $n = 4$ (cuarto periodo) es:

- Elemento del grupo 1: $1s^2 2s^2 2p^6 3s^2 3p^6 4s^1 \equiv [\text{Ar}]4s^1$. Potasio, K.

- Elemento del grupo 13: $1s^2 2s^2 2p^6 3s^2 3p^6 3d^{10} 4s^2 4p^1 \equiv [\text{Ar}]3d^{10} 4s^2 4p^1$. Galio, Ga.

- Elemento del grupo 18: $1s^2 2s^2 p^6 3s^2 3p^6 3d^{10} 4s^2 4p^6 \equiv$ [Kr]. Kriptón, Kr.

Cuestión 3.20

a) ¿Por qué el volumen atómico aumenta al bajar en un grupo de la tabla periódica?

b) ¿Por qué los espectros atómicos son discontinuos?

c) Defina el concepto de electronegatividad.

---

a) Al aumentar Z en un grupo, aumenta el volumen atómico, debido a que aumenta el número de capas pobladas de electrones.

b) Los espectros atómicos son discontinuos, porque la energía de un átomo sólo puede tomar una serie de valores definidos (se dice que el átomo está cuantizado), y, por ello, están limitadas las transiciones electrónicas entre los distintos subniveles de energía y, en consecuencia, el número de rayas que aparece en el espectro de absorción o de emisión, según el átomo absorba o emita energía.

c) La electronegatividad es la tendencia que tiene un átomo a atraer hacia sí los electrones compartidos en un enlace covalente. Un elemento es tanto más electronegativo cuanto mayor sea su energía de ionización y su afinidad electrónica. La escala de electronegatividades de Pauling, basada en energías de enlace, establece un valor máximo de electronegatividad 4 para el flúor y una electronegatividad mínima de 0,7 para el cesio.

Cuestión 3.21

El número de protones en los núcleos de cinco átomos es el siguiente:

A = 9; B = 16; C = 17; D = 19; E = 20. Razone:

a) ¿Cuál es el más electronegativo?

b) ¿Cuál posee menor energía de ionización?

c) ¿Cuál puede convertirse en anión divalente estable?

Consideramos que los átomos son neutros, y, por tanto, el número de electrones debe ser el mismo que el de protones. Las configuraciones electrónicas de los átomos muestran cómo están distribuidos los electrones en los distintos orbitales:

A $(Z = 9)$: $1s^2 2s^2 2p^5 \equiv$ [He]$2s^2 2p^5$

B $(Z = 16)$: $1s^2 2s^2 2p^6 3s^2 3p^4 \equiv$ [Ne]$3s^2 3p^4$

C $(Z = 17)$: $1s^2 2s^2 2p^6 3s^2 3p^5 \equiv$ [Ne]$3s^2 3p^5$

D $(Z = 19)$: $1s^2 2s^2 2p^6 3s^2 3p^6 3d^{10} 4s^1 \equiv [\text{Ar}] 4s^1$

E $(Z = 19)$: $1s^2 2s^2 2p^6 3s^2 3p^6 3d^{10} 4s^2 \equiv [\text{Ar}] 4s^2$

a) La electronegatividad es la tendencia que tiene un átomo a atraer hacia sí los electrones compartidos en un enlace covalente. Un átomo es tanto más electronegativo cuanto mayor sea su carga nuclear efectiva (aumenta de izquierda a derecha en un periodo) y menor su radio atómico (disminuye al disminuir n, el nivel energético).

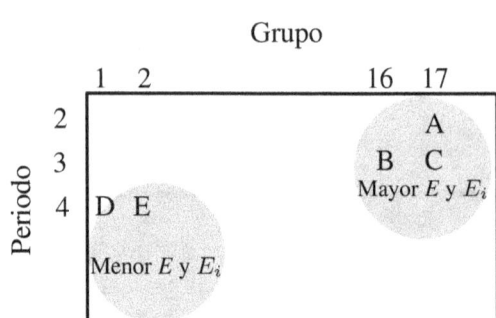

En el esquema de la derecha se representa la disposición de los elementos en la tabla periódica, en la que se muestra que la electronegatividad de un elemento será tanto mayor cuanto más arriba y más a la derecha esté en la tabla periódica. EL más electronegativo es el A.

b) El elemento D. Al aumentar Z en un periodo, aumenta la energía de ionización, porque aumenta la carga nuclear efectiva.[1] Esto es debido a que la carga nuclear aumenta, pero el apantallamiento de los electrones de la misma capa sobre el electrón externo es menor. Por lo tanto, el electrón externo está retenido con más fuerza y hay que suministrar una mayor energía para arrancarlo.

Al aumentar Z en un grupo, disminuye la energía de ionización. Aunque la carga nuclear efectiva no varía con Z en un grupo −aumenta la carga, pero también aumenta el apantallamiento en el mismo valor−, cada vez la capa externa está más alejada del núcleo, y, por tanto, el electrón externo está retenido con menos fuerza, y hay que suministrar una menor energía para arrancarlo.

c) El elemento B, de configuración electrónica: B $(Z = 16)$: $1s^2 2s^2 2p^6 3s^2 3p^4$. Como tiene 6 electrones en la capa de valencia, puede captar dos electrones para formar el anión B^{2-}, con configuración electrónica de gas noble, concretamente, la del argón, de símbolo Ar.

---

[1]La carga nuclear efectiva es la carga que aparentemente tiene el núcleo sobre el electrón considerado por el efecto del apantallamiento −efecto de repulsión entre los electrones que hace que sea menor el efecto atractivo del núcleo sobre el electrón considerado−. La carga nuclear efectiva, Z_{ef}, es la carga real, Z, menos el apantallamiento, a:

$$Z_{ef} = Z - a$$

El apantallamiento de los electrones depende del orbital que ocupan. Los electrones internos apantallan más que los externos. Simplificando, podemos decir que los electrones internos apantallan con un valor de 1, mientras que los externos apantallan con un valor menor que 1.

Cuestión 3.22

La gráfica adjunta relaciona valores de la energía de ionización E.I., con los números atómicos de los elementos. Con la información que obtenga a partir de ella:

a) Justifique la variación periódica que se produce en los valores E.I.

b) Enumere los factores que influyen en esta variación y razone la influencia del factor determinante.

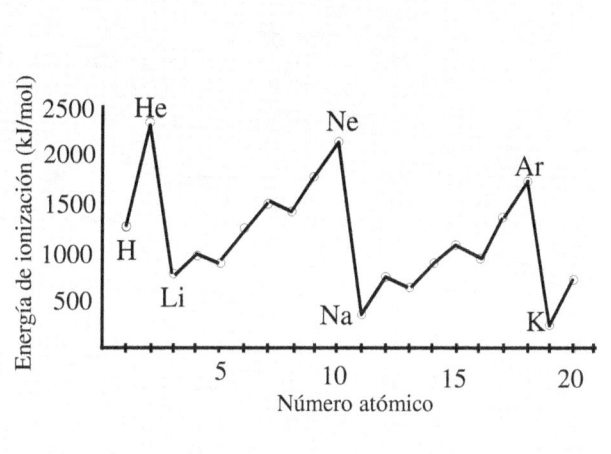

a) Al aumentar Z en un periodo (del Li al Ne o del Na al Ar), aumenta la energía de ionización, porque aumenta la carga nuclear efectiva, Z_{ef}, y, por lo tanto, el electrón externo está retenido con más fuerza y hay que suministrar una mayor energía para arrancarlo.

Al aumentar n (número cuántico principal de la capa de valencia) en un grupo (del Li al K pasando por el Na), disminuye la energía de ionización. Aunque la carga nuclear efectiva sólo varía ligeramente, cada vez la capa externa está más alejada del núcleo, y, por tanto, el electrón externo está retenido con menos fuerza, y hay que suministrar una menor energía para arrancarlo.

La configuración electrónica tiene también cierta influencia: el aumento en un mismo periodo de la energía de ionización no es continuo, (en el caso del berilio y el nitrógeno se obtienen valores más altos que los que podían esperarse por comparación con los otros elementos del mismo periodo, aumento debido a la estabilidad que presentan las configuraciones s^2 y s^2p^3, respectivamente). Por otra parte, los gases nobles tienen los valores más altos de energías de ionización, por ser los de configuración electrónica más estable.

b) Los factores determinantes son el número cuántico principal de la capa de valencia, n, la carga nuclear efectiva, Z_{ef}, y la configuración electrónica. En general, no hay ninguno más determinante que otro. Sin embargo, si nos fijamos sólo en Z_{ef} y n, podemos decir que en un periodo el factor determinante es Z_{ef}, ya que n no varía, mientras que en un grupo, al pasar de un nivel energético a otro de más energía, el factor determinante es n, ya que Z_{ef} apenas varía. La siguiente expresión muestra la dependencia de la energía de ionización con Z_{ef} y n:

$$E_i = R_H \frac{Z_{ef}^2}{n^2} \quad \lfloor R_H = cte = 2,179 \cdot 10^{-18} \text{ J} \rfloor$$

Cuestión 3.23

La configuración electrónica de un átomo excitado de un elemento es la siguiente:

$$1s^2 2s^2 2p^6 3s^2 3p^6 5s^1$$

Indique cuáles de las afirmaciones siguientes son correctas y cuáles falsas para ese elemento. Justifique su respuesta.

a) Pertenece al grupo de los alcalinos.
b) Pertenece al periodo 5 del sistema periódico.
c) Tiene carácter metálico.

---

a) Correcta. La configuración electrónica de un átomo de ese elemento en su estado fundamental, en el que los electrones ocupan los orbitales según su energía creciente, es: $1s^2 2s^2 2p^6 3s^2 3p^6 4s^1$

La configuración electrónica externa es del tipo ns^1, característica de los elementos alcalinos.

b) Incorrecta. Pertenece al periodo 4, que es el nivel más externo en el que hay electrones en la configuración electrónica del átomo en su estado fundamental.

c) Correcta. Los alcalinos son elementos metálicos (muy metálicos), ya que pueden formar fácilmente el ion X^+, debido a que tienen una energía de ionización muy pequeña.

Cuestión 3.24

La configuración electrónica de la capa de valencia de un elemento A es $3s^2 3p^5$. Indique, justificando la respuesta:
a) Si se trata de un metal o un no metal. Justifíquelo.
b) Un elemento que posea mayor energía de ionización que A.
c) Un elemento que posea menor energía de ionización que A.

---

a) Se trata de un no metal. Se trata de un elemento del grupo 17, halógenos (la configuración electrónica de la capa de valencia es del tipo $ns^2 np^5$). Estos elementos tienen una elevada energía de ionización y una elevada afinidad electrónica y, por tanto, una elevada electronegatividad. Cuanto mayor es la electronegatividad de un elemento, mayor es su carácter no metálico y menor es la tendencia a formar iones positivos.

b) Un elemento con mayor energía de ionización que el elemento A puede ser el elemento que está justo por encima de él en la tabla periódica, cuya configuración electrónica de la capa de valencia es $2s^2 2p^5$. Al aumentar Z en un grupo, disminuye la energía de ionización. Aunque la carga nuclear efectiva apenas varía, cada vez la capa externa está más alejada del núcleo, y, por tanto, el electrón externo está retenido con menos fuerza, y hay que suministrar una menor energía para arrancarlo.

c) Un elemento con menor energía de ionización que el elemento A puede ser el elemento que está justo por delante de él en la tabla periódica, cuya configuración electrónica de la capa de valencia es $3s^2 3p^4$. Al aumentar Z en un periodo, aumenta la energía de ionización, porque aumenta la carga nuclear efectiva y, por tanto, el electrón externo está retenido con más fuerza, y hay que suministrar una mayor energía para arrancarlo.

Cuestión 3.25

La tabla adjunta da las energías de ionización (eV) del litio, del sodio y del potasio:

a) ¿Por qué disminuye del Li al K la primera energía de ionización?

b) ¿Por qué la segunda energía de ionización de cada elemento es mucho mayor que la primera?

c) ¿Por qué no se da el valor de la cuarta energía de ionización del Li?

	1ª	2ª	3ª	4ª
Li	5,4	75,6	122,5	—
Na	5,1	47,3	71,9	99,1
K	4,3	1,8	46,1	61,1

a) Los elementos pertenecen al grupo de los alcalinos (tienen un único electrón externo) y están ordenados como en la tabla periódica. La energía de ionización disminuye con Z, aunque la carga nuclear efectiva no varíe con ella, debido a que aumenta, de un átomo al siguiente, la distancia entre el núcleo y el electrón externo, y, por tanto, éste está retenido con menos fuerza, y hay que suministrar una menor energía para arrancarlo.

La energía de ionización se puede referir tanto a un átomo como a un mol de átomos. En el primer caso se expresa en eV/átomo [2] y en el segundo, en kJ/mol.

b) La segunda energía de ionización es mucho mayor que la primera, porque:

- El segundo electrón que se arranca pertenece a una capa más interna y está más atraído por el núcleo.

- Aunque el valor de Z sigue siendo el mismo, al haber un electrón menos, el apantallamiento sobre el electrón más externo que se arranca es menor, y está, por ello, más atraído por el núcleo.

c) No se puede dar la cuarta energía de ionización del litio, porque sólo tiene tres electrones.

Cuestión 3.26

Dadas las especies químicas Ne y O^{2-}, indique si las siguientes afirmaciones son verdaderas o falsas. Justifique su respuesta.
a) Ambas especies poseen el mismo número de electrones.
b) Ambas especies poseen el mismo número de protones.
c) El radio del ion óxido es mayor que el del átomo de neón.

---

a) Verdadera. El neón es un elemento de número atómico, Z, 10. Por lo tanto, todo átomo de neón tiene 10 protones. Puesto que se trata de un átomo neutro de neón, debe tener también 10 electrones. Por otra parte, el oxígeno es un elemento de número atómico 8. Por lo tanto, todo átomo de oxígeno tiene 8 protones. Puesto que se trata del ion óxido, con dos cargas negativas, debe tener dos electrones más que protones, es decir, 10 electrones.

b) Falsa. Además de lo dicho anteriormente, dos especies químicas atómicas de elementos diferentes no pueden tener el mismo número de protones, ya que cada elemento se caracteriza por tener un número atómico determinado, Z, que nos indica el número de protones que tiene.

c) Verdadera. Como se trata de especies isoelectrónicas, el tamaño va a depender de la carga nuclear efectiva, Z_{ef}, (o de la carga nuclear, Z) de dichas especies. El ion óxido es mayor que el átomo de neón, porque al tener una carga nuclear menor la fuerza sobre los electrones externos es menor, y, por lo tanto, los electrones pueden aumentar sus distancias y hacer que el volumen ocupado sea mayor.

---

[2]Recuerde que un electrón-voltio (eV) es la energía que adquiere un electrón cuando se le somete a una diferencia de potencial de 1 V.

Cuestión 3.27

Dadas las especies: Cl^- $(Z = 17)$, K^+ $(Z = 19)$ y Ar $(Z = 18)$:

a) Escriba la configuración electrónica de cada una de ellas.

b) Indique, justificadamente, cuál tendrá un radio mayor.

a) La configuración electrónica de todas las especies es la misma:

$$Cl^- \, (Z = 17) : 1s^2 2s^2 2p^6 3s^2 3p^6 \equiv [Ar]$$

$$K^+ \, (Z = 19) : 1s^2 2s^2 p^6 3s^2 3p^6 \equiv [Ar]$$

$$Ar \, (Z = 18) : 1s^2 2s^2 p^6 3s^2 3p^6 \equiv [Ar]$$

b) Las especies anteriores son isoelectrónicas (mismo número de electrones). El radio de cada especie va a depender de la carga nuclear efectiva, que aumenta al aumentar el número su número de protones (el apantallamiento no cambia, ya que el número de electrones es el mismo). Cuanto mayor sea la carga nuclear efectiva mayor será la fuerza que el núcleo ejerce sobre los electrones externos, y el radio será menor. Por tanto, la especie de mayor radio es el ion cloruro, que tiene menor carga nuclear efectiva.

Cuestión 3.28

Considere la siguiente tabla incompleta:

Elementos	Na	?	Al	?	S	?
Radios atómicos (pm)	?	136	?	110	?	99

a) Reproduzca la tabla y complétela situando los valores 125, 104 y 157 pm y los elementos P, Cl y Mg en los lugares oportunos.

b) Indique y explique qué norma ha seguido.

a) La tabla representa los valores de los radios atómicos de los elementos del tercer periodo ordenados según su número atómico. Para completar la tabla debemos tener en cuenta que en un periodo el radio atómico disminuye. La tabla queda así:

Elementos	Na	Mg	Al	P	S	Cl
Radios atómicos (pm)	157	136	125	110	104	99

b) Al aumentar el número atómico, Z, en un periodo, aumenta la carga nuclear efectiva, Z_{ef}, sobre el electrón más externo y, en consecuencia, aumenta la intensidad de la atracción entre el núcleo y el electrón más externo, por lo que disminuye la distancia entre ellos, y el radio es menor.

Z_{ef} aumenta, debido a que el apantallamiento de los electrones externos es menor que el de los electrones internos. Conforme nos movemos hacia la derecha en un periodo, de un elemento al siguiente, Z aumenta en una unidad, pero el apantallamiento aumenta en un valor inferior a la unidad, ya que se le añade un electrón externo; en consecuencia, Z_{ef} aumenta.

Recordemos que el apantallamiento es el efecto de pantalla −disminución de la atracción que ejerce el núcleo− que hacen tanto los electrones internos como los electrones externos sobre el electrón considerado; esto hace que disminuya la atracción del núcleo sobre dicho electrón.

Cuestión 3.29

a) Defina el concepto de energía de ionización de un elemento.

b) Justifique porqué la primera energía de ionización disminuye al descender en un grupo del sistema periódico.

c) Dados los elementos: F, Ne y Na, ordénelos de mayor a menor energía de ionización.

---

a) La energía de ionización, E_i, es la energía necesaria para arrancar un electrón de un átomo gaseoso que está en su estado fundamental para formar un ion positivo. El proceso es el siguiente:

$$X\,(g) \rightarrow X^+\,(g) + e^- \qquad E_i > 0$$

La energía de ionización se puede referir también a un mol de átomos y se expresa en kJ/mol.

b) Al aumentar el número atómico, Z, en un grupo, disminuye la energía de ionización. Aunque la carga nuclear efectiva, Z_{ef}, apenas varía con Z en un grupo −aumenta la carga, pero también aumenta el apantallamiento aproximadamente en el mismo valor−, cada vez la capa externa está más alejada del núcleo, y, por tanto, el electrón externo está retenido con menos fuerza, y hay que suministrar una menor energía para arrancarlo.

c) El orden es el siguiente: $E_{i\,Na} < E_{i\,F} < E_{i\,Ne}$

Cuestión 3.30

a) Defina afinidad electrónica.

b) ¿ Qué criterio se sigue para ordenar los elementos en la tabla periódica?

c) Explique cómo varía la energía de ionización a lo largo de un periodo.

a) La afinidad electrónica, E_{af}, es la energía desprendida cuando un átomo gaseoso que está su estado fundamental capta un electrón para formar un ion negativo. El proceso es el siguiente:

$$X(g) + e^- \rightarrow X^-(g); \qquad E_{af} < 0$$

La afinidad electrónica puede referirse también a un mol de átomos y se expresa en kJ/mol.

A veces, este proceso conlleva una absorción de energía, como es el caso de la segunda afinidad electrónica o cuando se trata de elementos muy estables como los gases nobles.

b) Los elementos están ordenados en filas y columnas según su número atómico creciente, Z, (número de protones), de manera que todos los elementos del mismo grupo (misma columna) tienen la misma configuración electrónica externa.

c) Al aumentar el número atómico en un periodo, aumenta la carga nuclear efectiva sobre el electrón más externo y, en consecuencia, aumenta la intensidad de la atracción entre el núcleo y el electrón más externo, por lo que aumenta la energía que hay que suministrar para arrancarlo.

Cuestión 3.31

Razone qué gráfica puede representar:
a) El número de electrones de las especies Ne, Na^+, Mg^{2+} y Al^{3+}.
b) El radio atómico de los elementos F, Cl, Br y I.
c) La energía de ionización de Li, Na, K y Rb.

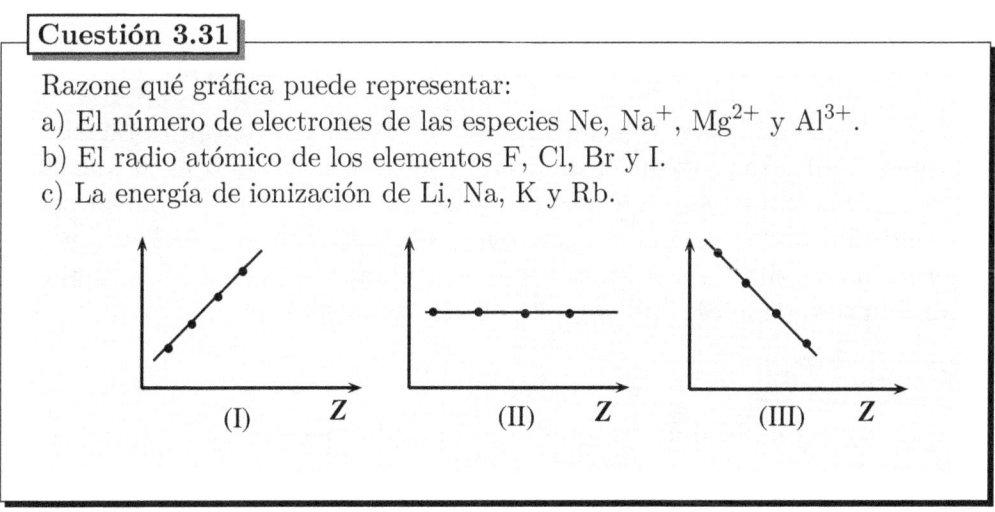

(I) Z (II) Z (III) Z

---

a) La gráfica II. Todas las especies químicas en cuestión: Ne, Na^+, Mg^{2+} y Al^{3+} tienen 10 electrones. El número atómico, Z, aumenta en una unidad desde el neón, $Z = 10$, hasta el aluminio, $Z = 14$.

b) La gráfica I. Los elementos F, Cl, Br y I pertenecen a un mismo grupo. El radio atómico de dichos elementos aumenta con el número atómico al descender en el grupo, ya que aumenta el número de capas pobladas de electrones.

c) La gráfica III. Los elementos Li, Na, K y Rb pertenecen también a un mismo grupo. Su energía de ionización disminuye con el número atómico al descender en el grupo, ya que aunque la carga nuclear efectiva apenas varía, cada vez la capa externa está más alejada del núcleo, y, por lo tanto, el electrón externo está retenido con menos fuerza, y hay que suministrar una menor energía para arrancarlo.

Cuestión 3.32

a) Escriba la configuración electrónica del Cl ($Z = 17$) y del K ($Z = 19$).
b) ¿Cuáles serán los iones más estables a que darán lugar los átomos anteriores?
c) ¿Cuál de estos iones tendrá menor radio?

---

a) La configuración electrónica de cada uno de estos átomos es la siguiente:

$$Cl\,(Z = 17) : 1s^2 2s^2 2p^6 3s^2 3p^5 \equiv [\text{Ne}]3s^2 3p^5$$

$$K\,(Z = 19) : 1s^2 2s^2 2p^6 3s^2 3p^6 4s^1 \equiv [\text{Ar}]4s^1$$

b) El ion más estable del cloro es Cl^-, cloruro, y el del potasio es K^+, potasio(1+), ya que los átomos de esos elementos captan o ceden, respectivamente, un electrón para alcanzar la configuración estable de gas noble (la del argón).

c) Ambos iones son isoelectrónicos (mismo número de electrones). El tamaño de cada uno de ellos va a depender de la carga nuclear efectiva, Z_{ef}, que aumenta al aumentar su número de protones (el apantallamiento no varía, ya que tienen el mismo número de electrones). Cuanto mayor sea Z_{ef}, mayor será la fuerza que el núcleo ejerce sobre los electrones externos, y el radio será menor. Por lo tanto, el ion de menor radio es el ion potasio, que tiene mayor Z_{ef}.

Cuestión 3.33

a) Indique el número de electrones desapareados que hay en los siguientes átomos: As ($Z = 33$), Cl ($Z = 17$) Ar ($Z = 18$)
b) Indique los grupos de números cuánticos que corresponderán a esos electrones desapareados.

---

a) Al escribir sus configuraciones electrónicas expandidas, observamos que:

As (arsénico): $[\text{Ar}]4s^2 4p_x^1 4p_y^1 4p_z^1$: 3 electrones desapareados.

Cl (cloro): $[\text{Ne}]3s^2 3p_x^2 3p_y^2 3p_z^1$: 1 electrón desapareado.

Ar (argón): $[\text{Ne}]3s^2 3p_x^2 3p_y^2 3p_z^2$: ningún electrón desapareado.

b) Los grupos de números cuánticos pueden ser los siguientes:

As: $(4,1,-1,+1/2)$, $(4,1,0,+1/2)$ y $(4,1,1,+1/2)$ y Cl: $(3,1,1,+1/2)$.

Cuestión 3.34

Dadas las siguientes configuraciones electrónicas pertenecientes a elementos neutros:

$$A : 1s^2 2s^2 2p^2; \quad B : 1s^2 2s^2 2p^5; \quad C : 1s^2 2s^2 2p^6 3s^2 3p^6 4s^1; \quad D : 1s^2 2s^2 2p^4$$

Indique razonadamente:
a) El grupo y periodo al que pertenece cada elemento.
b) El elemento de mayor y el de menor energía de ionización.
c) El elemento de mayor y el de menor radio atómico.

---

a) A: grupo 14, carbonoideos (la configuración electrónica externa es del tipo $ns^2 np^2$), y al periodo 2 (los electrones más externos están en el segundo nivel energético).

B: grupo 17, halógenos (la configuración electrónica externa es del tipo $ns^2 np^5$), y al periodo 2 (los electrones más externos están en el segundo nivel energético).

C: grupo 1, alcalinos (la configuración electrónica externa es del tipo ns^1), y al periodo 4 (los electrones más externos están en el cuarto nivel energético).

D: grupo 16, calcógenos (la configuración electrónica externa es del tipo $ns^2 np^4$), y al periodo 2 (los electrones más externos están en el segundo nivel energético).

b) En la figura de la derecha se representa la disposición de los elementos en la tabla periódica. Puesto que la energía de ionización aumenta en un periodo al aumentar Z y disminuye en grupo al aumentar Z, el elemento de mayor energía de ionización es B y el de menor energía de ionización es C.

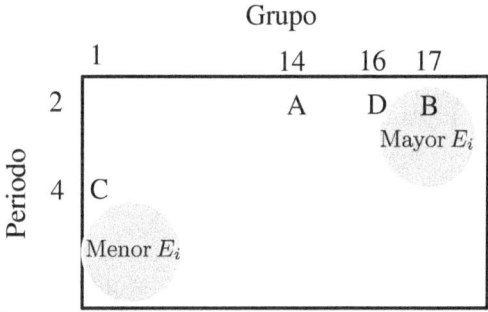

Al aumentar Z en un periodo, aumenta la energía de ionización, porque aumenta la carga nuclear efectiva, y, por lo tanto, el electrón externo está retenido con más fuerza, y hay que suministrar una mayor energía para arrancarlo.

Al aumentar Z en un grupo, disminuye la energía de ionización. Aunque la carga nuclear efectiva apenas varía, cada vez la capa externa está más alejada del núcleo, y, por tanto, el electrón externo está retenido con menos fuerza, y hay que suministrar una menor energía para arrancarlo.

c) En la figura de la derecha se representa de nuevo la disposición de los elementos en la tabla periódica. Puesto que el radio atómico disminuye en un periodo al aumentar Z y aumenta en grupo al aumentar Z, el elemento de mayor radio es C y el de menor radio es B.

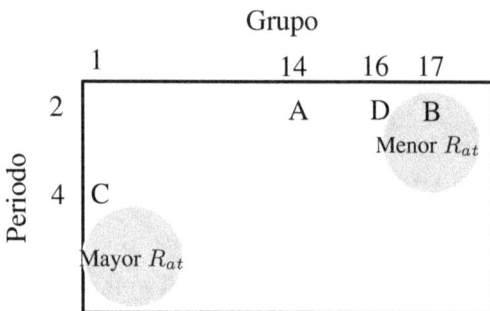

Al aumentar Z en un periodo, aumenta la carga nuclear efectiva, y, por tanto, el electrón externo está retenido con más fuerza, y el radio atómico es menor.

Al aumentar Z en un grupo, aumenta el radio atómico, debido a que que aumenta el número de capas pobladas de electrones.

Cuestión 3.35

a) Escriba las configuraciones electrónicas de los iones siguientes: Na^+ (Z=11) y F^- (Z = 9).
b) Justifique que el ion Na^+ tiene menor radio que el ion F^-.
c) Justifique que la energía de ionización del sodio es menor que la del flúor.

---

a) Las configuraciones electrónicas de los iones Na^+ y F^- son las siguientes:

$$F^- (Z = 9) : 1s^2 2s^2 2p^6 \equiv [Ne] \qquad Na^+ (Z = 11) : 1s^2 2s^2 2p^6 \equiv [Ne]$$

b) Las especies anteriores son isoelectrónicas. El tamaño de cada una de ellas va a depender de la carga nuclear efectiva, Z_{ef}, que aumenta al aumentar su número de protones (el apantallamiento no varía, ya que el número de electrones es el mismo). Al aumentar Z_{ef}, mayor será la fuerza que el núcleo ejerce sobre los electrones externos, y el radio disminuirá. Por lo tanto, el de menor radio es el ion sodio, que tiene mayor Z_{ef}.

c) El átomo de sodio es más grande que el de flúor, pues tiene más capas electrónicas pobladas. Aunque el átomo de sodio tiene una mayor Z_{ef} —y, por tanto, mayor atracción sobre los electrones externos—, tiene más influencia el número de capas pobladas. Experimentalmente, se comprueba que los radios atómicos del flúor y del sodio son 71 pm y 186 pm, respectivamente.

Capítulo 4

Enlace químico

Cuestión 4.1

a) ¿Qué se entiende por energía reticular?

b) Represente el ciclo de Born-Haber para el bromuro de sodio.

c) Exprese la entalpía de formación (ΔH_f) del bromuro de sodio en función de las siguientes variables: la energía de ionización (E_i) y el calor de sublimación (E_s) del sodio, la energía de vaporización (E_v), la energía de disociación (E_d) y la afinidad electrónica (E_{af}) del bromo, y la energía reticular (U) del bromuro de sodio.

a) Se denomina energía reticular o energía de red, U, a la cantidad de energía desprendida al formarse un mol de cristal iónico, por traslado de los iones positivos y negativos necesarios, en estado gaseoso y sin interacciones entre ellos, desde el infinito hasta los lugares que ocupan en la red.

Podemos representar el proceso mediante una ecuación termoquímica, que, para el caso de un sólido iónico de fórmula MX, en el que M es un metal alcalino y X es un halógeno, es la siguiente:

$$M^+ (g) + X^- (g) \rightarrow MX (s) \qquad U = -? \, kJ$$

b) El ciclo de Born-Haber es un ciclo termodinámico basado en la ley de Hess: "la energía (en realidad, entalpía: calor a presión constante) puesta en juego el proceso depende solamente del estado inicial y final; esto es, es independiente de las etapas intermedias".

A continuación se representa el ciclo de Born-Haber para la formación de un mol de unidades fórmula de NaBr (s). La energía puesta en juego por el camino I (etapa A) o por el camino II (etapas B, C, D, E, F y G) son iguales:

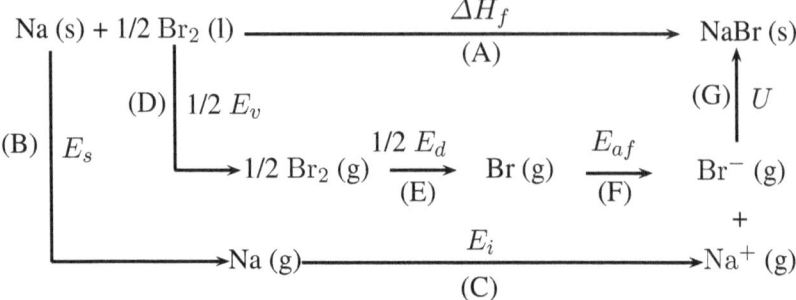

Las etapas son las siguientes:

A: Formación de un mol de unidades fórmula de NaBr (s) a partir de las sustancias Na (s) y Br_2 (l). La energía desprendida es la energía de formación, ΔH_f.

B: Sublimación de un mol de átomos de Na (s). La energía necesaria es la energía de sublimación, E_s.

C: Ionización de un mol de átomos Na (g). La energía necesaria es la energía de ionización, E_i.

D: Vaporización de medio mol de moléculas de Br_2 (l). La energía necesaria es la mitad de la energía de vaporización, $1/2\,E_v$.

E: Disociación de medio mol de moléculas de bromo Br_2 (g) . La energía necesaria es la mitad de la energía de disociación, $1/2\,E_d$.

F: Ionización de un mol de átomos de bromo Br (g). La energía desprendida es la afinidad electrónica, E_{af}.

G: Reacción de los iones Na^+ (g) y Br^- (g) necesarios para producir un mol de unidades fórmula de NaBr (s). La energía desprendida es la energía reticular, U.

c) De acuerdo con la ley de Hess: $\Delta H_f = E_s + E_i + 1/2\,E_v + 1/2\,E_d + E_{af} + U$

Cuestión 4.2

Teniendo en cuenta la energía reticular de los compuestos iónicos, conteste razonadamente:
a) ¿Cuál de los dos compuestos tendrá mayor dureza: LiBr o KBr?
b) ¿Cuál de los siguientes compuestos será más soluble en agua: MgO o CaS?

a) El valor de la energía reticular de un cristal iónico está estrechamente relacionado con sus propiedades. Cuanto mayor es en valor absoluto, mayores son sus puntos de fusión y ebullición, mayor es su dureza, menor es su solubilidad en agua, etc.

La energía reticular de un sólido iónico es directamente proporcional al producto de las cargas de los iones, Z_A (carga del anión) y Z_C (carga del catión); e inversamente proporcional a la distancia interiónica, r_o:

$$U \propto \frac{Z_A Z_C}{r_o}$$

Tiene mayor dureza el que tenga mayor energía reticular. Para el LiBr y el KBr, en los que $Z_A = Z_C = 1$, no discrimina el producto de las cargas para la determinación de su energía reticular, puesto que es el mismo. Sin embargo, la distancia interiónica sí, porque es distinta. Como $r_{o\,KBr} > r_{o\,LiBr}$, al ser el ion potasio mayor que el ion litio, $U_{LiBr} > U_{KBr}$, y, por lo tanto, la dureza del LiBr será mayor.

b) Será más soluble el que tenga menor energía reticular. Para el MgO y para el CaS, en los que $Z_A = Z_C = 2$, no discrimina de nuevo el producto de las cargas para la determinación de su energía reticular, puesto que es el mismo. Sin embargo, la distancia interiónica sí porque es distinta. Como $r_{o\,CaS} > r_{o\,MgO}$, al ser los iones sulfuro y calcio mayores que los iones magnesio y óxido, $U_{MgO} > U_{CaS}$, y, por lo tanto, la solubilidad del CaS será menor.

Cuestión 4.3

La tabla siguiente corresponde a los puntos de fusión de distintos sólidos iónicos:

Compuesto	NaF	NaCl	NaBr	NaI
Punto de fusión (°C)	980	801	755	651

Considerando los anteriores valores:
a) Indique cómo varía la energía reticular en este grupo de compuestos.
b) Explique cuál es la causa de esa variación.

---

a) En valor absoluto, la energía reticular de dichos compuestos varía de la manera siguiente:

$$U_{NaI} < U_{NaBr} < U_{NaCl} < U_{NaF}$$

b) El valor del punto de fusión de un sólido iónico depende de su energía reticular. Cuanto mayor es en valor absoluto su energía reticular, mayor es su punto de fusión.

La energía reticular de un sólido iónico es directamente proporcional al producto de las cargas de los iones, Z_A (carga del anión) y Z_C (carga del catión), e inversamente proporcional a la distancia interiónica, r_o:

$$U \propto \frac{Z_A Z_C}{r_o}$$

La causa de que aumente la energía reticular desde NaI al NaF, y, por lo tanto, el punto de fusión de dichas sustancias, es que, aunque el producto $Z_A Z_C = 1$ es el mismo en todos estos compuestos, r_o disminuye desde el NaI al NaF, al disminuir el tamaño del anión. En consecuencia, dado que la energía reticular es inversamente proporcional a la distancia interiónica, la energía reticular aumenta en ese sentido.

Cuestión 4.4

a) ¿Por qué el H_2 y el I_2 no son solubles en agua y el HI sí lo es?

b) ¿Por qué la molécula BCl_3 es apolar, aunque sus enlaces están polarizados?

---

a) Para que se disuelva una sustancia molecular en otra, las fuerzas intermoleculares deben ser del mismo tipo y de parecida intensidad, con objeto de que puedan intercambiarse (que puedan romperse las uniones entre moléculas de la misma sustancia y se formen uniones nuevas entre las moléculas de una y otra sustancia).

El dihidrógeno y el diyodo no son solubles en agua, debido a que son moléculas apolares mientras que el agua es una molécula polar. Las fuerzas con las que interaccionan las moléculas de dihidrógeno o de diyodo entre sí son fuerzas intermoleculares de Van der Waals de dispersión, muy diferentes a los enlaces de hidrógeno que se establecen entre las moléculas de agua.

El yoduro de hidrógeno sí es soluble en agua. No obstante, en este caso lo que sucede más bien es que reacciona con el agua:

$$HI + H_2O \rightarrow H_3O^+ + I^-$$

b) Como se muestra en la figura, la geometría de la molécula de tricloruro de boro es trigonal plana. Este tipo de geometría molecular hace que la suma de los momentos dipolares parciales asociados a cada enlace polar sea nula o, lo que es lo mismo, que los centros de distribución de las cargas positivas y negativas coincidan.

H_2	I_2	HI	BCl_3
H——H	I——I		
$\vec{\mu}=0$ (apolar)	$\vec{\mu}=0$ (apolar)	$\vec{\mu}\neq 0$ (polar)	$\vec{\mu}_T=0$ (apolar)

Cuestión 4.5

Para las moléculas de tetracloruro de carbono y agua:
a) Prediga su geometría mediante la teoría de Repulsión de Pares de Electrones de la Capa de Valencia.
b) Indique la hibridación del átomo central.
c) Indique si esas moléculas son polares o apolares. Razone su respuesta.

Molécula	Estructura de Lewis	Zonas de alta densidad	Orientación de los pares de electrones	Geometría
CCl_4 (Tipo AB_4) 4 pares de e^- de enlace		4	109,5°	Tetraédrica
H_2O (Tipo AB_2E_2) 2 pares de e^- de enlace y 2 pares de e^- solitarios	H——$\ddot{O}$——H	4	109,5° (teórico)	Angular

a) Para predecir la geometría de una molécula por esta teoría:

1. Representamos su estructura de Lewis.

2. Contamos las regiones o zonas de alta densidad electrónica en torno al átomo central sin distinguir entre pares de electrones de enlace y pares de

electrones solitarios.

3. Representamos la orientación de estas zonas de alta densidad electrónica de tal manera que la repulsión sea mínima.

4. Obtenemos la fórmula tridimensional que nos muestra la geometría de la molécula a partir de la distribución de los núcleos de los átomos.

b) En los dos casos la hibridación del átomo central, carbono y oxígeno, respectivamente, es sp^3.

c) El tetracloruro de carbono es apolar, debido a que la suma de los momentos dipolares parciales es nula o, lo que es lo mismo, que los centros de distribución de las cargas positivas y las cargas negativas coinciden. Sin embargo, el agua es polar, debido a que la suma de los momentos dipolares parciales es distinta de cero o, lo que es lo mismo, que los centros de distribución de las cargas positivas y las cargas negativas no coinciden.

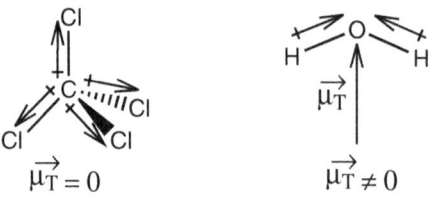

Cuestión 4.6

Dadas las siguientes moléculas:

$$F_2 \quad CS_2 \quad C_2H_4 \quad C_2H_2 \quad H_2O \quad NH_3$$

Indique en cuál o cuáles:
a) Todos los enlaces son simples.
b) Existe algún doble enlace.
c) Existe algún triple enlace.

---

a), b) y c). En la figura que se muestra a continuación aparecen las moléculas, clasificadas de acuerdo con cada uno de los apartados que se indica en la cuestión.

Todos enlaces simples		
F—F	H—O—H	(ver estructura)
Flúor	Agua	Amoniaco

Algún enlace doble		Algún enlace triple
S=C=S	(ver estructura)	H—C≡C—H
Disulfuro de carbono	Eteno	Etino

Cuestión 4.7

a) Represente, según la teoría de Lewis, las moléculas de etano (C_2H_6), eteno (C_2H_4) y etino (C_2H_2). Comente las diferencias más significativas que encuentre.

b) ¿Qué tipo de hibridación presenta el carbono en cada una de las moléculas?

a) Las estructuras de Lewis de las moléculas son las siguientes:

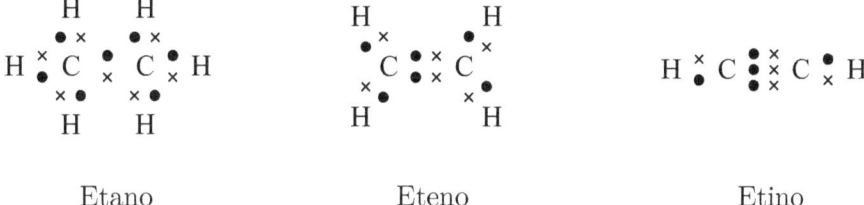

Etano   Eteno   Etino

En el etano, los átomos de carbono comparten un par de electrones (forman un enlace simple); en el eteno, los átomos de carbono comparten dos pares de electrones (forman un enlace doble); y en el etino, los átomos de carbono comparten tres pares de electrones (forman un enlace triple).

b) El carbono presenta una hibridación sp^3 en el etano, sp^2 en el eteno y sp en el etino.

Cuestión 4.8

Indique qué tipo de enlace hay que romper para:
a) Fundir cloruro de sodio.
b) Vaporizar agua.
c) Vaporizar n-hexano.

---

a) El cloruro de sodio es una sustancia iónica. Para fundirla hay que romper un enlace iónico que consiste en interacciones electrostáticas entre iones de distinto signo.

b) El agua es una sustancia covalente molecular polar. Cuando se vaporiza agua, se rompen enlaces intermoleculares, preferentemente, enlaces de hidrógeno, pero también fuerzas de Van der Waals de dispersión o de London, que siempre están presentes independientemente que moléculas sean polares o apolares.

c) El n-hexano es una sustancia covalente molecular apolar (al ser simétrica, el centro de distribución de las cargas positivas coincide con el de las cargas negativas). Cuando se vaporiza, se rompen fuerzas de Van der Waals de dispersión o de London. Estas fuerzas se deben a atracciones entre dipolos instantáneos y dipolos inducidos, ésto justifica la presencia de enlaces entre moléculas apolares.

Cuestión 4.9

Para las moléculas BCl_3, NH_3 y BeH_2, indique:
a) El número de pares de electrones sin compartir de cada átomo.
b) La geometría de cada molécula utilizando la teoría de Repulsión de Pares de Electrones de la Capa de Valencia.
c) La hibridación del átomo central.

---

a) En la molécula de tricloruro de boro, el átomo de boro no tiene ningún par de electrones sin compartir, mientras que cada uno de los tres átomos de cloro tiene tres pares de electrones sin compartir. En la molécula de amoniaco, el átomo de nitrógeno tiene un par de electrones sin compartir. En la molécula de dihidruro de berilio, el átomo de berilio no tiene ningún par de electrones sin compartir.

b) Al analizar la estructura de Lewis, observamos que el tricloruro de boro, el amoniaco y el dihidruro de berilio tienen, respectivamente, tres, cuatro y dos zonas de alta densidad electrónica. Si representamos esas zonas de tal manera que la repulsión sea mínima y consideramos la disposición de los núcleos de los átomos presentes en la molécula, llegamos a la conclusión de que la molécula tricloruro de boro es trigonal plana, la molécula de amoniaco es piramidal trigonal y la molécula de dihidruro de berilio es lineal.

Molécula	Estructura de Lewis	Zonas de alta densidad	Orientación de los pares de electrones	Geometría
BCl_3 (Tipo AB_3) 3 pares de e$^-$ de enlace		3	120°	Trigonal plana
NH_3 (Tipo AB_3E) 3 pares de e$^-$ de enlace y 1 par de e$^-$ solitarios		4	109,5° (teórico)	Priramidal trigonal
BeH_2 (Tipo AB_2) 2 pares de e$^-$ de enlace	H—Be—H	2	180°	H—Be—H Lineal

c) En la molécula de tricloruro de boro, el átomo de boro presenta hidridación sp^2; en la molécula de amoniaco, el átomo de nitrógeno presenta hibridación sp^3; y en la molécula de dihidruro de berilio, el átomo de berilio presenta hibridación sp.

Cuestión 4.10

a) Represente la estructura de Lewis de la molécula NF_3.

b) Prediga la geometría de esta molécula según la teoría de Repulsión de Pares de Electrones de la Capa de Valencia.

c) Indique si la molécula de NF_3 es polar o apolar. Justifique la respuesta.

---

a) La estructura de Lewis de la molécula aparece en la tabla que se muestra más abajo.

b) Analizando la estructura de Lewis, observamos que tiene cuatro zonas de alta densidad electrónica en torno al átomo central. Si representamos esas cuatro zonas de tal manera que la repulsión sea mínima y consideramos la disposición de los núcleos de los átomos presentes en la molécula, llegamos a la conclusión de que la molécula es piramidal trigonal.

Molécula	Estructura de Lewis	Zonas de alta densidad	Orientación de los pares de electrones	Geometría
NF_3 (Tipo AB_3E) 3 pares de e^- de enlace y un par solitario		4	109,5° (teórico)	Piramidal trigonal

c) El trifluoruro de nitrógeno es polar, debido a que la suma de los momentos dipolares parciales asociados a cada enlace polar no es nula.

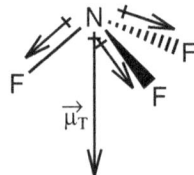

Cuestión 4.11

a) Represente la estructura del trifluoruro de fósforo, según la teoría de Lewis.

b) Indique cuál será su geometría según la Teoría de Repulsión de Pares de Electrones de la Capa de Valencia.

c) ¿Podrá tener el fósforo una covalencia superior a la presentada en el trifluoruro de fósforo? Razone la respuesta.

a y b) Observando la estructura de Lewis, comprobamos que tiene cuatro zonas de alta densidad electrónica en torno al átomo central. Si representamos esas cuatro zonas de tal manera que la repulsión sea mínima y consideramos la disposición de los núcleos de los átomos presente en la molécula, llegamos a la conclusión de que la molécula es piramidal trigonal.

Molécula	Estructura de Lewis	Zonas de alta densidad	Orientación de los pares de electrones	Geometría
PF_3 (Tipo AB_3E) 3 pares de e⁻ de enlace y un par solitario		4	109,5° (teórico)	Piramidal trigonal

c) El fósforo puede tener una covalencia 5. Puede existir un estado excitado del fósforo con 5 electrones desapareados que justifica esta covalencia, porque en el tercer nivel hay orbitales d con energías muy próximas a los orbitales s y p:

$P^*(Z = 15)$: $1s^2 2s^2 2p^6 3s^1 3p_x^1 3p_y^1 3p_z^1 3d_{xy}^1$ covalencia $= 5$ (5 e^- desapareados)

Cuestión 4.12

A partir de los átomos A y B, cuyas configuraciones electrónicas son, respectivamente, $1s^2 2s^2 2p^2$ y $1s^2 2s^2 2p^6 3s^2 3p^5$
a) Explique la posible existencia de las moléculas AB, B_2 y AB_4.
b) Justifique la geometría de la molécula AB_4.
c) Explique la existencia o ausencia de momento dipolar en AB_4.

---

a) El elemento A es el carbono ($Z = 6$) y el elemento B es el cloro ($Z = 17$). Tienen, respectivamente, cuatro y siete electrones en su capa de valencia. La estructura de Lewis de ambos átomos se representa, rodeando a los átomos de cuatro y siete puntos, respectivamente.

Podemos justificar la posible existencia de esas moléculas representado sus estructuras de Lewis. En general, las moléculas estables cumplen la regla del octeto: "En el enlace covalente los átomos comparten pares de electrones para alcanzar la configuración de gas noble".

Según vemos en las estructuras de Lewis de más abajo, la molécula AB no cumple la regla del octeto (B comparte un par de electrones con A; de esta forma A tiene sólo cinco electrones en su capa de valencia). La molécula B_2, que corresponde a la molécula de dicloro, Cl_2, sí la cumple (los dos átomos de B comparten un par de electrones y, además, cada uno de ellos tiene tres pares de electrones sin compartir). La molécula AB_4, que corresponde a la molécula de tetracloruro de carbono, CCl_4, también la cumple (cada uno de los cuatro átomos de B comparte un par de electrones con el átomo A, y, además, cada uno de los cuatro átomos de B tiene tres pares sin compartir).

Ä :B̈·	A̤:B̈:	:B̈:B̈:	:B̈:A̤:B̈:
átomos A y B	molécula AB	molécula B_2	molécula AB_4

b) Observando la estructura de Lewis comprobamos que la molécula AB_4 tiene cuatro zonas de alta densidad electrónica en torno al átomo central. Si representamos esas cuatro zonas de tal manera que la repulsión sea mínima y consideramos la disposición de los núcleos de los átomos presente en la molécula, llegamos a la conclusión de que la molécula AB_4 es tetraédrica.

Molécula	Estructura de Lewis	Zonas de alta densidad	Orientación de los pares de electrones	Geometría
AB_4 (Tipo AB_4) 4 pares de e^- de enlace	:B̈: | :B̈—A—B̈: | :B̈:	4		B | A······B B B Tetraédrica

c) La molécula AB_4 es apolar, debido a que la suma de los momentos dipolares parciales es nula, o, lo que es lo mismo, que los centros de distribución de las cargas positivas y las cargas negativas coinciden.

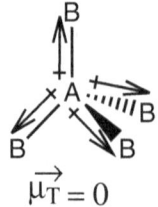

$$\vec{\mu_T} = 0$$

Cuestión 4.13

Indique si son verdaderas o falsas las siguientes afirmaciones. Razone sus respuestas.
a) Algunas moléculas covalentes son polares.
b) Los compuestos iónicos, cuando están fundidos o en disolución, son buenos conductores de la electricidad.
c) El agua tiene el punto de ebullición más elevado que el resto de los hidruros de los elementos del grupo 16.

a) Verdadera. Algunas moléculas como el cloruro de hidrógeno o el amoniaco son polares, porque el centro de distribución de las cargas positivas y el de las cargas negativas no coinciden. Otras como el dicloro o el tetracloruro de carbono son apolares, porque el centro de distribución de las cargas positivas y el de las cargas negativas coinciden.

$\delta(+)$ $\delta(-)$ $\pm$

molécula polar   molécula apolar

Para que una molécula sea polar debe tener enlaces polares y una geometría molecular adecuada que haga que el centro de distribución de las cargas positivas y negativas no coincidan.

b) Verdadera. Las sustancias iónicas cuando están fundidas o disueltas son buenos conductores de la electricidad, porque en estos estados de agregación los iones que las constituyen tienen libertad de movimiento y pueden desplazarse en el seno de un campo eléctrico.

c) Verdadera. No sigue la tendencia de los otros hidruros de su grupo, en los que el punto de ebullición aumenta con la masa molecular. Por su masa molecular más pequeña que los demás miembros, debería tener un punto de ebullición menor. Sin embargo, los enlaces de hidrógeno muy fuertes prevalecen sobre las fuerzas de Van der Waals de dispersión. Esto les dota de un punto de ebullición muy superior al resto de los hidruros.

Cuestión 4.14

Dadas las especies químicas Cl_2, HCl y CCl_4:
a) Indique el tipo de enlace que existirá en cada una.
b) Indique si los enlaces están polarizados. Justifique su respuesta.
c) Indique, razonadamente, si dichas moléculas serán polares o apolares.

a) Las tres son sustancias covalentes moleculares.

- Cl_2, dicloro: si está en estado sólido o líquido, enlace covalente entre los átomos de cloro de la molécula y fuerzas de Van der Waals de dispersión entre las moléculas (entre dipolos instantáneos y dipolos inducidos).

- HCl, cloruro de hidrógeno: si está en estado sólido o líquido, enlace covalente entre el átomo de cloro y el átomo de hidrógeno de la molécula y fuerzas intermoleculares de Van der Waals de dispersión (entre dipolos instantáneos y dipolos inducidos) y de dipolo-dipolo (entre dipolos permanentes).

- CCl_4, cloro si está en estado sólido o líquido, enlaces covalentes entre los átomos de cloro y el átomo de carbono de la molécula y fuerzas de Van der Waals de dispersión entre las moléculas (entre dipolos instantáneos y dipolos inducidos).

b) Para saber si los enlaces covalentes son polares (polarizados) o apolares (no polarizados), tenemos que tener en cuenta la diferencia de electronegatividad de los átomos enlazados. El los enlaces covalentes polares hay cierta separación entre la carga positiva y negativa (el elemento más electronegativo atrae hacia sí los electrones del enlace, recae sobre él cierta carga parcial negativa), mientras que en los enlaces apolares no.

- Enlace Cl − Cl en la molécula de dicloro: enlace no polarizado. Como el enlace lo forman dos átomos del mismo elemento, no hay separación de cargas.

- Enlace H − Cl en la molécula de cloruro de hidrógeno: enlace polarizado. Como el enlace lo forman dos átomos de distintos elementos de diferente electronegatividad, hay cierta separación de cargas. Recae una cierta carga parcial negativa sobre el cloro, el elemento más electronegativo, mientras que sobre el hidrógeno recae una cierta carga parcial positiva.

- Enlace C − Cl en la molécula de tetracloruro de carbono: enlace polarizado. Como el enlace lo forman dos átomos de distintos elementos de diferente electronegatividad, hay cierta separación de cargas. Recae una cierta carga parcial negativa sobre el cloro, el elemento más electronegativo, mientras que sobre el carbono recae una cierta carga parcial positiva.

c) Para determinar la polaridad de las moléculas, hay que tener en cuenta la geometría, si es que poseen más de un enlace.

- Molécula de dicloro: molécula apolar, ya que sólo posee un enlace y éste es apolar.

- Molécula de cloruro de hidrógeno: molécula polar, ya que sólo posee un enlace y éste es polar.

- Molécula de tetracloruro de carbono: molécula apolar. Aunque posee enlaces apolares, la geometría tetraédrica hace que el centro de distribución de las cargas positivas y el de las cargas negativas coincidan, o lo que es lo mismo, que la suma de los momentos dipolares asociados a cada enlace C − Cl sea cero.

Cuestión 4.15

Dadas las siguientes especies químicas: CH_3OH, CH_4 y NH_3
a) Indique el tipo de enlace que existe dentro de cada una.
b) Ordénelas, justificando la respuesta, de menor a mayor punto de fusión.
c) Indique si serán solubles en agua. Razone su respuesta.

- CH_3OH, metanol: si está en estado sólido o líquido, enlaces covalentes entre los átomos de la molécula; y enlace de hidrógeno (representado en la figura) y fuerzas de Van der Waals de dispersión entre las moléculas.

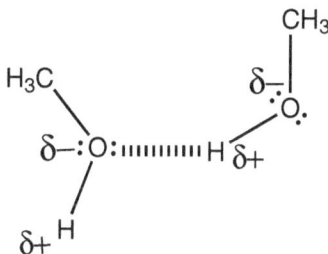

- CH_4, metano: si está en estado sólido o líquido, enlaces covalentes entre el átomo de carbono y los átomos de hidrógeno de la molécula; y fuerzas de Van der Waals de dispersión entre las moléculas.

- NH_3, amoniaco: si está en estado sólido o líquido, enlaces covalentes entre el átomo de nitrógeno y los átomos de hidrógeno de la molécula; y enlace de hidrógeno (representado en la figura) y fuerzas de Van der Waals de dispersión entre las moléculas.

b) El metano es la sustancia que tiene menor punto de fusión. Las fuerzas de Van der Waals de dispersión entre las moléculas de metano son muy débiles, ya que la molécula tiene una masa molecular muy pequeña.

El amoniaco tiene un punto de fusión más bajo que el metanol. No sólo los enlaces de hidrógeno en el amoniaco son menos intensos, debido a la menor electronegatividad de nitrógeno, sino que las fuerzas de Van der Waals de dispersión son también menores, por su masa molecular más pequeña.

Por lo tanto, el orden de menor a mayor punto de fusión sería el siguiente:

$$CH_4 < NH_3 < CH_3OH$$

c) Para que se disuelva una sustancia molecular en otra, las fuerzas intermoleculares deben ser del mismo tipo y de parecida intensidad con objeto de que puedan intercambiarse (que puedan romperse las uniones entre moléculas de la misma sustancia y se formen uniones nuevas entre las moléculas de una y otra sustancia).

- El metanol es soluble en agua (muy soluble, lo hace en cualquier proporción), ya que los dos tienen el mismo tipo de enlace y de fuerzas parecidas (enlaces de hidrógeno y fuerzas de Van der Waals de dispersión).

- El metano no es soluble en agua, debido a que la molécula de metano es apolar, mientras que la de agua es polar. Las fuerzas con las que interaccionan entre sí las moléculas de metano son fuerzas de Van der Waals de dispersión, muy diferentes a los enlaces de hidrógeno que se establecen entre las moléculas de agua.

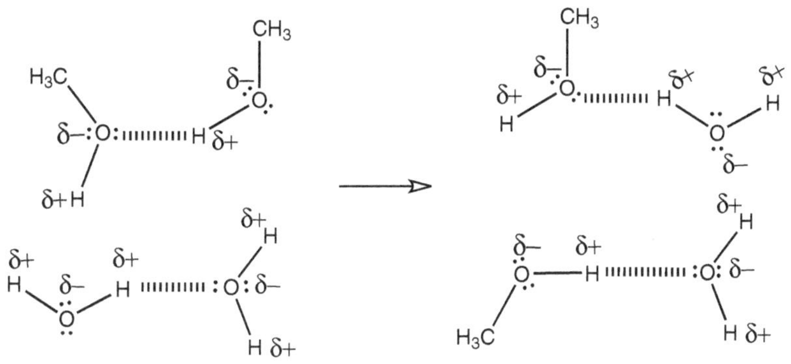

- El amoniaco es soluble en agua por la misma razón que el etanol lo es. En este caso, además algunas moléculas reaccionan con el agua:

$$NH_3 + H_2O \rightarrow NH_4^+ + OH^-$$

Cuestión 4.16

Explique, en función del tipo de enlace que presentan, las siguientes afirmaciones:
a) El cloruro de sodio es soluble en agua.
b) El hierro es conductor de la electricidad.
c) El metano tiene bajo punto de fusión.

---

a) El cloruro de sodio es una sustancia iónica. Muchos compuestos iónicos son solubles en disolventes polares como el agua. Cuando el cloruro de sodio se introduce en agua se rompe su red iónica, y las moléculas de agua rodean a los iones Cl^- y Na^+. Este proceso de hidratación de los iones es un proceso exotérmico y suministra aproximadamente la energía reticular necesaria para que se rompa la red iónica.

b) El hierro es una sustancia metálica. Todos los metales conducen muy bien la electricidad, puesto que tienen electrones con libertad de movimiento y pueden desplazarse en el seno de un campo eléctrico.

c) El metano es una sustancia covalente apolar. Las fuerzas de Van der Waals de dispersión son las únicas que se establecen entre sus moléculas cuando se encuentra en estado sólido o líquido. Estas fuerzas son muy débiles, debido a que su masa molecular es pequeña. Esto hace que su punto de fusión sea muy bajo y que a temperatura ambiente sea una sustancia gaseosa.

Cuestión 4.17

Dadas las sustancias CH_4 y PCl_3 :
a) Represente sus estructuras de Lewis.
b) Prediga la geometría de las moléculas anteriores según la teoría de Repulsión de Pares de Electrones de la Capa de Valencia.
c) Indique la hibridación que presenta el átomo central en cada caso.

a) La estructura de Lewis de cada molécula aparece en la tabla siguiente.

Molécula	Estructura de Lewis	Zonas de alta densidad	Orientación de los pares de electrones	Geometría
CH_4 (Tipo AB_4) 4 pares de e⁻ de enlace	H—C—H con H arriba y H abajo	4	109,5°	Tetraédrica
PCl_3 (Tipo AB_3E) 3 pares de e⁻ de enlace y 1 par de e⁻ solitarios	Cl—P—Cl con Cl abajo	4	109,5° (teórico)	Piramidal trigonal

b) La estructura de Lewis de la tabla de arriba muestra que ambas moléculas tienen cuatro zonas de alta densidad electrónica en torno al átomo central. Si representamos esas cuatro zonas de tal manera que la repulsión sea mínima y consideramos la disposición de los núcleos de los átomos presente en la molécula, llegamos a la conclusión de que la molécula de metano es tetraédrica y que la molécula de tricloruro de fósforo es piramidal trigonal.

c) En los dos casos la hibridación del átomo central es sp^3.

Cuestión 4.18

Comente, razonadamente, la conductividad eléctrica de los siguientes sistemas:

a) Un hilo de cobre.

b) Un cristal de $Cu(NO_3)_2$.

c) Una disolución de $Cu(NO_3)_2$.

a) Un hilo de cobre conduce la electricidad, ya que el cobre, como todos los metales, tiene electrones con libertad de movimiento y pueden desplazarse en el seno de un campo eléctrico.

b) Un cristal de $Cu(NO_3)_2$ no conduce la corriente eléctrica, porque en estado sólido los iones cobre(2+) y los iones nitrato sólo pueden vibrar en torno a posiciones fijas y no pueden desplazarse en el seno de un campo eléctrico.

c) Una disolución de $Cu(NO_3)_2$ sí conduce la electricidad, porque, en disolución, los iones tienen libertad de movimiento y pueden desplazarse en el seno de un campo eléctrico.

Cuestión 4.19

Cuatro elementos se designan arbitrariamente como A, B, C y D. Sus electronegatividades se muestran en la tabla siguiente:

Elemento	A	B	C	D
Electronegatividad	3,0	2,8	2,5	2,1

Si se forman las moléculas AB, AC, AD y BD:

a) Clasifíquelas en orden creciente por su carácter covalente. Justifique la respuesta.

b) ¿Cuál será la molécula más polar? Justifique la respuesta.

a) El carácter más o menos covalente asociado a un enlace en una molécula depende de la diferencia de la electronegatividad, ΔE, entre los átomos que lo forman. Cuanto menor sea ΔE más covalente será el enlace.

Enlace	AD	BD	AC	AB
ΔE	0,9	0,7	0,5	0,2

Por lo tanto, según la tabla, el orden creciente del carácter covalente será el siguiente: AD < BD < AC < AB.

b) AD es la molécula más polar, ya que es aquella en la que la diferencia de electronegatividad entre los elementos que forman el enlace es mayor. Una mayor diferencia de electronegatividad provoca que la carga parcial que recae sobre cada átomo sea mayor y el enlace sea más polar.

$$^{(\delta+)}D - A^{(\delta-)}.$$

Cuestión 4.20

Dada la gráfica adjunta, indique, justificadamente:
a) El tipo de enlace dentro de cada compuesto.
b) La variación de los puntos de fusión.
c) Si todas las moléculas tienen una geometría angular, ¿cuál será más polar?

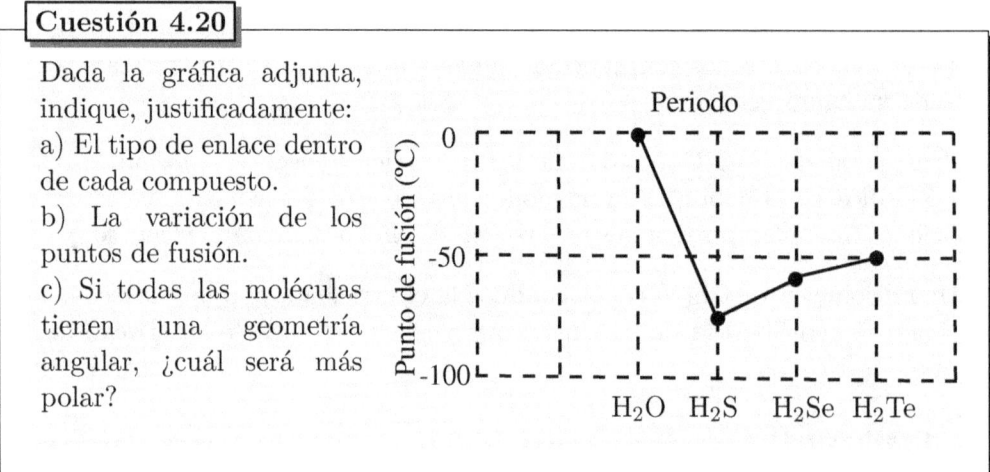

---

a) Si están en estado sólido o líquido, enlaces covalentes entre los átomos de la molécula; y fuerzas intermoleculares de Van der Waals de dispersión (entre dipolos instantáneos y dipolos inducidos) y las fuerzas dipolo-dipolo (entre dipolos permanentes y dipolos permanentes). En el caso del agua estas fuerzas intermoleculares dipolo-dipolo son especialmente intensas y se conocen como enlaces de hidrógeno.

b) De menor a mayor punto de fusión:

$$H_2S < H_2Se < H_2Te < H_2O$$

El agua no sigue la tendencia de los otros hidruros de su grupo, en los que el punto de fusión aumenta con la masa molecular (o el tamaño molecular). Por su masa molecular más pequeña que los demás miembros debería tener un punto de fusión menor. Sin embargo, la presencia de enlaces de hidrógeno muy fuertes hace que prevalezcan sobre las fuerzas intermoleculares de dispersión los enlaces de hidrógeno. Esto se traduce en un punto de fusión muy superior al resto de los hidruros de su grupo.

c) La más polar es el agua, debido a su mayor momento dipolar total. Los momentos dipolares parciales asociados a los enlaces H-no metal son más altos en el caso del agua, ya que las cargas parciales $\delta(-)$ y $\delta(+)$ que recaen sobre los átomos del enlace son mayores, porque existe una mayor diferencia de electronegatividad entre el hidrógeno y el oxígeno.

Cuestión 4.21

Las configuraciones electrónicas:

$$A : 1s^2 2s^2 2p^6 3s^1 \quad B : 1s^2 2s^2 2p^6 3s^2 3p^1 \quad C : 1s^2 2s^2 2p^6 3s^2 p^5$$

Corresponden a átomos neutros. Indique las fórmulas y explique el tipo de enlace de los posibles compuestos que puedan formarse cuando se combina las parejas:

a) A y C.

b) B y C.

c) C y C.

---

a) A y C. El enlace es iónico y la fórmula es AC.

A es un metal, pues pertenece al grupo 1 (su configuración externa es del tipo ns^1). El grupo 1 está situado a la izquierda de la tabla periódica (en su parte izquierda y central están los metales). C es un no metal pues pertenece al grupo 17 (su configuración electrónica externa es del tipo $ns^2 np^5$). El grupo 17 está situado a la derecha de la tabla periódica, donde están los elementos no metales.

Entre ambos elementos hay una gran diferencia de electronegatividad, y, por lo tanto, el enlace será iónico, por la transferencia de electrones del metal, A, al no metal, C, hasta alcanzar ambos la configuración estable de gas noble (ocho electrones en la capa de valencia).

El elemento A tiene un electrón en su última capa y tiende a alcanzar la estabilidad formando el ion A^+, mientras que C tiene siete electrones en su última capa y tiende a alcanzar la estabilidad formando el ion C^-.

Como la unidad fórmula tiene que ser eléctricamente neutra, ésta debe ser AC.

b) B y C. El enlace es iónico y la fórmula es AC_3.

B es un metal, pues pertenece al grupo 13 (su configuración externa es del tipo $ns^1 np^3$). El grupo 13 está situado a la derecha de la tabla periódica, a la izquierda de la línea quebrada que separa los metales de los no metales. C es un no metal, como anteriormente hemos visto.

Entre ambos elementos hay una apreciable diferencia de electronegatividad, y, por lo tanto, el enlace será iónico, por la transferencia de electrones del metal, B, al no metal, C, hasta alcanzar ambos la configuración estable de gas noble.

El elemento B tienen tres electrones en su última capa y tiende a alcanzar la estabilidad formando el ion B^{3+}, mientras que C hemos visto que forma C^-.

Como la unidad-fórmula tiene que ser eléctricamente neutra ésta debe ser BC_3.

c) C y C. El enlace es covalente y la fórmula es C_2.

Los dos átomos de C, cada uno con siete electrones, pueden alcanzar la estabilidad compartiendo un par de electrones y así adquirir la configuración de gas noble.

La estructura de Lewis es: $\ddot{}\ddot{}$
$:C - C:$

Cuestión 4.22

Indique la veracidad o falsedad de las siguientes afirmaciones. Razone la respuesta.
a) Los metales son buenos conductores de la electricidad.
b) Todos los compuestos de carbono presentan hibridación sp^3.
c) Los compuestos iónicos conducen la corriente eléctrica en estado sólido.

---

a) Verdadera. Los metales conducen muy bien la electricidad, puesto que tienen electrones con libertad de movimiento y pueden desplazarse en el seno de un campo eléctrico.

b) Falsa. En la molécula de eteno los carbonos presentan hibridación sp^2 y en la del etino presentan hibridación sp. Algunos compuestos de carbono pueden tener átomos de carbono que presenten dos o los tres tipos de hibridación. Por ejemplo, 2-metilbut-1-en-3-ino presenta los tres tipos de hibridación:

$$CH_2$$
$$\backslash\backslash$$
$$C - C \equiv CH$$
$$/$$
$$CH_3$$

c) Falsa. Los compuestos iónicos en estado sólido no conducen la corriente eléctrica, porque los iones que los forman sólo pueden vibrar en torno a posiciones fijas y no pueden desplazarse en el seno de un campo eléctrico.

Cuestión 4.23

Indique, razonadamente, cuántos enlaces π y cuántos σ tienen las siguientes moléculas:

a) dihidrógeno.

b) dinitrógeno.

c) oxígeno.

a) Según la teoría del enlace de valencia, los enlaces se forman por solapamiento de dos orbitales. Los espines de los electrones de los orbitales deben ser opuestos, de acuerdo con el principio de exclusión de Pauli. En la molécula de dihidrógeno hay un enlace σ formado por el solapamiento de los orbitales s de cada uno de los átomos de hidrógeno.

b) En la molécula de oxígeno hay un enlace σ, debido al solapamiento frontal de dos orbitales p y un enlace π formado por solapamiento lateral de dos orbitales p con la misma dirección.

c) En la molécula de dinitrógeno hay un enlace σ formado por el solapamiento frontal de dos orbitales p y dos enlace π, cada uno formado por el solapamiento lateral de dos orbitales p con la misma dirección.

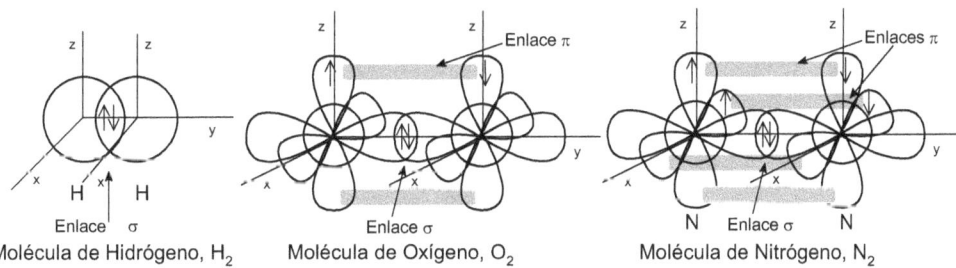

Molécula de Hidrógeno, H_2 Molécula de Oxígeno, O_2 Molécula de Nitrógeno, N_2

Cuestión 4.24

Justifique las siguientes afirmaciones:

a) A 25 °C y 1 atm, el agua es un líquido y el sulfuro de hidrógeno es un gas.

b) El etanol es soluble en agua y el etano no lo es.

c) En condiciones normales, el diflúor y el dicloro son gases, el dibromo es líquido y el diyodo es sólido.

a) La agitación térmica de las moléculas en estas condiciones de presión y de temperatura hace que, en el caso del agua, no pueda romper las fuerzas intermoleculares de dispersión y los enlaces de hidrógeno intensos que unen sus moléculas, pero sí en el caso de las moléculas de sulfuro de hidrógeno, unidas también con fuerzas intermoleculares de dispersión, pero con fuerzas dipolo-dipolo menos intensas.

b) Para que se disuelva una sustancia molecular en otra, las fuerzas intermoleculares deben ser del mismo tipo y de parecida intensidad, con objeto de que puedan intercambiarse (que puedan romperse las uniones entre moléculas de la misma sustancia y se formen uniones nuevas entre las moléculas de una y otra sustancia).

El etanol es soluble en agua, debido a que los dos presentan enlaces de hidrógeno que pueden intercambiarse. Son solubles uno en el otro en cualquier proporción.

c) Las cuatro sustancias están formadas por moléculas apolares. Las fuerzas intermoleculares presentes en estas moléculas en estado sólido y líquido aumentan con la masa molécular, por ser más polarizables las moléculas y, por lo tanto, los dipolos instantáneos e inducidos que se forman son más intensos.

A temperatura ambiente, la agitación térmica de las moléculas hace que, en el caso del diyodo, no pueda romper las fuerzas intermoleculares de dispersión, de tal forma que las moléculas sólo puedan vibrar con respecto a posiciones fijas, pero no puedan desplazarse unas con respecto a otras. En el caso del dibromo, las fuerzas intermoleculares son menos intensas, lo que hace que la agitación térmica de las moléculas a temperatura ambiente pueda romper enlaces en cantidad suficiente para que, manteniéndose cercanas, puedan desplazarse unas con respecto a otras. En el caso del diflúor y del dicloro, la agitación térmica de las moléculas a temperatura ambiente es suficientes para romper las fuerzas intermoleculares que pudieran formarse, por ser éstas muy débiles.

Problema 4.25

a) Represente el ciclo de Born-Haber para el fluoruro de litio.
b) Calcule el valor de la energía reticular del fluoruro de litio, sabiendo:
Entalpía de formación del $[LiF(s)] = -594,1\,kJ/mol$.
Energía de sublimación del litio $= 155,2\,kJ/mol$.
Energía de disociación del $F_2 = 150,6\,kJ/mol$.
Energía de ionización del litio $= 520,0\,kJ/mol$.
Afinidad electrónica del flúor $= -333,0\,kJ/mol$.

a) A continuación se representa el ciclo de Born-Haber para la formación de un mol de unidades fórmula de LiF (s). La energía puesta en juego por el camino I (etapa A) o por el camino II (etapas B, C, D, E y F) es igual, de acuerdo con la ley de Hess: "la energía (en realidad entalpía: calor a presión constante) puesta en juego en un proceso depende solamente del estado inicial y final; esto es, es independiente de las etapas intermedias".

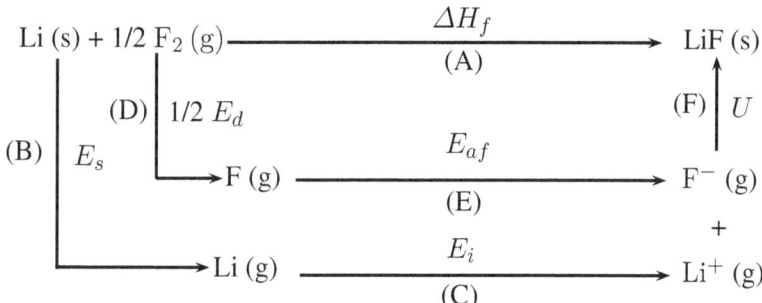

Las etapas son las siguientes:

A: Formación de un mol de unidades fórmula de LiF (s), a partir de las sustancias elementos Li (s) y F_2 (g). La energía desprendida es la energía de formación, ΔH_f.

B: Sublimación de un mol de átomos de Li (s). La energía necesaria es la energía de sublimación, E_s.

C: Ionización de un mol de átomos de Li (g). La energía necesaria es la energía de ionización, E_i.

D: Disociación de medio mol de moléculas de F_2 (g). La energía necesaria es la mitad de la energía de disociación, $1/2\,E_d$.

E: Ionización de un mol de átomos de F (g). La energía desprendida es la afinidad electrónica, E_{af}.

F: Reacción de los iones Li^+ (g) y F^- (g) necesarios para producir un mol de unidades fórmula de LiF(s). La energía desprendida es la energía reticular, U.

b) De acuerdo con la ley de Hess:

$$\Delta H_f = E_s + E_i + 1/2\,E_d + E_{af} + U$$

De donde:

$$U = \Delta H_f - E_s - E_i - 1/2\,E_d - E_{af}$$

Sustituyendo los valores de las energías, tenemos:

$$U = -594,1\,\text{kJ} - 155,2\,\text{kJ} - 520,0\,\text{kJ} - 1/2(150,6\,\text{kJ}) - (-333,0\,\text{kJ}) = -1011,6\,\text{kJ}$$

Como esa energía se refiere a la formación de un mol de cristal de LiF:

$$U_{\mathrm{LiF}} = -1011,6\,\mathrm{kJ/mol}$$

Capítulo 5

Termoquímica y Espontaneidad

Cuestión 5.1

Indique si son verdaderas o falsas las siguientes afirmaciones, en relación con un proceso exotérmico. Razone sus respuestas.
a) La entalpía de los reactivos es siempre menor que la de los productos.
b) El proceso siempre será espontáneo.

a) Falsa. Un proceso exotérmico es aquel que transcurre con un desprendimiento de calor. Muchos procesos tienen lugar a presión constante, como la combustión de una vela o la oxidación de los metales. El calor transferido a presión constante es igual a la variación de la entalpía del proceso:

$$Q_p = \Delta H$$

Si el proceso es exotérmico, como $Q_p < 0$, $\Delta H < 0$, es decir, la entalpía de los productos es menor que la de los reactivos (ver figura).

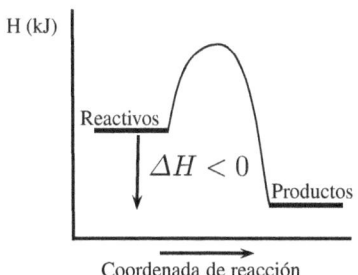

H (kJ)

Reactivos

$\Delta H < 0$

Productos

Coordenada de reacción

b) Falsa. Para estudiar la espontaneidad de un proceso debemos analizar cómo influyen en la variación de la energía libre, ΔG, tanto la variación de la entalpía, ΔH, como la variación de la entropía, ΔS, y la temperatura absoluta, T, a la que tiene lugar el proceso:

$$\Delta G = \Delta H - T\Delta S$$

Un proceso es espontáneo cuando $\Delta G < 0$ y no lo es cuando $\Delta G > 0$.

Cuando el proceso tiene lugar con un aumento de la entropía ($\Delta S > 0$) aumenta el desorden y el proceso es siempre espontáneo, independientemente de la temperatura. Veamos: como ΔH es negativa por ser el proceso es exotérmico y ΔS es positiva, tanto el término entálpico, ΔH, como el entrópico $-T\Delta S$ son negativos y $\Delta G < 0$. Sin embargo, cuando el proceso tiene lugar con una disminución de la entropía ($\Delta S < 0$), es espontáneo o no dependiendo de la temperatura. Como ΔH es negativa y ΔS también, el proceso es espontáneo sólo a temperaturas lo suficientemente bajas para que el valor absoluto del término entálpico supere al valor absoluto del término entrópico.

Cuestión 5.2

Diga si una reacción puede ser espontánea, cuando se cumplen las siguientes condiciones. Razónelo.

a) $\Delta H > 0$ y $\Delta S < 0$.
b) $\Delta H < 0$ y $\Delta S < 0$.
c) $\Delta H > 0$ y $\Delta S > 0$.

La variación de la energía libre, ΔG, proporciona un criterio de validez que permite conocer la espontaneidad de un proceso que se produce a presión y temperatura constantes.

Un proceso espontáneo es aquel que evoluciona por sí mismo. Una vez que ha comenzado no necesita ninguna acción externa para que continúe. Sin embargo, un proceso no espontáneo no se produce a menos que se aplique de forma continua alguna acción externa.

Para estudiar la espontaneidad de un proceso debemos analizar la influencia de determinadas variables en la variación de la energía libre del mismo:

$$\Delta G = \Delta H - T\Delta S$$

⌊ $\Delta H=$ variación de la entalpía; $\Delta S=$ variación de la entropía; $T =$ temperatura absoluta. ⌋

Pueden ocurrir tres casos:

- $\Delta G < 0$: el proceso es espontáneo.

- $\Delta G > 0$: el proceso no es espontáneo.

- $\Delta G = 0$: el proceso está en equilibrio.

Analicemos los casos de la cuestión para determinar si el proceso (o la reacción) es espontáneo o no.

a) $\Delta H > 0$ y $\Delta S < 0$ (la reacción es endotérmica con aumento del orden).

Si ΔH es positiva y ΔS es negativa

$$\Delta G = \Delta H - T\Delta S > 0$$

La reacción no es espontánea a cualquier temperatura.

b) $\Delta H < 0$ y $\Delta S < 0$ (la reacción es exotérmica con aumento del orden).

Si ΔH y ΔS son negativas

$$\Delta G = \Delta H - T\Delta S < 0$$

La reacción es espontánea sólo a temperaturas lo suficientemente bajas para que el valor absoluto del término entálpico supere al valor absoluto del término entrópico.

c) $\Delta H > 0$ y $\Delta S > 0$ (la reacción es endotérmica con aumento del desorden).

Si ΔH es positiva y ΔS es también positiva, la expresión

$$\Delta G = \Delta H - T\Delta S < 0$$

La reacción es espontánea sólo a temperaturas suficientemente altas para que el valor absoluto del término entálpico sea menor que el valor absoluto del término entrópico.

Cuestión 5.3

a) Enuncie el primer principio de la termodinámica.

b) Indique si cuando un sistema gaseoso se expansiona disminuye su energía interna. Justifique la respuesta.

c) Justifique cómo varía la entropía en la reacción:

$$2\,KClO_4\,(s) \rightarrow 2\,KClO_3\,(s) + O_2\,(g)$$

a) El primer principio de la termodinámica es una consecuencia del principio de conservación de la energía para procesos en los que el sistema varía su energía interna cuando intercambia calor y trabajo con el entorno.

El primer principio de la termodinámica se enuncia así:

La variación de energía interna, ΔU, de un sistema es igual a la suma del calor, Q, intercambiado entre el sistema y su entorno, y el trabajo, W, realizado por el sistema o sobre éste.

$$\Delta U = Q + W$$

Por convenio, se consideran positivos el calor absorbido por el sistema y el trabajo que realiza el entorno sobre el sistema (aumentan la energía interna del sistema), y negativos, el calor desprendido por el sistema y el trabajo que realiza el sistema sobre el entorno (disminuyen la energía interna del sistema).

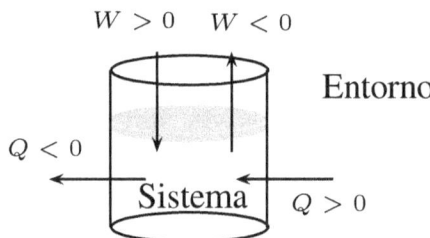

b) De acuerdo con el criterio de signos asignado, el trabajo de presión-volumen es:

$$W = -p\Delta V$$

Supongamos un proceso en el que el sistema no intercambia calor con el entorno ($Q = 0$); si el sistema se expansiona, aumenta su volumen ($\Delta V > 0$), el trabajo es negativo y, por lo tanto, disminuye su energía interna.

c) La entropía, S, de un sistema es una función de estado que mide el grado de desorden molecular de los sistemas. En este caso, la entropía aumenta, porque aumenta el desorden. Se pasa de una situación en la que hay una sustancia sólida (sistema ordenado) a otra en la que hay una sustancia sólida y una sustancia en estado gaseoso (sistema desordenado).

Cuestión 5.4

Indique si las siguientes afirmaciones son verdaderas o falsas. Razone sus respuestas.

a) La entalpía no es una función de estado.

b) Si un sistema realiza un trabajo, se produce un aumento de su energía interna.

c) Si $\Delta H < 0$ y $\Delta S > 0$, la reacción es espontánea a cualquier temperatura.

a) Falsa. La entalpía es una función de estado, ya que su valor depende del estado del sistema y no de cómo se ha alcanzado dicho estado. En consecuencia, la variación de entalpía entre un estado final y un estado inicial es independiente de la trayectoria seguida.

b) Falsa. El primer principio de la termodinámica dice que la variación de energía interna, ΔU, de un sistema es igual a la suma del calor, Q, intercambiado entre el sistema y su entorno, y el trabajo, W, realizado por el sistema o sobre éste.

$$\Delta U = Q + W$$

Por convenio, se consideran positivos el calor absorbido por el sistema y el trabajo que realiza el entorno sobre el sistema (aumentan la energía interna del sistema) y negativos el calor desprendido por el sistema y el trabajo que realiza el sistema sobre el entorno (disminuyen la energía interna del sistema). Por tanto, si un sistema realiza un trabajo, éste es negativo y disminuye su energía interna (siempre y cuando no absorba un calor de valor absoluto por encima del trabajo realizado, ya que en este caso aumentaría la energía interna del sistema).

c) Verdadera. Si ΔH es negativa y ΔS es positiva (proceso exotérmico que transcurre con un aumento del desorden)

$$\Delta G = \Delta H - T\Delta S < 0$$

La reacción es espontánea a cualquier temperatura.

Cuestión 5.5

Para una reacción determinada $\Delta H = 100\,\text{kJ}$ y $\Delta S = 300\,\text{J}\cdot\text{K}^{-1}$. Suponiendo que ΔH y ΔS no varían con la temperatura Explique:

a) Si la reacción será espontánea a temperatura inferior a 25 °C.

b) La temperatura a la que el sistema estará en equilibrio.

La variación de la energía libre, ΔG, proporciona un criterio de validez que permite conocer la espontaneidad de un proceso que se produce a presión y temperatura constantes.

Para estudiar la espontaneidad de un proceso debemos analizar la influencia de determinadas variables en la variación de la energía libre del mismo:

$$\Delta G = \Delta H - T \Delta S$$

$\lfloor \Delta H =$ variación de la entalpía; $\Delta S =$ variación de la entropía; $T =$ Temperatura absoluta $\rfloor$

Pueden ocurrir tres casos:

▶ $\Delta G < 0$: el proceso es espontáneo.

▶ $\Delta G > 0$: el proceso no es espontáneo.

▶ $\Delta G = 0$: el proceso está en equilibrio.

a) Cuando en una reacción $\Delta H > 0$ y $\Delta S > 0$. Si ΔH y ΔS son positivas,

$$\Delta G = \Delta H - T \Delta S < 0$$

a temperaturas lo suficientemente altas para que el valor absoluto del término entrópico sea mayor que el entálpico. Habrá, pues, un temperatura a partir de la cual la reacción sea espontánea. Será aquella temperatura en la que $\Delta G = 0$.

Para esta reacción, cuyas condiciones son las éstandar, $\Delta G^o = 0$:

$$0 = \Delta H^o - T \Delta S^o \Rightarrow T = \frac{\Delta H^o}{\Delta S^o} = \frac{100\,\text{kJ}}{300\,\dfrac{\text{J}}{\text{K}} \cdot \dfrac{1\,\text{kJ}}{10^3\,\text{J}}} = 333\,\text{K}$$

$$\lfloor \Delta H^o = 100\,\text{kJ};\ \Delta S^o = 300\,\frac{\text{J}}{\text{K}};\ \Delta G^o = 0 \rfloor$$

La reacción es espontánea a partir de 333 K (60 °C). Por tanto, a temperaturas por debajo de 60 °C la reacción no será espontánea.

b) Como hemos visto en el apartado anterior, la temperatura en la que $\Delta G = 0$ es 333 K. En ella el sistema estará en equilibrio.

Cuestión 5.6

a) Distinga entre ΔH y ΔH^o.
b) Distinga entre proceso endotérmico y exotérmico.
c) ¿Puede una reacción exotérmica no ser espontánea? Razone la respuesta.

a) La variación de la entalpía de una reacción tiene un valor que depende de las condiciones de presión y temperatura en las que se encuentren los reactivos y los productos.

ΔH^o hace referencia a la variación de entalpía estándar de reacción, que indica que los reactivos y los productos están es su estado estándar. El estado estándar de una sustancia es su forma pura más estable a la presión de 10^5 Pa $(0,987\,\text{atm})$ a una temperatura dada. Normalmente, los valores de entalpía estándar de reacción están referidos a la temperatura de 25 °C, aunque la temperatura no forma parte de la definición del estado estándar.

ΔH hace referencia a la variación de entalpía de reacción en la que los reactivos y productos no están en las condiciones estándar.

b) Si el proceso tiene lugar en un sistema que no está aislado:

- Un proceso endotérmico es aquel que transcurre con una absorción de calor del entorno.

- Un proceso exotérmico es aquel que transcurre con un desprendimiento de calor al entorno.

Si el proceso tiene lugar en un sistema que está aislado:

- Un proceso endotérmico es aquel que transcurre con una disminución de la temperatura del sistema.

- Un proceso exotérmico es aquel que transcurre con un aumento de la temperatura del sistema.

El proceso de transferencia de calor puede tener lugar a volumen constante o a presión constante. La mayoría de los procesos tienen lugar a presión constante (la fotosíntesis, oxidación de metales, etc.) El calor transferido a presión constante es igual a la variación de la entalpía del proceso:

$$Q_p = \Delta H$$

- Si el proceso es endotérmico, como $Q_p > 0$, $\Delta H > 0$: la entalpía de los productos es mayor que la de los reactivos.

- Si el proceso es exotérmico, como $Q_p < 0$, $\Delta H < 0$: la entalpía de los productos es menor que la de los reactivos.

c) Sí. Un proceso no es espontáneo cuando la variación de energía libre, ΔG, es mayor que cero. Si ΔH es negativa y ΔS es negativa (proceso exotérmico que transcurre con un aumento del orden), $\Delta G = \Delta H - T\Delta S > 0$ a temperaturas lo suficientemente altas para que el primer término, el término entálpico, sea menor que el segundo término, el término entrópico.

Cuestión 5.7

Justifique si es posible que:
a) Una reacción endotérmica sea espontánea.
b) Los calores de reacción a volumen constante y a presión constante sean iguales en algún proceso químico.

---

a) Sí es posible. Para estudiar la espontaneidad de un proceso debemos analizar cómo influyen en la variación de la energía libre, ΔG, tanto la variación de la entalpía, ΔH, como la variación de la entropía, ΔS, y la temperatura absoluta, T, a la que tiene lugar el proceso:

$$\Delta G = \Delta H - T\Delta S$$

Un proceso es espontáneo cuando $\Delta G < 0$ y no lo es cuando $\Delta G > 0$.

Para que una reacción endotérmica sea espontánea tiene que ocurrir que transcurra con aumento del desorden, $\Delta S > 0$, y a temperaturas suficientemente altas. Sólo en este caso el término entálpico, ΔH, que es positivo, es menor que el término entrópico, $-T\Delta S$, que es negativo, y por lo tanto, hacer que ΔG sea negativa.

b) Sí es posible. La relación entre el calor de reacción a presión constante, Q_p, y el calor de reacción a volumen constante, Q_v, es la siguiente:

$$Q_p = Q_v + p\Delta V$$

$Q_p = Q_v$ en estas reacciones:

- En las que no haya un trabajo presión-volumen, porque sólo participen sólidos o líquidos (en ellas no hay una variación apreciable en el volumen). Si $\Delta V = 0$, $p\Delta V = 0$.

- En las que intervengan gases y no varía el número de moles de sustancias gaseosas. Si $\Delta n_{gas} = 0$, $p\Delta V = \Delta n_{gas}RT = 0$.

Cuestión 5.8

Razone cómo varía la entropía en los siguientes procesos:
a) Formación de un cristal iónico a partir de sus iones en estado gaseoso.
b) Fusión de hielo.
c) Sublimación de diyodo.

La entropía, S, de un sistema es una función de estado que mide el grado de desorden molecular de los sistemas.

a) La ecuación del proceso de formación del cristal iónico a partir de sus iones en estado gaseoso es la siguiente:

$$A^+ (g) + B^- (g) \rightarrow AB (s)$$

La entropía disminuye en el proceso, puesto que disminuye el desorden (o aumenta el orden). Se forma un cristal iónico (sistema ordenado) a partir de sus iones en estado gaseoso (sistema desordenado). En el cristal iónico los iones están próximos entre sí formando una estructura perfectamente ordenada y tienen un movimiento vibratorio alrededor de su posición de equilibrio. En el sistema formado por los iones en estado gaseoso, éstos están alejados unos de otros y tienen completa libertad de movimiento.

b) La ecuación del proceso de fusión del hielo es la siguiente:

$$H_2O (s) \rightarrow H_2O (l)$$

La entropía aumenta en el proceso, puesto que aumenta el desorden (o disminuye el orden). En el agua sólida las moléculas están próximas entre sí ocupando posiciones fijas y tienen un movimiento vibratorio alrededor de su posición de equilibrio. En el agua líquida las moléculas están próximas entre sí, pero no están fijas y pueden desplazarse unas con respecto a otras.

c) La ecuación del proceso de sublimación de diyodo es la siguiente:

$$I_2 (s) \rightarrow I_2 (g)$$

La entropía aumenta en el proceso, puesto que aumenta el desorden (o disminuye el orden). En el diyodo sólido las moléculas están próximas entre sí ocupando posiciones fijas y tienen un movimiento vibratorio alrededor de su posición de equilibrio. En el diyodo gaseoso las moléculas están lejos unas de otras y tienen libertad de movimiento.

Cuestión 5.9

Explique si las siguientes afirmaciones son verdaderas o falsas:

a) Las reacciones espontáneas transcurren a gran velocidad.

b) La entropía del sistema disminuye en las reacciones exotérmicas.

c) El calor de reacción a presión constante es igual a la diferencia entre la entalpía de los productos y de los reactivos.

a) Falsa. Las reacciones espontáneas son aquellas en las que la variación de la energía libre, ΔG, es menor que cero. Que una reacción sea espontánea sólo indica que tiene lugar por sí sola, sin aplicación de energía externa, pero no dice nada de la velocidad a la que tiene lugar, que puede ser grande o pequeña.

b) Falsa. La entropía de un sistema mide el grado de desorden molecular del mismo. En un proceso físico o químico la variación de la entropía que tiene lugar en el sistema es independiente de que el proceso sea exotémico o endotérmico, es decir, de que transcurra con un desprendimiento o absorción de calor.

c) Verdadera. De acuerdo con el primer principio de la termodinámica:

$$\Delta U = Q - p\Delta V$$

Siendo ΔU, la variación de la energía interna; Q, el calor transferido; y $p\Delta V$, el trabajo presión-volumen.

En un proceso a presión constante, $Q = Q_p$. Entonces:

$$\Delta U = Q_p - p\Delta V$$

Si despejamos Q_p en la anterior expresión, como $\Delta U = U - U_o$ y $\Delta V = V - V_o$, ordenando los términos, tenemos:

$$Q_p = (U - pV) - (U_o - pV_o)$$

Si definimos una nueva función termodinámica, la entalpía, H, como $H = U + pV$ obtenemos la expresión que buscamos:

$$Q_p = H - H_o = \Delta H$$

La expresión anterior tienen el significado siguiente: el calor a presión constante en una reacción química es igual a la diferencia entre la entalpía final y la inicial, esto es, a la diferencia entre la entalpía de los productos y de los reactivos.

Cuestión 5.10

Explique si las siguientes afirmaciones son verdaderas o falsas:

a) La reacción N_2H_4 (g) $\rightarrow$ N_2 (g) $+ 2\,H_2$ (g) $\Delta H = -95,40\,\text{kJ}$ es espontánea.

b) La energía libre de Gibbs es independiente del camino por el que transcurre la reacción.

c) Todos los procesos espontáneos producen un aumento de la entropía del universo.

a) Verdadera. Se trata de una reacción en la que aumenta la entropía, ya que aumenta el desorden, puesto que se pasa de una situación inicial en la que hay un mol de sustancia gaseosa a una situación final en la que hay tres moles de sustancias gaseosas. Por otra parte, la reacción transcurre con una disminución de la entalpía.

Estamos ante la siguiente situación: $\Delta H < 0$ y $\Delta S > 0$. Como un proceso es espontáneo cuando la variación de energía libre, ΔG, es menor que cero, si ΔH es negativa y ΔS es positiva (proceso exotérmico que transcurre con un aumento del desorden), $\Delta G = \Delta H - T\Delta S < 0$ a cualquier temperatura. La reacción es espontánea a cualquier temperatura.

Las combustiones son reacciones que siempre son espontáneas a cualquier temperatura pues se trata de procesos en los que aumenta el desorden (aumenta claramente el número de moles de sustancias gaseosas) y son procesos exotérmicos. Otro ejemplo de reacción siempre espontánea es la reacción del sodio con el agua:

$$2Na(s) + 2H_2O(l) \rightarrow 2NaOH(aq) + H_2(g)$$

b) Verdadera. La energía libre de Gibbs o entalpía libre es una función de estado, ya que su valor depende del estado del sistema y no de cómo se ha alcanzado dicho estado. En consecuencia, la variación de energía libre entre un estado final (productos) y un estado inicial (reactivos) es independiente del camino por el que transcurra la reacción.

c) Verdadera. Esta afirmación es una manera de expresar el segundo principio de la termodinámica. De acuerdo con este principio, en un proceso espontáneo:

$$\Delta S_{universo} = \Delta S_{sistema} + \Delta S_{entorno} > 0$$

Podrá ocurrir en un proceso espontáneo, como la solidificación del agua a temperatura menor de 0 °C, que disminuya la entropía del agua (sistema), pero ello será posible a cambio de que aumente la entropía del entorno, siendo la variación neta de entropía un aumento de la entropía del universo.

Cuestión 5.11

Indique, razonadamente, cómo variará la entropía en los siguientes procesos:
a) Disolución de nitrato de potasio, KNO_3, en agua.
b) Solidificación del agua.
c) Síntesis del amoniaco:

$$N_2\,(g) + 3\,H_2\,(g) \rightleftarrows 2\,NH_3\,(g)$$

La entropía, S, de un sistema es una función de estado que mide el grado de desorden molecular de los sitemas.

a) La ecuación del proceso de disolución de nitrato de potasio en agua es la siguiente:

$$KNO_3\,(s) \rightarrow K^+\,(aq) + NO_3^-\,(aq)$$

La entropía aumenta en el proceso, puesto que aumenta el desorden (o disminuye el orden). Se forma un sistema con iones con libertad de movimiento rodeados de moléculas de agua a partir de un cristal iónico, que es un sistema ordenado en el que los iones no tienen libertad de movimiento.

b) La ecuación del proceso de solidificación del agua es la siguiente:

$$H_2O\,(l) \rightarrow H_2O\,(s)$$

La entropía disminuye en el proceso puesto que disminuye el desorden (o aumenta el orden). En el agua líquida las moléculas están próximas entre sí y pueden desplazarse unas con respecto a otras. En el agua sólida las moléculas están próximas entre sí, ocupando posiciones fijas, y tienen un movimiento vibratorio alrededor de su posición de equilibrio.

c) En este caso, la entropía disminuye, porque disminuye el desorden. Se pasa de una situación en la que hay cuatro moles de sustancias gaseosas a otra en la que sólo hay dos moles de sustancias gaseosas.

Cuestión 5.12

Indique, razonadamente, si cada una de las siguientes proposiciones, relativas a la variación de energía libre de Gibbs, ΔG, es verdadera o falsa:
a) Puede ser positiva o negativa, pero nunca puede ser cero.
b) Es independiente de la temperatura.
c) Cuando ΔG es negativa, la reacción es espontánea.

a) Falsa. La variación de la energía libre de Gibbs, ΔG, sirve para estudiar la espontaneidad de un proceso y puede ser positiva, negativa y cero:

- $\Delta G < 0$: el proceso es espontáneo.

- $\Delta G > 0$: el proceso no es espontáneo.

- $\Delta G = 0$: el proceso está en equilibrio.

b) Falsa. La variación de energía libre es la diferencia entre la variación entalpía, ΔH, y el producto de la temperatura absoluta, T, por la variación de entropía, ΔS:

$$\Delta G = \Delta H - T\Delta S$$

De acuerdo con la definición de variación de energía libre, como ΔH y ΔS dependen de la temperatura, la variación de energía libre dependerá también de ella. Incluso aun considerando que en un determinado intervalo de temperaturas ΔH y ΔS no varían apreciablemente con la temperatura, ΔG depende de ella, porque el término entrópico, $-T\Delta S$, depende de la temperatura. La temperatura a la que transcurren ciertos procesos determina el valor de ΔG y, por tanto, que el proceso sea o no espontáneo.

c) Verdadero. Esto ocurre cuando $\Delta H - T\Delta S < 0$.

Cuestión 5.13

Dada la reacción:

$$2\,C_2H_6\,(g) + 7\,O_2(g) \rightarrow 4\,CO_2\,(g) + 6\,H_2O\,(l)$$

Indique, justificadamente:

a) Si a una misma temperatura, el calor desprendido a volumen constante es mayor, menor o igual que el desprendido si la reacción tuviera lugar a presión constante.

b) Si la entropía en la reacción anterior aumenta o disminuye.

a) En una reacción química el calor intercambiado a presión constante, Q_p, y el calor intercambiado a volumen constante, Q_v, están relacionados mediante la siguiente expresión:

$$Q_p = Q_v + \Delta n_{\text{gas}}RT$$

Siendo Δn la variación en el número de moles de las sustancias gaseosas, R, la constante de los gases ideales y T, la temperatura absoluta.

Como se trata de una reacción exotérmica Q_p y Q_v son negativos, y como la variación en el número de moles de las sustancias gaseosas en la reacción es negativa ($\Delta n_{\text{gas}} = n - n_o = 4 - 9 = -5$), Q_p debe ser mayor que Q_v (en valor absoluto).

De otra manera: como la variación de la energía interna en ambos procesos es la misma, en el proceso a presión constante se desprende más calor porque el entorno realiza un trabajo sobre el sistema (trabajo positivo) pues en el proceso disminuye el volumen porque disminuye el número de moles de sustancias gaseosas.

b) La entropía, S, de un sistema es una función de estado que mide el grado de desorden molecular de los sistemas. En este caso, la entropía disminuye, porque aumenta el orden (disminuye el desorden). Se pasa de una situación en la que hay nueve moles de sustancias en estado gaseoso (sistema desordenado) a otra en la que hay una sustancia sólida (sistema ordenado) y sólo cuatro moles de sustancias en estado gaseoso (sistema más ordenado).

Cuestión 5.14

Dada la reacción:

$$N_2O\,(g) \rightarrow N_2\,(g) + 1/2\,O_2\,(g); \qquad \Delta H = 43\,\text{kJ} \quad \Delta S = 80\,\text{J/K}$$

a) Justifique el signo positivo de la variación de la entropía.
b) Si se supone que esas funciones termodinámicas no cambian con la temperatura, ¿será espontánea la reacción a 27 °C?

---

a) La entropía, S, de un sistema es una función de estado que mide el grado de desorden molecular de los sistemas. En esta reacción la entropía aumenta, porque aumenta el desorden (disminuye el orden). Se pasa de una situación en la que hay un mol de sustancias gaseosas a otra en la que hay un mol y medio de sustancias gaseosas.

b) La variación de la energía libre, ΔG, proporciona un criterio de validez que permite conocer la espontaneidad de un proceso que se produce a presión y temperatura constantes.

Para estudiar la espontaneidad de un proceso, debemos analizar la influencia de determinadas variables en la variación de la energía libre del mismo:

$$\Delta G = \Delta H - T\Delta S$$

$\lfloor$ $\Delta H=$ variación de la entalpía; $\Delta S=$ variación de la entropía; $T =$ temperatura absoluta. $\rfloor$

Pueden ocurrir tres casos:

▶ $\Delta G < 0$: el proceso es espontáneo.

▶ $\Delta G > 0$: el proceso no es espontáneo.

▶ $\Delta G = 0$: el proceso está en equilibrio.

Determinamos con los datos de la cuestión cuánto vale ΔG:

$$\Delta G = \Delta H - T\Delta S = 43\,\text{kJ} - 300\,\text{K} \cdot 80\,\frac{\text{J}}{\text{K}} \cdot \frac{1\,\text{kJ}}{1\,000\,\text{J}} = 43\,\text{kJ} - 24\,\text{kJ} = 19\,\text{kJ}$$

$\lfloor \Delta H = 43\,\text{kJ}; \Delta S = 80\,\text{J/K}; T = 27\,°\text{C} + 273 = 300\,\text{K} \rfloor$

Como $\Delta G > 0$, la reacción no es espontánea.

Problema 5.15

Dada la ecuación termoquímica:

$$2\,\text{H}_2\text{O}\,(\text{l}) \rightarrow 2\,\text{H}_2\,(\text{g}) + \text{O}_2\,(\text{g}) \qquad \Delta H = 571\,\text{kJ}$$

Calcule, en las mismas condiciones de presión y temperatura:
a) La entalpía de formación del agua líquida.
b) La cantidad de calor, a presión constante, que se libera cuando reaccionan 50 g de H_2 con 50 g de O_2.
Masas atómicas: O =16; H = 1.

---

a) La entalpía de formación de una sustancia es la variación de entalpía que tiene lugar cuando se forma un mol de sustancia en unas determinadas condiciones de presión y temperatura.

La ecuación termoquímica del proceso de formación del agua líquida en las mismas condiciones que la referida a la ecuación del enunciado es la siguiente:

$$\text{H}_2\,(\text{g}) + 1/2\,\text{O}_2\,(\text{g}) \rightarrow \text{H}_2\text{O}\,(\text{l}) \qquad \Delta H = -286\,\text{kJ}$$

La entalpía de formación del proceso es, pues, $\Delta H = -286\,\text{kJ/mol}$.

Para su determinación hemos tenido en cuenta que:

■ La entalpía es una función de estado. Por ello, si se invierte la ecuación del enunciado, la variación de la entalpía de la nueva ecuación tienen signo negativo:

$$2\,\text{H}_2\,(\text{g}) + \text{O}_2\,(\text{g}) \rightarrow 2\,\text{H}_2\text{O}\,(\text{l}) \qquad \Delta H = -571\,\text{kJ}$$

- La entalpía es una propiedad extensiva. Por ello, si se dividen entre dos los coeficientes de la ecuación, la variación de la entalpía de la nueva ecuación (la que buscamos) es la mitad:

$$H_2\,(g) + 1/2\,O_2\,(g) \rightarrow H_2O\,(l) \qquad \Delta H = -286\,kJ$$

b) Hemos de calcular la variación de la entalpía del proceso, ΔH, que es igual a la cantidad de calor a presión constante, Q_p, intercambiada en el mismo:

$$\Delta H = Q_p$$

Para calcular la variación de entalpía cuando reaccionan 50 g de cada uno de los reactivos, debemos calcular primero los moles de cada uno de ellos y, teniendo en cuenta la estequiometría de la reacción, determinar cuál es el reactivo limitante para hacer el cálculo estequiométrico con él.

- Moles de H_2

$$n = \frac{m}{M_m} = \frac{50\,g}{2\,g/mol} = 25\,mol\,H_2$$

- Moles de O_2

$$n = \frac{m}{M_m} = \frac{50\,g}{32\,g/mol} = 1,56\,mol\,O_2$$

- Determinación del reactivo limitante

  La estequiometría de la reacción es la siguiente:

$$
\begin{array}{lllll}
H_2\,(g) & + & 1/2\,O_2\,(g) & \rightarrow & H_2O\,(l) \quad\quad \Delta H = -286\,kJ \\
1\,mol & & 1/2\,mol & & 1\,mol \quad\quad Se\,desprenden\,286\,kJ
\end{array}
$$

La relación molar estequiométrica entre ambos reactivos es la siguiente:

$$r_{estequiométrica} = \frac{n_{H_2}}{n_{O_2}} = \frac{1\,mol\,H_2}{0,5\,mol\,O_2} = 2\,\frac{mol\,H_2}{mol\,O_2}$$

Cuando reaccionan entre sí 50 g de cada uno de los reactivos la relación molar inicial es la siguiente:

$$r_{inicial} = \frac{n_{H_2}}{n_{O_2}} = \frac{25\,mol\,H_2}{1,56\,mol\,O_2} = 16\,\frac{mol\,H_2}{mol\,O_2}$$

Se observa, en este caso, que $r_{inicial} > r_{estequiométrica}$. Por tanto, el reactivo que está en exceso es el dihidrógeno, mientras que el reactivo limitante es el oxígeno, que es el reactivo con el que vamos a hacer el cálculo estequiométrico.

- Determinación del calor desprendido

Cuando reaccionan entre sí 50 g de cada uno de los reactivos, se consume todo el oxígeno, 1,56 mol. Por tanto:

$$\frac{\text{Si reaccionaran } 0,5 \, \text{mol O}_2}{\text{se desprenderían } 286 \, \text{kJ}} = \frac{\text{si reaccionan } 1,56 \, \text{mol O}_2}{\text{se desprenderán x kJ}}$$

$$x = 892 \, \text{kJ desprendidos}$$

Problema 5.16

Dada la ecuación química (a 25 °C y 1 atm):

$$2 \, \text{HgO (s)} \rightarrow 2 \, \text{Hg (l)} + \text{O}_2 \, \text{(g)} \qquad \Delta H^o = 181,6 \, \text{kJ}$$

Calcule:
a) La energía necesaria para descomponer 60,6 g de óxido de mercurio(II).
b) El volumen de oxígeno, medido a 25 °C y 1 atm, que se produce al calentar suficiente cantidad de HgO para absorber 418 kJ.
Datos: $R = 0,082 \, \text{atm} \cdot \text{L} \cdot \text{K}^{-1} \cdot \text{mol}^{-1}$. Masas atómicas: Hg = 200,5; O = 16.

---

a) Este proceso consiste en la descomposición térmica del óxido de mercurio(II). Se trata, por tanto, de un proceso endotérmico, que transcurre con absorción de calor.

La ecuación de la reacción y la estequiometría de la misma son las siguientes:

	$2 \, \text{HgO (s)}$	$\rightarrow$	$2 \, \text{Hg (l)}$	$+$	$\text{O}_2 \, \text{(g)}$	$\Delta H^o = 181,6 \, \text{kJ}$
Estequiometría	$2 \, \text{mol}$		$2 \, \text{mol}$		$1 \, \text{mol}$	Se absorben $181,6 \, \text{kJ}$

Esquema de la resolución:

$$\text{g HgO} \xrightarrow{n=\frac{m}{M_m}} \text{mol HgO} \xrightarrow{\text{Estequiometría}} \text{kJ absorbidos}$$

- Moles de HgO

$$n = \frac{m}{M_m} = \frac{60,6 \, \text{g}}{216,5 \, \text{g/mol}} = 0,280 \, \text{mol HgO}$$

- Kilojulios absorbidos

De acuerdo con la estequiometría de la reacción:

$$\frac{\text{Si se descompusieran 2 mol HgO}}{\text{se absorberían 181, 6 kJ}} = \frac{\text{si se descomponen 0, 280 mol HgO}}{\text{se absorberán } x \text{ kJ}}$$

$$x = 25, 4 \text{ kJ absorbidos}$$

b) Esquema de la resolución:

$$\text{kJ absorbidos} \xrightarrow{\text{Estequiometría}} \text{mol O}_2 \xrightarrow{V = \frac{nRT}{p}} \text{L O}_2$$

- Moles de O_2

  De acuerdo con la estequiometría de la reacción:

  $$\frac{\text{Si se absorben 181, 6 kJ}}{\text{cuando se producen 1 mol O}_2} = \frac{\text{se absorberán 418 kJ}}{\text{cuando se produzcan } x \text{ mol O}_2}$$

  $$x = 2, 30 \text{ mol O}_2$$

- Litros de O_2 a 1 atm de presión y 25 °C de temperatura

  Despejamos el volumen, V, en la ecuación de los gases perfectos:

  $$V = \frac{nRT}{p} = \frac{2, 30 \text{ mol} \cdot 0, 082 \dfrac{\text{atm} \cdot \text{L}}{\text{K} \cdot \text{mol}} \cdot 298 \text{ K}}{1 \text{ atm}} = 56, 2 \text{ L O}_2$$

  $$\lfloor T = 273 + 25 \,°\text{C} = 298 \text{ K}; \ p = 1 \text{ atm}; \ n = 2, 30 \text{ mol} \rfloor$$

Problema 5.17

Uno de los alimentos más consumidos es la sacarosa $C_{12}H_{22}O_{11}$. Cuando reacciona con el oxígeno, se transforma en dióxido de carbono y agua desprendiendo 348,9 kJ/mol, a la presión de una atmósfera. El torrente sanguíneo absorbe, por término medio, 26 moles de O_2 en 24 horas. Con esta cantidad de oxígeno:

a) ¿Cuántos gramos de sacarosa se pueden quemar al día?
b) ¿Cuántos kJ se producirán en la combustión?
Masas atómicas: H = 1; C = 12; O = 16.

---

a) La ecuación de la reacción y la estequiometría de la misma son las siguientes:

$$C_{12}H_{22}O_{11}\,(s) \quad + \quad 12\,O_2\,(g) \quad \to \quad 12\,CO_2\,(s) \quad + \quad 11\,H_2O\,(l) \quad \Delta H^o = -348,9\,kJ$$

$$\text{1 mol} \qquad\qquad \text{12 mol} \qquad\qquad \text{12 mol} \qquad\qquad \text{11 mol} \qquad \text{Se desp. } 348,9\,kJ$$

Esquema del proceso para la resolución:

$$\text{moles } O_2 \xrightarrow{\text{Estequiometría}} \text{mol } C_{12}H_{22}O_{11} \xrightarrow{m=n\cdot M_m} \text{g } C_{12}H_{22}O_{11}$$

Como el torrente sanguíneo absorbe 26 moles de O_2 al día, de acuerdo con la estequiometría de la reacción, podemos determinar los moles, y, seguidamente, los gramos que se pueden quemar en ese tiempo:

- Moles de $C_{12}H_{22}O_{11}$

$$\frac{12\,\text{mol } O_2}{1\,\text{mol } C_{12}H_{22}O_{11}} = \frac{26\,\text{mol } O_2}{x\,\text{mol } C_{12}H_{22}O_{11}} \quad x = 2,17\,\text{mol } C_{12}H_{22}O_{11}$$

- Gramos de $C_{12}H_{22}O_{11}$

$$m = n \cdot M_m = 2,17\,\text{mol} \cdot 342\,\frac{g}{\text{mol}} = 742\,\text{g } C_{12}H_{22}O_{11}$$

b) De acuerdo con la estequiometría de la reacción:

$$\frac{\text{Si se quemaran 1 mol } C_{12}H_{22}O_{11}}{\text{se desprenderían } 348,9\,kJ} = \frac{\text{si se queman } 2,17\,\text{mol } C_{12}H_{22}O_{11}}{\text{se desprenderán x kJ}}$$

$$x = 757\,kJ\,\text{desprendidos}$$

Problema 5.18

Calcule:
a) La entalpía de combustión estándar del octano líquido, expresada en kJ/mol, sabiendo que se forman CO_2 y H_2O gaseosos.
b) La energía, en kilojulios, que necesita un automóvil por cada kilómetro, si su consumo es de 5 L de octano líquido por cada 100 km.
Datos: Densidad octano líquido = 0,8 kg/L. Masas atómicas: C = 12; H = 1. $\Delta H_f^o[CO_2\,(g)] = -393,5\,kJ/mol$; $\Delta H_f^o[H_2O\,(g)] = -241,8\,kJ/mol$; $\Delta H_f^o[C_8H_{18}\,(l)] = -250\,kJ/mol$.

---

a) La ecuación del proceso de combustión del octano es la siguiente:

$$C_8H_{18}\,(l) + 25/2\,O_2\,(g) \longrightarrow 8\,CO_2\,(g) + 9\,H_2O\,(g) \quad \Delta H^o = ?$$

Supongamos una reacción química en la que:

$$a\,A + b\,B \rightarrow c\,C + d\,D$$

Según la ley de Hess, la variación de entalpía estándar de la reacción es:

$$\Delta H^o = \Sigma\, n_p \cdot \Delta H_f^o\,(\text{productos}) - \Sigma\, n_r \cdot \Delta H_f^o\,(\text{reactivos})$$

Donde n_r y n_p son los coeficientes estequiométricos de reactivos y productos, y ΔH_f^o (reactivos) y ΔH_f^o (productos), las entalpías estándar de formación de los reactivos y productos.

La entalpía de la reacción de combustión del octano es la siguiente:

$$
\begin{aligned}
\Delta H^o &= 8 \cdot \Delta H_f^o[\text{CO}_2\,(\text{g})] + 9 \cdot \Delta H_f^o\,[\text{H}_2\text{O}\,(\text{g})] - \Delta H_f^o\,[\text{C}_8\text{H}_{18}\,(\text{l})] \\
&= 8\,\text{mol} \cdot \left(-393,5\,\frac{\text{kJ}}{\text{mol}}\right) + 9\,\text{mol} \cdot \left(-241,8\,\frac{\text{kJ}}{\text{mol}}\right) - 1\,\text{mol} \cdot \left(-250\,\frac{\text{kJ}}{\text{mol}}\right) \\
&= -5\,070\,\text{kJ}
\end{aligned}
$$

$\lfloor$Por definición, $\Delta H_f^o\,[\text{O}_2\,(\text{g})] = 0$, ya que se trata de una sustancia elemento en condiciones estándar.$\rfloor$

La entalpía estándar de combustión de una sustancia, ΔH_c^o, es la variación de entalpía que tiene lugar cuando se produce la combustión de un mol de ella en condiciones estándar. Observando la estequiometría de la reacción, cuando se quema un mol de octano se desprenden $5\,070$ kJ. Por tanto, la entalpía estándar de combustión del octano es:

$$\Delta H_c^o\,[\text{C}_8\text{H}_{18}\,(\text{l})] = -5\,070\,\text{kJ/mol}$$

b) Necesita, por kilómetro recorrido:

$$1\text{km} \cdot \frac{5\,\text{L octano}}{100\,\text{km}} \cdot \frac{800\,\text{g octano}}{1\text{L octano}} \cdot \frac{1\,\text{mol octano}}{114\,\text{g octano}} \cdot \frac{5\,070\,\text{kJ}}{1\,\text{mol octano}} = 1\,779\,\text{kJ}$$

$$\lfloor M_{m\,\text{octano}} = 114\,\text{g/mol}; \ d_{\text{octano}} = 0,8\,\text{kg/L} = 800\,\text{g/L}\rfloor$$

Problema 5.19

Calcule:

a) La variación de entalpía estándar para la descomposición de 1 mol de carbonato de calcio, CaCO_3 (s), en dióxido de carbono, CO_2 (g), y óxido de calcio, CaO (s).

b) La energía necesaria para preparar 3 kg de óxido de calcio.

Datos: Masas atómicas: Ca = 40; O = 16. ΔH_f^o (kJ/mol) : CO_2 (g) = $-393,5$; CaO (s) = $-635,6$; CaCO_3 (s) = $-1\,206,2$.

a) La ecuación de la reacción y la estequiometría de la misma son las siguientes:

$$CaCO_3\,(s) \quad \rightarrow \quad CaO\,(s) \quad + \quad CO_2\,(g)$$

Estequiometría $\quad$ 1 mol $\qquad\qquad$ 1 mol $\qquad\qquad$ 1 mol

Supongamos una reacción química en la que:

$$a\,A + b\,B \rightarrow c\,C + d\,D$$

Según la ley de Hess, la variación de entalpía estándar de la reacción es:

$$\Delta H^o = \Sigma\, n_p \cdot \Delta H_f^o\,(\text{productos}) - \Sigma\, n_r \cdot \Delta H_f^o\,(\text{reactivos})$$

Donde n_r y n_p son los coeficientes estequiométricos de reactivos y productos, y $\Delta H_f^o\,(\text{reactivos})$ y $\Delta H_f^o\,(\text{productos})$, las entalpías estándar de formación de los reactivos y productos.

La variación de entalpía estándar para la reacción que nos ocupa es:

$$
\begin{aligned}
\Delta H^o \;&=\; 1 \cdot \Delta H_f^o\,[CaO\,(s)] + 1 \cdot \Delta H_f^o\,[CO_2\,(g)] - 1 \cdot \Delta H_f^o\,[CaCO_3\,(s)] \\
&=\; 1\,\text{mol} \cdot \left(-635,6\,\frac{kJ}{mol}\right) + 1\,\text{mol} \cdot \left(-393,5\,\frac{kJ}{mol}\right) - 1\,\text{mol} \cdot \left(-1\,206,2\,\frac{kJ}{mol}\right) \\
&=\; 177\,kJ
\end{aligned}
$$

Según la estequiometría de la reacción, esta variación de entalpía corresponde a la descomposición de un mol de carbonato de calcio. Como es positiva, se trata de un proceso endotérmico (transcurre con absorción de calor).

b) Esquema de los pasos para la resolución:

$$g\,CaO \xrightarrow{n=\frac{m}{M_m}} mol\,CaO \xrightarrow{\text{Estequiometría}} kJ\,\text{absorbidos}$$

- Moles de CaO

$$n = \frac{m}{M_m} = \frac{3\,000\,g}{56\,g/mol} = 53,6\,\text{mol CaO}$$

$$\lfloor m = 3\,kg = 3\,000\,g \rfloor$$

- Kilojulios absorbidos necesarios

De acuerdo con la estequiometría de la reacción:

$$\frac{\text{Si se prepararan 1 mol CaO}}{\text{se necesitarían 177 kJ}} = \frac{\text{si se preparan 53,6 mol CaO}}{\text{se necesitarán } x\,kJ}$$

$$x = 9\,490\,kJ\,\text{necesarios}$$

Problema 5.20

a) Calcule la variación de entalpía estándar de la reacción:

$$CaC_2 \text{ (s)} + 2\,H_2O \text{ (l)} \rightarrow Ca(OH)_2 \text{ (s)} + C_2H_2 \text{ (g)}$$

b) ¿Qué calor se desprende en la combustión de 100 dm^3 de acetileno, C_2H_2, medidos a 25 °C y 1 atm.

Datos: ΔH_f^o (kJ/mol) : CaC_2 (s) $= -59$; CO_2 (g) $= -393,5$; H_2O (l) $= -285,8$; $Ca(OH)_2$ (s) $= -986,0$; C_2H_2 (g) $= 227,0$.

---

a) Supongamos una reacción química en la que:

$$a\,A + b\,B \rightarrow c\,C + d\,D$$

Según la ley de Hess, la variación de entalpía estándar de la reacción es:

$$\Delta H^o = \Sigma\, n_p \cdot \Delta H_f^o \text{ (productos)} - \Sigma\, n_r \cdot \Delta H_f^o \text{ (reactivos)}$$

Donde n_r y n_p son los coeficientes estequiométricos de reactivos y productos, y ΔH_f^o (reactivos) y ΔH_f^o (productos), las entalpías estándar de formación de los reactivos y productos.

La variación de entalpía estándar de la reacción del enunciado es la siguiente:

$$
\begin{aligned}
\Delta H^o &= 1 \cdot \Delta H_f^o\,[Ca(OH)_2 \text{ (s)}] + 1 \cdot \Delta H_f^o\,[C_2H_2 \text{ (g)}] - (1 \cdot \Delta H_f^o\,[CaC_2 \text{ (s)}] + 2 \cdot \Delta H_f^o\,[H_2O \text{ (l)}]) \\
&= 1\,\text{mol} \cdot \left(-986\,\frac{\text{kJ}}{\text{mol}}\right) + 1\,\text{mol} \cdot \left(227\,\frac{\text{kJ}}{\text{mol}}\right) - \left[1\,\text{mol} \cdot \left(-59\,\frac{\text{kJ}}{\text{mol}}\right) + 2\,\text{mol} \cdot \left(-285,8\,\frac{\text{kJ}}{\text{mol}}\right)\right] \\
&= -128\,\text{kJ}
\end{aligned}
$$

La variación de entalpía estándar de esta reacción es negativa, luego se trata de un proceso exotérmico (transcurre con desprendimiento de calor).

b) Para calcular el calor desprendido cuando ardan 100 dm^3 de acetileno, hemos de determinar la entalpía estándar de combustión del acetileno. La ecuación del proceso es la siguiente:

$$C_2H_2 \text{ (g)} + 5/2\,O_2 \text{ (g)} \rightarrow 2\,CO_2 \text{ (s)} + H_2O \text{ (l)}$$

Calculamos, como hemos hecho en el apartado anterior, la entalpía de esta reacción a partir de las entalpías estándar de formación de las sustancias que intervienen en la misma:

$$
\begin{aligned}
\Delta H^o &= 2 \cdot \Delta H_f^o\,[CO_2 \text{ (g)}] + 1 \cdot \Delta H_f^o\,[H_2O \text{ (l)}] - 1 \cdot \Delta H_f^o\,[C_2H_2 \text{ (l)}] \\
&= 2\,\text{mol} \cdot \left(-393,5\,\frac{\text{kJ}}{\text{mol}}\right) + 1\,\text{mol} \cdot \left(-285,8\,\frac{\text{kJ}}{\text{mol}}\right) - 1\,\text{mol} \cdot \left(227\,\frac{\text{kJ}}{\text{mol}}\right) \\
&= -1\,300\,\text{kJ}
\end{aligned}
$$

⌊Por definición, $\Delta H_f^o [O_2(g)] = 0$, ya que se trata de una sustancia elemento en condiciones estándar.⌋

La ecuación de la reacción y la estequiometría de la misma son las siguientes:

$$C_2H_2(g) \quad + \quad 5/2\,O_2(g) \quad \rightarrow \quad 2\,CO_2(g) \quad + \quad H_2O(l) \qquad \Delta H^o = -1\,300\,kJ$$

1 mol	5/2 mol	2 mol	1 mol	Se desprenden 1 300 kJ

Esquema de los pasos para la resolución:

$$\text{dm}^3\,C_2H_2 \xrightarrow{n=\frac{pV}{RT}} \text{mol}\,C_2H_2 \xrightarrow{\text{Estequiometría}} kJ\,\text{desprendidos}$$

- Moles de C_2H_2

$$n = \frac{pV}{RT} = \frac{1\,\text{atm} \cdot 100\,L}{0,082\,\dfrac{\text{atm}\cdot L}{K\cdot\text{mol}}\cdot 298\,K} = 4,09\,\text{mol}$$

$$\lfloor T = 25 + 273°C = 298\,K;\ V = 100\,\text{dm}^3 = 100\,L;\ p = 1\,\text{atm}\rfloor$$

- Kilojulios desprendidos

$$\frac{\text{Si reaccionaran 1 mol}\,C_2H_2}{\text{se desprenderían 1 300 kJ desprendidos}} = \frac{\text{si reaccionan 4,09 mol}\,C_2H_2}{\text{se desprenderán}\,x\,\text{kJ}}$$

$$x = 5\,320\,kJ\,\text{desprendidos}$$

Problema 5.21

a) Calcule la variación de entalpía estándar, a 25 °C de la reacción:

$$ZnS(s) + 3/2\,O_2(g) \rightarrow ZnO(s) + SO_2(g)$$

b) ¿Qué calor se absorbe o desprende, a presión constante, cuando reaccionan 150 g de ZnS con oxígeno gaseoso?

Datos: $\Delta H_f^o\,(kJ/mol) : ZnS(s) = -203;\ ZnO(s) = -348;\ SO_2(g) = -296$.

Masas atómicas : S = 32; Zn = 65,4.

---

a) Hemos de calcular la variación de la entalpía estándar del proceso, ΔH^o, ya que es igual a la cantidad de calor a presión constante, Q_p, intercambiada en el mismo:

$$\Delta H^o = Q_p$$

Supongamos una reacción química en la que:

$$a\,A + b\,B \rightarrow c\,C + d\,D$$

Según la ley de Hess, la variación de entalpía estándar de la reacción es:

$$\Delta H^o = \Sigma\, n_p \cdot \Delta H^o_f \,(\text{productos}) - \Sigma\, n_r \cdot \Delta H^o_f \,(\text{reactivos})$$

Donde n_r y n_p son los coeficientes estequiométricos de reactivos y productos, y ΔH^o_f (reactivos) y ΔH^o_f (productos), las entalpías estándar de formación de los reactivos y productos.

La variación de entalpía estándar de la reacción del enunciado es la siguiente:

$$
\begin{aligned}
\Delta H^o &= 1 \cdot \Delta H^o_f\,[\text{ZnO\,(s)}] + 1 \cdot \Delta H^o_f\,[\text{SO}_2\,(\text{g})] - 1 \cdot \Delta H^o_f\,[\text{ZnS\,(s)}] \\
&= 1\,\text{mol} \cdot \left(-348\,\frac{\text{kJ}}{\text{mol}}\right) + 1\,\text{mol} \cdot \left(-296\,\frac{\text{kJ}}{\text{mol}}\right) - \left[1\,\text{mol} \cdot \left(-203\,\frac{\text{kJ}}{\text{mol}}\right)\right] \\
&= -441\,\text{kJ}
\end{aligned}
$$

[Por definición, $\Delta H^o_f\,[\text{O}_2\,(\text{g})] = 0$, ya que se trata de una sustancia elemento en condiciones estándar.]

La variación de entalpía estándar de esta reacción es negativa, luego se trata de un proceso exotérmico (transcurre con desprendimiento de calor).

b) La ecuación de la reacción y la estequiometría de la misma son las siguientes:

ZnS (g)	+	$3/2\,\text{O}_2$ (g)	$\rightarrow$	ZnO (g)	+	SO$_2$ (g)	$\Delta H^o = -441\,\text{kJ}$
1 mol		3/2 mol		1 mol		1 mol	Se desprenden 441 kJ

El calor a presión constante es igual a la variación de la entalpía que tiene lugar en el proceso.

Esquema de los pasos para la resolución:

$$\text{g\,ZnS} \xrightarrow{n=\frac{m}{M_m}} \text{mol\,ZnS} \xrightarrow{\text{Estequiometría}} \text{kJ desprendidos}$$

- Moles de ZnS

$$n = \frac{m}{M_m} = \frac{150\,\text{g}}{97,4\,\text{g/mol}} = 1,54\,\text{mol\,ZnS}$$

- Kilojulios desprendidos

De acuerdo con la estequiometría de la reacción:

$$\frac{\text{Si reaccionaran 1 mol ZnS}}{\text{se desprenderían 441 kJ}} = \frac{\text{si reaccionan 1,54 mol ZnS}}{\text{se desprenderán } x \text{ kJ}}$$

$$x = 679 \text{ kJ desprendidos}$$

Problema 5.22

La reacción de descomposición de la nitroglicerina es la siguiente:

$$4\,C_3H_5(NO_3)_3 \text{ (l)} \rightarrow 12\,CO_2 \text{ (g)} + 10\,H_2O \text{ (g)} + O_2 \text{ (g)} + 6\,N_2 \text{ (g)}; \ \Delta H^\circ = -5\,700 \text{ kJ, a } 25\,°C$$

a) Calcule la entalpía de formación estándar de la nitroglicerina.
b) ¿Qué energía se desprende cuando se descomponen 100 g de nitroglicerina?
Datos: $\Delta H_f^o [CO_2 \text{ (g)}] = -393,5 \text{ kJ/mol}$; $\Delta H_f^o [H_2O \text{ (g)}] = -241,8 \text{ kJ/mol}$.
Masas atómicas: $C = 12; H = 1; O = 16; N = 14$.

---

a) Supongamos una reacción química en la que:

$$a\,A + b\,B \rightarrow c\,C + d\,D$$

Según la ley de Hess, la variación de entalpía estándar de una reacción es:

$$\Delta H^\circ = \Sigma\, n_p \cdot \Delta H_f^o \text{ (productos)} - \Sigma\, n_r \cdot \Delta H_f^o \text{ (reactivos)}$$

Donde n_r y n_p son los coeficientes estequiométricos de reactivos y productos, y ΔH_f^o (reactivos) y ΔH_f^o (productos), las entalpías estándar de formación de los reactivos y productos.

La variación de entalpía de la reacción del enunciado es la siguiente:

$$\Delta H^\circ = 12 \cdot \Delta H_f^o [CO_2 \text{ (g)}] + 10 \cdot \Delta H_f^o [H_2O \text{ (g)}] - (4 \cdot \Delta H_f^o [C_3H_5(NO_3)_3 \text{ (l)}])$$

[Por definición, $\Delta H_f^o [O_2 \text{ (g)}] = \Delta H_f^o [N_2 \text{ (g)}] = 0$, ya que se trata de sustancias elemento en condiciones estándar.]

Sustituyendo en la ecuación anterior los datos numéricos del problema, tenemos:

$$-5\,700 = [12 \cdot (-393,5) + 10 \cdot (-241,8)] - [4 \cdot \Delta H_f^o [C_3H_5(NO_3)_3 \text{ (l)}]$$

De donde:

$$\Delta H_f^o [C_3H_5(NO_3)_3 \text{ (l)}] = -360 \text{ kJ/mol}$$

b) Calculamos primero los moles de nitroglicerina que hay en 100 g de masa:

$$n = \frac{m}{M_m} = \frac{100\,\text{g}}{227\,\text{g/mol}} = 0,440\,\text{mol}\ C_3H_5(NO_3)_3$$

Según la estequiometría de la reacción, cuando se descomponen 4 mol de nitroglicerina se desprenden 5 700 kJ, por tanto:

$$\frac{\text{Si se descompusieran 4 mol}}{\text{se desprenderían 5 700 kJ}} = \frac{\text{si se descomponen 0, 440 mol}}{\text{se desprenderán } x\,\text{kJ}}$$

$$x = 627\,\text{kJ desprendidos}$$

Problema 5.23

La tostación de la pirita se produce según:

$$4\,FeS_2\,(s) + 11\,O_2\,(g) \rightarrow 2\,Fe_2O_3\,(s) + 8\,SO_2\,(g)$$

Calcule:
a) La entalpía de dicha reacción.
b) La cantidad de calor, a presión constante, desprendida en la combustión de 25 g de pirita del 90 % de riqueza en peso.
Datos: Masas atómicas: Fe= 55,8; S= 32. $\Delta H_f^o\,[FeS_2\,(s)] = -177,5\,\text{kJ/mol}$; $\Delta H_f^o\,[Fe_2O_3\,(s)] = -822,2\,\text{kJ/mol}$; $\Delta H_f^o\,[SO_2\,(g)] = -296,8\,\text{kJ/mol}$.

---

a) Supongamos una reacción química en la que:

$$a\,A + b\,B \rightarrow c\,C + d\,D$$

Según la ley de Hess, la variación de entalpía estándar de la reacción es:

$$\Delta H^o = \Sigma\,n_p \cdot \Delta H_f^o\,(\text{productos}) - \Sigma\,n_r \cdot \Delta H_f^o\,(\text{reactivos})$$

Donde n_r y n_p son los coeficientes estequiométricos de reactivos y productos, y $\Delta H_f^o\,(\text{reactivos})$ y $\Delta H_f^o\,(\text{productos})$, las entalpías estándar de formación de los reactivos y productos.

La variación de entalpía de la reacción de la tostación de la pirita es la siguiente:

$$\begin{aligned}
\Delta H^o &= 2 \cdot \Delta H_f^o\,[Fe_2O_3\,(s)] + 8 \cdot \Delta H_f^o\,[SO_2\,(g)] - 4 \cdot \Delta H_f^o\,[FeS_2\,(s)] \\
&= 2\,\text{mol} \cdot \left(-822,2\,\frac{\text{kJ}}{\text{mol}}\right) + 8\,\text{mol} \cdot \left(-296,8\,\frac{\text{kJ}}{\text{mol}}\right) - 4\,\text{mol} \cdot \left(-177,5\,\frac{\text{kJ}}{\text{mol}}\right) \\
&= -3\,310\,\text{kJ}
\end{aligned}$$

Hemos tenido en cuenta que $\Delta H_f^o [O_2 (g)] = 0$, como corresponde a la entalpía de formación de una sustancia elemento en condiciones estándar.

La entalpía de la reacción de tostación de la pirita es negativa, luego es un proceso exotérmico. Transcurre con desprendimiento de calor.

b) La ecuación de la reacción y la estequiometría de la misma es la siguiente:

$$4\,FeS_2\,(s) \quad + \quad 11\,O_2\,(g) \quad \rightarrow \quad 2\,Fe_2O_3\,(s) \quad + \quad 8\,SO_2\,(g) \qquad \Delta H^o = -3\,310\,kJ$$
$$4\,mol \qquad\qquad 11\,mol \qquad\qquad 2\,mol \qquad\qquad 8\,mol \qquad\qquad \text{Se desprenden } 3\,310\,kJ$$

El calor a presión constante es igual a la variación de la entalpía que tiene lugar en el proceso.

Esquema de los pasos para la resolución:

$$g\,FeS_2\,\text{impuro} \xrightarrow{\text{Riqueza}} g\,FeS_2 \xrightarrow{n=\frac{m}{M_m}} \text{moles } FeS_2 \xrightarrow{\text{Estequiometría}} KJ\,\text{desprendidos}$$

- Gramos de FeS_2

  Una riqueza de un 90 % significa que si tuviésemos 100 g de pirita (FeS_2 impuro) de dicha riqueza, 90 g serían de FeS_2. Por tanto:

$$\frac{\text{Si tuviéramos } 100\,g\,FeS_2\,\text{impuro}}{\text{tendríamos } 90\,g\,FeS_2} = \frac{\text{si tenemos } 25\,g\,FeS_2\,\text{impuro}}{\text{tendremos } x\,g\,FeS_2}$$

$$x = 22,5\,g\,FeS_2$$

- Moles de FeS_2:

$$n = \frac{m}{M_m} = \frac{22,5\,g\,FeS_2}{120\,g/mol} = 0,188\,mol\,FeS_2$$

- Kilojulios desprendidos

$$\frac{\text{Si tostáramos } 4\,mol\,FeS_2}{\text{se desprenderían } 3\,310\,kJ} = \frac{\text{Si tostamos } 0,188\,mol\,FeS_2\,\text{impuro}}{\text{se desprenderán } x\,kJ}$$

$$x = 156\,kJ\,\text{desprendidos}$$

Problema 5.24

La entalpía estándar de formación a 25 °C del CaO (s), CaC_2 (s) y CO (g) son, respectivamente, -636, -61 y -111 kJ/mol. A partir de estos datos y de la siguiente ecuación:

$$CaO\,(s) + 3\,C\,(s) \rightarrow CaC_2\,(s) + CO\,(g)$$

Calcule:

a) La cantidad de calor, a presión constante, necesaria para obtener una tonelada de CaC_2.

b) La cantidad de calor, a presión constante, necesaria para obtener 2 toneladas de CaC_2 si el rendimiento del proceso es del 80 %.

Masas atómicas: C = 12; Ca = 40.

---

a) La ecuación termoquímica del proceso de obtención del carburo de calcio es la siguiente:

$$CaO\,(s) + 3\,C\,(s) \rightarrow CaC_2\,(s) + CO\,(g) \qquad \Delta H^o = ?\,kJ$$

Hemos de calcular la variación de la entalpía estándar del proceso, ΔH^o, ya que es igual a la cantidad de calor a presión constante, Q_p, intercambiada en el mismo:

$$\Delta H^o = Q_p$$

Supongamos una reacción química en la que:

$$a\,A + b\,B \rightarrow c\,C + d\,D$$

Según la ley de Hess, la variación de entalpía estándar de la reacción es:

$$\Delta H^o = \Sigma\, n_p \cdot \Delta H_f^o\,(\text{productos}) - \Sigma\, n_r \cdot \Delta H_f^o\,(\text{reactivos})$$

Donde n_r y n_p son los coeficientes estequiométricos de reactivos y productos, y ΔH_f^o (reactivos) y ΔH_f^o (productos), las entalpías estándar de formación de los reactivos y productos.

La variación de entalpía estándar de la reacción es la siguiente:

$$
\begin{aligned}
\Delta H^o &= 1 \cdot \Delta H_f^o\,[CaC_2\,(s)] + 1 \cdot \Delta H_f^o\,[CO\,(g)] - 1 \cdot \Delta H_f^o\,[CaO\,(s)] \\
&= 1\,\text{mol} \cdot \left(-61\,\frac{kJ}{mol}\right) + 1\,\text{mol} \cdot \left(-111\,\frac{kJ}{mol}\right) - 1\,\text{mol} \cdot \left(-636\,\frac{kJ}{mol}\right) \\
&= 464\,kJ
\end{aligned}
$$

[Por definición, $\Delta H_f^o\,[C\,(s)] = 0$, ya que se trata de una sustancia elemento en condiciones estándar.]

La variación de entalpía estándar de la reacción es positiva, luego se trata de un proceso endotérmico (transcurre con absorción de calor).

La ecuación de la reacción y la estequiometría de la misma son las siguientes:

$$\text{CaO (s)} \quad + \quad 3\,\text{C (s)} \quad \rightarrow \quad \text{CaC}_2\,\text{(s)} \quad + \quad \text{CO (g)} \qquad \Delta H^o = 464\,\text{kJ}$$

$$\text{1 mol} \qquad\qquad \text{3 mol} \qquad\qquad \text{1 mol} \qquad\qquad \text{1 mol} \qquad \text{Se absorben 464 kJ}$$

Para determinar la energía necesaria para obtener 1 tonelada $(1\,000\,000\,\text{g} = 10^6\,\text{g})$ de CaC_2 hemos de calcular primero los moles de que se dispone:

$$n = \frac{m}{M_m} = \frac{10^6\,\text{g}}{64\,\text{g/mol}} = 15\,600\,\text{mol CaO}$$

Y, seguidamente, la energía necesaria para la obtención de esos moles teniendo en cuenta la estequiometría de la reacción:

$$\frac{\text{Si obtuviéramos 1 mol CaC}_2}{\text{serían necesarios 464 kJ}} = \frac{\text{si se obtienen 15\,600 mol CaO}}{\text{son necesarios } x\,\text{kJ}}$$

$$x = 7,24 \cdot 10^6\,\text{kJ necesarios}$$

b) Ahora queremos calcular la energía necesaria para obtener 2 t de CaC_2, pero suponiendo que el rendimiento es del 80 %.

- Toneladas teóricas de CaC_2

  Un rendimiento de la reacción de un 80 % quiere decir que se obtienen sólo 80 t reales de CaC_2 frente a las 100 t que se obtendrían teóricamente. Por tanto, puesto que se obtiene 2 t de CaC_2 reales:

$$\frac{80\,\text{t reales CaC}_2}{100\,\text{t teóricas CaC}_2} = \frac{2\,\text{t reales CaC}_2}{x\,\text{t teóricas CaC}_2}$$

$$x = 2,5\,\text{t CaC}_2 \text{ teóricas}$$

- Energía necesaria:

  Según hemos visto en el apartado a), se necesitan $7,24 \cdot 10^6$ kJ para que se obtenga 1 t de CaC_2. Por tanto:

$$\frac{\text{Si reaccionaran 1 t CaC}_2}{\text{serían necesarios } 7,24 \cdot 10^6\,\text{kJ}} = \frac{\text{si reaccionan 2,5 t CaC}_2}{\text{serán necesarios } x\,\text{kJ}}$$

$$x = 1,81 \cdot 10^7\,\text{kJ necesarios}$$

Problema 5.25

Sabiendo que las entalpías de formación estándar del C_2H_5OH (l), CO_2 (g) y H_2O (l) son, respectivamente, -228, -394 y -286 kJ/mol, calcule:

a) La entalpía de combustión estándar del etanol.

b) El calor que se desprende, a presión constante, si en condiciones estándar se queman 100 g de etanol.

Masas atómicas: C = 12; O = 40; H = 1.

a) La ecuación termoquímica del proceso de combustión del etanol, C_2H_5OH (l), es la siguiente:

$$C_2H_5OH\,(l) + 3\,O_2\,(g) \rightarrow 2\,CO_2\,(g) + 3\,H_2O\,(l) \qquad \Delta H^o = ?\,kJ$$

La entalpía estándar de combustión de una sustancia, ΔH^o_c, es la variación de entalpía cuando se quema un mol de sustancia en condiciones estándar. Es la entalpía estándar de reacción, ΔH^o, que aparece en la ecuación anterior, puesto que se observa que la energía intercambiada se refiere a la combustión de un mol de alcohol etílico.

Supongamos una reacción química en la que:

$$a\,A + b\,B \rightarrow c\,C + d\,D$$

Según la ley de Hess, la variación de entalpía estándar de la reacción es:

$$\Delta H^o = \Sigma\,n_p \cdot \Delta H^o_f\,(\text{productos}) - \Sigma\,n_r \cdot \Delta H^o_f\,(\text{reactivos})$$

Donde n_r y n_p son los coeficientes estequiométricos de reactivos y productos, y ΔH^o_f (reactivos) y ΔH^o_f (productos), las entalpías estándar de formación de los reactivos y productos.

Determinamos la variación de entalpía estándar de la reacción, esto es, la entalpía estándar de cambustión:

$$
\begin{aligned}
\Delta H^o &= 2 \cdot \Delta H^o_f\,[CO_2\,(g)] + 3 \cdot \Delta H^o_f\,[H_2O\,(l)] - 1 \cdot \Delta H^o_f\,[C_2H_5OH\,(l)] \\
&= 2\,\text{mol} \cdot \left(-394\,\frac{kJ}{mol}\right) + 3\,\text{mol} \cdot \left(-286\,\frac{kJ}{mol}\right) - 1\,\text{mol} \cdot \left(-228\,\frac{kJ}{mol}\right) \\
&= -1\,420\,kJ
\end{aligned}
$$

$\lfloor$Por definición, $\Delta H^o_f\,[O_2\,(g)] = 0$, ya que se trata de una sustancia elemento en condiciones estándar.$\rfloor$

A la vista del resultado, y, considerando lo arriba expuesto, la entalpía de combustión estándar del alcohol etílico es: $\Delta H^o_c = -1\,420\dfrac{kJ}{mol}$

b) Hemos de tener en cuenta el valor obtenido para la entalpía de combustión, ΔH_c^o, pues, al ser una entalpía de reacción, es igual a la cantidad de calor a presión constante, Q_p, intercambiada en el mismo:

$$\Delta H_c^o = Q_p$$

La ecuación de la reacción y la estequiometría de la misma son las siguientes:

$$C_2H_5OH\,(l) \quad + \quad 3\,O_2\,(g) \quad \rightarrow \quad 2\,CO_2\,(g) \quad + \quad 3\,H_2O\,(l) \qquad \Delta H^o = -1\,420\,kJ$$

$$\text{1 mol} \qquad\qquad \text{3 mol} \qquad\qquad \text{2 mol} \qquad\qquad \text{3 mol} \qquad \text{Se desprenden 1 420 kJ}$$

Esquema de la resolución:

$$\text{g }C_2H_5OH \xrightarrow{n=\frac{m}{M_m}} \text{mol }C_2H_5OH \xrightarrow{\text{Estequiometría}} \text{kJ desprendidos}$$

- Moles de C_2H_5OH

$$n = \frac{m}{M_m} = \frac{100\,g}{46\,g/mol} = 2,17\,mol\,C_2H_5OH$$

- Kilojulios desprendidos

$$\frac{\text{Si quemáramos 1 mol }C_2H_5OH}{\text{se desprenderían 1 420 kJ}} = \frac{\text{si quemamos 2, 17 mol }C_2H_5OH}{\text{se desprenderán }x\,kJ}$$

$$x = 3\,080\,kJ\ \text{desprendidos}$$

Problema 5.26

El dióxido de manganeso se reduce con aluminio según la reacción:

$$3\,MnO_2\,(s) + 4\,Al\,(s) \rightarrow 2\,Al_2O_3\,(s) + 3\,Mn\,(s) \qquad \Delta H^o = -1\,772,4\,kJ$$

Calcule:
a) La entalpía de formación estándar del $Al_2O_3\,(s)$.
b) La energía que se desprende cuando se ponen a reaccionar, en las mismas condiciones, 50 g de $MnO_2\,(s)$ con 50 g de $Al\,(s)$.
Datos: $\Delta H_f^o\,[MnO_2\,(s)] = -520\,kJ/mol$. Masas atómicas: $Al = 27$; $Mn = 55$; $O = 16$.

a) Supongamos una reacción química en la que:

$$a\,A + b\,B \rightarrow c\,C + d\,D$$

Según la ley de Hess, la variación de entalpía estándar de la reacción es:

$$\Delta H^o = \Sigma\, n_p \cdot \Delta H_f^o \,(\text{productos}) - \Sigma\, n_r \cdot \Delta H_f^o \,(\text{reactivos})$$

Donde n_r y n_p son los coeficientes estequiométricos de reactivos y productos, y ΔH_f^o (reactivos) y ΔH_f^o (productos), las entalpías estándar de formación de los reactivos y productos.

Podemos conocer la entalpía de formación del óxido de aluminio a partir la entalpía de reacción y de la entalpía de formación del óxido de manganeso(IV), que son los datos del problema.

La variación de la entalpía de la reacción correspondiente a la ecuación dada es la siguiente:

$$\Delta H^o = 2 \cdot \Delta H_f^o \,[\text{Al}_2\text{O}_3\,(\text{s})] - 3 \cdot \Delta H_f^o \,[\text{MnO}_2\,(\text{s})]$$

Sustituyendo en la ecuación anterior los datos numéricos del problema tenemos:

$$-1\,772,4 = 2 \cdot \Delta H_f^o \,[\text{Al}_2\text{O}_3\,(\text{s})] - 3 \cdot (-520)$$

De donde:
$$\Delta H_f^o \,[\text{Al}_2\text{O}_3\,(\text{s})] = -1\,670\,\text{kJ/mol}$$

Hemos tenido en cuenta que $\Delta H_f^o \,[\text{Al}\,(\text{s})] = 0$ y $\Delta H_f^o \,[\text{Mn}(\text{s})] = 0$, como corresponde, por definición, a la entalpía de una sustancia elemento en las condiciones estándar.

b) Para calcular la energía desprendida cuando reaccionan 50 g de cada uno de los reactivos, debemos determinar previamente los moles de cada uno de ellos y, teniendo en cuenta la estequiometría de la reacción, determinar cuál es el reactivo limitante para hacer el cálculo estequiométrico con él.

- Moles de MnO_2

$$n = \frac{m}{M_m} = \frac{50\,\text{g}}{87\,\text{g/mol}} = 0,575\,\text{mol MnO}_2$$

- Moles de Al

$$n = \frac{m}{M_m} = \frac{50\,\text{g}}{27\,\text{g/mol}} = 1,85\,\text{mol Al}$$

- Determinación del reactivo limitante

La ecuación de la reacción y la estequiometría de la misma son las siguientes:

$$3\,MnO_2\,(s) \quad + \quad 4\,Al\,(s) \quad \rightarrow \quad 2\,Al_2O_3\,(s) \quad + \quad 3\,Mn\,(s) \qquad \Delta H^o = -1\,772,4\,kJ$$

$$\text{3 mol} \qquad\qquad \text{4 mol} \qquad\qquad \text{2 mol} \qquad\qquad \text{3 mol} \qquad \text{Se desprenden } 1\,772,4\,kJ$$

La relación molar estequiométrica entre ambos reactivos es la siguiente:

$$r_{\text{estequiométrica}} = \frac{n_{Al}}{n_{MnO_2}} = \frac{4\,\text{mol Al}}{3\,\text{mol MnO}_2} = 1,33\frac{\text{mol Al}}{\text{mol MnO}_2}$$

Cuando reaccionan entre sí 50 g de cada uno de los reactivos la reacción molar inicial es la siguiente:

$$r_{\text{inicial}} = \frac{n_{Al}}{n_{MnO_2}} = \frac{1,85\,\text{mol Al}}{0,575\,\text{mol MnO}_2} = 3,22\frac{\text{mol Al}}{\text{mol MnO}_2}$$

Se observa, en este caso, que $r_{\text{inicial}} > r_{\text{estequiométrica}}$. Por tanto, el reactivo que está en exceso es el aluminio, mientras que el reactivo limitante es óxido de manganeso(IV), que es el reactivo con el que vamos a hacer el cálculo estequiométrico.

- Determinación del calor desprendido

Cuando reaccionan entre sí 50 g de cada uno de los reactivos, se consume todo el óxido de manganeso(IV), 0,575 mol. Por tanto:

$$\frac{\text{Si reaccionaran 3 mol MnO}_2}{\text{se desprenderían} 1\,772,4\,kJ} = \frac{\text{si reaccionan } 0,575\,\text{mol MnO}_2}{\text{se desprenderán } x\,kJ}$$

$$x = 340\,kJ\ \text{desprendidos}$$

Problema 5.27

Las entalpías estándar de formación del agua líquida, del ácido clorhídrico en disolución acuosa y del óxido de plata sólido son, respectivamente: $-285,8$, $-165,6$ y $-30,4$ kJ/mol.
A partir de esos datos y de la siguiente ecuación:

$$Ag_2O\,(s) + 2\,HCl\,(aq) \rightarrow 2\,AgCl\,(s) + H_2O\,(l) \qquad \Delta H^o = -176,6\,kJ$$

Calcule:
a) La entalpía de formación estándar del AgCl (s).
b) Los moles de agua que se forman cuando se consumen 4 L de ácido clorhídrico 0,5 molar.

a) Supongamos una reacción química en la que:

$$a\,A + b\,B \rightarrow c\,C + d\,D$$

Según la ley de Hess, la variación de entalpía estándar de la reacción es:

$$\Delta H^o = \Sigma\, n_p \cdot \Delta H_f^o \,(\text{productos}) - \Sigma\, n_r \cdot \Delta H_f^o \,(\text{reactivos})$$

Donde n_r y n_p son los coeficientes estequiométricos de reactivos y productos, y ΔH_f^o (reactivos) y ΔH_f^o (productos), las entalpías estándar de formación de los reactivos y productos.

Podemos conocer la entalpía de formación del cloruro de plata a partir la entalpía de reacción y de las entalpías de formación del ácido clorhídrico, del óxido de plata y del agua líquida, que son los datos del problema.

La variación de entalpía de la reacción del enunciado es la siguiente:

$$\Delta H^o = 2 \cdot \Delta H_f^o\,[\text{AgCl\,(s)}] + 1 \cdot \Delta H_f^o\,[\text{H}_2\text{O\,(l)}] - (1 \cdot \Delta H_f^o\,[\text{Ag}_2\text{O\,(s)}] + 2 \cdot \Delta H_f^o\,[\text{HCl\,(aq)}])$$

Sustituyendo en la ecuación anterior los datos numéricos del problema, tenemos:

$$-176,6 = 2 \cdot \Delta H_f^o\,[\text{AgCl\,(s)}] + 1 \cdot (-285,8) - [1 \cdot (-30,4) + 2 \cdot (-165,6)]$$

De donde:

$$\Delta H_f^o\,[\text{AgCl\,(s)}] = -126\,\text{kJ/mol}$$

b) La ecuación de la reacción y la estequiometría de la misma son las siguientes:

$\text{Ag}_2\text{O\,(s)}$	+	$2\,\text{HCl\,(aq)}$	$\rightarrow$	$2\,\text{AgCl\,(s)}$	+	$\text{H}_2\text{O\,(l)}$	$\Delta H^o = -176,6\,\text{kJ}$
1 mol		2 mol		2 mol		1 mol	Se desprenden $176,6\,\text{kJ}$

Esquema de los pasos para la resolución:

$$\text{L dn HCl} \xrightarrow{n = M \cdot V} \text{mol HCl} \xrightarrow{\text{Estequiometría}} \text{mol H}_2\text{O}$$

- Moles HCl

$$n = M \cdot V = 0,5\,\frac{\text{mol}}{\text{L}} \cdot 4\,\text{L} = 2\,\text{mol HCl}$$

$$\lfloor M = 0,5\,\frac{\text{mol}}{\text{L}};\ V = 4\,\text{L}\rfloor$$

- Moles H$_2$O

  Hemos calculado que reaccionan 2 mol de ácido clorhídrico. Según la estequiometría de la reacción, cuando reaccionan 2 mol de ácido clorhídrico se forma 1 mol de agua.

Problema 5.28

Calcule:

a) La entalpía de formación estándar del naftaleno, $C_{10}H_8$.

b) ¿Qué energía se desprende al quemar 100 g de naftaleno en condiciones estándar?

Datos: Masas atómicas: $C = 12; H = 1$.

$\Delta H_f^o[CO_2(g)] = -393,5\,kJ/mol$; $\Delta H_f^o[H_2O(l)] = -285,8\,kJ/mol$;

$\Delta H_c^o[C_{10}H_8(s)] = -4\,928,6\,kJ/mol$

a) Podemos conocer la entalpía de formación del naftaleno a partir su entalpía de combustión y de las entalpías de formación del agua líquida y del dióxido de carbono, que son los datos del problema. Para ello escribimos la ecuación termoquímica de la combustión del naftaleno:

$$C_{10}H_8(s) + 12\,O_2(g) \rightarrow 10\,CO_2(g) + 4\,H_2O(l) \qquad \Delta H^o = -4\,928,6\,kJ$$

Donde la entalpía de la reacción, ΔH, coincide numéricamente con la entalpía de combustión, ΔH_c, puesto que la entalpía de la reacción se refiere a la combustión de un mol de naftaleno[1].

Supongamos una reacción química en la que:

$$a\,A + b\,B \rightarrow c\,C + d\,D$$

Según la ley de Hess, la variación de entalpía estándar de la reacción es:

$$\Delta H^o = \Sigma\,n_p \cdot \Delta H_f^o\,(\text{productos}) - \Sigma\,n_r \cdot \Delta H_f^o\,(\text{reactivos})$$

Donde n_r y n_p son los coeficientes estequiométricos de reactivos y productos, y ΔH_f^o (reactivos) y ΔH_f^o (productos), las entalpías estándar de formación de los reactivos y productos.

La variación de entalpía de la reacción del enunciado es la siguiente:

$$\Delta H^o = 10 \cdot \Delta H_f^o\,[CO_2(g)] + 4 \cdot \Delta H_f^o\,[H_2O(l)] - 1 \cdot \Delta H_f^o\,[C_{10}H_8(s)]$$

[Por definición, $\Delta H_f^o[O_2(g)] = 0$, ya que se trata de una sustancia elemento en condiciones estándar.]

Sustituyendo en la ecuación anterior los datos numéricos del problema, tenemos:

$$-4\,928,6 = 10 \cdot (-393,5) + 4 \cdot (-285,8) - 1 \cdot \Delta H_f^o\,[C_{10}H_8(s)]$$

---

[1] Recuerde que la entalpía estándar de combustión de una sustancia es la variación de entalpía del proceso de combustión de un mol de sustancia cuando los reactivos y productos se encuentran en condiciones estándar.

De donde:

$$\Delta H_f^o\,[C_{10}H_8\,(s)] = -150\,kJ/mol$$

b) Para calcular la energía desprendida cuando reaccionan 100 g de naftaleno en las condiciones estándar, tenemos en cuenta la entalpía de combustión estándar que figura en el dato del problema.

La estequiometría de la reacción es la siguiente:

$$C_{10}H_8\,(s) \quad + \quad 12\,O_2\,(g) \quad \rightarrow \quad 10\,CO_2\,(g) \quad + \quad 4\,H_2O\,(l) \qquad \Delta H^o = -4\,928,6\,kJ$$

    1 mol   12 mol   10 mol   4 mol Se desprenden $- 4\,928,6\,kJ$

Esquema de los pasos para la resolución:

$$g\,C_{10}H_8 \xrightarrow{n=\frac{m}{M_m}} mol\,C_{10}H_8 \xrightarrow{Estequiometría} kJ\,desprendidos$$

- Moles de $C_{10}H_8$:

$$n = \frac{m}{M_m} = \frac{100\,g}{128\,g/mol} = 0,781\,mol\,C_{10}H_8$$

- Kilojulios desprendidos:

$$\frac{Si\,quemáramos\,1\,mol\,C_{10}H_8}{se\,desprenderían\,4\,928,6\,kJ} = \frac{si\,quemamos\,0,781\,mol\,C_{10}H_8}{se\,desprenderán\,x\,kJ}$$

$$x = 3\,850\,kJ\,desprendidos$$

Problema 5.29

La descomposición térmica del clorato de potasio se produce según la reacción (sin ajustar):

$$KClO_3\,(s) \rightarrow KCl\,(s) + O_2\,(g)$$

Calcule:

a) La entalpía de reacción estándar.

b) La cantidad de calor, a presión constante, desprendida al obtener 30 L de oxígeno, medidos a 25 °C y 1 atmósfera.

Datos: $\Delta H_f^o\,[KClO_3\,(s)] = -391\,kJ/mol$; $\Delta H_f^o\,[KCl\,(s)] = -436\,kJ/mol$.

$R = 0,082\,atm \cdot L \cdot K^{-1} \cdot mol^{-1}$.

---

a) La ecuación ajustada del proceso de la descomposición térmica del clorato de potasio y la estequiometría del mismo es la siguiente:

$$2\,KClO_3\,(s) \quad \to \quad 2\,KCl\,(s) \quad + \quad 3\,O_2\,(g)$$
Estequiometría $\quad$ 2 mol $\qquad\qquad$ 2 mol $\qquad\qquad$ 3 mol

Supongamos una reacción química en la que:

$$a\,A + b\,B \to c\,C + d\,D$$

Según la ley de Hess, la variación de entalpía estándar de una reacción es:

$$\Delta H^o = \Sigma\, n_p \cdot \Delta H_f^o\,(\text{productos}) - \Sigma\, n_r \cdot \Delta H_f^o\,(\text{reactivos})$$

Donde n_r y n_p son los coeficientes estequiométricos de reactivos y productos, y ΔH_f^o (reactivos) y ΔH_f^o (productos), las entalpías estándar de formación de los reactivos y productos.

La variación de entalpía estándar de la reacción es la siguiente:

$$
\begin{aligned}
\Delta H^o &= 2 \cdot \Delta H_f^o\,[\text{KCl}\,(s)] - 2 \cdot \Delta H_f^o\,[\text{KClO}_3\,(s)] \\
&= 2\,\text{mol} \cdot \left(-436\,\frac{kJ}{mol}\right) - 2\,\text{mol} \cdot \left(-391\,\frac{kJ}{mol}\right) \\
&= -90\,kJ
\end{aligned}
$$

Hemos tenido en cuenta que $\Delta H_f^o\,[\text{O}\,(g)] = 0$, como corresponde, por definición, a la entalpía de una sustancia elemento en las condiciones estándar.

Según la estequiometría de la reacción, esta variación de entalpía corresponde a la descomposición de 2 mol de clorato de potasio.

La variación de entalpía estándar de esta reacción es negativa, luego se trata de un proceso exotérmico (transcurre con desprendimiento de calor).

b) El calor a presión constante es igual a la variación de la entalpía que tiene lugar en el proceso.

Esquema de los pasos para la resolución:

$$\text{L\,O}_2 \xrightarrow{n = \frac{pV}{RT}} \text{mol\,O}_2 \xrightarrow{\text{Estequiometría}} \text{kJ desprendidos}$$

- Moles de O_2

$$n = \frac{pV}{RT} = \frac{1\,\text{atm} \cdot 30\,\text{L}}{0,082\,\dfrac{\text{atm} \cdot \text{L}}{\text{K} \cdot \text{mol}} \cdot 298\,\text{K}} = 1,23\,\text{mol\,O}_2$$

$$\lfloor T = 25 + 273\,^{\circ}\text{C} = 298\,\text{K}; \ V = 30\,\text{L}; \ p_{O_2} = 1\,\text{atm}\rfloor$$

- Kilojulios desprendidos

  De acuerdo con la estequiometría de la reacción, se desprenden 90 kJ cuando se forman 3 mol de O_2. Por tanto, cuando se formen 1,23 mol se desprenderán:

  $$\frac{Si\,se\,formaran\,3\,mol\,O_2}{se\,desprenderían\,90\,kJ} = \frac{si\,se\,forman\,1,23\,mol\,O_2}{se\,desprenderán\,x\,kJ}$$

  $$x = 36,9\,kJ\,desprendidos$$

Problema 5.30

Dadas las ecuaciones termoquímicas siguientes:

$$C_{grafito}\,(s) + O_2\,(g) \rightarrow CO_2\,(g) \qquad \Delta H^o = -393,5\,kJ$$

$$H_2\,(g) + 1/2\,O_2\,(g) \rightarrow H_2O\,(l) \qquad \Delta H^o = -285,8\,kJ$$

$$2\,CH_3COOH\,(l) + 4\,O_2\,(g) \rightarrow 4\,CO_2\,(g) + 4\,H_2O\,(l) \qquad \Delta H^o = -1\,740,6\,kJ$$

Calcule:
a) La entalpía estándar de formación del ácido acético.
b) La cantidad de calor, a presión constante, que se libera en la combustión de 1 kg de este ácido.
Masas atómicas: C = 12; O = 16; H= 1.

---

a) La entalpía estándar de formación de una sustancia es la variación de entalpía del proceso de formación de un mol de sustancia a partir de sus sustancias elementos en condiciones estándar.

La ecuación termoquímica de formación del ácido acético es la siguiente:

$$2\,C_{grafito}\,(s) \quad + \quad 2\,H_2\,(g) \quad + \quad O_2\,(g) \quad \rightarrow \quad CH_3COOH\,(l) \quad \Delta H^o$$

Calculamos la entalpía de esta reacción a partir de las entalpías de las reacciones del enunciado:

a)	$C_{grafito}\,(s)$	$+$	$O_2\,(g)$	$\rightarrow$	$CO_2\,(g)$	ΔH^o_a
b)	$H_2\,(g)$	$+$	$1/2\,O_2\,(g)$	$\rightarrow$	$H_2O\,(l)$	ΔH^o_b
c)	$2\,CH_3COOH\,(l)$	$+$	$4\,O_2\,(g)$	$\rightarrow$	$4\,CO_2\,(g) \quad + \quad 4\,H_2O\,(l)$	ΔH^o_c

Para resolver este problema haremos uso de la ley de Hess que dice: "Si una reacción química puede producirse en varias etapas reales o teóricas, su variación de entalpía es igual a la suma de las entalpías de las reacciones intermedias".

Como consecuencia de la ley, si una ecuación química puede obtenerse como la suma algebraica de otras ecuaciones, la entalpía correspondiente a la ecuación es la suma algebraica de de las entalpías correspondientes a esas otras ecuaciones.

Podemos obtener la ecuación de formación del ácido acético sumando algebraicamente las ecuaciones a) y b) multiplicadas por 2 y la ecuación c) dividida por 2 e invertida:

$$
\begin{aligned}
\times 2 \quad & [\text{C}_{\text{grafito}}\,(s) && + && \text{O}_2\,(g) && \rightarrow && \text{CO}_2\,(g) && && \Delta H_a^o] \\
\times 2 \quad & [\text{H}_2\,(g) && + && 1/2\,\text{O}_2\,(g) && \rightarrow && \text{H}_2\text{O}\,(l) && && \Delta H_b^o] \\
\times \left(-\frac{1}{2}\right) \quad & [2\,\text{CH}_3\text{COOH}\,(l) && + && 4\,\text{O}_2\,(g) && \rightarrow && 4\,\text{CO}_2\,(g) && +\;\; 4\,\text{H}_2\text{O}\,(l) \quad \Delta H_c^o]
\end{aligned}
$$

Y resulta:

$$
\begin{aligned}
2\,\text{C}_{\text{grafito}}\,(s) &+ \cancel{2\,\text{O}_2\,(g)} &&\rightarrow &&\cancel{2\,\text{CO}_2\,(g)} && 2\cdot\Delta H_a^o \\
2\,\text{H}_2\,(g) &+ \text{O}_2\,(g) &&\rightarrow &&\cancel{2\,\text{H}_2\text{O}\,(l)} && 2\cdot\Delta H_b^o \\
\cancel{2\,\text{CO}_2\,(g)} &+ \cancel{2\,\text{H}_2\text{O}\,(l)} &&\rightarrow &&\text{CH}_3\text{COOH}\,(l) \;+\; \cancel{2\,\text{O}_2\,(g)} && \left(-\frac{1}{2}\right)\cdot\Delta H_c^o
\end{aligned}
$$

Sumando estas tres ecuaciones obtenemos:

$$
2\,\text{C}_{\text{grafito}}\,(s) + 2\,\text{H}_2\,(g) + \text{O}_2\,(g) \rightarrow \text{CH}_3\text{COOH}\,(l) \quad \Delta H^o = 2\cdot\Delta H_a^o + 2\cdot\Delta H_b^o + \left(-\frac{1}{2}\right)\cdot\Delta H_c^o
$$

Determinamos ahora la entalpía de la reacción buscada con los datos de las entalpías del enunciado:

$$
\begin{aligned}
\Delta H^o &= 2\cdot\Delta H_a^o + 2\cdot\Delta H_b^o + \left(-\frac{1}{2}\right)\cdot\Delta H_c^o \\
&= 2\cdot(-393,5\,\text{kJ}) + 2\cdot(-285,8\,\text{kJ}) + \left[-\frac{1}{2}\cdot(-1\,740,6\,\text{kJ})\right] \\
&= -488\,\text{kJ}
\end{aligned}
$$

Como la reacción se refiere a la formación de un mol de ácido acético líquido, la entalpía estándar de formación del ácido acético líquido es:

$$
\Delta H_f^o\,[\text{CH}_3\text{COOH}\,(l)] = -488\,\text{kJ/mol}
$$

b) Calculamos el calor a presión constante desprendido en el proceso, que coincide con la variación de la entalpía estándar del mismo:

$$
Q_p = \Delta H^o
$$

La estequiometría de la reacción es la siguiente:

$$
\begin{array}{ccccccccc}
2\,\text{CH}_3\text{COOH}\,(l) & + & 4\,\text{O}_2\,(g) & \rightarrow & 4\,\text{CO}_2\,(g) & + & 4\,\text{H}_2\text{O}\,(l) & \Delta H^o = -1\,740,6\,\text{kJ} \\
2\,\text{mol} & & 4\,\text{mol} & & 4\,\text{mol} & & 4\,\text{mol} & 1\,740,6\,\text{kJ desprend.}
\end{array}
$$

Esquema de la resolución:

$$
\text{g CH}_3\text{COOH} \xrightarrow{\; n=\frac{m}{M_m}\;} \text{mol CH}_3\text{COOH} \xrightarrow{\text{Estequiometría}} \text{kJ desprendidos}
$$

- Moles de CH_3COOH

$$n = \frac{m}{M_m} = \frac{1\,000\,g}{60\,g/mol} = 16,7\,mol\,CH_3COOH$$

- Kilojulios desprendidos

$$\frac{Si\,ardieran\,2\,mol\,CH_3COOH}{se\,desprenderían\,1\,740,6\,kJ} = \frac{si\,arden\,16,7\,mol\,CH_3COOH}{se\,desprenderán\,x\,kJ}$$

$$x = 14\,500\,kJ\,desprendidos$$

Problema 5.31

A partir de las siguientes ecuaciones termoquímicas:

$$C_{grafito}\,(s) + O_2\,(g) \rightarrow CO_2\,(g) \qquad \Delta H^o = -393,5\,kJ$$

$$H_2\,(g) + 1/2\,O_2\,(g) \rightarrow H_2O\,(l) \qquad \Delta H^o = -285,8\,kJ$$

$$2\,C_2H_6\,(g) + 7\,O_2\,(g) \rightarrow 4\,CO_2\,(g) + 6\,H_2O\,(l) \qquad \Delta H^o = -3119,6\,kJ$$

Calcule:
a) La entalpía de formación estándar del etano.
b) La cantidad de calor, a presión constante, que se libera en la combustión de 100 g de etano.
Masas atómicas: C = 12; H = 1.

---

a) La entalpía estándar de formación de una sustancia es la variación de entalpía del proceso de formación de un mol de sustancia a partir de sus sustancias elementos en condiciones estándar.

La ecuación termoquímica de formación del etano es la siguiente:

$$C_{grafito}\,(s) \quad + \quad 3\,H_2\,(g) \quad \rightarrow \quad C_2H_6\,(g) \qquad \Delta H^o$$

Hemos de calcular la entalpía de esta reacción a partir de las entalpías de las reacciones del enunciado:

a) $C_{grafito}\,(s)$ + $O_2\,(g)$ $\rightarrow$ $CO_2\,(g)$ ΔH^o_a
b) $H_2\,(g)$ + $1/2\,O_2\,(g)$ $\rightarrow$ $H_2O\,(l)$ ΔH^o_b
c) $2\,C_2H_6\,(g)$ + $7\,O_2\,(g)$ $\rightarrow$ $4\,CO_2\,(g)$ + $6\,H_2O\,(l)$ ΔH^o_c

Para resolver este problema haremos uso de la ley de Hess que dice: "Si una reacción química puede producirse en varias etapas reales o teóricas, su variación de entalpía es igual a la suma de las entalpías de las reacciones intermedias".

Como consecuencia de la ley, si una ecuación química puede obtenerse como la suma algebraica de otras ecuaciones, la entalpía correspondiente a la ecuación es la suma algebraica de de las entalpías correspondientes a esas otras ecuaciones.

Podemos obtener la ecuación de formación del etano sumando algebraicamente la ecuación a) multiplicada por 2, la ecuación b) multiplicada por 3 y la ecuación c) dividida por 2 e invertida:

$$\times 2 \quad [C_{grafito}\,(s) \quad + \quad O_2\,(g) \quad \rightarrow \quad CO_2\,(g) \quad\quad\quad\quad\quad\quad \Delta H_a^o]$$
$$\times 3 \quad [H_2\,(g) \quad + \quad 1/2\,O_2\,(g) \quad \rightarrow \quad H_2O\,(l) \quad\quad\quad\quad\quad \Delta H_b^o]$$
$$\times(-\frac{1}{2}) \quad [2\,C_2H_6\,(g) \quad + \quad 7\,O_2\,(g) \quad \rightarrow \quad 4\,CO_2\,(g) \quad + \quad 6\,H_2O\,(l) \quad \Delta H_c^o]$$

Y resulta:

$$2\,C_{grafito}\,(s) \quad + \quad 2\,O_2\,(g) \quad \rightarrow \quad \cancel{2\,CO_2\,(g)} \quad\quad\quad\quad\quad\quad 2\cdot\Delta H_a^o$$
$$3\,H_2\,(g) \quad + \quad 3/2\,O_2\,(g) \quad \rightarrow \quad \cancel{3\,H_2O\,(l)} \quad\quad\quad\quad\quad 3\cdot\Delta H_b^o$$
$$\cancel{2\,CO_2\,(g)} \quad + \quad \cancel{3\,H_2O\,(l)} \quad \rightarrow \quad C_2H_6\,(g) \quad + \quad 7/2\,O_2\,(g) \quad -\frac{1}{2}\cdot\Delta H_c^o$$

Sumando estas tes ecuaciones obtenemos:

$$2\,C_{grafito}\,(s) + 3\,H_2\,(g) \rightarrow C_2H_6\,(g) \quad\quad \Delta H^o = 2\cdot\Delta H_a^o + 3\cdot\Delta H_b^o + (-\frac{1}{2}\cdot\Delta H_c^o)$$

Determinamos ahora la entalpía de la reacción buscada con los datos de las entalpías del enunciado:

$$
\begin{aligned}
\Delta H^o &= 2\cdot\Delta H_a^o + 3\cdot\Delta H_b^o + (-\frac{1}{2}\cdot\Delta H_c^o) \\
&= 2\cdot(-393,5\,kJ) + 3\cdot(-285,8\,kJ) + [-\frac{1}{2}\cdot(-3\,119,6\,kJ)] \\
&= -84,6\,kJ
\end{aligned}
$$

Como la reacción se refiere a la formación de un mol de etano, la entalpía estándar de formación del etano es:

$$\Delta H_f^o[C_2H_6\,(g)] = -84,6\,kJ/mol$$

b) Calculamos el calor a presión constante desprendido en el proceso, que coincide con la variación de la entalpía estándar del mismo:

$$Q_p = \Delta H^o$$

La estequiometría de la reacción es la siguiente:

$$2\,C_2H_6\,(g) \quad + \quad 7\,O_2\,(g) \quad \rightarrow \quad 4\,CO_2\,(g) \quad + \quad 6\,H_2O\,(l) \quad\quad \Delta H^o = -3\,119,6\,kJ$$

2 mol $\quad\quad\quad$ 7 mol $\quad\quad\quad\quad$ 4 mol $\quad\quad\quad$ 6 mol $\quad\quad$ Se desprenden $3\,119,6\,kJ$

Esquema de la resolución:

$$\text{g C}_2\text{H}_6 \xrightarrow{n=\frac{m}{M_{gn}}} \text{mol C}_2\text{H}_6 \xrightarrow{\text{Estequiometría}} \text{kJ desprendidos}$$

- Moles de C_2H_6

$$n = \frac{m}{M_m} = \frac{100\,\text{g}}{30\,\text{g/mol}} = 3,33\,\text{mol C}_2\text{H}_6$$

- Kilojulios desprendidos

$$\frac{\text{Si ardieran 2 mol C}_2\text{H}_6}{\text{se liberarían 3 119,6 kJ}} = \frac{\text{si arden 3,33 mol C}_2\text{H}_6}{\text{se liberarán } x \text{ kJ}}$$

$$x = 5\,190\,\text{kJ liberados}$$

Problema 5.32

Determine los valores de las entalpías de las siguientes reacciones:
a) $H_2\,(g) + Cl_2\,(g) \rightarrow 2\,HCl\,(g)$
b) $CH_2{=}CH_2\,(g) + H_2\,(g) \rightarrow CH_3CH_3\,(g)$
Datos[a]: Energías de enlace (kJ/mol): (H-H) = 436,0; (Cl-Cl)= 242,7;
(C-H) = 414,1; (C=C) = 620,1; (H-Cl) = 431,9; (C-C) = 347,1.

---

[a]Suponemos que las energías de enlace (entalpías de enlace) se refieren a condiciones estándar, y también las entalpías de las reacciones a calcular.

---

a) Podemos calcular la entalpía estándar (o variación de entalpía estándar) de una reacción química, ΔH^o, mediante la diferencia entre la suma de las entalpías de los enlaces que se rompen en los reactivos y la suma de las entalpías de los enlaces que se forman en los productos:

$$\Delta H^o = \Sigma\, n_r \cdot \Delta H^o\,(\text{enlaces rotos}) - \Sigma\, n_p \cdot \Delta H^o\,(\text{enlaces formados})$$

Donde n_r y n_p son el número de moles de un determinado enlace que se rompe en los reactivos o que se forma en los productos, y ΔH^o (enlace), las entalpías estándar de enlace.

La estequiometría de la reacción es :

	$H_2\,(g)$	$+$	$Cl_2\,(g)$	$\rightarrow$	$2\,HCl\,(g)$
Estequiometría	1 mol		mol		2 mol

Los enlaces rotos y los enlaces formados son los siguientes:

Enlaces rotos	1 mol de enlaces H − H
	1 mol de enlaces Cl − Cl
Enlaces formados	2 mol enlaces H − Cl

Aplicamos ahora la ecuación anterior:

$$
\begin{aligned}
\Delta H^o &= 1 \cdot \Delta H^o_{\text{enlace H−H}} + 1 \cdot \Delta H^o_{\text{enlace Cl−Cl}} - 2 \cdot \Delta H^o_{\text{enlace H−Cl}} \\
&= 1\,\text{mol} \cdot 436\,\frac{\text{kJ}}{\text{mol}} + 1\,\text{mol} \cdot 242{,}7\,\frac{\text{kJ}}{\text{mol}} - 2\,\text{mol} \cdot 431{,}9\,\frac{\text{kJ}}{\text{mol}} \\
&= -185\,\text{kJ}
\end{aligned}
$$

Como la variación de entalpía es negativa, la reacción es exotérmica.

b) De la misma manera, podemos determinar la entalpía de la adición de dihidrógeno al eteno:

La estequiometría de la reacción es la siguiente:

$$
\text{CH}_2 = \text{CH}_2\,(g) \quad + \quad \text{H}_2(g) \quad \rightarrow \quad \text{CH}_3\text{CH}_3\,(g)
$$

Estequiometría   1 mol   1 mol   1 mol

Los enlaces rotos y los enlaces formados son los siguientes:

Enlaces rotos	1 mol de enlaces C = C
	1 mol de enlaces H − H
Enlaces formados	1 mol enlaces C − C
	2 mol de enlaces C − H

Aplicamos ahora la ecuación anterior:

$$
\begin{aligned}
\Delta H^o &= 1 \cdot \Delta H^o_{\text{enlace C=C}} + 1 \cdot \Delta H^o_{\text{enlace H−H}} - \left(1 \cdot \Delta H^o_{\text{enlace C−C}} + 2 \cdot \Delta H^o_{\text{enlace C−H}}\right) \\
&= 1\,\text{mol} \cdot 620{,}1\,\frac{\text{kJ}}{\text{mol}} + 1\,\text{mol} \cdot 436\,\frac{\text{kJ}}{\text{mol}} - \left(1\,\text{mol} \cdot 347{,}1\,\frac{\text{kJ}}{\text{mol}} + 2\,\text{mol} \cdot 414{,}1\,\frac{\text{kJ}}{\text{mol}}\right) \\
&= -119\,\text{kJ}
\end{aligned}
$$

Como la variación de entalpía es negativa, la reacción es exotérmica.

Problema 5.33

A partir de los datos tabulados correspondientes a energías de enlaces:

Enlace	Energía de enlace[a] (kJ/mol)
H − H	436
O = O	494
O − H	460

a) Calcule la entalpía de formación del agua en estado gaseoso.

b) Compare el resultado obtenido con este método con el calculado a partir de sus elementos ($-247\,$kJ/mol) aportando una posible explicación a la discrepancia, si es que la hubiera.

---

[a]Suponemos que las energías de enlace (entalpías de enlace) se refieren a condiciones estándar, y también la entalpía de la reacción a calcular.

a) La entalpía estándar de formación de una sustancia, ΔH_f^o, es la variación de entalpía que se produce cuando se forma un mol de sustancia a partir de sus sustancias elementos en condiciones estándar.

La ecuación termoquímica del proceso de formación del agua en estado gaseoso es la siguiente:

$$\mathrm{H_2\,(g) + 1/2\,O_2\,(g) \rightarrow H_2O\,(g)} \qquad \Delta H^o =?\,\mathrm{kJ}$$

Podemos calcular la entalpía estándar (o variación de entalpía estándar) de una reacción química, ΔH^o, mediante la diferencia entre la suma de las entalpías de los enlaces que se rompen en los reactivos y la suma de las entalpías de los enlaces que se forman en los productos:

$$\Delta H^o = \Sigma\, n_r \cdot \Delta H^o\,(\text{enlaces rotos}) - \Sigma\, n_p \cdot \Delta H^o\,(\text{enlaces formados})$$

Donde n_r y n_p son el número de moles de un determinado enlace que se rompe en los reactivos o que se forma en los productos, y ΔH^o (enlace), las entalpías estándar de enlace.

En la reacción considerada la estequiometría es la siguiente:

	$\mathrm{H_2\,(g)}$	+	$\mathrm{1/2\,O_2(g)}$	→	$\mathrm{H_2O\,(g)}$
Estequiometría	1 mol		1/2 mol		1 mol

Los enlaces rotos y los enlaces formados son los siguientes:

Enlaces rotos	1 mol de enlaces H − H
	1/2 mol de enlaces O = O
Enlaces formados	2 mol enlaces O − H

Aplicamos ahora la ecuación anterior:

$$
\begin{aligned}
\Delta H^o &= 1 \cdot \Delta H^o_{\text{enlace H}-\text{H}} + 1/2 \cdot \Delta H^o_{\text{enlace O}=\text{O}} - 2 \cdot \Delta H^o_{\text{enlace O}-\text{H}} \\
&= 1\,\text{mol} \cdot 436\,\frac{\text{kJ}}{\text{mol}} + 1/2\,\text{mol} \cdot 494\,\frac{\text{kJ}}{\text{mol}} - 2 \cdot 460\,\frac{\text{kJ}}{\text{mol}} \\
&= -237\,\text{kJ}
\end{aligned}
$$

Como se desprenden $237\,\text{kJ}$ cuando se forma un mol de H_2O, $\Delta H_f[H_2O\,(g)] = -237\,\text{kJ/mol}$.

b) El valor obtenido a partir de entalpías de enlaces es diferente al del calculado a partir de entalpías de formación, debido a que la forma de cálculo utilizado es una forma de estimar las mismas. Recordemos que los valores de entalpías de enlaces corresponden a valores promedio.

El error relativo cometido, ε, no es muy alto:

$$
\varepsilon = \frac{247 - 237}{247} \cdot 100 = 4,0\,\%
$$

Problema 5.34

Calcule:
a) La entalpía de formación del amoniaco:

$$
N_2\,(g) + 3\,H_2\,(g) \rightarrow 2\,NH_3\,(g)
$$

b) La energía desprendida al formarse $224\,\text{L}$ de amoniaco en condiciones normales.

Datos[a]: Energías medias de enlace en kJ/mol: $(N \equiv N) = 946$; $(H - H) = 436$; $(N - H) = 390$.

---

[a]Suponemos que las entalpías medias de enlace se refieren a condiciones estándar, y también la entalpía de las reacción a calcular.

---

a) Podemos calcular la entalpía estándar de una reacción química, ΔH^o, mediante la diferencia entre la suma de las entalpías de los enlaces que se rompen en los reactivos y la suma de las entalpías de los enlaces que se forman en los productos:

$$
\Delta H^o = \Sigma\, n_r \cdot \Delta H^o \,(\text{enlaces rotos}) - \Sigma\, n_p \cdot \Delta H^o \,(\text{enlaces formados})
$$

Donde n_r y n_p son el número de moles de un determinado enlace que se rompe en los reactivos o que se forma en los productos, y ΔH^o (enlace), las entalpías estándar de enlace.

La ecuación de la reacción y la estequiometría de la misma son las siguientes:

$$N_2(g) \quad + \quad 3\,H_2(g) \quad \rightarrow \quad 2\,NH_3(g)$$

Estequiometría   1 mol   3 mol   2 mol

Los enlaces rotos y los enlaces formados son los siguientes:

Enlaces rotos	1 mol de enlaces $\quad$ N $\equiv$ N
	3 mol de enlaces $\quad$ H $-$ H
Enlaces formados	$2 \cdot 3 = 6$ mol enlaces $\quad$ N $-$ H

Aplicamos ahora la ecuación anterior:

$$
\begin{aligned}
\Delta H^o &= 1 \cdot \Delta H^o_{\text{enlace N}\equiv\text{N}} + 3 \cdot \Delta H^o_{\text{enlace H}-\text{H}} - 6 \cdot \Delta H^o_{\text{enlace N}-\text{H}} \\
&= 1\,\text{mol} \cdot 946\,\frac{\text{kJ}}{\text{mol}} + 3\,\text{mol} \cdot 436\,\frac{\text{kJ}}{\text{mol}} - 6\,\text{mol} \cdot 390\,\frac{\text{kJ}}{\text{mol}} \\
&= -86\,\text{kJ}
\end{aligned}
$$

Como se desprenden 86 kJ cuando se forman dos moles de NH_3, $\Delta H_f[NH_3\,(g)] = -43\,\text{kJ/mol}$.

b) Calculamos la energía desprendida cuando se forman 224 L de amoniaco en condiciones normales, hemos de calcular primeramente los moles de amoniaco que tenemos en ese volumen de gas.

Como en condiciones normales de presión y de temperatura un mol de cualquier gas ocupa 22,4 L:

$$\frac{22,4\,\text{L}}{1\,\text{mol}} = \frac{224\,\text{L}}{x\,\text{mol}}; \qquad x = 10\,\text{mol}\,NH_3$$

De acuerdo con la estequiometría de la reacción:

$$\frac{\text{Si se formaran 2 mol}\,NH_3}{\text{se desprenderían 86 kJ}} = \frac{\text{si se forman 10 mol}\,NH_3}{\text{se desprenderán } x\,\text{kJ}}$$

$$x = 430\,\text{kJ desprendidos}$$

Problema 5.35

Dada la reacción:

$$CH_4\,(g) + Cl_2\,(g) \rightarrow CH_3Cl\,(g) + HCl\,(g)$$

Calcule la entalpía de reacción estándar utilizando:
a) Las entalpías de enlace.
b) Las entalpías de formación estándar.
Datos: Entalpías de enlace (kJ/mol): (C-H) = 414; (Cl-Cl) = 243;
(C-Cl) = 339; (H-Cl) = 432.
Entalpías de formación: $\Delta H_f^o\,[CH_4\,(g)] = -74,9\,kJ/mol$;
$\Delta H_f^o\,[CH_3Cl\,(g)] = -82\,kJ/mol$; $\Delta H_f^o\,[HCl\,(g)] = -92,3\,kJ/mol$.

---

a) Podemos calcular la entalpía estándar de una reacción química, ΔH^o, mediante la diferencia entre la suma de las entalpías de los enlaces que se rompen en los reactivos y la suma de las entalpías de los enlaces que se forman en los productos:

$$\Delta H^o = \Sigma\, n_r \cdot \Delta H^o\,(\text{enlaces rotos}) - \Sigma\, n_p \cdot \Delta H^o\,(\text{enlaces formados})$$

Donde n_r y n_p son el número de moles de un determinado enlace que se rompe en los reactivos o que se forma en los productos, y ΔH^o (enlace), las entalpías estándar de enlace.

La reacción que consideramos es la siguiente:

$$CH_4\,(g) + Cl_2\,(g) \rightarrow CH_3Cl\,(g) + HCl\,(g)$$

	$CH_4\,(g)$	+	$Cl_2(g)$	$\rightarrow$	$CH_3Cl\,(g)$	+	HCl
Estequiometría	1 mol		mol		1 mol		1 mol

Los enlaces rotos y los enlaces formados son los siguientes:

Enlaces rotos	1 mol de enlaces C $-$ H
	1 mol de enlaces Cl $-$ Cl
Enlaces formados	1 mol enlaces C $-$ Cl
	1 mol de enlaces H $-$ Cl

Aplicamos ahora la ecuación anterior:

$$
\begin{aligned}
\Delta H^o &= 1 \cdot \Delta H^o_{\text{enlace C}-\text{H}} + 1 \cdot \Delta H^o_{\text{enlace Cl}-\text{Cl}} - (1 \cdot \Delta H^o_{\text{enlace C}-\text{Cl}} + 1 \cdot \Delta H^o_{\text{enlace H}-\text{Cl}}) \\
&= 1\,\text{mol} \cdot 414\,\frac{kJ}{mol} + 1\,\text{mol} \cdot 243\,\frac{kJ}{mol} - \left(1\,\text{mol} \cdot 339\,\frac{kJ}{mol} + 1\,\text{mol} \cdot 432\,\frac{kJ}{mol}\right) \\
&= -114\,kJ
\end{aligned}
$$

Como la entalpía es negativa, la reacción es exotérmica.

b) La ecuación termoquímica del proceso es la siguiente:

$$CH_4\,(g) + Cl_2\,(g) \rightarrow CH_3Cl\,(g) + HCl(g) \qquad \Delta H^o = ?\,kJ$$

La variación de la entalpía estándar del proceso la podemos también calcular mediante la ley de Hess:

$$\Delta H^o = \Sigma\,n_p \cdot \Delta H_f^o\,(\text{productos}) - \Sigma\,n_r \cdot \Delta H_f^o\,(\text{reactivos})$$

Donde n_r y n_p son los coeficientes estequiométricos de reactivos y productos, y $\Delta H_f^o\,(\text{reactivos})$ y $\Delta H_f^o\,(\text{productos})$, las entalpías estándar de formación de los reactivos y productos.

La variación de entalpía estándar de la reacción es la siguiente:

$$\Delta H^o = 1 \cdot \Delta H_f^o\,[CH_3Cl\,(g)] + 1 \cdot \Delta H_f^o\,[HCl\,(g)] - (1 \cdot \Delta H_f^o\,[CH_4\,(g)]$$
$$= 1\,\text{mol} \cdot \left(-82\,\frac{kJ}{mol}\right) + 1\,\text{mol} \cdot \left(-92,3\,\frac{kJ}{mol}\right) - \left(1\,\text{mol} \cdot (-74,9\,\frac{kJ}{mol}\right)$$
$$= -99,4\,kJ$$

Hemos tenido en cuenta que $\Delta H_f^o\,[Cl_2(g)] = 0$, como corresponde a la entalpía de formación de una sustancia elemento en condiciones estándar.

Problema 5.36

El amoniaco, a 25 °C y 1 atm, se puede oxidar según la reacción:

$$4\,NH_3\,(g) + 5\,O_2\,(g) \rightarrow 4\,NO\,(g) + 6\,H_2O\,(l)$$

Calcule:
a) La variación de entalpía.
b) La variación de energía interna.
Datos: $R = 8,31\,J \cdot K^{-1} \cdot mol^{-1}$; $\Delta H_f^o\,[NH_3\,(g)] = -46,2\,kJ/mol$; $\Delta H_f^o\,[NO\,(g)] = 90,4\,kJ/mol$; $\Delta H_f^o\,[H_2O\,(l)] = -285,8\,kJ/mol$.

---

a) La ecuación termoquímica del proceso oxidación del amoniaco es la siguiente:

$$4\,NH_3\,(g) + 5\,O_2\,(g) \rightarrow 4\,NO\,(g) + 6\,H_2O\,(l) \qquad \Delta H^o = ?\,kJ$$

Supongamos una reacción química en la que:

$$a\,A + b\,B \rightarrow c\,C + d\,D$$

Según la ley de Hess, la variación de entalpía estándar de la reacción es:

$$\Delta H^o = \Sigma\, n_p \cdot \Delta H_f^o \,(\text{productos}) - \Sigma\, n_r \cdot \Delta H_f^o \,(\text{reactivos})$$

Donde n_r y n_p son los coeficientes estequiométricos de reactivos y productos, y ΔH_f^o (reactivos) y ΔH_f^o (productos), las entalpías estándar de formación de los reactivos y productos.

Determinamos la variación de entalpía estándar de la reacción:

$$
\begin{aligned}
\Delta H^o \;&=\; 4 \cdot \Delta H_f^o\,[\text{NO (g)}] + 6 \cdot \Delta H_f^o\,[\text{H}_2\text{O (l)}] - 4 \cdot \Delta H_f^o\,[\text{NH}_3\text{ (g)}]\\[4pt]
&=\; 4\,\text{mol} \cdot (90,4\,\tfrac{\text{kJ}}{\text{mol}}) + 6\,\text{mol} \cdot (-285,8\,\tfrac{\text{kJ}}{\text{mol}}) - 4\,\text{mol} \cdot (-46,2\,\tfrac{\text{kJ}}{\text{mol}})\\[4pt]
&=\; -1\,170\,\text{kJ}
\end{aligned}
$$

⌊Por definición, $\Delta H_f^o\,[\text{O}_2\text{ (g)}] = 0$, ya que se trata de una sustancia elemento en condiciones estándar.⌋

b) Podemos calcular la variación de energía interna en este proceso, ΔU, a partir de la variación de entalpía del mismo:

$$\Delta H^o = \Delta U + \Delta n R T$$

siendo Δn_{gas} la variación en el número de moles de las sustancias gaseosas, R, la constante de los gases expresada en las unidades del S.I. y T la temperatura absoluta. Despejando en la anterior expresión ΔU, y sustituyendo los datos tenemos:

$$\Delta U = \Delta H^o - \Delta n_{\text{gas}} R T = -1170\,\text{kJ} - [(-5\,\text{mol}) \cdot 8,31\,\frac{\text{J}}{\text{K}\cdot\text{mol}} \cdot \frac{1\,\text{kJ}}{1\,000\,\text{J}} \cdot 298\,\text{K}] =$$

$$-1170\,\text{kJ} + 12,3\,\text{kJ} \simeq -1\,160\,\text{kJ}$$

$$\lfloor \Delta H^o = -1170\,\text{kJ};\ \Delta n_{\text{gas}} = n_f - n_i = 4-9 = -5;\ T = 25\,°\text{C} + 273 = 298\,\text{K}\rfloor$$

Problema 5.37

Dada la reacción (sin ajustar):

$$\text{SiO}_2\text{ (s)} + \text{C}_{\text{grafito}}\text{ (s)} \rightarrow \text{SiC(s)} + \text{CO(g)}$$

a) Calcule la entalpía de reacción estándar.
b) Suponiendo que ΔH y ΔS no varían con la temperatura, calcule la temperatura mínima para que la reacción se produzca espontáneamente.
Datos: $\Delta H_f^o\,[\text{SiC (s)}] = -65,3\,\text{kJ/mol}$; $\Delta H_f^o\,[\text{SiO}_2\text{ (s)}] = -910,9\,\text{kJ/mol}$; $\Delta H_f^o\,[\text{CO (g)}] = -110,5\,\text{kJ/mol}$.
Variación de entropía de la reacción: $\Delta S^o = 353\,\text{J} \cdot \text{K}^{-1}$.

a) La ecuación termoquímica ajustada del proceso es la siguiente:

$$SiO_2 \, (s) + 3 \, C_{grafito} \, (s) \rightarrow SiC \, (s) + 2 \, CO \, (g) \qquad \Delta H^o = ? \, kJ$$

Supongamos una reacción química en la que:

$$a \, A + b \, B \rightarrow c \, C + d \, D$$

Según la ley de Hess, la variación de entalpía estándar de la reacción es:

$$\Delta H^o = \Sigma \, n_p \cdot \Delta H_f^o \, (productos) - \Sigma \, n_r \cdot \Delta H_f^o \, (reactivos)$$

Donde n_r y n_p son los coeficientes estequiométricos de reactivos y productos, y ΔH_f^o (reactivos) y ΔH_f^o (productos), las entalpías estándar de formación de los reactivos y productos.

La variación de entalpía estándar de la reacción es la siguiente:

$$
\begin{aligned}
\Delta H^o &= 1 \cdot \Delta H_f^o[SiC \, (s)] + 2 \cdot \Delta H_f^o \, [CO \, (g)] - \Delta H_f^o[SiO_2 \, (s)] \\
&= 1 \, mol \cdot \left(-65,3 \, \frac{kJ}{mol}\right) + 2 \, mol \cdot \left(-110,5 \, \frac{kJ}{mol}\right) - 1 \, mol \cdot \left(-910,9 \, \frac{kJ}{mol}\right) \\
&= 625 \, kJ
\end{aligned}
$$

[Por definición, $\Delta H_f^o [C_{grafito} \, (s)] = 0$, ya que se trata de una sustancia elemento en condiciones estándar.]

La variación de entalpía estándar de la reacción es positiva, luego se trata de un proceso endotérmico (transcurre con absorción de calor).

b) La variación de la energía libre, ΔG, proporciona un criterio de validez que permite conocer la espontaneidad de un proceso que se produce a presión y temperatura constantes.

Para estudiar la espontaneidad de un proceso debemos analizar la influencia de distintas variables en la variación de la energía libre del mismo:

$$\Delta G = \Delta H - T\Delta S$$

[$\Delta H=$ variación de la entalpía; $\Delta S=$ variación de la entropía; $T =$ temperatura absoluta]
Pueden ocurrir tres casos:

   ▶ $\Delta G < 0$: el proceso es espontáneo.

   ▶ $\Delta G > 0$: el proceso no es espontáneo.

▶ $\Delta G = 0$: el proceso está en equilibrio.

Cuando en una reacción $\Delta H > 0$ y $\Delta S > 0$. Si ΔH y ΔS son positivas,

$$\Delta G = \Delta H - T\Delta S < 0$$

A temperaturas lo suficientemente altas para que el término entrópico sea mayor que el entálpico. Habrá, pues, un temperatura a partir de la cual la reacción sea espontánea. Será aquella temperatura en la que $\Delta G = 0$.

Para esta reacción, cuyas condiciones son las estándar, $\Delta G^o = 0$:

$$0 = \Delta H^o - T\Delta S^o \Rightarrow T = \frac{\Delta H^o}{\Delta S^o} = \frac{625\,\text{kJ}}{353\,\dfrac{\text{J}}{\text{K}} \cdot \dfrac{1\,\text{kJ}}{10^3\,\text{J}}} = 1\,770\,\text{K}$$

$$\lfloor \Delta H^o = 625\,\text{kJ};\ \Delta S^o = 353\,\frac{\text{J}}{\text{K}} \rfloor$$

Problema 5.38

a) Calcule la entalpía de enlace[a] H-Cl, sabiendo que la energía de formación del HCl (g) es $-92{,}4$ kJ/mol y las de disociación del H_2 y Cl_2 son 436 kJ/mol y 244 kJ/mol, respectivamente.

b) ¿Que energía habrá que comunicar para disociar 20 g de HCl?

Masas atomicas: H = 1; Cl = 35,5.

---

[a]Suponemos que las entalpías de enlace se refieren a condiciones estándar, y también las entalpías de las reacciones a calcular.

---

a) La entalpía de enlace es la energía necesaria para romper un mol de enlaces de una sustancia en estado gaseoso.

Se trata de calcular la entalpía de la reacción de disociación del cloruro de hidrógeno en hidrógeno y cloro atómicos que se expresa mediante la siguiente ecuación termoquímica:

$$\text{HCl\,(g)} \quad \rightarrow \quad \text{H(g)} \quad + \quad \text{Cl(g)} \qquad \Delta H^o = ?\,\text{kJ}$$

Calculamos la entalpía de la reacción a partir de los procesos: formación del cloruro de hidrógeno, a), disociación del hidrógeno molecular, b), y disociación del cloro molecular, c), cuyas ecuaciones termoquímicas son las siguientes:

$$
\begin{array}{llllll}
\text{a)} & 1/2\,\text{H}_2\,(\text{g}) & + & 1/2\,\text{Cl}_2\,(\text{g}) & \rightarrow & \text{HCl\,(g)} \quad \Delta H_a^o \\
\text{b)} & & & \text{H}_2\,(\text{g}) & \rightarrow & 2\,\text{H\,(g)} \quad \Delta H_b^o \\
\text{c)} & & & \text{Cl}_2\,(\text{g}) & \rightarrow & 2\,\text{Cl\,(g)} \quad \Delta H_c^o
\end{array}
$$

Para resolver este problema haremos uso de la ley de Hess que dice: "Si una reacción química puede producirse en varias etapas reales o teóricas, su variación de entalpía es igual a la suma de las entalpías de las reacciones intermedias".

Como consecuencia de la ley, si una ecuación química puede obtenerse como la suma algebraica de otras ecuaciones, la entalpía correspondiente a la ecuación es la suma algebraica de de las entalpías correspondientes a esas otras ecuaciones.

Podemos obtener la ecuación de la disociación del cloruro de hidrógeno sumando la ecuación a), invertida, y la b) y la c) divididas por 2.

$$\times(-1) \quad [1/2\,H_2(g) \quad + \quad 1/2\,Cl_2(g) \quad \rightarrow \quad HCl\,(g) \quad \Delta H_a^o]$$
$$\times 1/2 \quad [H_2\,(g) \quad \rightarrow \quad 2\,H\,(g) \quad \Delta H_b^o]$$
$$\times 1/2 \quad [Cl_2\,(g) \quad \rightarrow \quad 2\,Cl\,(g) \quad \Delta H_c^o]$$

Y resulta:

$$HCl\,(g) \quad \rightarrow \quad 1/2\,\cancel{H_2(g)} \quad + \quad 1/2\,\cancel{Cl_2(g)} \quad -\Delta H_a^o$$
$$1/2\,\cancel{H_2\,(g)} \quad \rightarrow \quad H\,(g) \quad\quad 1/2\cdot\Delta H_b^o$$
$$1/2\,\cancel{Cl_2\,(g)} \quad \rightarrow \quad Cl\,(g) \quad\quad 1/2\cdot\Delta H_c^o$$

Sumando estas tes ecuaciones obtenemos:

$$HCl\,(g) \quad \rightarrow \quad H(g) \quad + \quad Cl(g) \quad \Delta H^o = -\Delta H_a^o + \frac{1}{2}\cdot\Delta H_b^o + \frac{1}{2}\cdot\Delta H_c^o$$

Sustituyendo los valores de las entalpías de las reacciones a), b) y c) dadas en el enunciado, tenemos:

$$\Delta H^o = -\Delta H_a^o + \frac{1}{2}\cdot\Delta H_b^o + \frac{1}{2}\cdot\Delta H_c^o = -(-92,4\,kJ) + \frac{1}{2}\cdot436\,kJ + \frac{1}{2}\cdot244\,kJ = 432\,kJ$$

La energía de enlace del HCl (g) es 432 kJ/mol.

b) Calculamos la energía en forma de calor necesaria para disociar (romper) las moléculas de una determinada masa de HCl. Esta energía coincide con la entalpía de enlace:

$$Q_p = \Delta H^o$$

La estequiometría de la reacción y la estequiometría de la misma son las siguientes:

$$HCl\,(g) \quad \rightarrow \quad H\,(g) \quad + \quad Cl\,(g) \quad\quad \Delta H^o = 432\,kJ$$
$$1\,mol \quad\quad\quad 1\,mol \quad\quad 1\,mol \quad\quad Se\,absorben\,432\,kJ$$

Esquema de la resolución:

$$g\,HCl \xrightarrow{n=\frac{m}{M_m}} mol\,HCl \xrightarrow{Estequiometría} kJ\,absorbidos$$

- Moles de HCl

$$n = \frac{m}{M_m} = \frac{20\,\text{g}}{36,5\,\dfrac{\text{g}}{\text{mol}}} = 0,548\,\text{mol HCl}$$

$$\lfloor M_{m\,\text{HCl}} = 36,5\,\frac{\text{g}}{\text{mol}} \rfloor$$

- Kilojulios desprendidos

$$\frac{\text{Si se disociaran } 1\,\text{mol HCl}}{\text{se necesitarían } 432\,\text{kJ}} = \frac{\text{si se disocian } 0,548\,\text{mol HCl}}{x\,\text{kJ}}$$

$$x = 237\,\text{kJ necesarios}$$

Problema 5.39

La conversión de metanol en etanol puede realizarse a través de la siguiente reacción (sin ajustar):

$$CO_2\,(g) + H_2\,(g) + CH_3OH\,(g) \rightarrow C_2H_5OH\,(g) + H_2O\,(g)$$

a) Calcule la entalpía de reacción estándar.
b) Suponiendo que ΔH y ΔS no varían con la temperatura, calcule la temperatura a la que la reacción deja de ser espontánea.
Datos: Variación de entropía de la reacción: $\Delta S^o = -227,4\,\text{J} \cdot \text{K}^{-1}$.
$\Delta H_f^o\,[CO_2\,(g)] = -110,5\,\text{kJ/mol}$; $\Delta H_f^o\,[CH_3OH\,(g)] = -201,5\,\text{kJ/mol}$
$\Delta H_f^o\,[C_2H_5OH\,(g)] = -235,1\,\text{kJ/mol}$; $\Delta H_f^o\,[H_2O\,(g)] = -241,8\,\text{kJ/mol}$.

---

a) la ecuación ajustada es:

$$CO_2\,(g) + 3\,H_2\,(g) + CH_3OH\,(g) \rightarrow C_2H_5OH\,(g) + 2\,H_2O\,(g)$$

Supongamos una reacción química en la que:

$$a\,A + b\,B \rightarrow c\,C + d\,D$$

Según la ley de Hess, la variación de entalpía estándar de la reacción es:

$$\Delta H^o = \Sigma\,n_p \cdot \Delta H_f^o\,(\text{productos}) - \Sigma\,n_r \cdot \Delta H_f^o\,(\text{reactivos})$$

donde n_r y n_p son los coeficientes estequiométricos de reactivos y productos, y $\Delta H_f^o\,(\text{reactivos})$ y $\Delta H_f^o\,(\text{productos})$, las entalpías estándar de formación de los reactivos y productos.

La entalpía de reacción estándar del proceso de conversión de metanol en etanol es la siguiente:

$$\Delta H^o = 1 \cdot \Delta H_f^o[\,C_2H_5OH\,(g)] + 2 \cdot \Delta H_f^o\,[H_2O\,(g)] - (1 \cdot \Delta H_f^o\,[CO_2\,(g)] + 1 \cdot \Delta H_f^o\,[CH_3OH\,(g)])$$

$$= 1\,mol \cdot (-235,1\,\frac{kJ}{mol}) + 2\,mol \cdot (-241,8\,\frac{kJ}{mol}) - [1\,mol \cdot (-110,5\,\frac{kJ}{mol}) + 1\,mol \cdot (-201,5\,\frac{kJ}{mol})]$$

$$= -407\,kJ$$

⌊Por definición, $\Delta H_f^o\,[H_2\,(g)] = 0$, ya que se trata de una sustancia elemento en condiciones estándar.⌋

Como la entalpía estándar de reacción es negativa, se trata de una reacción exotérmica.

b) La variación de la energía libre, ΔG, proporciona un criterio de validez que permite conocer la espontaneidad de un proceso que se produce a presión y temperatura constantes.

Para estudiar la espontaneidad de un proceso, debemos analizar la influencia de distintas variables en la variación de la energía libre del mismo:

$$\Delta G = \Delta H - T\Delta S$$

⌊ ΔH= variación de la entalpía; ΔS= variación de la entropía; T = temperatura absoluta. ⌋

Pueden ocurrir tres casos:

▶ $\Delta G < 0$: el proceso es espontáneo.

▶ $\Delta G > 0$: el proceso no es espontáneo.

▶ $\Delta G = 0$: el proceso está en equilibrio.

Cuando en una reacción $\Delta H < 0$ y $\Delta S < 0$. Si ΔH y ΔS son negativas,

$$\Delta G = \Delta H - T\Delta S < 0$$

A temperaturas lo suficientemente baja para que el término entálpico sea mayor que el entrópico y

$$\Delta G = \Delta H - T\Delta S > 0$$

A temperaturas lo suficientemente altas para que el término entrópico sea mayor frente al término entálpico. Habrá, pues, un temperatura a partir de la cual la reacción no sea espontánea. Será aquella temperatura en a la que $\Delta G = 0$.

Para esta reacción, cuyas las condiciones son las estándar, $\Delta G^o = 0$:

$$0 = \Delta H - T\Delta S \Rightarrow T = \frac{\Delta H^o}{\Delta S^o} = \frac{-407\,kJ}{-227,4\,\frac{J}{K} \cdot \frac{1\,kJ}{1\,000\,J}} = 1790\,K$$

Problema 5.40

Dadas las siguientes ecuaciones termoquímicas, en las mismas condiciones:

$$2\,P\,(s) + 3\,Cl_2\,(g) \rightarrow 2\,PCl_3\,(g) \qquad \Delta H_1 = -635,1\,kJ$$
$$2\,PCl_3\,(g) + 2\,Cl_2\,(g) \rightarrow 2\,PCl_5\,(g) \qquad \Delta H_2 = -137,3\,kJ$$

Calcule:

a) La entalpía de formación del PCl_5 (g), en las mismas condiciones.

b) La cantidad de calor, a presión constante, desprendida en la formación de 1 g de PCl_5 (g) a partir de sus elementos.

Masas atómicas: P = 31; Cl = 35,5.

---

a) La entalpía de formación de una sustancia en unas determinadas condiciones es la variación de entalpía del proceso de formación de un mol de sustancia a partir de sus sustancias elementos en esas mismas condiciones.

La ecuación termoquímica de formación del pentacloruro de fósforo, en las mismas condiciones que las reacciones del el enunciado es la siguiente:

$$P\,(s) \quad + \quad 5/2\,Cl_2\,(g) \quad \rightarrow \quad PCl_5\,(g) \quad \Delta H$$

Calculamos la entalpía de esta reacción a partir de las entalpías de las reacciones del enunciado:

$$
\begin{array}{lllll}
1) & 2\,P\,(s) & + & 3\,Cl_2\,(g) & \rightarrow & 2\,PCl_3\,(g) & \Delta H_1 \\
2) & 2\,PCl_3\,(g) & + & 2\,Cl_2\,(g) & \rightarrow & 2\,PCl_5\,(g) & \Delta H_2
\end{array}
$$

Para resolver este problema haremos uso de la ley de Hess que dice: "Si una reacción química puede producirse en varias etapas reales o teóricas, su variación de entalpía es igual a la suma de las entalpías de las reacciones intermedias".

Como consecuencia de la ley, si una ecuación química puede obtenerse como la suma algebraica de otras ecuaciones, la entalpía correspondiente a la ecuación es la suma algebraica de de las entalpías correspondientes a esas otras ecuaciones.

Obtenemos la ecuación de formación del pentacloruro de fósforo sumando algebraicamente las ecuaciones 1) y 2) multiplicadas por 1/2 :

$$
\begin{array}{lllll}
\times 1/2 & [2\,P\,(s) & + & 3\,Cl_2\,(g) & \rightarrow & 2\,PCl_3\,(g) & \Delta H_1] \\
\times 1/2 & [2\,PCl_3\,(g) & + & 2\,Cl_2\,(g) & \rightarrow & 2\,PCl_5\,(g) & \Delta H_2]
\end{array}
$$

Y resulta:

$$
\begin{array}{lllll}
P\,(s) & + & 3/2\,Cl_2\,(g) & \rightarrow & \cancel{PCl_3\,(g)} & 1/2 \cdot \Delta H_1 \\
\cancel{PCl_3\,(g)} & + & Cl_2\,(g) & \rightarrow & PCl_5\,(g) & 1/2 \cdot \Delta H_2
\end{array}
$$

Sumando estas dos ecuaciones obtenemos:

$$P\,(s) + 5/2\,Cl_2\,(g) \rightarrow PCl_5\,(s) \quad \Delta H = 1/2 \cdot \Delta H_1 + 1/2 \cdot \Delta H_2$$

Determinamos ahora la entalpía de la reacción buscada con los datos de las entalpías del enunciado:

$$\Delta H = 1/2 \cdot \Delta H_1 + 1/2 \cdot \Delta H_2 =$$

$$1/2 \cdot (-635, 1\,kJ) + 1/2 \cdot (-137, 3\,kJ) = -386\,kJ$$

Como se desprenden 386 kJ cuando se forma un mol de PCl_5 (g), $\Delta H_f[PCl_5\,(g)] = -386\,kJ/mol$.

b) Calculamos el calor desprendido en el proceso, que coincide con la variación de la entalpía del mismo:

$$Q_p = \Delta H$$

La estequiometría de la reacción es la siguiente:

$$P\,(s) \quad + \quad 5/2\,Cl_2\,(g) \quad \rightarrow \quad PCl_5\,(g) \qquad \Delta H = -386\,kJ$$
$$1\,mol \qquad \quad 5/2\,mol \qquad \qquad \quad 1\,mol \quad \text{Se desprenden } 386\,kJ$$

Esquema de la resolución:

$$g\,PCl_5 \xrightarrow{n=\frac{m}{M_m}} mol\,PCl_5 \xrightarrow{\text{Estequiometría}} kJ\,\text{desprendidos}$$

- Moles de PCl_5

$$n = \frac{m}{M_m} = \frac{1g}{208, 5\,\dfrac{g}{mol}} = 0,00480\,mol\,PCl_5$$

- Kilojulios desprendidos

$$\frac{Si\,se\,obtuviesen\,1\,mol\,PCl_5}{se\,desprenderían\,386\,kJ} = \frac{si\,se\,obtienen\,0,00480\,mol\,PCl_5}{se\,desprenderán\,x\,kJ}$$

$$x = 1,85\,kJ\,\text{desprendidos}$$

Problema 5.41

a) Calcule la variación de energía libre estándar, a 25 °C, para las siguientes reacciones, utilizando los datos tabulados:

$$2\,\text{NaF (s)} + \text{Cl}_2\,\text{(g)} \rightarrow \text{F}_2\,\text{(g)} + 2\,\text{NaCl (g)}$$

$$\text{PbO (s)} + \text{Zn (s)} \rightarrow \text{Pb (s)} + \text{ZnO (s)}$$

	NaF	NaCl	PbO	ZnO	Cl$_2$	F$_2$	Zn	Pb
ΔH_f^o (kJ/mol)	−569	−411	−276	−348	−	−	−	−
S_f^o (J/K · mol)	51,5	72,1	76,6	43,6	223,1	202,8	41,6	64,8

b) A la vista de los resultados, comente la conveniencia o no de utilizar estas reacciones para la obtención de diflúor y plomo respectivamente.

---

a) La variación de la energía libre, ΔG, proporciona un criterio de validez que permite conocer la espontaneidad de un proceso que se produce a presión y temperatura constantes.

Para estudiar la espontaneidad de un proceso, debemos analizar cómo influyen distintos factores en la variación de la energía libre, ΔG, del mismo:

$$\Delta G = \Delta H - T\Delta S$$

⌊ $\Delta H=$ variación de la entalpía; $\Delta S=$ variación de la entropía; $T =$ temperatura absoluta. ⌋

Pueden ocurrir tres casos:

▶ $\Delta G < 0$: el proceso es espontáneo.

▶ $\Delta G > 0$: el proceso no es espontáneo.

▶ $\Delta G = 0$: el proceso está en equilibrio.

Analicemos los casos a1) y a2):

a1) Reacción de obtención de diflúor:

▶ Determinamos ΔH^o

$$
\begin{aligned}
\Delta H^o &= \varSigma\, n_p \cdot \Delta H_f^o\,(\text{productos}) - \varSigma\, n_r \cdot \Delta H_f^o\,(\text{reactivos}) \\
&= 2 \cdot \Delta H_f^o\,[\text{NaCl (s)}] - 2 \cdot \Delta H_f^o\,[\text{NaF (s)}] \\
&= 2\,\text{mol} \cdot (-411\,\frac{\text{kJ}}{\text{mol}}) - 2\,\text{mol} \cdot (-569\,\frac{\text{kJ}}{\text{mol}}) = 316\,\text{kJ}
\end{aligned}
$$

▶ Determinamos ΔS^o

$$
\begin{aligned}
\Delta S^o &= \Sigma n(\text{productos}) \cdot S_f^o (\text{productos}) - \Sigma m (\text{reactivos}) \cdot S_f^o (\text{reactivos}) \\
&= 1 \cdot S_f^o [F_2 (g)] + 2 \cdot S_f^o [NaCl (s)] - (2 \cdot S_f^o [NaF (s)] + 1 \cdot S_f^o [Cl_2 (s)]) \\
&= 1 \, mol \cdot (202,8 \frac{J}{K \cdot mol}) + 2 \, mol \cdot (72,1 \frac{J}{K \cdot mol}) - [2 \, mol \cdot (51,5 \frac{J}{K \cdot mol}) + 1 \, mol \cdot (223,1 \frac{J}{K \cdot mol})] \\
&= 20,9 \frac{J}{K}
\end{aligned}
$$

▶ Determinamos ΔG^o para $T = 298$ K

$$\Delta G^o = \Delta H^o - T\Delta S^o = 316 \, kJ - (298 \, K \cdot 20{,}9 \, J/K \cdot 10^{-3} \, kJ/J) = 310 \, kJ$$

a2) Reacción de obtención del plomo:

▶ Determinamos ΔH^o

$$
\begin{aligned}
\Delta H^o &= \Sigma n_p \cdot \Delta H_f^o (\text{productos}) - \Sigma n_r \cdot \Delta H_f^o (\text{reactivos}) \\
&= 1 \cdot \Delta H_f^o [ZnO (s)] - 1 \cdot \Delta H_f^o [PbO (s)] \\
&= 1 \, mol \cdot (-348 \frac{kJ}{mol}) - 1 \, mol \cdot (-276 \frac{kJ}{mol}) \\
&= -72 \, kJ
\end{aligned}
$$

▶ Determinamos ΔS^o

$$
\begin{aligned}
\Delta S^o &= \Sigma n(\text{productos}) \cdot S_f^o (\text{productos}) - \Sigma m (\text{reactivos}) \cdot S_f^o (\text{reactivos}) \\
&= 1 \cdot S_f^o [Pb (s)] + 1 \cdot S_f^o [ZnO (s)] - (1 \cdot S_f^o [PbO (s)] + 1 \cdot S_f^o [Zn (s)]) \\
&= 1 \, mol \cdot (64,8 \frac{J}{K \cdot mol}) + 1 \, mol \cdot (43,6 \frac{J}{K \cdot mol}) - [1 \, mol \cdot (76,6 \frac{J}{K \cdot mol}) + 1 \, mol \cdot (41,6 \frac{J}{K \cdot mol})] \\
&= -9,8 \frac{J}{K}
\end{aligned}
$$

▶ Determinamos ΔG^o para $T = 298$ K

$$\Delta G^o = \Delta H^o - T\Delta S^o = -72 \, kJ - [298 \, K \cdot (-9{,}8 \, J/K \cdot 10^{-3} \, kJ/J)] = -69{,}1 \, kJ$$

b) La reacción de obtención de diflúor, como $\Delta G^o > 0$ (310 kJ), no es un proceso espontáneo a la temperatura de 298 K y no es un proceso conveniente para la obtención de flúor. Necesita un aporte continuo de energía para que se produzca.

La reacción de obtención del plomo, como $\Delta G^o < 0$ (−9,8 kJ), es un proceso espontáneo a la temperatura de 298 K y puede utilizarse para la obtención de plomo. No necesita de ninguna acción externa para que se produzca, y se desprende energía, ya que es exotérmico.

Problema 5.42

En un calorímetro adecuado, a 25 °C y 1 atm, quemamos completamente 5 mL de etanol, según la ecuación:

$$C_2H_5OH\,(l) + 3\,O_2\,(g) \rightarrow 2\,CO_2\,(g) + 3\,H_2O\,(l)$$

Si el calor desprendido a presión constante es de 117,04 kJ, calcule:
a) La variación de entalpía que acompaña a la combustión de un mol de etanol en esas condiciones.
b) La variación de energía interna.
Datos: $R = 8,31\,\text{J}\cdot\text{K}^{-1}\cdot\text{mol}^{-1}$; $d_{\text{etanol}} = 0,79\,\text{g/cm}^3$; Masas atómicas: $C = 12$; $O = 16$; $H = 1$.

a) La ecuación termoquímica del proceso de combustión del metanol en las condiciones del problema es la siguiente:

$$C_2H_5OH\,(l) + 3\,O_2\,(g) \rightarrow 2\,CO_2\,(g) + 3\,H_2O\,(l) \qquad \Delta H^o =?$$

ΔH^o es la variación de entalpía que acompaña a la combustión de un mol de alcohol.

Como en una reacción química $Q_p = \Delta H^o$, si conocemos la cantidad de calor que se desprende cuando se queman 5 mL de alcohol, podemos calcular la variación de entalpía que tiene lugar cuando se queman 1 mol de alcohol.

Esquema de los pasos para la resolución:

$$\text{mL}\,C_2H_5OH \xrightarrow{m=d\cdot V} \text{g}\,C_2H_5OH \xrightarrow{n=\frac{m}{M_m}} \text{mol}\,C_2H_5OH \xrightarrow{\text{Estequiometría}} \text{kJ desprendidos}$$

- Gramos de C_2H_5OH

$$m = d\cdot V = 0,79\,\text{g/mL}\cdot 5\,\text{mL} = 3,95\,\text{g}$$

- Moles de C_2H_5OH

$$n = \frac{m}{M_m} = \frac{3,95\text{g}}{46\,\text{g/mol}} = 0,0859\,\text{mol}\,C_2H_5OH$$

$$\lfloor M_{m\,C_2H_5OH} = 46\,\frac{\text{g}}{\text{mol}} \rfloor$$

- kJ desprendidos cuando arde 1 mol de C_2H_5OH

$$\frac{\text{Si ardieran}\,0,0859\,\text{mol}\,C_2H_5OH}{\text{se desprenderían}\,117,04\,\text{kJ}} = \frac{\text{si arden}\,1\,\text{mol}\,C_2H_5OH}{\text{se desprenderán}\,x\,\text{kJ}}$$

$$x = 1\,362,5\,\text{kJ desprendidos}$$

b) Calculamos la variación de energía interna en este proceso, ΔU a partir de la variación de entalpía del mismo:

$$\Delta H^o = \Delta U + \Delta n_{gas} RT$$

Siendo Δn_{gas} la variación en el número de moles de las sustancias gaseosas, R, la constante de los gases expresada en la unidades del S.I. y T la temperatura absoluta. Despejando en la anterior expresión ΔU, y sustituyendo los datos, tenemos:

$$\Delta U = \Delta H^o - \Delta n_{gas} RT = -1362,5\,\text{kJ} - [(-1\,\text{mol}) \cdot 8,31\,\frac{\text{J}}{\text{K} \cdot \text{mol}} \cdot \frac{1\,\text{kJ}}{1\,000\,\text{J}} \cdot 298\,\text{K}] =$$

$$-1362,5\,\text{kJ} + 2,5\,\text{kJ} \simeq -1\,360\,\text{kJ}$$

$$\lfloor \Delta H^o = -1170\,\text{kJ};\ \Delta n = n_f - n_i = 2 - 3 = -1;\ T = 273 + 25\,^{\circ}\text{C} = 298\,\text{K} \rfloor$$

Problema 5.43

Calcule la variación de entalpía estándar de la reacción de hidrogenación del acetileno (C_2H_2) para formar etano:

a) A partir de las energía medias de enlace: $(C-H) = 415\,\text{kJ/mol}$; $(H-H) = 436\,\text{kJ/mol}$; $(C-C) = 350\,\text{kJ/mol}$; $(C \equiv C) = 825\,\text{kJ/mol}$.

b) A partir de las entalpías estándar de formación del etano: -85 kJ/mol, y del acetileno, 227 kJ/mol.

---

a) Podemos calcular la entalpía estándar (o variación de entalpía estándar) de una reacción química, ΔH^o, mediante la diferencia entre la suma de las entalpías de los enlaces que se rompen en los reactivos y la suma de las entalpías de los enlaces que se forman en los productos:

$$\Delta H^o = \Sigma n_r \cdot \Delta H^o \text{(enlaces rotos)} - \Sigma n_p \cdot \Delta H^o \text{(enlaces formados)}$$

Donde n_r y n_p son el número de moles de un determinado enlace que se rompe en los reactivos o que se forma en los productos, y ΔH^o (enlace), las entalpías estándar de enlace.

La ecuación del proceso y la estequiometría del mismo es la siguiente:

$$CH \equiv CH\,(g) \quad + \quad 2\,H-H\,(g) \quad \rightarrow \quad CH_3 - CH_3\,(g)$$

Estequiometría   1 mol   2 mol   1 mol

Los enlaces rotos y los enlaces formados son los siguientes:

Enlaces rotos	1 mol de enlaces $C \equiv C$
	2 mol de enlaces $H - H$
Enlaces formados	1 mol enlaces $C - C$
	4 mol de enlaces $C - H$

Aplicamos ahora la ecuación anterior:

$$\Delta H^o = 1 \cdot \Delta H^o_{\text{enlace } C\equiv C} + 2 \cdot \Delta H^o_{\text{enlace } H-H} - [1 \cdot \Delta H^o_{\text{enlace } C-C} + 4 \cdot \Delta H^o_{\text{enlace } C-H}]$$
$$= 1\,\text{mol} \cdot 825\,\frac{\text{kJ}}{\text{mol}} + 2\,\text{mol} \cdot 436\,\frac{\text{kJ}}{\text{mol}} - \left(1\,\text{mol} \cdot 350\,\frac{\text{kJ}}{\text{mol}} + 4\,\text{mol} \cdot 415\,\frac{\text{kJ}}{\text{mol}}\right)$$
$$= -313\,\text{kJ}$$

Como la variación de entalpía es negativa, la reacción es exotérmica.

b) Calculamos la variación de entalpía estándar a partir de las entalpías de formación aplicando la ley de Hess:

$$\Delta H^o = \Sigma\, n_p \cdot \Delta H^o_f\,(\text{productos}) - \Sigma\, n_r \cdot \Delta H^o_f\,(\text{reactivos})$$

Donde n_r y n_p son los coeficientes estequiométricos de reactivos y productos, y $\Delta H^o_f\,(\text{reactivos})$ y $\Delta H^o_f\,(\text{productos})$, las entalpías estándar de formación de los reactivos y productos.

La variación de entalpía para la reacción que nos ocupa es:

$$\Delta H^o = 1 \cdot \Delta H^o_f\,[C_2H_6\,(g)] - (1 \cdot \Delta H^o_f\,[C_2H_2\,(g)] + 2 \cdot \Delta H^o_f\,[H_2\,(g)])$$
$$= 1\,\text{mol} \cdot \left(-85\,\frac{\text{kJ}}{\text{mol}}\right) - 1\,\text{mol} \cdot \left(227\,\frac{\text{kJ}}{\text{mol}}\right)$$
$$= -312\,\text{kJ}$$

$\lfloor$ Por definición : $\Delta H^o_f\,[H_2\,(g)] = 0 \rfloor$

Capítulo 6

Cinética química

Cuestión 6.1

Escriba la expresión de la velocidad para las siguientes reacciones en términos de desaparición de los reactivos y de aparición de los productos.

a) $3\,O_2\,(g) \rightarrow 2\,O_3\,(g)$

b) $I_2\,(g) + H_2\,(g) \rightarrow 2\,HI\,(g)$

---

a) La velocidad de una reacción química varía con el tiempo. Esto hace necesario que se utilice el concepto de velocidad instantánea de reacción en un momento determinado. Para que la velocidad instantánea de una reacción tenga un significado unívoco, esto es, que no dependa de la concentración de cada reactivo o producto que intervenga en la reacción, se expresa mediante la derivada de la concentración respecto al tiempo de un reactivo o producto, dividida por el coeficiente estequiométrico y convertida en una cantidad positiva.

Para una reacción del tipo: $aA + bB \rightarrow cC + dD$, la velocidad instantánea en función de las concentraciones de los reactivos y productos se puede expresar así:

$$v = -\frac{1}{a}\frac{d[A]}{dt} = -\frac{1}{b}\frac{d[B]}{dt} = \frac{1}{c}\frac{d[C]}{dt} = \frac{1}{d}\frac{d[D]}{dt}$$

La expresión de la velocidad para la reacción de formación del ozono es:

$$v = -\frac{1}{3}\frac{d[O_2]}{dt} = \frac{1}{2}\frac{d[O_3]}{dt}$$

b) La expresión de la velocidad para la reacción de formación del yoduro de hidrógeno es:

$$v = -\frac{d[I_2]}{dt} = -\frac{d[H_2]}{dt} = \frac{1}{2}\frac{d[HI]}{dt}$$

Cuestión 6.2

A una hipotética reacción química, $A + B \rightarrow C$, le corresponde la siguiente ecuación de velocidad: $v = k[A][B]$. Indique:
a) El orden de la reacción respecto de A.
b) El orden total de la reacción.
c) Las unidades de la constante de la velocidad.

a) El orden de reacción respecto de A es 1.

b) El orden total de la reacción es 2.

c) Las unidades de la constante de la velocidad son las siguientes:

$$k = \frac{v}{[A][B]} = \frac{\text{mol} \cdot L^{-1} \cdot s^{-1}}{(\text{mol} \cdot L^{-1}) \cdot (\text{mol} \cdot L^{-1})} = \text{mol}^{-1} \cdot L \cdot s^{-1}$$

Cuestión 6.3

La reacción: $A + 2B \rightarrow 2C + D$ es de primer orden con respecto a cada uno de los reactivos.
a) Escriba la ecuación de velocidad.
b) Indique el orden total de reacción.
c) Indique las unidades de la constante de velocidad.

a) La ecuación de velocidad es:

$$v = k[A][B]$$

b) El orden total de reacción es 2.

c) Las unidades de la constante de la velocidad son las siguientes:

$$k = \frac{v}{[A][B]} = \frac{\text{mol} \cdot L^{-1} \cdot s^{-1}}{(\text{mol} \cdot L^{-1}) \cdot (\text{mol} \cdot L^{-1})} = \text{mol}^{-1} \cdot L \cdot s^{-1}$$

Cuestión 6.4

Indique, razonadamente, si las siguientes afirmaciones son verdaderas o falsas:
a) Para una reacción exotérmica, la energía de activación de la reacción directa es menor que la energía de activación de la reacción inversa.
b) La velocidad de reacción no depende de la temperatura.
c) La acción de un catalizador no influye en la velocidad de reacción.

a) Verdadera. La figura muestra el diagrama entálpico de una reacción exotérmica, ya que la entalpía de los productos es menor que la de los reactivos ($\Delta H < 0$).

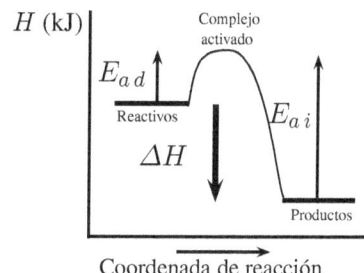

En el diagrama entálpico, se observa cómo la energía de activación de la reacción directa, $E_{a\,d}$, la energía que deben absorber los reactivos para formar el complejo activado, es menor que la energía de activación de la reacción inversa, $E_{a\,i}$, que es la energía que deben absorber los productos para formar el complejo activado en el proceso inverso al anterior.

b) Falsa. La ecuación de la velocidad es una ecuación experimental que muestra la dependencia de la velocidad de una reacción con las concentraciones de las sustancias que intervienen en ella. La velocidad de reacción depende de la temperatura porque en dicha ecuación aparece el factor de proporcionalidad k, que depende de la temperatura. La ecuación de Arrhenius muestra esa dependencia:

$$k = A\,e^{\frac{-E_a}{RT}}$$

$\lfloor A\ =\ $ factor que tiene en cuenta la frecuencia de las colisiones en la reacción.

$e\ =\ $ número e, base de los logaritmos neperianos.

$R\ =\ $ constante de los gases; $R = 0,00831\,\mathrm{kJ} \cdot \mathrm{K}^{-1} \cdot \mathrm{mol}^{-1}$.

$E_a\ =\ $ energía de activación $(\mathrm{kJ} \cdot \mathrm{mol}^{-1})$.

$T\ =\ $ temperatura absoluta (K).$\rfloor$

Una justificación alternativa es la siguiente: al aumentar la temperatura, aumenta la velocidad de la reacción porque aumenta la fracción de moléculas con una energía mayor que la energía de activación.

c) Falsa. La presencia de un catalizador (positivo) influye en la velocidad de reacción porque proporciona un camino alternativo para la reacción, en el que los reactivos requieren menos energía de activación. Al ser menor la energía de activación, una fracción mayor de moléculas de los reactivos puede absorber esa energía requerida para formar el complejo activado, lo que provoca un aumento de la velocidad de reacción.

Una interpretación alternativa nos la ofrece la ecuación de Arrhenius:

$$k = \frac{A}{e^{\frac{E_a}{RT}}}$$

Según esta ecuación, una disminución de la energía de activación hace que aumente la constante de velocidad k.

De acuerdo con la ecuación, para unas concentraciones constantes, si la energía de activación disminuye, la velocidad de la reacción aumenta porque k aumenta. Observamos que si E_a disminuye, $\dfrac{E_a}{RT}$ disminuye, $\dfrac{A}{e^{\frac{E_a}{RT}}}$ aumenta, k aumenta, y v aumenta.

Cuestión 6.5

Indique, razonadamente, si cada una de las siguientes proposiciones es verdadera o falsa:

a) La k de velocidad para una reacción de primer orden se expresa en unidades de $mol \cdot L^{-1} \cdot s^{-1}$.

b) Las unidades de la velocidad de una reacción dependen del orden total de reacción.

c) En la ecuación de Arrhenius: $k = A\,e^{\frac{-E_a}{RT}}$, E_a no depende de la temperatura.

---

a) Falsa. La ecuación de velocidad de una reacción de primer orden es del tipo:

$$v = k[A]$$

Puesto que las unidades de v son $mol \cdot L^{-1} \cdot s^{-1}$; y las de $[A]$, $mol \cdot L^{-1}$; las unidades de k son:

$$k = \frac{v}{[A]} = \frac{mol \cdot L^{-1} \cdot s^{-1}}{mol \cdot L^{-1}} = s^{-1}$$

b) Falsa. Las unidades de la velocidad de una reacción química se expresan siempre en unidades de concentración por unidad de tiempo. Usualmente, como la concentración se expresa en mol/L y el tiempo en s, la velocidad se expresa en $\dfrac{mol/L}{s} = mol \cdot L^{-1} \cdot s^{-1}$.

c) Verdadera. La energía de activación, E_a, es la energía que tienen que absorber los reactivos en una reacción química para formar el complejo activado, y no depende de la temperatura.

Cuestión 6.6

La ecuación de velocidad: $v = k[\text{A}]^2[\text{B}]$, corresponde a la reacción química: $\text{A} + \text{B} \rightarrow \text{C}$.

a) Indique si la constante k es independiente de la temperatura.

b) Indique si la reacción es de primer orden con respecto de A y de primer orden con respecto de B, pero de segundo orden para el conjunto de la reacción. Justifique la respuesta.

a) No. La constante de velocidad k depende de la temperatura. La ecuación de Arrhenius muestra esa dependencia:

$$k = A\,e^{\frac{-E_a}{RT}}$$

$$
\begin{array}{rcl}
\lfloor A &=& \text{factor que tiene en cuenta la frecuencia de las colisiones en la reacción.}\\
e &=& \text{número } e, \text{base de los logaritmos neperianos.}\\
R &=& \text{constante de los gases; } R = 0,00831\,\text{kJ} \cdot \text{K}^{-1} \cdot \text{mol}^{-1}.\\
E_a &=& \text{energía de activación (kJ} \cdot \text{mol}^{-1}).\\
T &=& \text{temperatura absoluta (K)}.\rfloor
\end{array}
$$

b) La ecuación de velocidad para una reacción:

$$\text{a A} + \text{b B} \rightarrow \text{Productos}$$

se expresa mediante la ecuación:

$$v = k[A]^{\alpha}[B]^{\beta}$$

Siendo v la velocidad instantánea de la reacción; [A] y [B], las concentraciones de A y B, respectivamente; α y β, los órdenes de reacción con respecto a A y B, respectivamente; y k, la constante de velocidad.

α y β son, generalmente, números enteros y positivos. Los valores 0, 1, 2, etc. para determinado reactivo indican que el orden de reacción con respecto a ese reactivo es cero, uno, dos, etc., respectivamente. $\alpha + \beta$ indica el orden total de reacción.

Si comparamos la expresión general de la ecuación de velocidad de una reacción con la ecuación de velocidad de la cuestión, observamos que no es de primer orden con respecto a A, ya que α es 2 y no, 1; sí es de primer orden con respecto a B, ya que $\beta = 1$; y no es de segundo orden para el conjunto de la reacción, ya que $\alpha + \beta = 3$ y no, 2.

Cuestión 6.7

La figura muestra dos caminos posibles para una cierta reacción. Uno de ellos corresponde a la reacción en presencia de un catalizador:

a) ¿Cuál es el valor de la energía de activación de la reacción catalizada?

b) ¿Cuál es el valor de la entalpía de la reacción?

c) ¿Qué efecto producirá un aumento de la temperatura en la velocidad de la reacción?

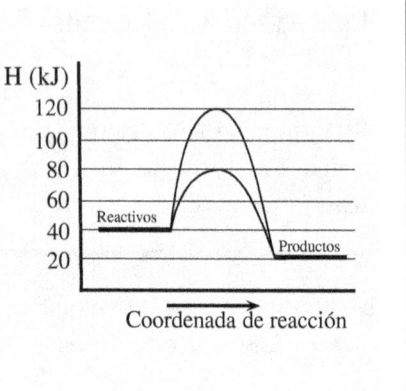

a) Según se muestra en la figura, hemos representado la reacción catalizada con una línea discontinua. La energía de activación de la reacción catalizada, E_a, es la energía que tienen que absorber los reactivos para llegar al complejo activado en el que participa el catalizador. Tiene un valor de:

$$80\,\text{kJ} - 40\,\text{kJ} = 40\,\text{kJ}$$

b) La entalpía de la reacción es la diferencia entre la entalpía de los productos y la de los reactivos:

$$\Delta H = 20\,\text{kJ} - 40\,\text{kJ} = -20\,\text{kJ}$$

Como es negativa, la reacción es exotérmica.

c) Un aumento de la temperatura produce un aumento de la velocidad de reacción. Según Arrhenius, la constante de proporcionalidad, k, que aparece en la ecuación de velocidad tiene la siguiente dependencia con la temperatura:

$$k = A\,e^{\frac{-E_a}{RT}}$$

También podemos expresar la ecuación de la siguiente manera:

$$k = \frac{A}{e^{\frac{E_a}{RT}}}$$

Observamos que si T aumenta, $\dfrac{E_a}{RT}$ disminuye, $\dfrac{A}{e^{\frac{E_a}{RT}}}$ aumenta, k aumenta, y v aumenta.

Una justificación alternativa es la siguiente: al aumentar la temperatura, aumenta la velocidad de la reacción, porque aumenta la fracción de moléculas con una energía mayor a la energía de activación, E_a. En la figura de la derecha se muestra que si $T_2 > T_1$, el área rayada bajo la curva (fracción de moléculas con una energía superior a la energía de activación), aumenta.

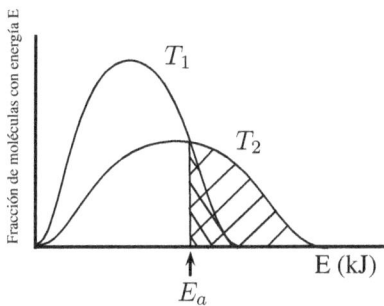

Cuestión 6.8

Indique, razonadamente, si las siguientes afirmaciones son verdaderas o falsas:

a) La velocidad de una reacción aumenta al disminuir la temperatura a la que se realiza.

b) La velocidad de una reacción aumenta al disminuir la energía de activación.

c) La velocidad de una reacción disminuye al disminuir las concentraciones de los reactivos.

a) Falsa. Es todo lo contrario. Un aumento de la temperatura produce un aumento de la velocidad de reacción. Según Arrhenius, la constante de proporcionalidad, k, que aparece en la ecuación de velocidad tiene la siguiente dependencia con la temperatura:

$$k = A\, e^{\frac{-E_a}{RT}}$$

También podemos expresar la ecuación de la siguiente manera:

$$k = \frac{A}{e^{\frac{E_a}{RT}}}$$

$\lfloor A$ = factor que tiene en cuenta la frecuencia de las colisiones en la reacción.

e = número e, base de los logaritmos neperianos.

R = constante de los gases; $R = 0,00831 \, \text{kJ} \cdot \text{K}^{-1} \cdot \text{mol}^{-1}$.

E_a = energía de activación $(\text{kJ} \cdot \text{mol}^{-1})$.

T = temperatura absoluta, K.$\rfloor$

Observamos que si T aumenta, $\dfrac{E_a}{RT}$ disminuye, $\dfrac{A}{e^{\frac{E_a}{RT}}}$ aumenta, k aumenta y v, aumenta.

Una justificación alternativa es: al aumentar la temperatura, aumenta la velocidad de la reacción, porque aumenta la fracción de moléculas con una energía mayor a la energía de activación.

b) Verdadera. Basándonos en la ecuación de Arrhenius: $k = \dfrac{A}{e^{\frac{E_a}{RT}}}$ para una temperatura y para unas concentraciones constantes, si la energía de activación disminuye, la velocidad de la reacción aumenta, porque k aumenta.

Hay también una explicación alternativa: al ser menor la energía de activación, una fracción mayor de moléculas de los reactivos puede absorber esa energía requerida para formar el complejo activado, que hace aumentar la velocidad de la reacción.

c) Verdadera. En general, según muestra la ecuación de la velocidad de una reacción química, al aumentar la concentración de los reactivos, aumenta la velocidad de la reacción. Con respecto a un determinado reactivo, la velocidad de reacción puede ser de orden cero (no depende de su concentración), de orden 1 (es directamente proporcional a la concentración), de orden 2 (depende de la concentración al cuadrado)...

En general, está claro que si disminuye la concentración, disminuye la velocidad, porque al disminuir el número de choques totales entre moléculas, disminuye el número de choques eficaces.

Cuestión 6.9

a) Dibuje el diagrama entálpico de la reacción $CH_2 = CH_2 + H_2 \rightarrow CH_3CH_3$, sabiendo que la reacción directa es exotérmica y muy lenta, a presión atmosférica y temperatura ambiente.

b) ¿Cómo se modifica el diagrama entálpico de la reacción por efecto de un catalizador positivo?

c) Justifique si la reacción inversa sería endotérmica o exotérmica.

---

a) La figura muestra el diagrama entálpico del proceso. En él se observa cómo la reacción directa es exotérmica, debido a que la entalpía de los productos es menor que la de los reactivos. Por otra parte, se ha querido representar una energía de activación directa elevada, como corresponde a una reacción muy lenta.

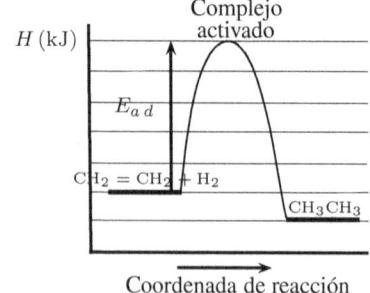

b) La presencia de un catalizador positivo influye en la velocidad de reacción, porque proporciona un camino alternativo para la reacción, en el que los reactivos requieren menos energía de activación. Al ser menor la energía de activación, una fracción mayor de moléculas de los reactivos puede absorber esa energía requerida para formar el complejo activado, lo que hace aumentar la velocidad de la reacción. En la figura se representa el mismo proceso por un camino alternativo, en el que la energía de activación requerida es menor gracias a la presencia del catalizador.

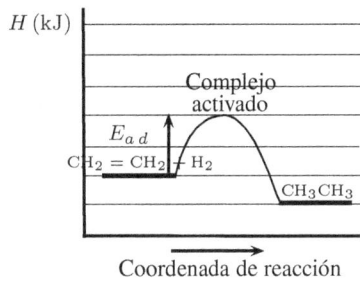

Coordenada de reacción

c) Si la reacción directa es exotérmica ($\Delta H < 0$), la inversa será endotérmica ($\Delta H > 0$). Esto es debido a que la entalpía es una función de estado. Una función de estado se caracteriza porque la variación de la función en una trayectoria cerrada es cero. Por tanto, si en el sentido directo la variación de entalpía es ΔH, en el sentido inverso la variación de entalpía es la contraria, $-\Delta H$.

Cuestión 6.10

Indique cuáles de las siguientes proposiciones son correctas:
a) La adición de un catalizador rebaja la energía de activación.
b) La adición de un catalizador modifica la velocidad de reacción directa.
c) La adición de un catalizador modifica el estado de equilibrio de la reacción.

---

a) Correcta. La adición de un catalizador (positivo) disminuye la energía de activación, que es la energía que tienen que absorber los reactivos para formar el complejo activado.

b) Correcta. En el caso de reacciones reversibles, la adición de un catalizador aumenta la velocidad de la reacción directa e inversa, porque disminuye tanto la energía de activación de la reacción directa como la de la inversa. La disminución de la energía de activación permite que una fracción mayor de moléculas (de reactivos o de productos, según sea el caso) pueda formar el complejo activado, y, por tanto, que aumente la velocidad de la reacción en los dos sentidos.

c) No es correcta. Un catalizador no modifica las variables termodinámicas de la reacción como, por ejemplo, la variación de la energía libre, que influye en el valor de la constante de equilibrio de la reacción.

Cuestión 6.11

Dada la reacción:

$$CO\,(g) + NO_2\,(g) \rightleftharpoons CO_2\,(g) + NO\,(g)$$

a) Dibuje el diagrama de entalpía teniendo en cuenta que las energías de la activación para la reacción directa e inversa son 134 kJ y 360 kJ, respectivamente.

b) Indique si la reacción directa es exotérmica o endotérmica. Justifíquelo.

a) La figura muestra el diagrama entálpico de la reacción. Como:

$$\frac{E_{a\,i}}{E_{a\,d}} = \frac{360\,\text{kJ}}{134\,\text{kJ}} = 2,73$$

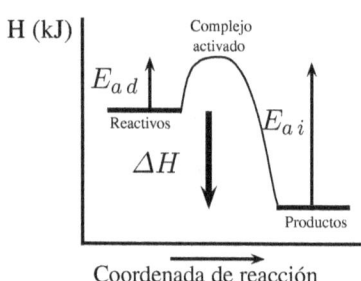

Se ha dibujado el diagrama en el que la energía de activación de la reacción inversa, $E_{a\,i}$, es unas tres veces mayor que la energía de activación de la reacción directa, $E_{a\,d}$.

b) La reacción directa es exotérmica, puesto que la entalpía de los productos es menor que la de los reactivos ($\Delta H < 0$).

La variación de entalpía del proceso podemos calcularla como la diferencia entre la energía de activación de la reacción directa y la energía de activación de la reacción inversa:

$$\Delta H = E_{a\,d} - E_{a\,i} = 134\,\text{kJ} - 360\,\text{kJ} = -226\,\text{kJ}$$

Cuestión 6.12

La energía de activación correspondiente a la reacción: $A + B \rightarrow C + D$ es de 28,5 kJ, mientras que para la reacción inversa el valor de dicha energía es de 40,3 kJ.

a) ¿Qué reacción es más rápida, la directa o la inversa?

b) La reacción directa, ¿es exotérmica o endotérmica?

c) Dibuje un diagrama entálpico de ambos procesos.

a) La reacción directa es más rápida porque su energía de activación es menor, luego es más baja la energía que tienen que absorber los reactivos para formar el complejo activado, y, por lo tanto, más moléculas de reactivos tendrán la energía suficiente para formarlo.

b) La reacción directa es exotérmica, debido a que la energía absorbida por los reactivos para formar el complejo activado es menor que la desprendida al desactivarse éste y formar los productos. La variación de entalpía es:

$$\Delta H = E_{a\,d} - E_{a\,i} = 28,5\,\text{kJ} - 40,3\,\text{kJ} = -11,8\,\text{kJ}$$

c) El diagrama entálpico de ambos procesos sería el siguiente:

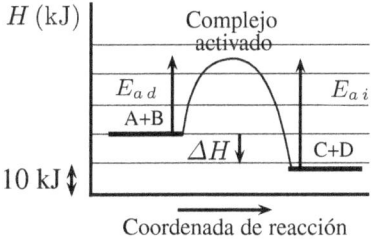

Cuestión 6.13

La figura muestra dos caminos posibles para cierta reacción química. Uno de ellos corresponde a la reacción en presencia de un catalizador positivo. Conteste, razonadamente, a las siguientes cuestiones:
a) ¿Cuál de los dos caminos corresponde a la reacción catalizada?
b) ¿Cuál es, aproximadamente, la energía de activación de la reacción no catalizada?
c) ¿Cuál es la variación de entalpía de la reacción catalizada?

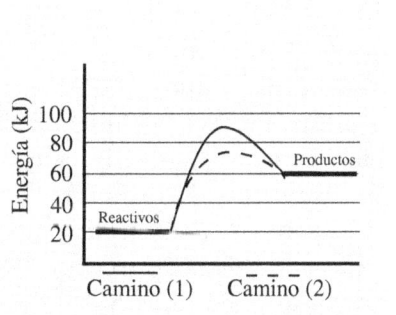

a) El diagrama entálpico de la derecha muestra sólo el camino correspondiente a la reacción catalizada. En ella, la energía de activación, E_a, es menor que en la reacción no catalizada, puesto que es menor la energía que han de absorber los reactivos para formar el complejo activado.

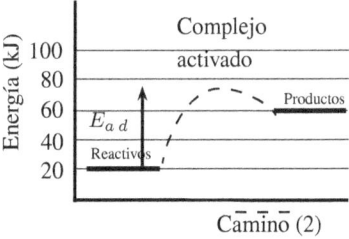

b) El diagrama entálpico de la derecha corresponde al de la reacción no catalizada. La energía de activación, E_a, es la energía que tienen que absorber los reactivos para alcanzar el complejo activado. Según muestra la gráfica, su valor es, aproximadamente:

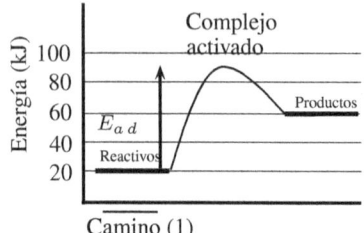

$$90\,\text{kJ} - 20\,\text{kJ} = 70\,\text{kJ}$$

c) El valor de la variación de entalpía de la reacción no catalizada (y también el de la reacción catalizada −pues no depende del camino que siga el proceso−) lo podemos calcular como la diferencia entre la entalpía de los productos y la entalpía de los reactivos:

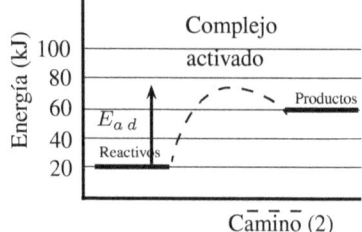

$$\varDelta H = 60\,\text{kJ} - 20\,\text{kJ} = 40\,\text{kJ}$$

La variación de entalpía es positiva, como corresponde a una reacción endotérmica, ya que la entalpía de los productos es mayor que la de los reactivos.

Cuestión 6.14

Para una reacción hipotética: $A + B \rightarrow C$, en unas condiciones determinadas, la energía de activación de la reacción directa es 31 kJ, mientras que la energía de activación de la reacción inversa es 42 kJ.

a) Represente, en un diagrama energético, las energías de activación de la reacción directa e inversa.

b) La reacción directa, ¿es exotérmica o endotérmica? Razone la respuesta.

c) Indique cómo influirá en la velocidad de reacción la utilización de un catalizador.

---

a) La figura muestra el diagrama entálpico correspondiente a la reacción directa e inversa. Cada división en el eje de ordenadas tiene un valor de 10 kJ.

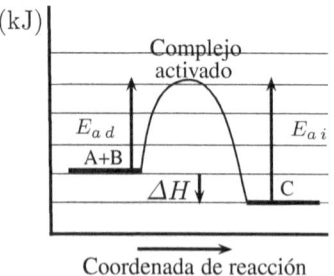

b) La reacción directa es exotérmica, ya que la energía que tienen que absorber los reactivos para formar el complejo activado es menor que la energía desprendida al desactivarse éste y formar los productos.

$$\Delta H = E_{a\,d} - E_{a\,i} = 31\,\text{kJ} - 42\,\text{kJ} = -11\,\text{kJ}$$

c) La adición de un catalizador (positivo) disminuye la energía de activación, que es la energía que tienen que absorber los reactivos para formar el complejo activado. Cuando se trata de reacciones que pueden transcurrir en los dos sentidos, como en este caso, la adición de un catalizador (positivo) aumenta la velocidad de la reacción directa e inversa, porque disminuye tanto la energía de activación de la reacción directa como la de la inversa. La disminución de la energía de activación permite que una fracción mayor de moléculas (del uno y del otro lado de la reacción) pueda formar el complejo activado y, por tanto, que aumente la velocidad de la reacción en los dos sentidos.

Problema 6.15

Se ha medido la velocidad en la reacción $A + 2\,B \rightarrow C$ a 25 °C, para lo que se han diseñado cuatro experimentos. Se ha obtenido como resultado la siguiente tabla de valores:

Experimento	$[A_o]\,(\text{mol} \cdot \text{L}^{-1})$	$[B_o]\,(\text{mol} \cdot \text{L}^{-1})$	$v_o\,(\text{mol} \cdot \text{L}^{-1} \cdot \text{s}^{-1})$
1	0,1	0,1	$5,5 \cdot 10^{-6}$
2	0,2	0,1	$2,2 \cdot 10^{-5}$
3	0,1	0,3	$1,65 \cdot 10^{-5}$
4	0,1	0,6	$3,3 \cdot 10^{-5}$

Determine:
a) La ley de velocidad para la reacción.
b) Su constante de velocidad.

a) La ley de velocidad de una reacción nos muestra la dependencia de la velocidad de esa reacción con respecto a la concentración de las sustancias que intervienen en ella.

La ley de velocidad para la reacción:

$$A + 2\,B \rightarrow C$$

se expresa mediante la ecuación:

$$v = k[A]^{\alpha}[B]^{\beta}$$

Siendo v la velocidad instantánea de la reacción; [A] y [B], las concentraciones de A y B, respectivamente; α y β, los órdenes de reacción con respecto a A y B, respectivamente; y k, la constante de velocidad.

Las conclusiones que obtengamos del estudio de los cuatro experimentos nos servirán para determinar la ley de velocidad de la reacción.

Para saber cómo depende la velocidad de las concentraciones de cada uno de los reactivos, debemos observar el tipo de dependencia de la velocidad de la reacción con respecto a cada uno de los reactivos, cuando la concentración del otro permanece constante.

Así, tras comparar los datos de los experimentos 1, 3 y 4, en los que la concentración de B varía, mientras que la concentración de A permanece constante $(0,1\,\text{mol/L})$, podemos expresar la ley de velocidad de esta manera:

$$v = k[A]^{\alpha}[B]^{\beta} = k'[B]^{\beta}$$

$$\lfloor \text{Si [A] es constante, } k[A]^{\alpha} = cte = k' \rfloor$$

Dividiendo, miembro a miembro, la ley de la velocidad para dos de estos experimentos, por ejemplo, los experimentos 1 y 3, tenemos:

$$\frac{v_3}{v_1} = \frac{k'[B]_3^{\beta}}{k'[B]_1^{\beta}} = \frac{k'(0,3\,\text{M})^{\beta}}{k'(0,1\,\text{M})^{\beta}} = 3^{\beta}$$

Como la relación entre las velocidades de los dos experimentos es:

$$\frac{v_3}{v_1} = \frac{1,65 \cdot 10^{-5}}{5,5 \cdot 10^{-6}} = 3$$

Resulta que:

$$3^{\beta} = 3 \Rightarrow \beta = 1$$

Es decir, la velocidad de la reacción es directamente proporcional a la concentración de B:

$$v \propto [B]$$

Por tanto, el orden de reacción con respecto a B, β, es 1.

Por otro lado, tras comparar los datos de los experimentos 1 y 2, en los que la concentración de A varía, mientras que la concentración de B permanece constante $(0,1\,\text{mol/L})$, podemos expresar la ley de velocidad de esta manera:

$$v = k[A]^{\alpha}[B]^{\beta} = k''[A]^{\alpha}$$

$$\lfloor \text{Si } [\text{B}] \text{ es constante}, k[\text{B}]^\beta = cte = k'' \rfloor$$

Dividiendo miembro a miembro la ley de velocidad para los dos experimentos, tenemos:

$$\frac{v_2}{v_1} = \frac{k''[\text{A}]_2^\alpha}{k''[\text{A}]_1^\alpha} = \frac{k''(0,2\,\text{M})^\alpha}{k''(0,1\,\text{M})^\alpha} = 2^\alpha$$

Como la relación entre las velocidades de los dos experimentos es:

$$\frac{v_2}{v_1} = \frac{2,2 \cdot 10^{-5}}{5,5 \cdot 10^{-6}} = 4$$

Resulta que:

$$2^\alpha = 4 \Rightarrow \alpha = 2$$

Es decir, la velocidad de reacción depende del cuadrado de la concentración de A:

$$v \propto [\text{A}]^2$$

Por tanto, el orden de reacción con respecto a A, α, es 2.

La ley de velocidad para la reacción es:

$$v = k[\text{A}]^2[\text{B}]$$

b) Para calcular la constante de velocidad, sólo tenemos que sustituir en la ecuación de velocidad los valores de ésta y de las concentraciones de A y B de cualquiera de los experimentos realizados.

Si consideramos el primer experimento, despejando k de la ecuación de velocidad y sustituyendo en ella los valores del experimento, tenemos:

$$k = \frac{v}{[\text{A}]^2[\text{B}]} = \frac{5,5 \cdot 10^{-6}\,\text{mol} \cdot \text{L}^{-1} \cdot \text{s}^{-1}}{(0,1\,\text{mol} \cdot \text{L}^{-1})^2 \cdot 0,1\,\text{mol} \cdot \text{L}^{-1}} = 5,5 \cdot 10^{-3}\,\text{mol}^{-2} \cdot \text{L}^2 \cdot \text{s}^{-1}$$

Capítulo 7

Equilibrio químico

Cuestión 7.1

Dados los equilibrios:

$$3\,F_2\,(g) \quad + \quad Cl_2\,(g) \quad \rightleftarrows \quad 2\,ClF_3\,(g)$$
$$H_2\,(g) \quad + \quad Cl_2\,(g) \quad \rightleftarrows \quad 2\,HCl\,(g)$$
$$2\,NOCl\,(g) \quad \rightleftarrows \quad 2\,NO\,(g) \quad + \quad Cl_2\,(g)$$

a) Indica cuál de ellos no será afectado por un cambio de volumen a temperatura constante.

b) ¿Cómo afectará a cada equilibrio un incremento en el número de moles de cloro?

c) ¿Cómo influirá en los equilibrios un aumento de presión en los mismos?

a) Un cambio de volumen no modificará el equilibrio en aquellas reacciones en las que el número de moles de sustancias gaseosas sea el mismo en los reactivos que en los productos. Esto ocurrirá en la reacción de formación del cloruro de hidrógeno (2 mol de reactivos y 2 mol de productos).

b) Un aumento en el número de moles de dicloro aumenta su concentración, y el sistema deja de estar en equilibrio. El sistema evoluciona hacia una nueva situación de equilibrio para contrarrestar ese aumento (principio de Le Chatelier), retirando cloro. En el primer equilibrio, el de formación del ClF_3, el equilibrio se desplaza hacia la derecha. Igual sucede en el segundo, el de formación del HCl. En el tercero, el de descomposición del NOCl, el equilibrio se desplaza hacia la izquierda.

c) Un aumento de la presión sin que varíe la temperatura, hace que el volumen del recipiente disminuya, y aumenta la concentración de los gases (aumenta el número de moles por unidad de volumen). El sistema evoluciona hacia una nueva situación de equilibrio para contrarrestar ese aumento de concentración; esto es, hacia donde haya un menor número de moles (principio de Le Chatelier).

- En el equilibrio: $3\,F_2\,(g) + Cl_2\,(g) \rightleftarrows 2\,ClF_3\,(g)$, el sistema evoluciona hacia una nueva situación de equilibrio; el equilibrio se desplaza hacia la derecha, donde el número de moles es menor (4 mol de reactivos frente a 2 mol de productos).

- En el equilibrio: $H_2\,(g) + Cl_2\,(g) \rightleftarrows 2\,HCl\,(g)$, el sistema no modifica su situación, ya que hay el mismo número de moles de reactivos que de productos.

- En el equilibrio: $2\,NOCl\,(g) \rightleftarrows 2\,NO(g) + Cl_2\,(g)$, el sistema evoluciona hacia una nueva situación de equilibrio; el equilibrio se desplaza hacia la izquierda, donde el número de moles es menor (2 mol de reactivos frente a 3 mol de productos).

Cuestión 7.2

En la siguiente tabla se presentan los valores de la constante de equilibrio y la temperatura, para la síntesis del amoniaco:

$$N_2\,(g) + 3\,H_2\,(g) \rightleftarrows 2\,NH_3\,(g)$$

T (°C)	25	200	300	400	500
K_c	$6,0 \cdot 10^5$	$0,65$	$1,1 \cdot 10^{-2}$	$6,2 \cdot 10^{-4}$	$7,4 \cdot 10^{-5}$

Indique si las afirmaciones siguientes son verdaderas o falsas. Justifique su respuesta.
a) La reacción directa es endotérmica.
b) Un aumento de la presión favorece la obtención de amoniaco.

---

a) Falsa. Los datos de la cuestión muestran que un aumento de la temperatura disminuye K_c, es decir, el equilibrio se desplaza hacia la izquierda, hacia los reactivos. Según esto, la reacción directa debe ser exotérmica, ya que conforme al principio de Le Chatelier un aumento de temperatura desplaza el equilibrio para contrarrestar ese cambio hacia donde se absorbe calor.

b) Verdadera. Un aumento de presión sin que varíe la temperatura hace que el volumen del recipiente disminuya, y aumenta la concentración de los gases (aumenta el número de moles por unidad de volumen). El equilibrio evoluciona hacia la derecha (hacia la producción de amoniaco), para contrarrestar ese aumento de la concentración (principio de Le Chatelier), ya que hay sólo 2 mol de amoniaco frente a los 4 mol de reactivos.

Cuestión 7.3

Considérese el siguiente sistema en equilibrio:

$$SO_3\,(g) \;\rightleftarrows\; SO_2\,(g) \;+\; 1/2\,O_2\,(g) \quad \Delta H > 0$$

Indique si las siguientes afirmaciones son verdaderas o falsas. Justifíque su respuestas.
a) Al aumentar la concentración de oxígeno, el equilibrio no se desplaza, porque no puede variar la constante de equilibrio.
b) Al aumentar la presión total el equilibrio se desplaza hacia la izquierda.
c) Al aumentar la temperatura el equilibrio no se modifica.

---

a) Falsa. Aunque es verdad que la constante de equilibrio no varía, ya que sólo cambia con la temperatura, al aumentar la concentración de oxígeno, el sistema deja de estar en equilibrio y se desplaza en el sentido de disminuir la concentración de O_2, y así contrarrestar el aumento de concentración (principio de Le Chatelier). Para ello, el equilibrio se desplaza hacia la izquierda, en el sentido en el que desaparece O_2 y se forma SO_3.

b) Verdadera. Al aumentar de presión sin que varíe la temperatura, el volumen del recipiente disminuye, y aumenta la concentración de los gases (aumenta el número de moles por unidad de volumen). El equilibrio se desplaza hacia la izquierda (hacia la producción de trióxido de azufre), para contrarrestar ese aumento de la concentración (principio de Le Chatelier), ya que hay un sólo 1 mol de reactivos frente a un 1,5 mol de productos.

c) Falsa. Según se observa en la ecuación termoquímica, la reacción directa es endotérmica, es decir, transcurre con absorción de calor. Por tanto, un aumento de la temperatura del sistema tiende a desplazar el equilibrio para contrarrestar esa acción (principio de Le Chatelier), y lo hace hacia la derecha, hacia donde se absorbe calor.

Cuestión 7.4
---

a) Describa el efecto de un catalizador sobre el equilibrio químico.

b) Defina el cociente de reacción Q_c.

c) Diferencie entre equilibrio homogéneo y equilibrio heterogéneo.

---

a) La función de un catalizador (positivo) en una reacción química es conducir la reacción por un camino alternativo en el que la energía de activación requerida es menor. Como consecuencia, la velocidad de la reacción directa e inversa aumenta, ya que aumenta el número de moléculas activadas. Por lo tanto, el equilibrio se alcanza antes.

b) La aplicación de la ley de acción de masas a una reacción general que no haya conseguido el equilibrio es:

$$aA + bB \Longleftrightarrow cC + dD$$

$$Q_c = \frac{[C]_o^c \, [D]_o^d}{[A]_o^a \, [B]_o^b}$$

El subíndice [ ]$_o$ indica que las concentraciones pueden no corresponder a una situación de equilibrio. El conocimiento de Q_c nos sirve para establecer si un sistema determinado está en equilibrio y, en caso de que no lo esté, en qué sentido debe progresar para alcanzarlo.

Al comparar K_c con Q_c, se pueden dar tres situaciones:

- Si $Q_c > K_c$, el sistema no está en equilibrio. El sistema evoluciona hacia una nueva situación de equilibrio para que Q_c disminuya hasta llegar al valor de K_c. Para ello el denominador tiene que aumentar y el numerador, disminuir; por lo que el equilibrio se desplazará hacia la izquierda, para formar los reactivos.

- Si $Q_c < K_c$, el sistema no está en equilibrio. El sistema evoluciona hacia una nueva situación de equilibrio para que Q_c aumente hasta llegar al valor de K_c. Para ello el numerador tiene que aumentar y el denominador, disminuir; por lo que el equilibrio se desplazará hacia la derecha, para formar los productos.

- Si $Q_c = K_c$, el sistema está en equilibrio.

c) Equilibrio homogéneo es aquel en el que todas las sustancias están en la misma fase. Por ejemplo, la reacción de descomposición del yoduro de hidrógeno:

$$2HI\,(g) \rightleftarrows I_2\,(g) + H_2\,(g)$$

Las tres sustancias están en fase gaseosa.

Equilibrio heterogéneo es aquel en el que las sustancias no están en la misma fase. Por ejemplo, la reacción de descomposición del carbonato de calcio:

$$CaCO_3 \, (s) \rightleftarrows CaO \, (s) + CO_2 \, (g)$$

El carbonato de calcio y el óxido de calcio están en fase sólida, mientras que el dióxido de carbono está en fase gaseosa.

Cuestión 7.5

Para el siguiente equilibrio:

$$PCl_5 \, (g) \rightleftarrows PCl_3 \, (g) + Cl_2 \, (g) \quad \Delta H > 0$$

Indique, razonadamente, el sentido en que se desplaza el equilibrio cuando:
a) Se agrega dicloro gaseoso a la mezcla en equillibrio.
b) Se aumenta la temperatura.
c) Se aumenta la presión del sistema.

Justificamos los apartados empleando el concepto de cociente de reacción.

a) La expresión del cociente de reacción, Q_c, para el equilibrio es la siguiente:

$$Q_c = \frac{[PCl_3] \, [Cl_2]}{[PCl_5]}$$

Donde las concentraciones no corresponden a un estado de equilibrio.

Al agregar dicloro aumenta la $[Cl_2]$, el sistema no está en equilibrio y $Q_c > K_c$. El sistema evoluciona para que Q_c disminuya hasta llegar al valor de K_c. Para ello el denominador tiene que aumentar y el numerador, disminuir; por lo que el equilibrio se desplazará hacia la izquierda, para formar PCl_5.

b) La ecuación del equilibrio muestra que la reacción es endotérmica en el sentido directo, pues la variación de entalpía es mayor que cero.

Se observa, experimentalmente, que en la reacciones endotérmicas la constante de equilibrio, K_c, aumenta al aumentar temperatura. Si en nuestro sistema aumenta la temperatura, el sistema no está en equilibrio y $Q_c < K_c$. El sistema evoluciona hacia una nueva situación de equilibrio para que Q_c aumente hasta llegar al valor de K_c. Para ello el numerador tiene que aumentar y el denominador, disminuir, por lo que el equilibrio se desplazará hacia la derecha, para descomponer PCl_5, esto es, en el sentido de la reacción endotérmica.

c) Podemos poner la expresión del cociente de reacción de nuestro equilibrio de la siguiente manera:

$$Q_c = \frac{\frac{n_{PCl_3}}{V} \frac{n_{Cl_2}}{V}}{\frac{n_{PCl_5}}{V}} = \frac{n_{PCl_3}\, n_{Cl_2}}{n_{PCl_5}} \frac{1}{V}$$

Al aumentar la presión, disminuye V; el sistema no está en equilibrio y $Q_c > K_c$. El sistema evoluciona hacia una nueva situación de equilibrio para que Q_c disminuya hasta llegar al valor de K_c, y para ello, la relación $\dfrac{n_{PCl_3}\, n_{Cl_2}}{n_{PCl_5}}$ debe disminuir. Esto se consigue aumentando el denominador y disminuyendo el numerador, para lo cual, el equilibrio se desplazará hacia la izquierda, para formar PCl_5.

Cuestión 7.6

Considérese el siguiente sistema en equilibrio:

$$MX_5\,(g) \rightleftarrows MX_3\,(g) + X_2\,(g)$$

A 200 °C la constante de equilibrio K_c vale 0,022. En un momento dado las concentraciones de las sustancias presentes son: $[MX_5]=0,04\,M$, $[MX_3]=0,4\,M$ y $[X_2]=0,20\,M$.

a) Indique si, en esas condiciones, el sistema está en equilibrio. En el caso de que no estuviese en equilibrio, ¿cómo evolucionaría para alcanzarlo?

b) Discuta cómo afectaría un cambio de presión en el equilibrio.

---

a) La aplicación de la ley de acción de masas a una reacción general que no haya conseguido el equilibrio es:

$$aA + bB \Longleftrightarrow cC + dD$$

$$Q_c = \frac{[C]_o^c [D]_o^d}{[A]_o^a [B]_o^b}$$

El subíndice $[\quad]_o$ indica que las concentraciones pueden no corresponder a una situación de equilibrio.

La comparación de Q_c con K_c nos sirve para saber si el sistema está o no en equilibrio y cómo evolucionará si no lo está. Determinemos cuál es el valor de Q_c en ese momento con las concentraciones que se especifican:

$$Q_c = \frac{[MX_3]_o [X_2]_o}{[MX_5]_o} = \frac{0,4\,M \cdot 0,2\,M}{0,04\,M} = 2$$

Como $Q_c \neq K_c$, el sistema no está en equilibrio. Al ser $Q_c > K_c$ ($2 > 0,022$), el sistema evoluciona hacia una nueva situación de equilibrio para que Q_c disminuya hasta llegar al valor de K_c. Para ello el denominador tiene que aumentar y el numerador disminuir, por lo que el equilibrio se desplazará hacia la izquierda, para formar MX_5.

b) Un cambio de presión, sin que varíe la temperatura, hace que el volumen varíe, y también, la concentración de los gases (varía el número de moles por unidad de volumen). El sistema evoluciona entonces para oponerse a ese cambio:

- Si aumenta la presión, el volumen disminuye, y aumenta la concentración. El equilibrio se desplaza hacia la izquierda, donde el número de moles es menor para así disminuir la concentración de los gases, ya que hay 1 mol de reactivos frente a 2 mol de productos.

- Si disminuye la presión, el volumen aumenta, y disminuye la concentración. El equilibrio se desplaza hacia la derecha, donde el número de moles es mayor, para así aumentar la concentración de los gases.

Cuestión 7.7

Para el siguiente sistema: $SnO_2\,(s) + 2\,H_2\,(g) \rightleftarrows 2\,H_2O\,(g) + Sn\,(s)$, el valor de la constante K_p es 1,5 a 900 K y 10 a 1100 K. Indique, justificadamente, si para conseguir una mayor producción de estaño deberá:
a) Aumentar la temperatura.
b) Aumentar la presión.
c) Añadir un catalizador.

---

a) Sí. Los datos de la cuestión reflejan que al aumentar la temperatura, aumenta K_p, y, por tanto, el equilibrio se desplaza hacia la derecha, hacia la producción de Sn.

b) No. Aumentar la presión o disminuirla no va a modificar el equilibrio, ya que, de acuerdo con la ecuación del equilibrio, el número de moles de sustancias gaseosas es el mismo en los reactivos que en los productos. La concentración de las sustancias sólidas y líquidas no varía nunca, independientemente de que varíe el volumen o la presión del recipiente. Por eso, los sólidos y líquidos no se consideran al estudiar la evolución de un sistema en equilibrio cuando se altera algún factor como el volumen del recipiente, o la presión, por cambio de volumen.

c) No. La adición de un catalizador no afecta a la constante de equilibrio y, por tanto, no afecta las concentraciones de las sustancias del equilibrio. No influye, por ello, en el aumento de la producción de estaño. Sin embargo, la presencia de un catalizador sí influye en la velocidad de la reacción directa e inversa, y hace que el equilibrio se alcance antes.

Cuestión 7.8

Escriba las expresiones de las constantes Kc y Kp y establezca la relación entre ambas para los siguientes equilibrios:
a) $CO\,(g) + Cl_2\,(g) \rightleftarrows COCl_2\,(g)$.
b) $2\,HgO\,(s) \rightleftarrows 2\,Hg\,(l) + O_2\,(g)$.

---

a) Las expresiones de las constantes de equilibrio K_c y K_p para el equilibrio son:

$$K_c = \frac{[COCl_2]}{[CO][Cl_2]} \qquad K_p = \frac{p_{COCl_2}}{p_{CO}\,p_{Cl_2}}$$

La relación entre ambas constante es:

$$K_p = K_c(RT)^{\Delta n_{gas}} = K_c(RT)^{-1} = \frac{K_c}{RT} \quad \lfloor \Delta n_{gas} = n_f - n_i = 1 - 2 = -1 \rfloor$$

b) Las expresiones de las constantes de equilibrio K_c y K_p para el equilibrio son:

$$K_c = [O_2] \qquad K_p = p_{O_2}$$

La relación entre ambas constante es:

$$K_p = K_c(RT)^{\Delta n_{gas}} = K_c(RT)^1 = K_c RT \quad \lfloor \Delta n_{gas} = n_f - n_i = 1 - 0 = 1 \rfloor$$

Cuestión 7.9

Para el siguiente sistema en equilibrio:

$$H_2\,(g) + I_2\,(g) \rightleftarrows 2\,HI\,(g) \qquad \Delta H < 0$$

a) Indique, razonadamente, cómo afectará al equilibrio un aumento de la temperatura.
b) Establezca la relación existente entre K_c y K_p para este equilibrio.
c) Si para la reacción directa el valor de K_c es 0,016 a 800 K, ¿cuál será el valor de K_c para la reacción inversa, a la misma temperatura?

---

a) Según se observa en la ecuación termoquímica, la reacción directa es exotérmica, es decir, transcurre con desprendimiento de calor. Por tanto, un aumento de la temperatura del sistema tiende a desplazar el equilibrio para contrarrestar esa acción (principio de Le Chatelier), y lo hace hacia la izquierda, en el sentido hacia donde se absorbe calor.

b) Ambas constantes son numéricamente iguales, ya que no hay variación en el número de moles de sustancias gaseosas:

$$K_p = K_c(RT)^{\Delta n_{\text{gas}}} = K_c(RT)^0 = K_c \quad \lfloor \Delta n_{\text{gas}} = n_f - n_i = 2 - 2 = 0 \rfloor$$

c) Si llamamos K_c a la constante de la reacción directa y K_c' a la constante de la reacción inversa, tenemos:

$$K_c = \frac{[\text{HI}]^2}{[\text{H}_2][\text{I}_2]} \qquad K_c' = \frac{[\text{H}_2][\text{I}_2]}{[\text{HI}]^2}$$

De la comparación de ambas expresiones se observa que:

$$K_c' = \frac{1}{K_c} = \frac{1}{0,016} = 62,5$$

Por tanto, si se invierte el orden de los reactivos y de los productos en una reacción reversible, la nueva constante de equilibrio es igual al valor inverso de la constante de equilibrio anterior.

Cuestión 7.10

En un matraz vacío se introducen igual número de moles de H_2 y N_2, que reaccionan según la ecuación:

$$N_2\,(g) + 3\,H_2\,(g) \rightleftarrows 2\,NH_3\,(g)$$

Indique, justificadamente, si, una vez alcanzado el equilibrio, las siguientes afirmaciones son verdaderas o falsas:
a) Hay doble número de moles de amoniaco que el que había inicialmente de N_2.
b) La presión parcial de dinitrógeno será mayor que la presión parcial de dihidrógeno.
c) La presión total será igual a la presión de amoniaco elevada al cuadrado.

---

a) Falsa. Según la estequiometría de la reacción, se forman el doble de moles de amoniaco de los que desaparecen de dinitrógeno; no el doble de los moles iniciales de dinitrógeno.

b) Verdadera. Según la estequiometría de la reacción, por cada mol que se consume de dinitrógeno, se consumen tres moles de dinitrógeno. Puesto que inicialmente hay el mismo número de moles de ambas sustancias, en el equilibrio habrá más moles de dinitrógeno que de dihidrógeno, y como la presión parcial de un gas es directamente proporcional al número de moles del mismo, la presión parcial de dinitrógeno será mayor que la de dihidrógeno.

c) Falsa. La presión total es la suma de las presiones parciales de los gases presentes en el equilibrio: $p_{total} = p_{N_2} + p_{H_2} + p_{NH_3}$

Cuestión 7.11

Sea el siguiente sistema en equilibrio:

$$CaCO_3\,(s) \rightleftarrows CaO\,(s) + CO_2\,(g)$$

Indique, razonadamente, si las siguientes afirmaciones son verdaderas o falsas:
a) La presión total del reactor será igual a la presión parcial del CO_2.
b) K_p es igual a la presión parcial del CO_2.
c) K_p y K_c son iguales.

a) Verdadera. Se trata de un equilibrio heterogéneo y el dióxido de carbono es el único gas de este sistema.

b) Verdadera. La expresión de K_p de un equilibrio heterogéneo es el cociente entre las presiones parciales de productos y reactivos en estado gaseoso presentes en el equilibrio.

c) Falsa. La relación entre ambas constante es:

$$K_p = K_c(RT)^{\Delta n_{gas}} = K_c(RT)^1 = K_cRT \quad \lfloor \Delta n_{gas} = n_f - n_i = 1 - 0 = 1 \rfloor$$

Problema 7.12

Para la reacción:
$$CO_2\,(g) + C\,(s) \rightleftarrows 2\,CO\,(g)$$

$K_p = 10$, a la temperatura de 815 °C. Calcule, en el equilibrio:
a) Las presiones parciales de CO_2 y CO a esa temperatura, cuando la presión total en el reactor es de 2 atm.
b) Los moles de CO_2 y CO, si el volumen del reactor es de 3 L.
Dato: $R = 0,082\,\dfrac{atm \cdot L}{K \cdot mol}$.

a) Se trata de un equilibrio heterogéneo, ya que sus componentes no están en la misma fase (el carbono está en estado sólido):

$$CO_2\,(g) + C\,(s) \rightleftarrows 2\,CO\,(g)$$

Como conocemos la presión total en el equilibrio y K_p, podemos establecer un sistema de ecuaciones para calcular p_{CO_2} y p_{CO}:

$$p_{total} = p_{CO_2} + p_{CO} \qquad K_p = \frac{p_{CO}^2}{p_{CO_2}}$$

Sustituimos los valores de p_{total} y K_p en el sistema de ecuaciones:

$$2 = p_{CO_2} + p_{CO} \qquad 10 = \frac{p_{CO}^2}{p_{CO_2}}$$

Al resolver el sistema, obtenemos la ecuación de segundo grado:

$$p_{CO}^2 + 10p_{CO} - 20 = 0$$

Una de las soluciones es $p_{CO} = 1,71\,atm$ (la otra no tiene sentido físico).

Sustituimos el valor de p_{CO} en la primera ecuación y despejamos p_{CO_2}, para obtener así su valor:

$$p_{CO_2} = 2 - p_{CO} = 2\,atm - 1,71\,atm = 0,290\,atm$$

b) Calculamos el número de moles de cada componente mediante la ecuación de estado de los gases ideales:

$$n_{CO} = \frac{p_{CO}V}{RT} = \frac{1,71\,atm \cdot 3\,L}{0,082\,\dfrac{atm \cdot L}{K \cdot mol} \cdot 1088\,K} = 0,0575\,mol\,CO$$

$$n_{CO_2} = \frac{p_{CO_2}V}{RT} = \frac{0,29\,atm \cdot 3\,L}{0,082\,\dfrac{atm \cdot L}{K \cdot mol} \cdot 1088\,K} = 0,00975\,mol\,CO_2$$

Problema 7.13

A 25 °C el valor de la constante K_p es 0,114 para la reacción en equilibrio:

$$N_2O_4\,(g) \rightleftarrows 2\,NO_2\,(g)$$

En un recipiente de un litro de capacidad se introducen 0,05 moles de $N_2O_4\,(g)$ a 25 °C. Calcule, una vez alcanzado el equilibrio:
a) El grado de disociación del $N_2O_4\,(g)$.
b) Las presiones parciales de $N_2O_4\,(g)$ y $NO_2\,(g)$.
$R = 0,082\,atm \cdot L\,K^{-1} \cdot mol^{-1}$.

a) Si inicialmente tenemos 0,05 mol de N_2O_4, y suponemos que se disocian x mol del mismo, la tabla de datos en el formato ICE (inicio, cambios, equilibrio) correspondiente al equilibrio es la siguiente:

	N_2O_4 (g) $\rightleftarrows$	$2\,NO_2$ (g)
n_o (mol)	0,05	—
Cambios (mol)	$-x$	$2\,x$
n (mol)	$0,05 - x$	$2\,x$
[ ] (mol/L)	$\dfrac{0,05 - x}{1}$	$\dfrac{2\,x}{1}$

Para calcular el grado de disociación, tenemos que conocer los moles de tetraóxido de dinitrógeno que se disocian, x. Para ello, determinamos el valor de K_c, puesto que las concentraciones de las especies en el equilibrio están relacionadas con esta constante. La averiguamos a partir de K_p:

$$K_c = \frac{K_p}{(RT)^{\Delta n_{\text{gas}}}} = \frac{0,114}{0,082 \cdot 298} = 0,00466$$

$\lfloor \Delta n_{\text{gas}} = n_f - n_i = 2 - 1 = 1;\ T = t\,(^{\circ}C) + 273 = 25\,^{\circ}C + 273 = 298\,K;\ K_p = 0,114 \rfloor$

La expresión de la constante de equilibrio para esta reacción es la siguiente:

$$K_c = \frac{[NO_2]^2}{[N_2O_4]}$$

Sustituyendo en la ecuación el valor hallado de K_c y las concentraciones de las especies en el equilibrio en función de x, tenemos:

$$0,00466 = \frac{\left(\dfrac{2x}{1}\right)^2}{\dfrac{0,05 - x}{1}}$$

Obtenemos la ecuación de segundo grado: $4\,x^2 + 0,00466\,x - 0,000233 = 0$, una de cuyas soluciones es $x = 0,00707$ mol.

Calculamos el grado de disociación, α, que es la fracción de mol de tetraóxido de dinitrógeno que se ha disociado:

$$\alpha = \frac{x}{n_o} = \frac{0,00707\,\text{mol}}{0,05\,\text{mol}} = 0,141$$

El grado de disociación, en tanto por ciento, es del 14,1 %.

b) Calculamos la presión parcial de cada gas, p_i, en la mezcla mediante la ecuación de los gases perfectos, siendo n_i el número de moles de cada gas en el equilibrio:

$$p_i = \frac{n_i RT}{V}$$

- Presión parcial del N_2O_4:

$$p_{N_2O_4} = \frac{n_{N_2O_4}RT}{V} = \frac{0,0429 \,\text{mol} \cdot 0,082 \,\dfrac{\text{atm} \cdot \text{L}}{\text{K} \cdot \text{mol}} \cdot 298 \,\text{K}}{1 \,\text{L}} = 1,05 \,\text{atm}$$

$$\lfloor n_{N_2O_4} = 0,05 - x = 0,05 - 0,00707 = 0,0429 \,\text{mol}; \ T = 298 \,\text{K}; \ V = 1 \,\text{L} \rfloor$$

- Presión parcial del NO_2:

$$p_{NO_2} = \frac{n_{NO_2}RT}{V} = \frac{0,0141 \,\text{mol} \cdot 0,082 \,\dfrac{\text{atm} \cdot \text{L}}{\text{K} \cdot \text{mol}} \cdot 298 \,\text{K}}{1 \,\text{L}} = 0,344 \,\text{atm}$$

$$\lfloor n_{NO_2} = 2x = 0,0141 \,\text{mol}; \ T = 298 \,\text{K}; \ V = 1 \,\text{L} \rfloor$$

Problema 7.14

Para la reacción en equilibrio:

$$SnO_2(s) + 2\,H_2(g) \rightleftarrows Sn(s) + 2\,H_2O(g)$$

a 750 °C, la presión total del sistema es 32,0 mm de Hg y la presión parcial del agua 23,7 mm de Hg. Calcule:
a) El valor de la constante K_p para dicha reacción, a 750 °C.
b) El número de moles de vapor de agua y de dihidrógeno presentes en el equilibrio, sabiendo que el volumen del reactor es de dos litros.
Dato: R $= 0,082 \,\text{atm} \cdot \text{L} \cdot \text{K}^{-1} \cdot \text{mol}^{-1}$.

---

a) Se trata de un equilibrio heterogéneo, ya que sus componentes no están en la misma fase (el óxido de estaño(IV) y el estaño se encuentran en fase sólida).

Determinamos el valor de la constante de equilibrio, K_p, sustituyendo en la expresión de la constante de equilibrio las presiones parciales ejercidas por el vapor de agua y por el dihidrógeno, las dos únicas sustancias que se encuentran en estado gaseoso:

$$K_p = \frac{p_{H_2O}^2}{p_{H_2}^2} = \frac{(23,7 \,\text{mm Hg})^2}{(8,3 \,\text{mm Hg})^2} = 8,15$$

$$\lfloor p_{H_2O} = 23,7 \,\text{mm Hg}; \ p_{H_2} = p_{\text{total}} - p_{H_2O} = (32,0 - 23,7) \,\text{mm Hg} = 8,3 \,\text{mm Hg} \rfloor$$

b) Si consideramos que los gases se comportan como gases ideales, la presión que ejerce cada uno de ellos en la mezcla es independiente de la presencia del otro. Si

n_i es el número de moles del gas i; T, la temperatura del sistema; y V, el volumen del recipiente, el valor de la presión de cada gas, p_i, es:

$$p_i = \frac{n_i RT}{V}$$

Despejando n_i, queda:

$$n_i = \frac{p_i V}{RT}$$

- El número de moles de agua es:

$$n_{H_2O} = \frac{p_{H_2O} V}{RT} = \frac{23,7 \, \text{mm Hg} \cdot \dfrac{1 \, \text{atm}}{760 \, \text{mm Hg}} \cdot 2 \, \text{L}}{0,082 \, \dfrac{\text{atm} \cdot \text{L}}{\text{K} \cdot \text{mol}} \cdot 1023 \, \text{K}} = 7,43 \cdot 10^{-4} \, \text{mol H}_2\text{O}$$

$$\lfloor T = 1023 \, \text{K}; \; V = 2 \, \text{L}; \; p_{H_2O} = 23,7 \, \text{mm Hg} \rfloor$$

- El número de moles de dihidrógeno es:

$$n_{H_2} = \frac{p_{H_2} V}{RT} = \frac{8,3 \, \text{mm Hg} \cdot \dfrac{1 \, \text{atm}}{760 \, \text{mm Hg}} \cdot 2 \, \text{L}}{0,082 \, \dfrac{\text{atm} \cdot \text{L}}{\text{K} \cdot \text{mol}} \cdot 1023 \, \text{K}} = 2,60 \cdot 10^{-4} \, \text{mol H}_2$$

$$\lfloor T = 1023 \, \text{K}; \; V = 2 \, \text{L}; \; p_{H_2} = 8,3 \, \text{mm Hg} \rfloor$$

Problema 7.15

El cloruro de amonio se descompone según la reacción:

$$NH_4Cl \, (s) \rightleftharpoons NH_3 \, (g) + HCl \, (g)$$

En un recipiente de 5 L, en el que previamente se ha hecho el vacío, se introducen 2,5 g de cloruro de amonio y se calientan a 300 °C hasta que se alcanza el equilibrio. El valor de K_p a dicha temperatura es $1,2 \cdot 10^{-3}$. Calcule:

a) La presión total de la mezcla en el equilibrio.

b) La masa de cloruro de amonio sólido que queda en el recipiente.

Dato: $R = 0,082 \, \text{atm} \cdot \text{L} \cdot \text{K}^{-1} \cdot \text{mol}^{-1}$. Masas atómicas: H=1; N=14; Cl=35,5.

---

a) Se trata de un equilibrio heterogéneo, ya que sus componentes no están en la misma fase (el cloruro de amonio se encuentra en fase sólida).

Determinamos el valor de la constante de equilibrio, K_p, sustituyendo en la expresión de la constante de equilibrio las presiones parciales ejercidas por el amoniaco y del cloruro de hidrógeno, las dos sustancias que se encuentran en estado gaseoso:

$$K_p = p_{NH_3}\, p_{HCl} = p \cdot p = p^2$$

Hemos tenido en cuenta que $p_{NH_3} = p_{HCl} = p$, ya que en el equilibrio $n_{NH_3} = n_{HCl}$, puesto que por cada mol que se disocia de NH_4Cl se forma 1 mol de NH_3 y 1 mol de HCl.

Despejando p, obtenemos que:

$$p = \sqrt{K_p} = \sqrt{1,2 \cdot 10^{-3}} = 0,0346 \,\text{atm}$$

La presión total, p_{total}, es:

$$p_{total} = p_{NH_3} + p_{HCl} = 2p = 2 \cdot 0,0346\,\text{atm} = 0,0692\,\text{atm}$$

b) Calculamos primero los moles iniciales, n_o, de NH_4Cl:

$$n = \frac{m}{M_m} = \frac{2,5\,\text{g}}{53,5\,\text{g/mol}} = 0,0467\,\text{mol}$$

Si inicialmente tenemos 0,0467 mol de $NH_4Cl\,(s)$ y suponemos que se disocian x mol del mismo, la tabla de datos en el formato ICE (inicio, cambios, equilibrio) correspondiente al equilibrio es la siguiente:

	$NH_4Cl\,(s)$	$\rightleftarrows$	$NH_3\,(g)$	$+$	$HCl\,(g)$
$n_o\,(mol)$	0,0467		$-$		$-$
$Cambios\,(mol)$	$-x$		x		x
$n\,(mol)$	$0,0467 - x$		x		x

x, el número de moles de $NH_4Cl\,(s)$ que se disocia, podemos determinarlo, porque, según vemos en la tabla, coincide con los moles de NH_3 o HCl presentes en el equilibrio; los cuales podemos calcularlos mediante la ecuación de los gases ideales, porque conocemos sus presiones parciales en el equilibrio:

$$n_{NH_3} = n_{HCl} = x = \frac{pV}{RT} = \frac{0,0346\,\text{atm} \cdot 5L}{0,082\,\text{atm} \cdot L \cdot K^{-1} \cdot mol^{-1} \cdot 573\,K} = 0,00368\,\text{mol}$$

Los moles de NH_4Cl que quedan en el recipiente serán por tanto:

$$n = n_o - x = 0,0467 - 0,00368 = 0,0430\,\text{mol } NH_4Cl$$

La masa que corresponde a esa cantidad de materia será:

$$m = n \cdot M_m = 0,0430 \cdot 53,5\,\text{g/mol} = 2,30\,\text{g } NH_4Cl$$

Problema 7.16

En un recipiente de 10 litros de capacidad se introducen 2 moles de compuesto A y 1 mol del compuesto B. Se calienta a 300 °C y se establece el siguiente equilibrio:

$$A(g) + 3\,B(g) \rightleftharpoons 2\,C\,(g)$$

Cuando se alcanza el equilibrio, el número de moles de B es igual al de C. Calcule:
a) El número de moles de cada componente en el equilibrio.
b) El valor de las constantes K_p y K_c.
Dato: $R = 0,082\,\text{atm} \cdot \text{L} \cdot \text{K}^{-1} \cdot \text{mol}^{-1}$.

---

a) Si inicialmente tenemos 2 mol de A y 1 mol de B, y suponemos que, de acuerdo con la estequiometría de la reacción, reaccionan x mol de A con $3x$ mol de B, la tabla de datos en el formato ICE (inicio, cambios, equilibrio) correspondiente al equilibrio es la siguiente:

	A(g)	+	3 B(g)	$\rightleftharpoons$	2 C(g)
n_o (mol)	2		1		–
$Cambios$ (mol)	$-x$		$-3\,x$		$2x$
n (mol)	$2 - x$		$1 - 3x$		$2x$

Como en el equilibrio $n_B = n_C$, entonces $1 - 3x = 2x$ y $x = 0,2$ mol.

Averiguamos los moles de cada componente:

$$n_A = 2 - x = 2 - 0,2 = 1,8\,\text{mol}$$
$$n_B = 1 - 3x = 1 - 3 \cdot 0,2 = 0,4\,\text{mol}$$
$$n_C = 2x = 2 \cdot 0,2 = 0,4\,\text{mol}$$

b) Averiguamos primero la constante de equilibrio, K_c:

$$K_c = \frac{[C]^2}{[A][B]^3}$$

Para ello, determinamos las concentraciones de las especies en el equilibrio, teniendo en cuenta que el volumen del recipiente es de 10 L, y sustituimos los valores de las concentraciones en la expresión de la constante de equilibrio:

$$[A] = \frac{n_A}{V} = \frac{1,8\,\text{mol}}{10\,\text{L}} = 0,18\,\text{M}$$
$$[B] = \frac{n_B}{V} = \frac{0,4\,\text{mol}}{10\,\text{L}} = 0,04\,\text{M}$$
$$[C] = \frac{n_C}{V} = \frac{0,4\,\text{mol}}{10\,\text{L}} = 0,04\,\text{M}$$

$$K_c = \frac{[C]^2}{[A][B]^3} = \frac{(0,04\,\text{mol/L})^2}{(0,18\,\text{mol/L})(0,04\,\text{mol/L})^3} = 139$$

Averiguamos ahora K_p:

$$K_p = K_c(RT)^{\Delta n_{\text{gas}}} = 139 \cdot (0,082 \cdot 573)^{-2} = 0,0630$$

$$\lfloor \Delta n_{\text{gas}} = n_f - n_i = 2 - 4 = -2;$$

$$R = 0,082\,\text{atm} \cdot \text{L} \cdot \text{K}^{-1} \cdot \text{mol}^{-1}; \ T = 300\,^\circ\text{C} + 273 = 573\,\text{K}\rfloor$$

Problema 7.17

En un recipiente de 10 L a 800 K, se introducen 1 mol de CO (g) y 1 mol de H_2O (g). Cuando se alcanza el equilibrio representado por la ecuación:

$$\text{CO (g)} + \text{H}_2\text{O (g)} \rightleftharpoons \text{CO}_2\text{ (g)} + \text{H}_2\text{ (g)}$$

El recipiente contiene 0,655 moles de CO_2 (g) y 0,655 moles de H_2 (g). Calcule:

a) Las concentraciones de los cuatro gases en el equilibrio.
b) El valor de las constantes K_c y K_p para dicha reacción a 800 K.
Dato: $R = 0,082$ atm $\cdot$ L $\cdot$ K^{-1} $\cdot$ mol^{-1}.

---

a) Si inicialmente tenemos 1 mol de CO (g) y 1 mol de H_2O (g), y suponemos que, de acuerdo con la estequiometría, reaccionan x mol de CO(g) con x mol de H_2O(g), la tabla de datos en el formato ICE (inicio, cambios, equilibrio) correspondiente al equilibrio es la siguiente:

	CO (g)	+	H$_2$O (g)	$\rightleftharpoons$	CO$_2$ (g)	+	H$_2$ (g)
n_o (mol)	1		1		—		—
$Cambios$ (mol)	$-x$		$-x$		x		x
n (mol)	$1 - x$		$1 - x$		x		x

Como en el equilibrio $\ n_{CO_2} = n_{H_2} = 0,655\,\text{mol} \Rightarrow x = 0,655\,\text{mol} \ $ y

$$n_{CO} = n_{H_2O} = 1 - x = 1 - 0,655 = 0,345\,\text{mol}$$

Las concentraciones de cada componente, teniendo en cuenta que el volumen del sistema es de 10 L, son:

$$[CO_2] = [H_2] = \frac{n}{V} = \frac{0,655\,\text{mol}}{10\,\text{L}} = 0,0655\,\text{M}$$

$$[CO] = [H_2O] = \frac{n}{V} = \frac{0,345\,\text{mol}}{10\,\text{L}} = 0,0345\,\text{M}$$

b) Calculamos el valor de la constante de equilibrio, K_c, conocidas las concentraciones en el equilibrio:

$$K_c = \frac{[CO_2][H_2]}{[CO][H_2O]} = \frac{(0,0655\,\text{mol/L}) \cdot (0,0655\,\text{mol/L})}{(0,0345\,\text{mol/L}) \cdot (0,0345\,\text{mol/L})} = 3,60$$

Averiguamos ahora K_p:

$$K_p = K_c(RT)^{\Delta n_{\text{gas}}} = 3,60$$

$$\lfloor \Delta n_{\text{gas}} = n_f - n_i = 2 - 2 = 0; \quad (RT)^{\Delta n_{\text{gas}}} = (RT)^0 = 1 \rfloor$$

Problema 7.18

Cuando se calienta el pentacloruro de fósforo, se disocia según:

$$PCl_5\,(g) \rightleftarrows PCl_3\,(g) + Cl_2\,(g)$$

A 250 °C, la constante K_p es igual a 1,79. Un recipiente de 1,00 dm^3, que contiene inicialmente 0,01 mol de PCl$_5$ se calienta hasta 250 °C. Una vez alcanzado el equilibrio, calcule:

a) El grado de disociación de PCl$_5$ en las condiciones señaladas.

b) Las concentraciones de todas las especies químicas presentes en el equilibrio.

Dato: $R = 0,082\,\text{atm} \cdot \text{L} \cdot \text{K}^{-1} \cdot \text{mol}^{-1}$

---

a) Si inicialmente tenemos 0,01 mol de PCl$_5$ (g), y suponemos que se disocian x mol del mismo, la tabla de datos en el formato ICE (inicio, cambios, equilibrio) correspondiente al equilibrio es la siguiente:

	PCl$_5$ (g)	$\rightleftarrows$	PCl$_3$ (g)	+	Cl$_2$ (g)
n_o (mol)	0,01		$-$		$-$
$Cambios$ (mol)	$-x$		x		x
n (moles)	$0,01 - x$		x		x
[ ] (mol/L)	$(0,01 - x)/1$		$x/1$		$x/1$

Para determinar el grado de disociación, α, calculamos x, relacionando la constante de equilibrio K_c con las concentraciones en el equilibrio de las sustancias en función de x.

Pero antes, calculamos K_c a parir de K_p:

$$K_c = \frac{K_p}{(RT)^{\Delta n_{\text{gas}}}} = \frac{1,79}{0,082 \cdot 523} = 0,0417$$

$$\lfloor K_p = 1,79; \ T = 273 + 250\,^\circ\text{C} = 523\,\text{K}; \ \Delta n_{\text{gas}} = n_{\text{f}} - n_{\text{i}} = 2 - 1 = 1 \rfloor$$

La expresión de K_c para este equilibrio es la siguiente:

$$K_c = \frac{[\text{PCl}_3][\text{Cl}_2]}{[\text{PCl}_5]}$$

Sustituyendo en la expresión anterior tanto el valor de K_c como el de las concentraciones en el equilibrio, podemos determinar el valor de x:

$$0,0417 = \frac{\dfrac{x}{1} \cdot \dfrac{x}{1}}{\dfrac{0,01 - x}{1}}$$

$$x^2 + 0,0417x - 0,000417 = 0; \quad x = 0,00833\,\text{mol} \quad (\text{solución positiva})$$

El grado de disociación, α, es la fracción de mol que se disocia:

$$\alpha = \frac{x}{n_o} = \frac{0,00833\,\text{mol}}{0,01\,\text{mol}} = 0,833$$

b) Las concentraciones de las especies en el equilibrio, teniendo en cuenta que el volumen del recipiente es de 1 L, son:

$$[\text{PCl}_3] = [\text{Cl}_2] = \frac{x}{1} = \frac{0,00833\,\text{mol}}{1\,\text{L}} = 0,00833\,\text{M}$$

$$[\text{PCl}_5] = \frac{0,01 - x}{1} = \frac{0,01\,\text{mol} - 0,00833\,\text{mol}}{1\,\text{L}} = \frac{0,00167\,\text{mol}}{1\,\text{L}} = 0,00167\,\text{M}$$

Problema 7.19

El NO_2 y el SO_2 reaccionan según la ecuación:

$$\text{NO}_2(\text{g}) + \text{SO}_2(\text{g}) \rightleftarrows \text{NO}(\text{g}) + \text{SO}_3(\text{g})$$

Una vez alcanzado el equilibrio, la composición de la mezcla contenida en un recipiente de 1 litro de capacidad es: 0,6 moles de SO_3, 0,4 moles de NO, 0,1 moles de NO_2 y 0,8 moles de SO_2. Calcule:
a) El valor de K_p en esas condiciones de equilibrio.
b) La cantidad en moles de NO que habría que añadir al recipiente, en las mismas condiciones, para que la cantidad de NO_2 fuera 0,3 moles.

a) Calculamos K_p a partir de K_c, cuyo cálculo es inmediato, puesto que podemos conocer la concentración en el equilibrio de las sustancias a partir de los moles de las sustancias en el equilibrio y el volumen del recipiente (1 L):

$$NO_2\,(g) \quad + \quad SO_2\,(g) \quad \rightleftarrows \quad NO\,(g) \quad + \quad SO_3\,(g)$$

	$NO_2\,(g)$	$SO_2\,(g)$	$NO\,(g)$	$SO_3\,(g)$
n (mol)	$0,1$	$0,8$	$0,4$	$0,6$
[ ] mol/L	$0,1/1$	$0,8/1$	$0,4/1$	$0,6/1$

$$K_c = \frac{[NO][SO_3]}{[NO_2][SO_2]} = \frac{(0,4\,\text{mol/L}) \cdot (0,6\,\text{mol/L})}{(0,1\,\text{mol/L}) \cdot (0,8\,\text{mol/L})} = 3$$

Cálculo de K_p:

$$K_p = K_c(RT)^{\Delta n_{\text{gas}}} = 3 \cdot 1 = 3$$

$$\lfloor \Delta n_{\text{gas}} = n_f - n_i = 2 - 2 = 0 \Rightarrow (RT)^0 = 1 \rfloor$$

b) Al añadir NO, aumenta la concentración de NO y el sistema ya no está en equilibrio. El sistema evoluciona hasta un nuevo estado de equilibrio y lo hace eliminando NO (también SO_3); el equilibrio se desplaza hacia la izquierda, de acuerdo con el principio de Le Chatelier.

Si llamamos y a los moles de NO añadidos y x a los moles que desaparecen de NO y SO_3, la tabla de datos en el acostrumbrado formato ICE para el nuevo equilibrio es la siguiente:

$$NO_2\,(g) \quad + \quad SO_2\,(g) \quad \rightleftarrows \quad NO\,(g) \quad + \quad SO_3\,(g)$$

	$NO_2\,(g)$	$SO_2\,(g)$	$NO\,(g)$	$SO_3\,(g)$
n_o (mol)	$0,1$	$0,8$	$0,4 + y$	$0,6$
Cambios (mol)	$+x$	$+x$	$-x$	$-x$
n (mol)	$0,1 + x$	$0,8 + x$	$(0,4 + y) - x$	$0,6 - x$

Si la cantidad de NO_2 en el nuevo equilibrio es 0,3 mol, podemos conocer x y, por tanto, los moles de las otras sustancias en el nuevo equilibrio (los moles de NO los conocemos en función de y:)

Si $0,1 + x = 0,3\,\text{mol} \Rightarrow x = 0,2\,\text{mol}$ y, por tanto:

$$
\begin{aligned}
n_{SO_2} &= 0,8 + x = 0,8 + 0,2 = 1\,\text{mol} \\
n_{SO_3} &= 0,6 - x = 0,6 - 0,2 = 0,4\,\text{mol} \\
n_{NO} &= (0,4 + y) - x = (0,4 + y) - 0,2 = 0,2 + y
\end{aligned}
$$

Para determinar los moles añadidos de NO, y, hemos de tener en cuenta que las concentraciones de las especies en el nuevo equilibrio están relacionadas a través de la constante de equilibrio, que no ha variado, porque la temperatura sigue siendo la misma:

$$K_c = \frac{[NO][SO_3]}{[NO_2][SO_2]}$$

$$3 = \frac{(0,2 + y) \cdot 0,4}{0,3 \cdot 1}$$

$$[[NO] = \frac{(0,2+y)\,\text{mol}}{1\,\text{L}} = (0,2+y)\,\text{M}; \quad [SO_3] = \frac{0,4\,\text{mol}}{1\,\text{L}} = 0,4\,\text{M};$$

$$[NO_2] = \frac{0,3\,\text{mol}}{1\,\text{L}} = 0,3\,\text{M}; \quad [SO_2] = \frac{1\,\text{mol}}{1\,\text{L}} = 1\,\text{M}]$$

Resolviendo la ecuación, obtenemos el valor de y:

$$y = 2,05\,\text{mol de NO}$$

Problema 7.20

A 670 K, un recipiente de un litro contiene una mezcla gaseosa en equilibrio de 0,003 moles de dihidrógeno, 0,003 moles de diyodo y 0,024 moles de yoduro de hidrógeno, según:

$$H_2\,(g) + I_2\,(g) \rightleftarrows 2\,HI\,(g)$$

En estas condiciones, calcule:
a) El valor de K_c y K_p.
b) La presión total en el recipiente y las presiones parciales de los gases de la mezcla.
Dato: $R = 0,082\,\text{atm} \cdot \text{L} \cdot \text{K}^{-1} \cdot \text{mol}^{-1}$.

---

a) El cálculo de K_c y K_p es inmediato:

- Cálculo de K_p

  Calculamos primero las concentraciones de las especies en el equilibrio a partir de los moles en el equilibrio y el volumen del recipiente, 1L:

$$
\begin{array}{ccccc}
 & H_2\,(g) & + & I_2\,(g) & \rightleftarrows & 2\,HI\,(g) \\
[\ \ ]\,(\text{mol/L}) & 0,003 & & 0,003 & & 0,024
\end{array}
$$

$$K_c = \frac{[HI]^2}{[H_2][I_2]} = \frac{(0,024\,\text{mol/L})^2}{(0,003\,\text{mol/L}) \cdot (0,003\,\text{mol/L})} = 64$$

- Cálculo de K_p

  Sustituyendo K_c y la variación en el número de moles de las sustancias que intervienen el la reacción, tenemos:

$$K_p = K_c(RT)^{\Delta n_{\text{gas}}} = 64 \cdot 1 = 64$$

$$\lfloor \Delta n_{\text{gas}} = n_f - n_i = 2 - 2 = 0 \Rightarrow (RT)^0 = 1 \rfloor$$

b) Suponiendo que las sustancias gaseosas presentes en el equilibrio se comportan como gases ideales, la presión total en el equilibrio será directamente proporcional al número total de moles:

$$p_{\text{total}} = \frac{n_{\text{totales}} RT}{V} = \frac{0,030\,\text{mol} \cdot 0,082\,\dfrac{\text{atm} \cdot \text{L}}{\text{K} \cdot \text{mol}} \cdot 670\,\text{K}}{1\,\text{L}} = 1,65\,\text{atm}$$

$$\left\lfloor n_{\text{totales}} = n_{\text{I}_2} + n_{\text{H}_2} + n_{\text{HI}} = 0,003 + 0,003 + 0,024 = 0,030\,\text{mol} \right\rfloor$$

La presión parcial ejercida por cada gas en el equilibrio será, de la misma manera, directamente proporcional al número de moles del gas. Como hay el mismo número de moles de diyodo y de dihidrógeno, sus presiones parciales serán iguales:

$$p_{\text{I}_2} = p_{\text{H}_2} = \frac{n_{\text{gas}} RT}{V} = \frac{0,003\,\text{mol} \cdot 0,082\,\dfrac{\text{atm} \cdot \text{L}}{\text{K} \cdot \text{mol}} \cdot 670\,\text{K}}{1\,\text{L}} = 0,165\,\text{atm}$$

La presión parcial ejercida por el yoduro de hidrógeno la calculamos como la diferencia entre la presión total y la suma de las presiones ejercidas por el diyodo y el dihidrógeno:

$$p_{\text{HI}} = p_{\text{total}} - (p_{\text{I}_2} + p_{\text{H}_2}) = 1,65\,\text{atm} - (0,165\,\text{atm} + 0,165\,\text{atm}) = 1,32\,\text{atm}$$

Problema 7.21

Se establece el siguiente equilibrio:

$$C\,(s) + CO_2\,(g) \rightleftarrows 2\,CO\,(g)$$

A 600 °C y 2 atmósferas, la fase gaseosa contiene 5 moles de dióxido de carbono por cada 100 moles de monóxido de carbono, calcule:
a) Las fracciones molares y las presiones parciales de los gases en el equilibrio.
b) Los valores de K_c y K_p a esa temperatura.
Dato: $R = 0,082\,\text{atm} \cdot \text{L} \cdot \text{K}^{-1} \cdot \text{mol}^{-1}$.

---

a) El equilibrio en cuestión es heterogéneo, ya que sus componentes no están en la misma fase (el carbono está en estado sólido):

$$C\,(s) + CO_2\,(g) \rightleftarrows 2\,CO\,(g)$$

Calculamos la fracción molar de cada componente, χ_i, considerando que hay 5 mol de CO_2 por cada 100 mol de CO o, lo que es lo mismo, que por cada 105 mol de componentes gaseosos 5 mol son de CO_2 y 100 de CO:

$$\chi_{CO_2} = \frac{n_{CO_2}}{n_{\text{totales}}} = \frac{5\,\text{mol}}{105\,\text{mol}} = 0,0476$$

$$\chi_{CO} = 1 - \chi_{CO_2} = 1 - 0,0476 = 0,952$$

La presión parcial de cada componente es proporcional a su fracción molar:

$$p_{CO_2} = \chi_{CO_2} p_{\text{total}} = 0,0476 \cdot 2\,\text{atm} = 0,0952\,\text{atm}$$

Calculamos la presión parcial del CO como la diferencia entre la presión total y la presión parcial ejercida por el dióxido de carbono:

$$p_{CO} = p_{\text{total}} - p_{CO_2} = 2\,\text{atm} - 0,0952\,\text{atm} = 1,90\,\text{atm}$$

b) Calculamos K_p conocidas las presiones parciales de los gases en el equilibrio:

$$K_p = \frac{p_{CO}^2}{p_{CO_2}} = \frac{(1,90\,\text{atm})^2}{0,0952\,\text{atm}} = 37,9$$

Calculamos, por último, K_c a partir de K_p:

$$K_c = \frac{K_p}{(RT)^{\Delta n_{\text{gas}}}} = \frac{37,9}{(0,082 \cdot 873)^1} = 0,529$$

$$\lfloor T = 600\,^\circ\text{C} + 273 = 873\,\text{K}; \ \Delta n_{\text{gas}} = 2 - 1 = 1\,\text{mol} \rfloor$$

Problema 7.22

En un recipiente de 200 mL de capacidad, en el que previamente se ha hecho el vacío, se introducen 0,4 g de N_2O_4. Se cierra el recipiente, se calienta a 45 °C y se establece el siguiente equilibrio:

$$N_2O_4\,(g) \rightleftarrows 2\,NO_2\,(g)$$

Sabiendo que a esa temperatura el N_2O_4 se ha disociado en un 41,6 %, calcule:
a) El valor de la constante K_c.
b) El valor de la constante K_p.
Dato: $R = 0,082\,\text{atm} \cdot \text{L} \cdot \text{K}^{-1} \cdot \text{mol}^{-1}$. Masas atómicas: N=14; O=16.

---

a) Primero calculamos los moles iniciales, n_o, de N_2O_4:

$$n_o = \frac{m}{M_m} = \frac{0,4\,\text{g}}{92\,\text{g/mol}} = 0,00435\,\text{mol}$$

$$\lfloor M_{m\,N_2O_4} = 92 \text{ g/mol} \rfloor$$

Como el grado de disociación del N_2O_4 es del 41,6 %, si inicialmente tenemos 0,00435 mol de N_2O_4, se habrán disociado:

$$0,00435 \text{ mol} \cdot \frac{41,6}{100} = 0,00181 \text{ mol } N_2O_4$$

Por tanto, si inicialmente tenemos 0,00435 mol de N_2O_4, y se disocian 0,00181 del mismo, la tabla de datos en el formato ICE (inicio, cambios, equilibrio) correspondiente al equilibrio es la siguiente:

	N_2O_4 (g)	$\rightleftarrows$	2 NO_2 (g)
n_o (mol)	0,00435		—
$Cambios$ (mol)	$-0,00181$		$2 \cdot 0,00181 = 0,00362$
n (mol)	$0,00435 - 0,00181 = 0,00254$		0,00362
[ ] (mol/L)	$\dfrac{0,00254}{0,2} = 0,0127$		$\dfrac{0,00362}{0,2} = 0,0181$

La constante K_c será:

$$K_c = \frac{[NO_2]^2}{[N_2O_4]} = \frac{(0,0181 \text{ mol/L})^2}{0,0127 \text{ mol/L}} = 0,0258$$

b) Calculamos K_p conocida K_c:

$$K_p = K_c(RT)^{\Delta n_{\text{gas}}} = K_c RT = 0,0258 \cdot 0,082 \frac{\text{atm} \cdot \text{L}}{\text{K} \cdot \text{mol}} \cdot 318 \text{ K} = 0,673$$

$$\lfloor T = 45\,^{\circ}\text{C} + 273 = 318 \text{ K}; \ \Delta n_{\text{gas}} = n_{\text{f}} - n_{\text{i}} = 2 - 1 = 1 \Rightarrow (RT)^1 = RT \rfloor$$

Problema 7.23

En un matraz de 7,5 litros, en el que se ha practicado en vacío, se introducen 0,5 moles de H_2 y 0,5 moles de I_2, y se calienta a 448 °C, y se establece el siguiente equilibrio:

$$H_2\,(g) + I_2\,(g) \rightleftarrows 2\,HI\,(g)$$

Sabiendo que el valor de K_c es 50, calcule:

a) La constante K_p a esa temperatura.

b) La presión total y el número de moles de cada sustancia presente en el equilibrio.

---

a) Calculamos K_p a partir de K_c:

$$K_p = K_c(RT)^{\Delta n_{\text{gas}}} = K_c = 50$$

$$\lfloor K_c = 50; \ \Delta\, n_{\text{gas}} = n_{\text{f}} - n_{\text{i}} = 2 - 2 = 0 \Rightarrow (RT)^0 = 1 \rfloor$$

b) Si inicialmente tenemos 0,5 moles de cada uno de los reactivos, y suponemos que, de acuerdo con la estequiometría de la reacción, se combinan x mol de H_2 con x mol de I_2, la tabla de datos en el formato ICE (inicio, cambios, equilibrio) correspondiente al equilibrio es la siguiente:

	$H_2\,(g)$	$+$	$I_2\,(g)$	$\rightleftarrows$	$2\,HI\,(g)$
$n_o\,(\text{mol})$	0,5		0,5		–
$Cambios\,(\text{mol})$	$-x$		$-x$		$2x$
$n\,(\text{moles})$	$0,5 - x$		$0,5 - x$		$2x$
$[\ \ ]\,(\text{mol/L})$	$\dfrac{0,5 - x}{7,5}$		$\dfrac{0,5 - x}{7,5}$		$\dfrac{2x}{7,5}$

Calculamos la presión, puesto que conocemos el volumen del recipiente, la temperatura y el número de moles totales de las sustancias en el equilibrio:

$$p_{\text{total}} = \frac{n_{\text{total}}RT}{V} = \frac{1\,\text{mol} \cdot 0,082\dfrac{\text{atm} \cdot \text{L}}{\text{K} \cdot \text{mol}} \cdot 721\,\text{K}}{7,5\,\text{L}} = 7,88\,\text{atm}$$

$$\lfloor n_{\text{total}} = (0,5 - x) + (0,5 - x) + 2x = 1\,\text{mol}; \ T = 721\,\text{K}; \ V = 7,5\,\text{L} \rfloor$$

La expresión de la constante de equilibrio es la siguiente:

$$K_c = \frac{[HI]^2}{[H_2][I_2]}$$

Para calcular el número de moles de cada sustancia en el equilibrio, hemos de determinar x en la expresión de la constante de equilibrio:

$$50 = \frac{\left(\dfrac{2x}{7,5}\right)^2}{\left(\dfrac{0,5 - x}{7,5}\right)\left(\dfrac{0,5 - x}{7,5}\right)}$$

Obtenemos la ecuación de segundo grado: $46x^2 - 50\,x + 12,5 = 0$, una de cuyas soluciones, la posible, es $x = 0{,}390$ mol.

El número de moles de cada sustancia en el equilibrio es:

$$n_{H_2} = n_{I_2} = 0,5 - x = 0,5 - 0,390 = 0,11\,\text{mol}$$

$$n_{HI} = 2x = 2 \cdot 0,390 = 0,78\,\text{mol}$$

Se puede comprobar que la suma de del número de moles en el equilibrio es 1.

Problema 7.24

El óxido de mercurio(II) contenido en un recipiente cerrado se descompone a 380 °C según:
$$2\,HgO\,(s) \rightleftharpoons 2\,Hg\,(g) + O_2\,(g)$$

Sabiendo que a esta temperatura el valor de K_p es 0,186, calcule:
a) Las presiones parciales de O_2 y de Hg en el equilibrio.
b) La presión total en el equilibrio y el valor de K_c a esa temperatura.
Dato: $R = 0,082\,\text{atm} \cdot \text{L} \cdot \text{K}^{-1} \cdot \text{mol}^{-1}$.

---

a) El equilibrio en cuestión es un equilibrio heterogéneo, ya que sus componentes no están en la misma fase (el óxido de mercurio(II) se encuentra en estado sólido).

De acuerdo con la estequiometría de la reacción, por cada dos moles que se descompone de óxido de mercurio(II) sólido se forman 2 mol de mercurio y 1 mol de oxígeno, ambos en estado gaseoso. Esto es, en el equilibrio habrá doble número de moles de mercurio que de oxígeno. Por consiguiente, la presión parcial del oxígeno será el doble que la del mercurio.

Si llamamos p a la presión parcial del oxígeno, la presión parcial del mercurio será $2p$. Por tanto:
$$K_p = p_{Hg}^2\, p_{O_2} = (2p)^2 p = 4p^3$$

Calculamos p:
$$p = \sqrt[3]{\frac{K_p}{4}} = \sqrt[3]{\frac{0,186}{4}} = 0,360\,\text{atm}$$

$$\lfloor K_p = 0,186 \rfloor$$

Las presiones parciales de los dos gases son:

$$p_{Hg} = 2p = 2 \cdot 0,36\,\text{atm} = 0,72\,\text{atm}; \; p_{O_2} = p = 0,36\,\text{atm}$$

b) La presión total en el equilibrio, p_{total}, es la suma de de las presiones parciales ejercidas por el mercurio y por el oxígeno:

$$p_{total} = p_{Hg} + p_{O_2} = 0,72\,\text{atm} + 0,36\,\text{atm} = 1,08\,\text{atm}$$

Calculamos K_c a partir de K_p, cuyo valor conocemos:

$$Kc = \frac{K_p}{(RT)^{\Delta n_{gas}}} = \frac{0,186}{\left(0,082\dfrac{\text{atm} \cdot \text{L}}{\text{K} \cdot \text{mol}} \cdot 653\,\text{K}\right)^3} = 1,21 \cdot 10^{-6}$$

$$\lfloor \Delta n_{gas} = n_f - n_i = 3 - 0 = 3; \; T = t + 273 = 380\,°\text{C} + 273 = 653\,\text{K} \rfloor$$

Problema 7.25

Dado el equilibrio:
$$2\,\mathrm{HI}\,(\mathrm{g}) \rightleftarrows \mathrm{H_2}\,(\mathrm{g}) + \mathrm{I_2}\,(\mathrm{g})$$

Si la concentración inicial de HI es 0,1 M, y cuando se alcanza el equilibrio, a 520 °C, la concentración de $\mathrm{H_2}$ es 0,01 M, calcule:
a) La concentración de $\mathrm{I_2}$ y de HI en el equilibrio.
b) El valor de las constantes K_c y K_p a esa temperatura.

a) Si la concentración inicial de HI es 0,1 M, y suponemos que hasta que se alcanza el equilibrio se han disociado $2x$ moles por cada litro de yoduro de hidrógeno, la tabla de datos en el formato ICE (inicio, cambios, equilibrio) correspondiente al equilibrio es la siguiente:

	$2\,\mathrm{HI}\,(\mathrm{g})$	$\rightleftarrows$	$\mathrm{H_2}\,(\mathrm{g})$	$+$	$\mathrm{I_2}\,(\mathrm{g})$
[ ] (mol/L)	0,1		—		—
Cambios (mol/L)	$-2x$		x		x
[ ] (mol/L)	$0,1-2x$		x		x

Si la concentración en el equilibrio de $\mathrm{H_2}$ es 0,01 M, esto significa que $x = 0,01$ M. Como:

$$[\mathrm{H_2}] = [\mathrm{I_2}] = x \Rightarrow [\mathrm{I_2}] = 0,01\,\mathrm{M}$$

De la tabla anterior también se deduce que:

$$[\mathrm{HI}] = 0,1 - 2x = 0,1 - 2\cdot 0,01 = 0,08\,\mathrm{M}$$

b) La constante de equilibrio K_c será el siguiente:

$$K_c = \frac{[\mathrm{H_2}][\mathrm{I_2}]}{[\mathrm{HI}]} = \frac{(0,01\,\mathrm{M})(0,01\,\mathrm{M})}{(0,08\,\mathrm{M})^2} = 0,0156$$

Calculamos K_p a partir de K_c:

$$K_p = K_c(RT)^{\Delta n_{\mathrm{gas}}} = K_c(RT)^0 = K_c = 0,0156$$

$$\lfloor K_c = 0,0156;\ \Delta n_{\mathrm{gas}} = n_{\mathrm{f}} - n_{\mathrm{i}} = 2 - 2 = 0 \Rightarrow (RT)^0 = 1 \rfloor$$

Problema 7.26

El cloruro de nitrosilo se forma según la reacción:

$$2\,NO\,(g) + Cl_2\,(g) \rightleftarrows 2\,NOCl\,(g)$$

El valor de K_c es $4,6 \cdot 10^4$ a 298 K. Cuando se alcanza el equilibrio a esa temperatura, en un matraz de 1,5 litros hay 4,125 moles de NOCl y 0,1125 moles de Cl_2. Calcule:

a) La presión parcial del NO en el equilibrio.
b) La presión total del sistema en el equilibrio.
Dato: $R = 0,082\,\text{atm} \cdot \text{L} \cdot \text{K}^{-1} \cdot \text{mol}^{-1}$.

a) Calculamos la presión parcial de NO a partir de su concentración en el equilibrio. Es fácil hallar el valor de ésta, porque conocemos la constante de equilibrio y las concentraciones de las otras sustancias en el equilibrio, calculadas en la tabla siguiente.

Los moles y las concentraciones de las sustancias en el equilibrio son las siguientes:

	$2\,NO\,(g)$	+	$Cl_2\,(g)$	$\rightleftarrows$	$2\,NOCl\,(g)$
$n\,(\text{moles})$	?		0,1125		4,125
$[\ \ ]\,(\text{mol/L})$	?		$\dfrac{0,1125}{1,5} = 0,075$		$\dfrac{4,125}{1,5} = 2,75$

La expresión de la constante de equilibrio para el equilibrio es la siguiente:

$$K_c = \frac{[NOCl]^2}{[NO]^2[Cl_2]}$$

Despejamos [NO] y sustituimos los valores conocidos de la constante de equilibrio y las concentraciones de las otras sustancias en el equilibrio:

$$[NO] = \sqrt{\frac{[NOCl]^2}{[Cl_2]K_c}} = \sqrt{\frac{(2,75\,\text{mol/L})^2}{(0,075\,\text{mol/L}) \cdot (4,6 \cdot 10^4)}} = 0,0468\,\text{M}$$

La presión parcial del NO será:

$$p_{NO} = \frac{n_{NO}RT}{V} = [NO]RT = 0,0468\,\frac{\text{mol}}{\text{L}} \cdot 0,082\frac{\text{atm} \cdot \text{L}}{\text{K} \cdot \text{mol}} \cdot 298\,\text{K} = 1,14\,\text{atm}$$

b) La presión total será:

$$p_{\text{total}} = \frac{n_{\text{totales}}RT}{V} = \frac{4,31\,\text{mol} \cdot 0,082\dfrac{\text{atm} \cdot \text{L}}{\text{K} \cdot \text{mol}} \cdot 298\,\text{K}}{1,5\,\text{L}} = 70,2\,\text{atm}$$

$$\lfloor n_{\text{total}} = n_{\text{NO}} + n_{\text{Cl}_2} + n_{\text{NOCl}} = 0,0702 + 0,1125 + 4,125 = 4,31\,\text{mol}\rfloor$$

$$\lfloor\lfloor n_{\text{NO}} = M \cdot V = 0,0468 \cdot 1,5 = 0,0702\,\text{mol}\rfloor\rfloor$$

Problema 7.27

En un matraz, en el que se ha practicado previamente el vacío, se introduce cierta cantidad de $NaHCO_3$ y se calienta a 100 °C. Sabiendo que la presión en el equilibrio es de 0,962 atm, calcule:

a) La constante K_p para la descomposición del $NaHCO_3$, a es temperatura, según:

$$2\,NaHCO_3\,(\text{s}) \rightleftarrows Na_2CO_3\,(\text{s}) + H_2O\,(\text{g}) + CO_2\,(\text{g})$$

b) La cantidad de $NaHCO_3$ descompuesto si el matraz tienen una capacidad de 2 litros.

Datos: $R = 0,082\,\text{atm} \cdot \text{L} \cdot \text{K}^{-1} \cdot \text{mol}^{-1}$; Masas atómicas: Na = 23; C = 12; O = 16; H= 1.

---

a) El equilibrio en cuestión es un equilibrio heterogéneo, ya que sus componentes no están en la misma fase. Tendremos en cuenta para el equilibrio sólo las presiones o concentraciones de las sustancias en fase gaseosa.

De acuerdo con la estequiometría de la reacción, por cada dos moles que se descompone de hidrogenocarbonato de sodio sólido, se forman 1 mol de vapor de agua y 1 mol de dióxido de carbono. Esto es, en el equilibrio habrá el mismo número de moles de vapor de agua que de dióxido de carbono, las dos únicas sustancias en estado gaseoso. Por consiguiente, la presión parcial del vapor de agua será la misma que la del dióxido de carbono.

Si llamamos p a la presión parcial de cada una de ellas:

$$K_p = p_{H_2O}\, p_{CO_2} = p \cdot p = p^2 = (0,481\,\text{atm})^2 = 0,231$$

$$\lfloor p = p_{H_2O} = p_{CO_2} = \frac{p_{\text{total}}}{2} = \frac{0,962}{2} = 0,481\,\text{atm}\rfloor$$

b) Calculamos la cantidad de $NaHCO_3$ descompuesto hallando los moles de H_2O formados. Como se ve en la tabla ICE (inicio, cambios, equilibrio), teniendo en cuenta la estequiometría de la reacción, si suponemos que inicialmente tenemos n_o mol de hidrogenocarbonato de sodio, x mol de agua formada procederán de la descomposición de $2x$ mol de hidrogenocarbonato de sodio:

	$2\,NaHCO_3\,(\text{s})$	$\rightleftarrows$	$Na_2CO_3\,(\text{s})$	+	$H_2O\,(\text{g})$	+	$CO_2\,(\text{g})$
n_o (mol)	n_o		$-$		$-$		$-$
$Cambios$ (mol)	$-2x$		x		x		x
n (mol)	$n_o - 2x$		x		x		x

La cantidad x de agua formada coincide con la cantidad de agua presente en el equilibrio ($n_{\text{H}_2\text{O}}$), y la podemos conocer, porque sabemos su presión parcial, la temperatura y la capacidad del recipiente:

$$x = n_{\text{H}_2\text{O}} = \frac{p_{\text{H}_2\text{O}}V}{RT} = \frac{0,481\,\text{atm} \cdot 2\,\text{L}}{0,082\,\dfrac{\text{atm} \cdot \text{L}}{\text{K} \cdot \text{mol}} \cdot 373\,\text{K}} = 0,0314\,\text{mol}$$

$$\lfloor T = 100\,^{\circ}\text{C} + 273 = 373\,\text{K};\ V = 2\,\text{L};\ p_{\text{H}_2\text{O}} = 0,481\,\text{atm} \rfloor$$

Los moles descompuestos de NaHCO_3 serán:

$$2x = 2 \cdot 0,0314\,\text{mol} = 0,0628\,\text{mol}$$

En masa representan:

$$0,0628\,\text{mol} \cdot \frac{84\,\text{g}}{1\,\text{mol}} = 5,28\,\text{g}$$

$$\lfloor M_{m\,\text{NaHCO}_3} = 84\,\text{g/mol} \rfloor$$

Problema 7.28

En un recipiente de 1 litro de capacidad, en el que previamente se ha hecho el vacío, se introducen 6 g de PCl_5. Se calienta a 250 °C y se establece el siguiente equilibrio:

$$\text{PCl}_5(\text{g}) \rightleftarrows \text{PCl}_3\,(\text{g}) + \text{Cl}_2\,(\text{g})$$

Si la presión total en el equilibrio es de 2 atm, calcule:

a) El grado de disociación del PCl_5.

b) El valor de la constante K_p a esa temperatura.

Datos: $R = 0,082\,\text{atm} \cdot \text{L} \cdot \text{K}^{-1} \cdot \text{mol}^{-1}$; Masas atómicas: P = 31; Cl = 35,5.

---

a) Se trata de un equilibrio homogéneo en fase gaseosa. Lo primero que tenemos que hacer es calcular los moles iniciales, n_o, de PCl_5:

$$n_o = \frac{m}{M_m} = \frac{6\,\text{g}}{208,5\,\text{g/mol}} = 0,0288\,\text{mol}$$

$$\lfloor M_{m\,\text{PCl}_5} = 208,5\ \text{g/mol} \rfloor$$

Si inicialmente tenemos 0,0288 mol de PCl_5 (g), y suponemos que se disocian x mol del mismo, la tabla de datos en el formato ICE (inicio, cambios, equilibrio) correspondiente al equilibrio es la siguiente:

	PCl_5 (g)	$\rightleftharpoons$	PCl_3 (g)	+	Cl_2 (g)
n_o (moles)	0,0288		$-$		$-$
cambios (moles)	$-x$		x		x
n (moles)	$0,0288 - x$		x		x
[ ] (moles/L)	$(0,0288 - x)/1$		$x/1$		$x/1$

Para determinar el grado de disociación, α, hemos de calcular x, que lo podemos conocer si determinamos el número de moles totales en el equilibrio, n_{totales}, ya que x está relacionado con n_{totales}:

$$n_{\text{totales}} = n_{PCl_5} + n_{PCl_3} + n_{Cl_2} = (0,0288 - x) + x + x = 0,0288 + x$$

De donde:

$$x = n_{\text{totales}} - 0,0288 = 0,0466 - 0,0288 = 0,0178$$

$$\left\lfloor n_{\text{totales}} = \frac{p_{\text{total}} V}{RT} = \frac{2\,\text{atm} \cdot 1\,\text{L}}{0,082 \dfrac{\text{atm} \cdot \text{L}}{\text{K} \cdot \text{mol}} \cdot 523\,\text{K}} = 0,0466\,\text{mol} \right\rfloor$$

$$\left\lfloor \left\lfloor p_{\text{total}} = 2\,\text{atm};\ V = 1\,\text{L};\ T = 250\,°\text{C} + 273 = 523\,\text{K} \right\rfloor \right\rfloor$$

El grado de disociación, α, es la fracción de mol que se disocia:

$$\alpha = \frac{x}{n_o} = \frac{0,0178\,\text{mol}}{0,0288\,\text{mol}} = 0,618\,(61,8\,\%,\text{en tanto por ciento})$$

b) Podemos hacer el cálculo de K_p de dos maneras:

- Directamente, mediante las presiones parciales, a partir de los moles de cada sustancia en el equilibrio:

$$K_p = \frac{p_{Cl_3P}\, p_{Cl_2}}{P_{Cl_5P}}$$

- Determinando previamente K_c, a partir de las concentraciones de las sustancias en el equilibrio:

$$K_p = K_c(RT)^{\Delta n_{\text{gas}}}$$

Vamos a hacerlo de la segunda manera. Calculamos primero la concentración de cada sustancia en el equilibrio:

$$[PCl_3] = [Cl_2] = \frac{x}{1} = \frac{0,0178\,\text{mol}}{1\,\text{L}} = 0,0178\,\text{M}$$

$$[PCl_5] = \frac{0,0288 - x}{1} = \frac{0,0288\,\text{mol} - 0,0178\,\text{mol}}{1\,\text{L}} = \frac{0,0110\,\text{mol}}{1\,\text{L}} = 0,0110\,\text{M}$$

K_c será:

$$K_c = \frac{[PCl_3][Cl_2]}{[PCl_5]} = \frac{0,0178\,\text{M} \cdot 0,0178\,\text{M}}{0,0110\,\text{M}} = 0,0288$$

Y, por último, K_p será:

$$K_p = K_c(RT)^{\Delta n_{gas}} = 0,0288 \cdot (0,082\,\frac{\text{atm} \cdot \text{L}}{\text{K} \cdot \text{mol}} \cdot 523\,\text{K})^1 = 1,24$$

$$\lfloor \Delta n_{gas} = n_f - n_i = 2 - 1 = 1;\ T = 523\,\text{K} \rfloor$$

Problema 7.29

En un recipiente de 4 litros, a una cierta temperatura, se introducen cantidades de HCl, O_2 y Cl_2 indicadas en la tabla, y se establece el siguiente equilibrio:

$$4\,\text{HCl (g)} + O_2\,\text{(g)} \rightleftarrows 2\,H_2O\,\text{(g)} + 2\,Cl_2\,\text{(g)}$$

	HCl	O_2	H_2O	Cl_2
moles iniciales	0,16	0,08		0,02
moles en equilibrio	0,06			

Calcule:
a) Los datos necesarios para completar la tabla.
b) El valor de K_c a esa temperatura.

---

a) Si de los moles introducidos inicialmente reaccionan x mol de O_2 con $4x$ mol de HCl, de acuerdo con la estequiometría de la reacción, se formarán $2x$ mol de H_2O y 2 mol de Cl_2. La tabla de datos en el formato ICE (inicio, cambios, equilibrio) correspondiente al equilibrio es la siguiente:

	$4\,\text{HCl (g)}$	$+$	$O_2\,\text{(g)}$	$\rightleftarrows$	$2\,H_2O\,\text{(g)}$	$+$	$2\,Cl_2\,\text{(g)}$
n_o (mol)	$0,16$		$0,08$		0		$0,02$
$Cambios$ (mol)	$-4x$		$-x$		$2x$		$2x$
n (mol)	$0,06$		$0,08 - x$		$2x$		$0,02 + 2x$

Si en el equilibrio $n_{HCl} = 0,06\,\text{mol}$:

$$0,16 - 4x = 0,06;\ \Rightarrow x = 0,025\,\text{mol}$$

En el equilibrio habrá también:

$$
\begin{aligned}
n_{O_2} &= 0,08 - x = 0,08 - 0,025 = 0,055\,\text{mol} \\
n_{H_2O} &= 2 \cdot 0,025 = 0,050\,\text{mol} \\
n_{Cl_2} &= 0,02 + 2x = 0,02 + 2 \cdot 0,025 = 0,07\,\text{mol}
\end{aligned}
$$

La tabla completa es la siguiente:

	HCl	O_2	H_2O	Cl_2
moles iniciales	0,16	0,08		0,02
moles en equilibrio	0,06	0,055	0,05	0,07

b) Calculamos la constante K_c para esa temperatura a partir de las concentraciones en el equilibrio:

$$K_c = \frac{[H_2O]^2[Cl_2]^2}{[HCl]^4[O_2]} = \frac{(0,0125\,\text{M})^2 \cdot (0,0175\,\text{M})^2}{(0,015\,\text{M})^4 \cdot 0,0138\,\text{M}} = 68,5$$

$\lfloor [HCl] = \dfrac{n_{HCl}}{V} = \dfrac{0,06\,\text{mol}}{4\,\text{L}} = 0,0150\,\text{M}; \quad [O_2] = \dfrac{n_{O_2}}{V} = \dfrac{0,055\,\text{mol}}{4\,\text{L}} = 0,0138\,\text{M}$

$[H_2O] = \dfrac{n_{H_2O}}{V} = \dfrac{0,05\,\text{mol}}{4\,\text{L}} = 0,0125\,\text{M}; \quad [Cl_2] = \dfrac{n_{Cl_2}}{V} = \dfrac{0,07\,\text{mol}}{4\,\text{L}} = 0,0175\,\text{M} \rfloor$

Problema 7.30

Para la reacción en equilibrio:

$$SO_2Cl_2\,(g) \rightleftarrows SO_2\,(g) + Cl_2\,(g)$$

La constante $K_p = 2,4$ a 375 K.
A esta temperatura, se introducen 0,05 moles de SO_2Cl_2 en un recipiente de 1 litro de capacidad. En el equilibrio, calcule:
a) Las presiones parciales de cada uno de los gases presentes.
b) El grado de disociación del SO_2Cl_2 a esa temperatura.
Dato: $R = 0,082\,\text{atm} \cdot \text{L} \cdot \text{K}^{-1} \cdot \text{mol}^{-1}$.

a) Se trata del equilibrio de disociación del cloruro de tionilo en dióxido de azufre y dicloro. Podemos conocer las presiones parciales de cada gas en el equilibrio si conocemos el número de moles de uno de ellos en el equilibrio. Para ello, debemos relacionar K_c con las concentraciones en el equilibrio. Pero antes, debemos calcular el valor de K_c a partir de K_p:

$$K_c = \frac{K_p}{(RT)^{\Delta n_{gas}}} = \frac{2,4}{0,082 \cdot 375} = 0,078$$

$$\lfloor K_p = 2,4; \; T = 375\,\text{K}; \; \Delta n = n_f - n_i = 2 - 1 = 1 \rfloor$$

Para determinar el número de moles de cada especie en el equilibrio, supongamos que de los 0,05 mol de SO_2Cl_2(g) que tenemos inicialmente se disocian x mol del mismo, de acuerdo con la estequiometría de la reacción, se formarán x mol de SO_2 (g) y x mol de Cl_2 (g). La tabla de datos en el formato ICE (inicio, cambios, equilibrio) correspondiente al equilibrio es la siguiente:

	SO_2Cl_2 (g)	$\rightleftharpoons$	SO_2 (g)	+	Cl_2 (g)
n_o (moles)	0,05		$-$		$-$
$Cambios$ (moles)	$-x$		x		x
n (moles)	$0,05 - x$		x		x
[ ] (moles/L)	$(0,05 - x)/1$		$x/1$		$x/1$

Calculamos x relacionando la constante de equilibrio K_c con las concentraciones en el equilibrio en función de x. La expresión de K_c es la siguiente:

$$K_c = \frac{[SO_2][Cl_2]}{[SO_2Cl_2]}$$

Sustituimos en la expresión anterior tanto el valor de K_c como el de las concentraciones en el equilibrio en función de x, y determinamos el valor de x:

$$0,078 = \frac{\dfrac{x}{1} \cdot \dfrac{x}{1}}{\dfrac{0,05 - x}{1}}$$

Operando, resulta la ecuación de segundo grado siguiente:

$$x^2 + 0,078 - 0,0039 = 0$$

Una de sus soluciones, la positiva, es:

$$x = 0,0346 \, \text{mol}$$

El número de moles de cada gas en el equilibrio es:

$$n_{SO_2} = n_{Cl_2} = x = 0,0346 \, \text{mol}; \ n_{SO_2Cl_2} = 0,05 - x = 0,05 - 0,0346 = 0,0154 \, \text{mol}$$

Las presiones parciales de cada componente del equilibrio son proporcionales al número de moles del gas. Como hay el mismo número de moles de dióxido de azufre y de dicloro, sus presiones parciales serán iguales:

$$p_{SO_2} = p_{Cl_2} = \frac{n_{gas}RT}{V} = \frac{0,0346 \, \text{mol} \cdot 0,082 \, \dfrac{\text{atm} \cdot \text{L}}{\text{K} \cdot \text{mol}} \cdot 375 \, \text{K}}{1 \, \text{L}} = 1,06 \, \text{atm}$$

La presión parcial del cloruro de tionilo será:

$$p_{SO_2Cl_2} = \frac{n_{SO_2Cl_2}RT}{V} = \frac{0,0154 \, \text{mol} \cdot 0,082 \, \dfrac{\text{atm} \cdot \text{L}}{\text{K} \cdot \text{mol}} \cdot 375 \, \text{K}}{1 \, \text{L}} = 0,474 \, \text{atm}$$

b) El grado de disociación, α, es la fracción de mol que se disocia:

$$\alpha = \frac{x}{n_o} = \frac{0,0346\,\text{mol}}{0,05\,\text{mol}} = 0,692$$

Problema 7.31

Para el proceso Haber:

$$N_2\,(g) + 3\,H_2\,(g) \rightleftarrows 2\,NH_3\,(g)$$

El valor de K_p es $1,45 \cdot 10^{-5}$ a 500 °C. En una mezcla en equilibrio de los tres gases, a esa temperatura, la presión parcial de H_2 es 0,928 atmósferas y la de N_2 es 0,432 atmósferas. Calcule:
a) La presión total en el equilibrio.
b) El valor de la constante K_c.
Dato: $R = 0,082\,\text{atm} \cdot \text{L} \cdot \text{K}^{-1} \cdot \text{mol}^{-1}$.

a) Para conocer la presión total en el equilibrio de este sistema formado por tres sustancias en estado gaseoso, nos falta conocer la presión parcial del NH_3, ya que las de los otros dos gases son datos del enunciado. Podemos conocer la presión parcial del NH_3, puesto que está relacionada con las otras presiones parciales y con la constante de equilibrio, K_p, que conocemos:

$$K_p = \frac{p_{NH_3}^2}{p_{N_2}\,p_{H_2}^3}$$

Despejando p_{NH_3}, y sustituyendo los valores de los datos conocidos, tenemos:

$$p_{NH_3} = \sqrt{K_p\,p_{N_2}\,p_{H_2}^3} = \sqrt{(1,45 \cdot 10^{-5}) \cdot 0,432 \cdot 0,928^3} = 0,00224\,\text{atm}$$

La presión total, suma de las presiones parciales de todos los componentes, será:

$$p_{\text{total}} = p_{NH_3} + p_{N_2} + p_{H_2} = 0,00224\,\text{atm} + 0,432\,\text{atm} + 0,928\,\text{atm} = 1,36\,\text{atm}$$

b) Calculamos K_c a partir de K_p:

$$K_c = \frac{K_p}{(RT)^{\Delta n_{\text{gas}}}} = \frac{1,45 \cdot 10^{-5}}{(0,082 \cdot 773)^{-2}} = 1,45 \cdot 10^{-5} \cdot (0,082 \cdot 773)^2 = 0,0582$$

$$\lfloor T = 500\,°C + 273 = 773\,\text{K};\ \Delta n_{\text{gas}} = n_{\text{f}} - n_{\text{i}} = 2 - 4 = -2 \rfloor$$

Problema 7.32

En un recipiente se introduce una cierta cantidad de $SbCl_5$ y se calienta a 182 °C hasta que se alcanza la presión de una atmósfera y se establece el equilibrio:

$$SbCl_5\,(g) \rightleftarrows SbCl_3\,(g) + Cl_2\,(g)$$

Sabiendo que en la condiciones anteriores el $SbCl_5\,(g)$ se disocia en un 29,2 %, calcule:

a) Las constantes de equilibrio K_p y K_c.

b) La presión total necesaria para que, a esa temperatura, el $SbCl_5\,(g)$ se disocie un 60 %.

Dato: $R = 0,082\,\text{atm} \cdot \text{L} \cdot \text{K}^{-1} \cdot \text{mol}^{-1}$.

---

a) Supongamos que inicialmente tenemos n_o mol de pentacloruro de antimonio, si por cada mol de pentacloruro de antimonio se disocia α mol, puesto que tenemos n_o mol, se disociarán $n_o\alpha$ mol. De acuerdo con la estequiometría de la reacción, se formarán $n_o\alpha$ mol de tricloruro de antimonio y $n_o\alpha$ mol de dicloro. La tabla de datos en el formato ICE (inicio, cambios, equilibrio) correspondiente al equilibrio es la siguiente:

	$SbCl_5\,(g)$	$\rightleftarrows$	$SbCl_3\,(g)$	$+$	$Cl_2\,(g)$
$n_o\,(\text{mol})$	n_o		$-$		$-$
$Cambios\,(\text{mol})$	$-n_o\alpha$		$n_o\alpha$		$n_o\alpha$
$n\,(\text{mol})$	$n_o(1-\alpha)$		$n_o\alpha$		$n_o\alpha$

Los moles totales en el equilibrio serán:

$$n_{\text{totales}} = n_{SbCl_5} + n_{SbCl_3} + n_{Cl_2} = (n_o - n_o\alpha) + n_o\alpha + n_o\alpha = n_o(1+\alpha)$$

Calculamos K_p a partir de las fracciones molares de las sustancias que intervienen en el equilibrio y de la presión total:

$$Kp = \frac{p_{SbCl_3}\,p_{Cl_2}}{p_{SbCl_5}} = \frac{\chi_{SbCl_3}p\,\chi_{Cl_2}p}{\chi_{SbCl_5}p} = \frac{\chi_{SbCl_3}\,\chi_{Cl_2}}{\chi_{SbCl_5}}p$$

Las fracciones molares podemos expresarlas en función del grado de ionización, y determinar así K_p:

$$Kp = \frac{\chi_{SbCl_3}\chi_{Cl_2}}{\chi_{SbCl_5}}p = \frac{\dfrac{\alpha}{1+\alpha}\cdot\dfrac{\alpha}{1+\alpha}}{\dfrac{1-\alpha}{1+\alpha}}p = \frac{\alpha^2}{1-\alpha^2}p = \frac{0,292^2}{1-0,292^2}1\,\text{atm} = 0,0932$$

$$\left\lfloor \chi_{SbCl_5} = \frac{n_o(1-\alpha)}{n_o(1+\alpha)} = \frac{1-\alpha}{1+\alpha};\ \chi_{SbCl_3} = \chi_{Cl_2} = \frac{n_o\alpha}{n_o(1+\alpha)} = \frac{\alpha}{1+\alpha};\ p = 1\,\text{atm} \right\rfloor$$

Calculamos K_c a partir de K_p y la temperatura:

$$K_c = \frac{K_p}{(RT)^{\Delta n_{gas}}} = \frac{0,0932}{\left(0,082\dfrac{\text{atm} \cdot \text{L}}{\text{K} \cdot \text{mol}} \cdot 455\,\text{K}\right)^1} = 2,50 \cdot 10^{-3}$$

$\lfloor T = 182\,^\circ\text{C} + 273 = 455\,\text{K}; \; K_p = 0,0932; \; \Delta n_{gas} = n_\text{f} - n_\text{i} = 2 - 1 = 1 \rfloor$

b) Despejando p en la expresión que relaciona ésta con la constante de equilibrio y el grado de ionización, resulta:

$$p = \frac{K_p(1 - \alpha^2)}{\alpha^2} = \frac{0,0932\,(1 - 0,6^2)}{0,6^2} = 0,166\,\text{atm}$$

Es lógico el resultado, puesto que una disminución de la presión a temperatura constante produce un aumento del volumen, lo que origina una disminución de la concentración de los gases. De acuerdo con el principio de Le Chatelier, el sistema evoluciona hacia un nuevo estado de equilibrio para oponerse a esa disminución de la concentración. Para ello, el sistema debe elevar la concentración de las sustancias, y lo hace aumentando el grado de disociación, esto es, desplazándose hacia la derecha, donde el número de moles es mayor (se observa que hay 1 mol de reactivos frente a 2 mol de productos).

Problema 7.33

El etano, en presencia de un catalizador, se transforma en eteno y dihidrógeno, y se establece el siguiente equilibrio:

$$C_2H_6\,(g) \rightleftarrows C_2H_4\,(g) + H_2\,(g)$$

A 900 K, la constante de equilibrio K_p es $5,1 \cdot 10^{-2}$. A la presión total de una atmósfera, calcule:

a) El grado de disociación del etano.

b) La presión parcial del dihidrógeno.

---

a) Supongamos que inicialmente tenemos n_o mol de etano, si por cada mol de etano se disocian α mol, puesto que tenemos n_o mol, se disociarán $n_o\alpha$ mol. De acuerdo con la estequiometría de la reacción, se formarán $n_o\alpha$ eteno y $n_o\alpha$ mol de hidrógeno. La tabla de datos en el formato ICE (inicio, cambios, equilibrio) correspondiente al equilibrio es la siguiente:

	$C_2H_6\,(g)$	$\rightleftarrows$	$C_2H_4\,(g)$	$+$	$H_2\,(g)$
n_o (mol)	n_o		$-$		$-$
$Cambios$ (mol)	$-n_o\alpha$		$n_o\alpha$		$n_o\alpha$
n (mol)	$n_o(1 - \alpha)$		$n_o\alpha$		$n_o\alpha$

Los moles totales en el equilibrio serán:

$$n_{\text{totales}} = n_{C_2H_6} + n_{C_2H_4} + n_{H_2} = (n_o - n_o\alpha) + n_o\alpha + n_o\alpha = n_o(1 + \alpha)$$

Para averiguar el grado de disociación, podemos expresar K_p en función de las fracciones molares de las sustancias que intervienen en el equilibrio:

$$Kp = \frac{p_{C_2H_4}\, p_{H_2}}{p_{C_2H_6}} = \frac{\chi_{C_2H_4}p\, \chi_{H_2}p}{\chi_{C_2H_6}p} = \frac{\chi_{C_2H_4}\chi_{H_2}}{\chi_{C_2H_6}}p$$

Expresamos las fracciones molares en función del grado de ionización, y determinamos así α:

$$Kp = \frac{\chi_{C_2H_4}\chi_{H_2}}{\chi_{C_2H_6}}p = \frac{\dfrac{\alpha}{1+\alpha}\cdot\dfrac{\alpha}{1+\alpha}}{\dfrac{1-\alpha}{1+\alpha}}p = \frac{\alpha^2}{1-\alpha^2}p$$

$$\left\lfloor \chi_{C_2H_6} = \frac{n_o(1-\alpha)}{n_o(1+\alpha)} = \frac{1-\alpha}{1+\alpha};\ \chi_{C_2H_4} = \chi_{H_2} = \frac{n_o\alpha}{n_o(1+\alpha)} = \frac{\alpha}{1+\alpha} \right\rfloor$$

Sustituyendo K_p y p por sus respectivos valores, obtenemos y resolvemos una ecuación de segundo grado en función de α:

$$1,051\alpha^2 - 0,051 = 0; \qquad \alpha = 0,22$$

b) La presión parcial del dihidrógeno será:

$$p_{H_2} = \chi_{H_2}p = \frac{\alpha}{1+\alpha}p = \frac{0,22}{1+0,22}\cdot 1\,\text{atm} = 0,180\,\text{atm}$$

Capítulo 8

Solubilidad y precipitación

Cuestión 8.1

Dado los compuestos AgCl, CaCO$_3$ y CoS.
a) Escriba para cada uno de ellos la ecuación que expresa el equilibrio de la sal en disolución y la expresión del producto de solubilidad.
b) Ordene por orden creciente de solubilidad las sales anteriores, teniendo en cuenta su producto de solubilidad.
Datos: $K_{ps\,AgCl} = 1,6 \cdot 10^{-10}$; $K_{ps\,CaCO_3} = 8,7 \cdot 10^{-9}$; $K_{ps\,CoS} = 4,0 \cdot 10^{-21}$.

---

a) La ecuación del equilibrio de solubilidad y la expresión del producto de solubilidad para AgCl, CaCO$_3$ y CoS son, respectivamente:

$$AgCl\,(s) \; \rightleftarrows \; Ag^+\,(aq) + Cl^-\,(aq); \quad K_{ps} = [Ag^+][Cl^-]$$

$$CaCO_3\,(s) \; \rightleftarrows \; Ca^{2+}\,(aq) + CO_3^{2-}\,(aq) \quad K_{ps} = [Ca^{2+}][CO_3^{2-}]$$

$$CoS\,(s) \; \rightleftarrows \; Co^{2+}\,(aq) + S^{2-}\,(aq) \quad K_{ps} = [Co^{2+}][S^{2-}]$$

b) Se trata de compuestos de fórmula general AB (por cada anión hay un catión). Para un compuesto poco soluble de tipo AB, la ecuación del equilibrio de solubilidad muestra que por cada mol de AB que se disuelve, aparecen un mol de A$^+$ (aq) y un mol de B$^+$ (aq). Si en el equilibrio la concentración de sal disuelta, AB (aq), es s mol/L, las concentraciones de los iones en el equilibrio son las siguientes:

$$AB\,(s) \; \rightleftarrows \; A^+\,(aq) \quad + \quad B^-\,(aq)$$

$$[\quad]\,(mol/L) \qquad\qquad s \qquad\qquad\quad s$$

Podemos expresar el producto de solubilidad en función de la solubilidad:

$$K_{ps} = [A^+][B^-] = s \cdot s = s^2$$

De ésta se deduce que cuanto mayor sea K_{ps} mayor es su solubilidad.

Según los datos de la cuestión, el orden creciente en el producto de solubilidad es:

$$K_{ps\,CoS\,(4,0\cdot10^{-21})} < K_{ps\,AgCl\,(1,6\cdot10^{-10})} < K_{ps\,CaCO_3\,(8,7\cdot10^{-9})}$$

El orden creciente en la solubilidad será el mismo:

$$s_{CoS} < s_{AgCl} < s_{CaCO_3}$$

Cuestión 8.2

Para los compuestos poco solubles $CuBr$, $Ba(IO_3)_2$ y $Fe(OH)_3$, escriba:
a) La ecuación del equilibrio de solubilidad en agua.
b) La expresión del producto de solubilidad.
c) El valor de la solubilidad en función del producto de solubilidad.

---

a y b) La ecuación del equilibrio de solubilidad y la expresión del producto de solubilidad para cada compuesto son:

$$CuBr\,(s) \;\rightleftarrows\; Cu^+\,(aq) + Br^-\,(aq); \quad K_{ps} = [Cu^+][Br^-]$$

$$Ba(IO_3)_2\,(s) \;\rightleftarrows\; Ba^{2+}\,(aq) + 2\,IO_3^-\,(aq); \quad K_{ps} = [Ba^{2+}][IO_3^-]^2$$

$$Fe(OH)_3\,(s) \;\rightleftarrows\; Fe^{3+}\,(aq) + 3\,OH^-\,(aq); \quad K_{ps} = [Fe^{3+}][OH^-]^3$$

c) Si en cada uno de los casos la concentración en el equilibrio de sal disuelta es s mol/L, las concentraciones de los iones en el equilibrio y los valores de la solubilidad en función del producto de solubilidad para cada uno de ellos son:

- CuBr

$$CuBr\,(s) \quad\rightleftarrows\quad Cu^+\,(aq) \quad + \quad Br^-\,(aq)$$
$$[\;\;]\,(mol/L) \qquad\qquad\qquad\qquad s \qquad\qquad\qquad s$$

⌊Cada mol de CuBr disuelto origina 1 mol de Cu^+ y 1 mol de Br^-.⌋

$$K_{ps} = [Cu^+][Br^-] = s \cdot s = s^2 \Rightarrow s = \sqrt{K_{ps}}$$

- $Ba(IO_3)_2$

$$Ba(IO_3)_2\,(s) \quad\rightleftarrows\quad Ba^{2+}\,(aq) \quad + \quad 2\,IO_3^-\,(aq)$$
$$[\;\;]\,(mol/L) \qquad\qquad\qquad\qquad s \qquad\qquad\qquad 2s$$

⌊Cada mol de $Ba(IO_3)_2$ disuelto origina 1 mol de Ba^{2+} y 2 mol de IO_3^-.⌋

$$K_{ps} = [Ba^{2+}][IO_3^-]^2 = s \cdot (2s)^2 = 4s^3 \Rightarrow s = \sqrt[3]{\dfrac{K_{ps}}{4}}$$

- $Fe(OH)_3$

$$Fe(OH)_3\,(s) \quad \rightleftarrows \quad Fe^{3+}\,(aq) \quad + \quad 3\,OH^-\,(aq)$$

$[\ \ ]\,(mol/L) \hspace{5cm} s \hspace{2cm} 3s$

$\lfloor$Cada mol de $Fe(OH)_3$ disuelto origina 1 mol de Fe^{3+} y 3 mol de OH^-.$\rfloor$

$$K_{ps} = [Fe^{3+}][OH^-]^3 = s\cdot(3s)^3 = 27s^4 \Rightarrow s = \sqrt[4]{\frac{K_{ps}}{27}}$$

Cuestión 8.3

El producto iónico, Q_{ps}, de una disolución acuosa de sulfato de plata vale $2,8\cdot10^{-4}$.
a) Exprese el equilibrio de solubilidad de la sal y compare el producto iónico dado con el producto de solubilidad.
b) Indique si la disolución admite más soluto, está saturada o precipitará algo de sal. Razone su respuesta.
Dato: $K_{ps\,Ag_2SO_4} = 1,4\cdot10^{-5}$

---

a) La ecuación del equilibrio de solubilidad para el sulfato de plata, Ag_2SO_4, es:

$$Ag_2SO_4\,(s) \quad \rightleftarrows \quad 2\,Ag^+\,(aq) + SO_4^{2-}\,(aq)$$

El valor de $2,8\cdot10^{-4}$ para Q_{ps} es mayor que el valor de $1,4\cdot10^{-5}$ para K_{ps} [1].

b) Dado que $Q_{ps} > K_{ps}$, precipita sulfato de plata hasta que $Q_{ps} - K_{ps}$, en cuyo caso la disolución está saturada.

---

[1]**Condición de saturación, solubilidad y precipitación.**
Supongamos que añadimos agua a una sal poco soluble ($s < 0,1\,M$) y agitamos; parte de la sal se disuelve y parte permanece sin disolver. Al cabo de un tiempo se alcanza la saturación y el sólido se encuentra en equilibrio con los iones disueltos. Entonces:

$$Q_{ps} = K_{ps} \qquad \text{Condición de saturación}$$

Si una vez alcanzada la saturación, añadimos agua, disminuye la concentración de los iones, y parte del precipitado se disuelve:

$$Q_{ps} < K_{ps} \qquad \text{Condición de solubilidad}$$

Si en vez de añadir agua, evaporamos la disolución saturada, aumenta la concentración de los iones, y precipita más sólido poco soluble:

$$Q_{ps} > K_{ps} \qquad \text{Condición de precipitación}$$

Cuestión 8.4

Indique, justificadamente, cómo se modificará la solubilidad del carbonato de calcio (sólido blanco insoluble, $CaCO_3$), si a una disolución saturada de esta sal se le adiciona:

a) Carbonato de sodio (Na_2CO_3).

b) $CaCO_3$.

c) Cloruro de calcio.

---

a) El carbonato de calcio es una sustancia iónica poco soluble. La ecuación del equilibrio de solubilidad es la siguiente:

$$CaCO_3\,(s) \quad \rightleftarrows \quad Ca^{2+}\,(aq) \quad + \quad CO_3^{2-}\,(aq)$$

Al añadir carbonato de sodio, Na_2CO_3, disminuye su solubilidad, puesto que aumenta la concentración de iones carbonato procedentes del carbonato de sodio, muy soluble en agua, y el sistema deja de estar en equilibrio. El sistema evoluciona para contrarrestar ese aumento, y hace que el equilibrio se desplace hacia la izquierda, para eliminar el exceso de iones carbonato, y así disminuir su concentración, de acuerdo con el principio de Le Chatelier. Como consecuencia, se forma más sólido poco soluble, y disminuye, por tanto, la solubilidad de la sustancia (efecto ion común).

b) No varía la solubilidad. Al añadir carbonato de calcio a una disolución saturada del mismo, no se altera para nada su solubilidad, ya que no afecta a las concentraciones de los iones en el equilibrio de solubilidad.

c) Disminuye también la solubilidad por el efecto ion común. Al añadir cloruro de calcio, aumenta la concentración de iones calcio(2+) procedentes del cloruro de calcio, muy soluble en agua; esto hace que el equilibrio se desplace hacia la izquierda, para eliminar el exceso de iones calcio(2+), y así disminuir su concentración.

Cuestión 8.5

¿Cómo se espera que afecte la presencia de cada uno de los siguientes solutos a la solubilidad molar del $Mg(OH)_2$ en agua?

a) $MgCl_2$.

b) KOH.

c) HCl.

---

a) El hidróxido de magnesio es una sustancia iónica poco soluble. La ecuación del equilibrio de solubilidad es la siguiente:

$$Mg(OH)_2\,(s) \;\rightleftarrows\; Mg^{2+}\,(aq) \;+\; 2\,OH^-\,(aq)$$

Al añadir cloruro de magnesio, $MgCl_2$, disminuye su solubilidad, puesto que aumenta la concentración de iones magnesio(2+) procedentes del cloruro de magnesio, muy soluble en agua, y el sistema deja de estar en equilibrio. El sistema evoluciona para contrarrestar ese aumento, y hace que el equilibrio se desplace hacia la izquierda, para eliminar el exceso de iones magnesio(2+), y así disminuir su concentración, de acuerdo con el principio de Le Chatelier. Como consecuencia, se forma más sólido insoluble, y disminuye, por tanto, la solubilidad de la sustancia (efecto ion común).

b) Disminuye también la solubilidad por el efecto ion común. Al añadir hidróxido de sodio, aumenta la concentración de iones hidróxido procedentes del hidróxido de sodio, muy soluble en agua; esto hace que el equilibrio se desplace hacia la izquierda, para eliminar el exceso de esos iones hidróxido, y así disminuir su concentración.

c) Aumenta la solubilidad. Al añadir ácido clorhídrico, aumenta la concentración de iones oxonio procedentes del ácido clorhídrico, que reaccionan con los iones hidróxido formando agua:

$$H_3O^+\,(aq) + OH^-\,(aq) \rightarrow 2\,H_2O\,(l)$$

La desaparición de iones hidróxido hace que disminuya su concentración, y da lugar a que el equilibrio se desplace hacia la derecha, para reponer los iones hidróxidos perdidos. Como consecuencia, se disuelve más precipitado, y aumenta la solubilidad de la sustancia.

Cuestión 8.6

Determine si se produce un precipitado (aparición de una fase sólida en el seno de una disolución) cuando se mezclan dos volúmenes iguales de disoluciones 0,0002 M de un catión (ion cargado positivamente) y un anión (ion cargado negativamente) de las siguientes especies:
a) Ag^+ y Cl^-.
b) Pb^{2+} y I^-.
c) Bi^{3+} y S^{2-}.
Datos: $K_{ps\,AgCl} = 2,8 \cdot 10^{-10}$; $K_{ps\,PbI_2} = 1,4 \cdot 10^{-8}$; $K_{ps\,Bi_2S_3} = 1,5 \cdot 10^{-72}$.

Calculamos el producto iónico, Q_{ps}, para cada par de iones y lo comparamos con el producto de solubilidad, K_{ps}, del compuesto correspondiente. Debemos tener en cuenta que la concentración de cada uno de los iones disminuye a la mitad, puesto que se mezclan volúmenes iguales de disoluciones de la misma concentración.

a) AgCl es un compuesto poco soluble del tipo AB. La expresión del producto iónico en este caso es: $Q_{ps} = [A^+][B^-]$. El valor de Q_{ps} es:

$$Q_{ps} = [Ag^+][Cl^-] = (1,0 \cdot 10^{-4}) \cdot (1,0 \cdot 10^{-4}) = 1,0 \cdot 10^{-8}$$

Como el valor de $1,0 \cdot 10^{-8}$ para Q_{ps} es mayor que el valor de $2,8 \cdot 10^{-10}$ para K_{ps}, el cloruro de plata precipita hasta que $Q_{ps} = K_{ps}$, momento en que la disolución está saturada.

b) PbI$_2$ es un compuesto poco soluble del tipo AB$_2$. La expresión del producto iónico en este caso es: $Q_{ps} = [A^{2+}][B^-]^2$. El valor de Q_{ps} es:

$$Q_{ps} = [Pb^{2+}][I^-]^2 = (1,0 \cdot 10^{-4}) \cdot (1,0 \cdot 10^{-4})^2 = 1 \cdot 10^{-12}$$

Como el valor de $1,0 \cdot 10^{-12}$ para Q_{ps} es menor que el valor de $1,4 \cdot 10^{-8}$ para K_{ps}, el yoduro de plomo(II) no precipita.

c) Bi$_2$S$_3$ es un compuesto poco soluble del tipo A$_2$B$_3$. La expresión del producto iónico en este caso es: $Q_{ps} = [A^{3+}]^2[B^{2-}]^3$. El valor de Q_{ps} es:

$$Q_{ps} = [Bi^{3+}]^2[S^{2-}]^3 = (1,0 \cdot 10^{-4})^2 \cdot (1,0 \cdot 10^{-4})^3 = 1,0 \cdot 10^{-20}$$

Como el valor de $1,0 \cdot 10^{-20}$ para Q_{ps} es mayor que el valor de $1,5 \cdot 10^{-72}$ para K_{ps}, el sulfuro de bismuto(III) precipita hasta que $Q_{ps} = K_{ps}$, momento en que la disolución está saturada.

Cuestión 8.7

Indique, justificadamente, si son ciertas o falsas las siguientes afirmaciones:
a) Si a una disolución saturada de una sal insoluble se le añade uno de los iones que la forma, disminuye la solubilidad.
b) Dos especies iónicas de cargas opuestas forman un precipitado (compuesto insoluble) cuando el producto de sus concentraciones actuales es igual al producto de solubilidad.
c) Para desplazar el equilibrio de solubilidad hacia la formación de más cantidad de sólido insoluble, se extrae de la disolución una porción de precipitado.

---

a) Verdadera. Al añadir a una disolución saturada de una sal insoluble uno de los iones que forman el compuesto, aumenta la concentración del ion en la disolución, y el sistema deja de estar en equilibrio. El sistema evoluciona en el sentido de contrarrestar ese aumento, y hace que el equilibrio se desplace hacia la izquierda, para eliminar el exceso de esos iones introducidos, y así disminuir su concentración, de acuerdo con el principio de Le Chatelier. Como consecuencia, se forma más sólido insoluble, y disminuye, por tanto, la solubilidad de la sustancia (efecto ion común).

b) Falsa. La condición de precipitación es que el producto de las concentraciones de los iones cuando no corresponden a un estado de equilibrio (producto iónico, Q_{ps}) sea mayor que el producto de solubilidad, K_{ps}. Cuando el producto $Q_{ps} = K_{ps}$, la disolución está saturada y el sólido se encuentra en equilibrio con los iones en disolución.[2]

c) Falsa. La cantidad de sólido insoluble en un equilibrio de solubilidad no modifica el equilibrio, ya que no afecta a las concentraciones de los iones en el equilibrio de solubilidad.

Cuestión 8.8

Se tiene una disolución saturada de Ag_2CO_3 con una pequeña cantidad de precipitado en el fondo. Si se pretende disolver este precipitado, indique, razonadamente, qué convendría añadir:
a) Más agua.
b) Una disolución de carbonato de potasio.
c) Una disolución de ácido nítrico.
Dato: El ácido carbónico es un ácido débil.

La ecuación del equilibrio de solubilidad del carbonato de plata es la siguiente:

$$Ag_2CO_3\,(s) \quad \rightleftarrows \quad 2\,Ag^+\,(aq) \quad + \quad CO_3^{2-}\,(aq)$$

a) No es conveniente. Al añadir agua, aumenta el volumen de la disolución, y disminuyen las concentraciones de Ag^+ y CO_3^{2-}; esto hace que se desplace el equilibrio hacia la derecha, para reponer iones y aumentar la concentración de los mismos. Ello conlleva una disolución del precipitado. Sin embargo, como el Ag_2CO_3 es muy poco soluble, habría que añadir muchísima cantidad de agua para disolver cierta cantidad de precipitado.

b) No, todo lo contrario. Al añadir carbonato de potasio a la disolución, aumenta la concentración de iones carbonato procedentes de esta sal, muy soluble en agua; esto hace que el equilibrio se desplace hacia la izquierda, para eliminar el exceso

---
[2]Se trata de un equilibrio dinámico en el que los procesos de disolución y de precipitación ocurren a la vez y a la misma velocidad.

de iones carbonato, y así disminuir su concentración, de acuerdo con el principio de Le Chatelier (efecto ion común).

c) Sí es conveniente, ya que aumenta la solubilidad. Al añadir ácido nítrico, aumenta la concentración de iones oxonio de la disolución, procedentes del ácido nítrico, y reaccionan con los iones carbonato para formar ácido carbónico, un ácido débil, y, por tanto, poco ionizado:

$$CO_3^{2-} \text{(aq)} + 2\,H_3O^+ \text{(aq)} \rightarrow H_2CO_3 \text{(aq)} + 2\,H_2O \text{(l)}$$

La eliminación de iones carbonato hace que el equilibrio se desplace hacia la derecha, en el sentido de reponer los iones carbonato perdidos. Como consecuencia, se disuelve más precipitado.

Problema 8.9

a) Calcule la solubilidad molar a 25 °C del Ag_2CO_3 (sólido insoluble), sabiendo que, a esa temperatura, 100 mL de una disolución saturada del mismo, produce por evaporación un residuo de 3,55 mg.
b) Calcule el producto de solubilidad de dicha sal.
Masas atómicas: C = 12; O = 16; Ag = 108.

---

a) La ecuación del equilibrio de solubilidad para el Ag_2CO_3 muestra que por cada mol de Ag_2CO_3 que se disuelve aparecen 2 mol de Ag^+ y 1 mol de CO_3^{2-}. Si, en el equilibrio, la concentración de sal disuelta, Ag_2CO_3 (aq), es s mol/L (solubilidad molar), las concentraciones de los iones en el mismo son las siguientes:

$$Ag_2CO_3 \text{(s)} \quad \rightleftarrows \quad 2\,Ag^+ \text{(aq)} \quad + \quad CO_3^{2-} \text{(aq)}$$
$$[\quad]\text{(mol/L)} \qquad\qquad\qquad 2s \qquad\qquad\qquad s$$

Esquema de los pasos para la resolución:

$$\text{g }Ag_2CO_3/100\,mL \xrightarrow{①} \text{g }Ag_2CO_3/L \xrightarrow{②} \text{mol }Ag_2CO_3/L$$

① g Ag_2CO_3/L de la disolución saturada de Ag_2CO_3

Calculamos la solubilidad del Ag_2CO_3 en g/L a partir de la masa de Ag_2CO_3 que queda (residuo) tras evaporar 100 mL de disolución saturada de la sustancia.

$$\frac{0,00355\,\text{g }Ag_2CO_3}{0,1\,L} = \frac{0,0355\,\text{g }Ag_2CO_3}{L}$$

$$\lfloor 3,55\,mg = 0,00355\,g;\ 100\,mL = 0,1\,L \rfloor$$

② mol Ag_2CO_3/L de la disolución saturada de Ag_2CO_3 (solubilidad molar)

Calculamos la solubilidad molar, s, del Ag_2CO_3, conocida su solubilidad en g/L y su masa molar (276 g/mol):

$$\frac{0,0355\,\text{g}\,Ag_2CO_3}{L} \cdot \frac{1\,\text{mol}\,Ag_2CO_3}{276\,\text{g}\,Ag_2CO_3} = 1,3 \cdot 10^{-4}\,\text{M}\,Ag_2CO_3$$

b) De acuerdo con la ecuación del equilibrio de solubilidad del Ag_2CO_3, la expresión del producto de solubilidad para el Ag_2CO_3 es:

$$K_{ps} = [Ag^+]^2[CO_3^{2-}] = (2s)^2 \cdot s = 4s^3 = 4 \cdot (1,3 \cdot 10^{-4})^3 = 8,8 \cdot 10^{-12}$$

Problema 8.10

La solubilidad del $SrCrO_4$ en agua es 1,22 g/L a 25 °C. Calcule:
a) Las concentraciones en mol/L de Sr^{2+} y CrO_4^{2-} en una disolución saturada de dicha sal.
b) El valor del producto de solubilidad de esta sal.
Masas atómicas: Cr = 52; O = 16; Sr = 87,6.

---

a) La ecuación del equilibrio de solubilidad para el $SrCrO_4$ muestra que por cada mol de $SrCrO_4$ que se disuelve, aparecen 1 mol de Sr^{2+} y 1 mol de CrO_4^{2-}. Si, en el equilibrio, la concentración de sal disuelta, $SrCrO_4$ (aq), es s mol/L (solubilidad molar), las concentraciones de los iones en el mismo son las siguientes:

$$SrCrO_4\,(s) \quad \rightleftarrows \quad Sr^{2+}\,(aq) \quad + \quad CrO_4^{2-}\,(aq)$$
$$[\quad]\,(\text{mol/L}) \qquad\qquad\qquad s \qquad\qquad\qquad s$$

Esquema de los pasos para la resolución:

$$\text{g}\,SrCrO_4/L \xrightarrow[①]{} \text{mol}\,SrCrO_4/L \xrightarrow[②]{\text{Equilibrio de solubilidad}} [Sr^{2+}]\,\text{y}\,[CrO_4^{2-}]$$

① mol $SrCrO_4/L$ de la disolución saturada de $SrCrO_4$ (solubilidad molar)

Calculamos la solubilidad molar, s, del $SrCrO_4$, conocida su solubilidad en g/L y su masa molar (203,6 g/mol):

$$\frac{1,22\,\text{g}\,SrCrO_4}{L} \cdot \frac{1\,\text{mol}\,SrCrO_4}{203,6\,\text{g}\,SrCrO_4} = 6,0 \cdot 10^{-3}\,\text{M}\,SrCrO_4$$

② mol Sr^{2+}/L y mol CrO_4^{2-}/L de la disolución saturada de $SrCrO_4$

De acuerdo con la ecuación del equilibrio de solubilidad del $SrCrO_4$:

$$[Sr^{2+}] = [CrO_4^{2-}] = s = 6,0 \cdot 10^{-3}\,\text{M}$$

b) La expresión del producto de solubilidad para el $SrCrO_4$ es:

$$K_{ps} = [Sr^{2+}][CrO_4^{2-}] = (6,0 \cdot 10^{-3}\,M) \cdot (6,0 \cdot 10^{-3}\,M) = 3,6 \cdot 10^{-5}$$

Problema 8.11

La solubilidad del CaF_2 es de 86 mg/L a 25 °C. Calcule:
a) La concentración de Ca^{2+} y F^- en una disolución saturada de dicha sal.
b) El producto de solubilidad de la sal a esa temperatura.
Masas atómicas: F = 19; Ca = 40.

---

a) La ecuación del equilibrio de solubilidad para el CaF_2 muestra que por cada mol de CaF_2 que se disuelve aparecen 1 mol de Ca^{2+} y 2 mol de F^-. Si, en el equilibrio, la concentración de sal disuelta, CaF_2 (aq), es s mol/L (solubilidad molar), las concentraciones de los iones en el mismo son las siguientes:

$$CaF_2\,(s) \quad \rightleftharpoons \quad Ca^{2+}\,(aq) \quad + \quad 2\,F^-\,(aq)$$
$$[\quad]\,(mol/L) \qquad\qquad\qquad s \qquad\qquad\qquad 2s$$

Esquema de los pasos para la resolución:

$$mg\,CaF_2/L \xrightarrow{\ ①\ } mol\,CaF_2/L \xrightarrow[\ ②\ ]{Equilibrio\,solubilidad} [Ca^{2+}]\,y\,[F^-]$$

① $mol\,CaF_2/L$ de la disolución saturada de CaF_2 (solubilidad molar)

Calculamos la solubilidad molar, s, del CaF_2, conocida su solubilidad en mg/L y su masa molar (78 g/mol):

$$\frac{86\,mg}{L} \cdot \frac{10^{-3}\,g}{1\,mg} \cdot \frac{1\,mol}{78\,g\,CaF_2} = 1,1 \cdot 10^{-3}\,M\,CaF_2$$

② $mol\,Ca^{2+}/L$ y $mol\,F^-/L$ de la disolución saturada de CaF_2

De acuerdo con la ecuación del equilibrio de solubilidad del CaF_2:

- $[Ca^{2+}] = s = 1,1 \cdot 10^{-3}\,M$
- $[F^-] = 2s = 2 \cdot 1,1 \cdot 10^{-3}\,M = 2,2 \cdot 10^{-3}\,M$

b) La expresión del producto de solubilidad para el CaF_2 es:

$$K_{ps} = [Ca^{2+}][F^-]^2 = 1,1 \cdot 10^{-3}\,M \cdot (2,2 \cdot 10^{-3}\,M)^2 = 5,3 \cdot 10^{-9}$$

Problema 8.12

Se ha de preparar 1 L de una disolución saturada de $CaCO_3$ (sólido crista-
lino blanco insoluble) a una temperatura determinada. Calcule:
a) La solubilidad de la sal.
b) La cantidad mínima de carbonato de calcio necesaria para preparar la
disolución saturada.
Datos: $K_{s\,CaCO_3} = 4,8 \cdot 10^{-9}$. Masas atómicas: $C = 12$; $O = 16$; $Ca = 40$.

---

a y b) La ecuación del equilibrio de solubilidad para el $CaCO_3$ muestra que
por cada mol de $CaCO_3$ que se disuelve, aparecen 1 mol de Ca^{2+} y 1 mol de
CO_3^{2-}. Si, en el equilibrio, la concentración de sal disuelta, $CaCO_3\,(aq)$, es s
mol/L (solubilidad molar), las concentraciones de los iones en el mismo son las
siguientes:

$$CaCO_3\,(s) \quad \rightleftarrows \quad Ca^{2+}\,(aq) \quad + \quad CO_3^{2-}\,(aq)$$
$$[\;\;]\,(mol/L) \qquad\qquad\qquad s \qquad\qquad\qquad s$$

Esquema de los pasos para la resolución:

$$K_{ps} \xrightarrow[\textcircled{1}]{} mol\,CaCO_3/L \xrightarrow[\textcircled{2}]{} g\,CaCO_3/L$$

① $mol\,CaCO_3/L$ de la disolución saturada de $CaCO_3$ (solubilidad molar) [apar-
tado a]

Calculamos la solubilidad molar, s, del $CaCO_3$ a partir del producto de
solubilidad, K_{ps}:

$$K_{ps} = [Ca^{2+}][CO_3^{2}\;] = s \cdot s = s^2$$

Despejando s queda:

$$s = \sqrt{K_{ps}} = \sqrt{4,8 \cdot 10^{-9}} = 6,9 \cdot 10^{-5}\,M$$

② $g\,CaCO_3/L$ de la disolución saturada de $CaCO_3$ [apartado b]

Calculamos la solubilidad en g/L a partir de la solubilidad molar, s, y la
masa molar del $CaCO_3$ ($100\,g/mol$):

$$\frac{6,9 \cdot 10^{-5}\,mol}{L} \cdot \frac{100\,g}{mol} = 6,9 \cdot 10^{-3}\,g\,CaCO_3/L$$

Este valor significa que l litro de disolución saturada contiene $6,9 \cdot 10^{-3}\,g$ de
$CaCO_3$. Por tanto, la cantidad mínima para preparar 1 litro de disolución
saturada de $CaCO_3$ es $6,9 \cdot 10^{-3}\,g$.

Problema 8.13

Se disuelve $Co(OH)_2$ en agua hasta obtener una disolución saturada a una temperatura dada. Se conoce que la concentración de iones OH^- es $3,0 \cdot 10^{-5}$ M. Calcule:

a) La concentración de iones Co^{2+} de esta disolución.

b) El valor de la constante del producto de solubilidad del compuesto poco soluble a esa temperatura.

---

a) La ecuación del equilibrio de solubilidad en agua pura del $Co(OH)_2$ muestra que por cada mol de $Co(OH)_2$ que se disuelve, aparecen 1 mol de Co^{2+} y 2 mol de OH^-. Si, en el equilibrio la concentración de sal disuelta, $Co(OH)_2$ (aq), es s mol/L (solubilidad molar), las concentraciones de los iones en el mismo son las siguientes:

$$Co(OH)_2 \, (s) \quad \rightleftarrows \quad Co^{2+} \, (aq) \quad + \quad 2\,OH^- \, (aq)$$
$$[\quad]\,(mol/L) \qquad\qquad\qquad\quad s \qquad\qquad\quad 2\,s$$

De acuerdo con el equilibrio de solubilidad del $Co(OH)_2$:

$$[Co^{2+}] = \frac{[OH^-]}{2} = \frac{3,0 \cdot 10^{-5}\,M}{2} = 1,5 \cdot 10^{-5}\,M$$

b) Calculamos producto de solubilidad, K_{ps}, a partir de las concentraciones de los iones del equilibrio:

$$K_{ps} = [Co^{2+}][OH^-]^2 = (1,5 \cdot 10^{-5}) \cdot (3,0 \cdot 10^{-5})^2 = 1,4 \cdot 10^{-14}$$

Problema 8.14

Indique si se forma precipitado si se mezclan. Justifíquelo.

a) 25 mL de NaI $1,4 \cdot 10^{-9}$ M y 35 mL de $AgNO_3$ $7,9 \cdot 10^{-7}$ M.

b) 25 mL de $NaCl$ $1,4 \cdot 10^{-9}$ M y 35 mL de $AgNO_3$ $7,9 \cdot 10^{-7}$ M.

Datos: $K_{ps\,AgI} = 8,5 \cdot 10^{-17}$; $K_{ps\,AgCl} = 1,1 \cdot 10^{-10}$.

---

a) La ecuación del equilibrio de solubilidad del AgI es:

$$AgI \, (s) \quad \rightleftarrows \quad Ag^+ \, (aq) \quad + \quad I^- \, (aq)$$

Se forma precipitado si el producto iónico, Q_{ps}, es mayor que el producto de solubilidad, K_{ps}.

La expresión del producto iónico para el AgI es: $Q_{ps} = [Ag^+][I^-]$.

- Calculamos los moles de Ag^+ en 35 mL de disolución $7,9 \cdot 10^{-7}$ M de $AgNO_3$.

  El nitrato de plata es una sal muy soluble y está disociada en iones NO_3^- y Ag^+. Puesto que por cada mol de $AgNO_3$ se origina 1 mol de Ag^+:

  $$[Ag^+] = [AgNO_3]_o = 7,9 \cdot 10^{-7} \, M$$

  Los moles de Ag^+ en 0,035 L de disolución son:

  $$0,035 \, L \cdot 7,9 \cdot 10^{-7} \frac{mol}{L} = 2,8 \cdot 10^{-8} \, mol \, Ag^+$$

- Calculamos los moles de I^- en 25 mL de disolución $1,4 \cdot 10^{-9}$ M de NaI.

  El yoduro de sodio es una sal muy soluble y está disociada en iones I^- y Na^+. Puesto que por cada mol de NaI se origina 1 mol de I^-:

  $$[I^-] = [NaI]_o = 1,4 \cdot 10^{-9} \, M$$

  Los moles de I^- en 0,025 L de disolución son:

  $$0,025 \, L \cdot 1,4 \cdot 10^{-9} \frac{mol}{L} = 3,5 \cdot 10^{-11} \, mol \, I^-$$

- Calculamos las concentraciones de los iones Ag^+ y I^- una vez mezcladas las dos disoluciones.

  Suponiendo que los volúmenes son aditivos, el volumen de la mezcla es 0,035 L + 0,025 L= 0,06 L:

  $$[Ag^+] = \frac{n_{Ag^+}}{V} = \frac{2,8 \cdot 10^{-8} \, mol \, Ag^+}{0,06 \, L} = 4,7 \cdot 10^{-7} \, M$$

  $$[I^-] = \frac{n_{I^-}}{V} = \frac{3,5 \cdot 10^{-11} \, mol \, I^-}{0,06 \, L} = 5,8 \cdot 10^{-10} \, M$$

- Calculamos, por último, el producto iónico:

  $$Q_{ps} = [Ag^+][I^-] = (4,7 \cdot 10^{-7}) \cdot (5,8 \cdot 10^{-10}) = 2,7 \cdot 10^{-16}$$

  Como el valor de $2,7 \cdot 10^{-16}$ para Q_{ps} es mayor que el valor de $8,5 \cdot 10^{-17}$ para K_{ps}, el yoduro de plata precipita hasta que $Q_{ps} = K_{ps}$, momento en que la disolución está saturada.

b) El razonamiento que hay que seguir para saber si precipita el cloruro de plata es idéntico al anterior, ya que los volúmenes y las concentraciones de las disoluciones que se mezclan son los mismos; además, los iones cloruro y yoduro tienen una carga negativa. También el valor de Q_{ps} para el AgCl es idéntico que para el AgI.

En este caso, como el valor de $2,7 \cdot 10^{-16}$ para Q_{ps} es menor que el valor de $1,1 \cdot 10^{-10}$ para K_{ps}, el cloruro de plata no precipita.

Problema 8.15

Se mezclan 10 mL de disolución 10^{-3} M de Ca^{2+} con 10 mL de disolución $2 \cdot 10^{-3}$ M de Na_2CO_3.
a) Indique si se forma o no precipitado. Justifíquelo.
b) En caso de que se forme, calcule la cantidad de sólido formado ($CaCO_3$).
Dato: $K_{ps\,CaCO_3} = 4 \cdot 10^{-9}$.

---

a) Consideramos la ecuación del equilibrio de solubilidad del $CaCO_3$:

$$CaCO_3\,(s) \quad \rightleftarrows \quad Ca^{2+}\,(aq) \quad + \quad CO_3^{2-}\,(aq)$$

Se forma precipitado si el producto iónico, Q_{ps}, es mayor que el producto de solubilidad, K_{ps}.

La expresión del producto iónico para el $CaCO_3$ es: $Q_{ps} = [Ca^{2+}][CO_3^{2-}]$.

- Calculamos los moles de Ca^{2+} en 10 mL de disolución 10^{-3} M de Ca^{2+}:

  Los moles de Ca^{2+} en 0,01 L de disolución son:

  $$0,01\,L \cdot 10^{-3}\frac{mol}{L} = 10^{-5}\,mol\,Ca^{2+}$$

- Calculamos los moles de CO_3^{2-} en 10 mL de disolución $2 \cdot 10^{-3}$ M de Na_2CO_3:

  El carbonato de sodio es una sal soluble y está disociada en iones CO_3^{2-} y Na^+. Puesto que por cada mol de Na_2CO_3 se origina 1 mol de CO_3^{2-}:

  $$[CO_3^{2-}] = [Na_2CO_3]_o = 2 \cdot 10^{-3}\,M$$

  Los moles de CO_3^{2-} en 0,01 L de disolución son:

  $$0,01\,L \cdot 2 \cdot 10^{-3}\frac{mol}{L} = 2 \cdot 10^{-5}\,mol\,CO_3^{2-}$$

- Calculamos la concentración de los iones Ca^{2+} y CO_3^{2-} una vez mezcladas las dos disoluciones.

Suponiendo que los volúmenes son aditivos, el volumen de la mezcla es 0,01 L + 0,01 L= 0,02 L:

$$[Ca^{2+}] = \frac{n_{Ca^{2+}}}{V} = \frac{10^{-5}\,\text{mol}}{0,02\,\text{L}} = 5 \cdot 10^{-4}\,\text{M}$$

$$[CO_3^{2-}] = \frac{n_{CO_3^{2-}}}{V} = \frac{2 \cdot 10^{-5}\,\text{mol}}{0,02\,\text{L}} = 1 \cdot 10^{-3}\,\text{M}$$

- Calculamos, por último, el producto iónico:

$$Q_{ps} = [Ca^{2+}][CO_3^{2-}] = (5 \cdot 10^{-4}) \cdot (1 \cdot 10^{-3}) = 5 \cdot 10^{-7}$$

Como el valor de $5 \cdot 10^{-7}$ para Q_{ps} es mayor que el valor de $4 \cdot 10^{-9}$ para K_{ps}, precipita el carbonato de calcio hasta que $Q_{ps} = K_{ps}$, momento en que la disolución está saturada.

b) El equilibrio de precipitación del carbonato de calcio y la estequiometría del mismo son los siguientes:

$$Ca^{2+}\,(aq) \quad + \quad CO_3^{2-}\,(aq) \quad \rightleftarrows \quad CaCO_3\,(s)$$

Estequiometría   1 mol   1 mol   1 mol

Cuando se mezclan las dos disoluciones se ponen en contacto 10^{-5} mol de Ca^{2+} y $2 \cdot 10^{-5}$ mol de CO_3^{2-}. De acuerdo con la estequiometría de la reacción, 10^{-5} mol de Ca^{2+} reaccionarán con 10^{-5} mol de CO_3^{2-} (sobrarán, pues, 10^{-5} mol de CO_3^{2-}) para formar 10^{-5} mol de $CaCO_3$.

La cantidad de precipitado formado es, por tanto, 10^{-5} mol de $CaCO_3$. Despreciamos los moles de $CaCO_3$ disueltos, dado que es un compuesto poco soluble.

Problema 8.16

Se mezclan 0,2 L de disolución 0,006 M de $Sr(NO_3)_2$ con 0,1 L de disolución 0,015 M de K_2CrO_4, y mantenemos la temperatura a 25 °C.
a) Indique si se forma o no precipitado. Justifíquelo.
b) Determine la concentración de cada ion presente al final del proceso.
Dato: $K_{ps\,SrCrO_4} = 4,0 \cdot 10^{-5}$.

---

a) Consideramos la ecuación del equilibrio de solubilidad del $SrCrO_4$:

$$SrCrO_4\,(s) \quad \rightleftarrows \quad Sr^{2+}\,(aq) \quad + \quad CrO_4^{2-}\,(aq)$$

Se forma precipitado si el producto iónico, Q_{ps}, es mayor que el producto de solubilidad, K_{ps}.

La expresión del producto iónico para el $SrCrO_4$ es: $Q_{ps} = [Sr^{2+}][CrO_4^{2-}]$.

- Calculamos los moles de Sr^{2+} en 0,2 L de disolución $Sr(NO_3)_2$ $0,006\,M$:

  El $Sr(NO_3)_2$ es una sal soluble y está disociada en iones NO_3^- y Sr^{2+}. Puesto que por cada mol de $Sr(NO_3)_2$ se origina 1 mol de Sr^{2+} (y también, 2 mol de NO_3^-):
  $$[Sr^{2+}] = [Sr(NO_3)_2]_o = 6,0 \cdot 10^{-3}\,M$$

  Los moles de Sr^{2+} en 0,2 L de disolución son:

  $$0,2\,L \cdot 6 \cdot 10^{-3}\frac{mol}{L} = 1,2 \cdot 10^{-3}\,mol\,Sr^{2+}$$

- Calculamos los moles de CrO_4^{2-} en 0,1 L de disolución K_2CrO_4 $1,5 \cdot 10^{-2}\,M$:

  El K_2CrO_4 es una sal soluble y está disociada en iones CrO_4^{2-} y K^+. Puesto que por cada mol de K_2CrO_4 se origina un mol de CrO_4^{2-} (y también, 2 mol de K^+):
  $$[CrO_4^{2-}] = [K_2CrO_4]_o = 1,5 \cdot 10^{-2}\,M$$

  Los moles de CrO_4^{2-} en 0,1 L de disolución son:

  $$0,1\,L \cdot 1,5 \cdot 10^{-2}\frac{mol}{L} = 1,5 \cdot 10^{-3}\,mol\,CrO_4^{2-}$$

- Calculamos la concentración de los iones Sr^{2+} y CrO_4^{2-} una vez mezcladas las dos disoluciones:

  Suponiendo que los volúmenes son aditivos, el volumen de la mezcla es 0,2 L + 0,1 L= 0,3 L:

  $$[Sr^{2+}] = \frac{n_{Sr^{2+}}}{V} = \frac{1,2 \cdot 10^{-3}\,mol}{0,3\,L} = 4,0 \cdot 10^{-3}\,M$$

  $$[CrO_4^{2-}] = \frac{n_{CrO_4^{2-}}}{V} = \frac{1,5 \cdot 10^{-3}\,mol}{0,3\,L} = 5,0 \cdot 10^{-3}\,M$$

- Calculamos, por último, el producto iónico:

  $$Q_{ps} = [Sr^{2+}][CrO_4^{2-}] = 4,0 \cdot 10^{-3} \cdot 5,0 \cdot 10^{-3} = 2,0 \cdot 10^{-5}$$

Como el valor de $2,0 \cdot 10^{-5}$ para Q_{ps} es menor que el valor de $4,0 \cdot 10^{-5}$ para K_{ps}, el cromato de estroncio no precipita.

b) La concentración de cada unos de los iones presentes al finalizar el proceso es:

- $[Sr^{2+}] = 4,0 \cdot 10^{-3}\,M$

- $[CrO_4^{2-}] = 5,0 \cdot 10^{-3}\,M$

- $[NO_3^-] = 2 \cdot [Sr^{2+}] = 2 \cdot 4,0 \cdot 10^{-3}\,M = 8,0 \cdot 10^{-3}\,M$, puesto que por cada mol de Sr^{2+} hay 2 mol de NO_3^-.

- $[K^+] = 2 \cdot [CrO_4^{2-}] = 2 \cdot 5,0 \cdot 10^{-3}\,M = 1,0 \cdot 10^{-2}\,M$, puesto que por cada mol de CrO_4^{2-} hay 2 mol de K^+.

Problema 8.17

Se mezclan 50 mL de una disolución que contiene 0,331 g de nitrato de plomo(II) con 50 mL de otra disolución que contiene 0,332 g de yoduro de potasio, y mantenemos la temperatura a 25 °C. Calcula:

a) Si se forma precipitado de yoduro de plomo(II), y en caso afirmativo qué cantidad.

b) Las concentraciones de los iones yoduro y de plomo(2+) en la disolución resultante.

Datos: $K_{ps\,PbI_2} = 1,0 \cdot 10^{-8}$; Masas atómicas: Pb = 207; N = 14; O = 16; K = 39; I = 127;

---

a) Consideramos la ecuación del equilibrio de solubilidad del PbI_2:

$$PbI_2\,(s) \quad \rightleftarrows \quad Pb^{2+}\,(aq) \quad + \quad 2\,I^-\,(aq)$$

Se forma precipitado si el producto iónico, Q_{ps}, es mayor que el producto de solubilidad, K_{ps}.

PbI_2 es un compuesto poco soluble del tipo AB_2. La expresión del producto iónico para este compuesto es: $Q_{ps} = [Pb^{2+}][I^-]^2$.

- Calculamos los moles de Pb^{2+} en 50 mL de disolución, que contienen 0,331 g de $Pb(NO_3)_2$.

$$n_{Pb(NO_3)_2} = \frac{m}{M_m} = \frac{0,331\,g}{331\,g/mol} = 0,001\,mol$$

El $Pb(NO_3)_2$ es una sal soluble y está disociada en iones NO_3^- y Pb^{2+}. Cada mol de $Pb(NO_3)_2$ origina 1 mol de Pb^{2+}. Por tanto:

$$n_{Pb^{2+}} = n_{Pb(NO_3)_2} = 0,001\,mol$$

- Calculamos los moles de I^- en 50 mL de disolución que contienen 0,332 g de KI:

$$n_{KI} = \frac{m}{M_m} = \frac{0,332\,g}{166\,g/mol} = 0,002\,mol$$

El KI es una sal soluble y está disociada en iones I^- y K^+. Cada mol de KI origina 1 mol de K^+. Por tanto:

$$n_{I^-} = n_{KI} = 0,002\,mol$$

- Calculamos la concentración de los iones Pb^{2+} y I^- una vez mezcladas las dos disoluciones:

Suponiendo que los volúmenes son aditivos, el volumen de la mezcla es 0,05 L + 0,05 L= 0,1 L:

$$[Pb^{2+}] = \frac{n_{Pb^{2+}}}{V} = \frac{1,0 \cdot 10^{-3}\,mol}{0,1\,L} = 1,0 \cdot 10^{-2}\,M$$

$$[I^-] = \frac{n_{I^-}}{V} = \frac{2,0 \cdot 10^{-3}\,mol}{0,1\,L} = 2,0 \cdot 10^{-2}\,M$$

- Calculamos, por último, el producto iónico:

$$Q_{ps} = [Pb^{2+}][I^-]^2 = (1,0 \cdot 10^{-2}) \cdot (2,0 \cdot 10^{-2})^2 = 4,0 \cdot 10^{-6}$$

Como el valor de $4,0 \cdot 10^{-6}$ para Q_{ps} es mayor que el valor de $1,0 \cdot 10^{-8}$ para K_{ps}, el yoduro de plomo(II) precipita hasta que $Q_{ps} = K_{ps}$, momento en que la disolución está saturada.

Si la mezcla de dos disoluciones puede dar lugar a un compuesto poco soluble, es posible, como en este caso, que cuando se alcance el equilibrio, la disolución esté saturada con respecto al precipitado, y que además no haya exceso de ninguno de sus iones.

El equilibrio de precipitación del yoduro de plomo(II) y la estequiometría del mismo son los siguientes:

$$Pb^{2+}\,(aq) \quad + \quad 2\,I^-\,(aq) \quad \rightleftarrows \quad PbI_2\,(s)$$

Estequiometría   1 mol   2 mol   1 mol

Cuando se mezclan las dos disoluciones, se ponen en contacto 0,01 mol de Pb^{2+} y 0,02 mol de I^-. Resulta fácil apreciar que se combinan en la proporción estequiométrica 1:2, y no sobrará ningún reactivo.

- Calculamos ahora la masa de yoduro de plomo(II) que se forma:

Si despreciamos la masa de yoduro de plomo(II) que permanece en disolución por ser un compuesto poco soluble, de acuerdo con la estequiometría de la reacción, a partir de 0,001 mol de Pb^{2+} y 0,002 mol de I^- se formarán 0,001 mol de PbI_2 con una masa de:

$$0,001 \, \text{mol} \cdot 461 \, \text{g/mol} = 0,46 \, \text{g} \, PbI_2$$

b) La ecuación del equilibrio de solubilidad del PbI_2 muestra que por cada mol de PbI_2 que se disuelve, aparecen 1 mol de Pb^{2+} y 2 mol de I^-. Si, en el equilibrio, la concentración de sal disuelta, PbI_2 (aq), es s mol/L (solubilidad molar), las concentraciones de los iones son las siguientes:

$$PbI_2 \, (s) \quad \rightleftarrows \quad Pb^{2+} \, (aq) \quad + \quad 2 \, I^- \, (aq)$$
$$[\quad] \, (\text{mol/L}) \qquad\qquad\qquad s \qquad\qquad 2 \, s$$

Calculamos la solubilidad molar, s, del PbI_2 a partir del producto de solubilidad, K_{ps}:

$$K_{ps} = [Pb^{2+}][I^-]^2 = s \cdot (2s)^2 = 4s^3$$

Despejando s, queda:

$$s = \sqrt[3]{\frac{K_{ps}}{4}} = \sqrt[3]{\frac{1,0 \cdot 10^{-8}}{4}} = 1,4 \cdot 10^{-3} \, M$$

Las concentraciones de los iones plomo(2+) y yoduro son:

$$[Pb^{2+}] = s = 1,4 \cdot 10^{-3} \, M; \quad [I^-] = 2s = 2 \cdot (1,4 \cdot 10^{-3} \, M) = 2,8 \cdot 10^{-3} \, M$$

Problema 8.18

Se mezclan 200 mL de disolución 0,01 M de $Ba(NO_3)_2$ con 100 mL de disolución 0,1 M de $NaIO_3$.
a) Indique si se forma o no precipitado. Justifíquelo.
b) Determine la solubilidad del $Ba(IO_3)_2$ en la disolución que resulta de la mezcla.
Dato: $K_{ps \, Ba(IO_3)_2} = 1,6 \cdot 10^{-9}$.

---

a) Consideramos la ecuación del equilibrio de solubilidad del $Ba(IO_3)_2$:

$$Ba(IO_3)_2 \, (s) \quad \rightleftarrows \quad Ba^{2+} \, (aq) \quad + \quad 2 \, IO_3^- \, (aq)$$

Se forma precipitado si el producto iónico, Q_{ps}, es mayor que el producto de solubilidad, K_{ps}.

La expresión del producto iónico para el $Ba(IO_3)_2$ es: $Q_{ps} = [Ba^{2+}][IO_3^-]^2$.

- Calculamos los moles de Ba^{2+} en 200 mL de disolución $Ba(NO_3)_2$ 0,01 M:

  El $Ba(NO_3)_2$ es una sal soluble y está disociada en iones NO_3^- y Ba^{2+}. Puesto que por cada mol de $Ba(NO_3)_2$ se origina 1 mol de Ba^{2+}:

  $$[Ba^{2+}] = [Ba(NO_3)_2]_o = 0,01\,M$$

  Los moles de Ba^{2+} en 0,2 L de disolución son:

  $$0,2\,L \cdot 0,01\frac{mol}{L} = 0,002\,mol\,Ba^{2+}$$

- Calculamos los moles de IO_3^- en 100 mL de disolución $NaIO_3$ 0,1 M:

  El $NaIO_3$ es una sal soluble y está disociada en iones IO_3^- y Na^+. Puesto que por cada mol de $NaIO_3$ se origina 1 mol de IO_3^-:

  $$[IO_3^-] = [NaIO_3]_o = 0,1\,M$$

  Los moles de IO_3^- en 0,1 L de disolución son:

  $$0,1\,L \cdot 0,1\frac{mol}{L} = 0,01\,mol\,IO_3^-$$

- Calculamos la concentración de los iones Ba^{2+} y IO_3^- una vez mezcladas las dos disoluciones:

  Suponiendo que los volúmenes son aditivos, el volumen de la mezcla es 0,2 L + 0,1 L= 0,3 L:

  $$[Ba^{2+}] = \frac{n_{Ba^{2+}}}{V} = \frac{2,0 \cdot 10^{-3}\,mol}{0,3\,L} = 6,7 \cdot 10^{-3}\,M$$

  $$[IO_3^-] = \frac{n_{IO_3^-}}{V} = \frac{10^{-2}\,mol}{0,3\,L} = 3,3 \cdot 10^{-2}\,M$$

- Calculamos, por último, el producto iónico:

  $$Q_{ps} = [Ba^{2+}][IO_3^-]^2 = (6,7 \cdot 10^{-3}) \cdot (3,3 \cdot 10^{-2})^2 = 7,3 \cdot 10^{-6}$$

Como el valor de $7,3 \cdot 10^{-6}$ para Q_{ps} es mayor que el valor de $1,6 \cdot 10^{-9}$ para K_{ps}, el yodato de bario precipita hasta que $Q_{ps} = K_{ps}$, momento en que la disolución está saturada.

b) Si la mezcla de dos disoluciones puede dar lugar a un compuesto poco soluble, es posible, como en este caso, que cuando se alcance el equilibrio, la disolución esté saturada con respecto al precipitado y que además contenga un exceso de uno de sus iones. La consecuencia de este exceso es que el equilibrio de disolución se desplaza hacia la formación de más compuesto poco soluble, y disminuye la solubilidad del precipitado con respecto a la solubilidad en agua pura (efecto ion común).

Para resolver este apartado, hemos de determinar la concentración del ion que queda en exceso y después la solubilidad del compuesto poco soluble.

- Concentración del ion que queda en exceso.

  El equilibrio de precipitación del yodato de bario y la estequiometría del mismo son los siguientes:

$$Ba^{2+}(aq) \quad + \quad 2\,IO_3^-(aq) \quad \rightleftarrows \quad Ba(IO_3)_2(s)$$

  Estequiometría $\quad$ 1 mol $\qquad\qquad$ 2 mol $\qquad\qquad\qquad$ 1 mol

  Cuando se mezclan las dos disoluciones se ponen en contacto 0,002 mol de Ba^{2+} y 0,01 mol de IO_3^-. Resulta fácil apreciar que el reactivo limitante es Ba^{2+}. Sobrará, pues, IO_3^-.

  Calculamos los moles de IO_3^- que reaccionan para saber cuánto sobra de él:

$$\frac{1\,mol\,Ba^{2+}}{2\,mol\,IO_3^-} = \frac{0,002\,mol\,Ba^{2+}}{x\,mol\,IO_3^-}; \quad x = 0,004\,mol\,IO_3^-$$

  Sobrarán:

$$n_{IO_3^-\ inicial} - n_{IO_3^-\ reaccionante} = 0,01\,mol - 0,004\,mol = 0,006\,mol\,IO_3^-$$

  Calculamos la concentración de IO_3^-:

$$[IO_3^-] = \frac{n_{sobrante}}{V} = \frac{0,006\,mol}{0,3\,L} = 0,02\,M$$

- Solubilidad del $Ba(IO_3)_2$ en la disolución IO_3^- 0,02 M.

  La ecuación del equilibrio de solubilidad del $Ba(IO_3)_2$ en una disolución 0,02 M en iones IO_3^- muestra las concentraciones de los iones Ba^{2+} y IO_3^- en el equilibrio. Si, en el equilibrio, la concentración de sal disuelta, $Ba(IO_3)_2$, es s mol/L (solubilidad molar), las concentraciones de los iones son las siguientes:

$$Ba(IO_3)_2(s) \quad \rightleftarrows \quad Ba^{2+}(aq) \quad + \quad 2\,IO_3^-(aq)$$

  [$\quad$] (mol/L) $\qquad\qquad\qquad\qquad s \qquad\qquad\qquad 2s + 0,02$

Supongamos que $(2\,s + 0,02)\,\mathrm{M} \simeq 0,02\,\mathrm{M}$, ya que la concentración de iones IO_3^- en exceso es muy grande en comparación con la concentración de iones IO_3^{2-} procedentes del precipitado.

Calculamos la solubilidad molar del $Ba(IO_3)_2$ a partir de K_{ps}:

$$K_{ps} = [Ba^{2+}][IO_3^-]^2 = s \cdot (0,02\,\mathrm{M})^2$$

Despejando s queda

$$s = \frac{K_{ps}}{(0,02\,\mathrm{M})^2} = \frac{1,6 \cdot 10^{-9}}{(0,02\,\mathrm{M})^2} = 4,0 \cdot 10^{-6}\,\mathrm{M}$$

Obsérvese que la suposición $(2\,s + 0,02) = [2 \cdot (4,0 \cdot 10^{-6}) + 0,02] \simeq 0,02$ es totalmente razonable.

Problema 8.19

La constante del producto de solubilidad del $Cd(OH)_2$ a 25 °C es $1,1 \cdot 10^{-14}$. Calcule su solubilidad en g/L:

a) En agua pura.

b) En disolución 0,1 M de NaOH.

Masas atómicas: Cd = 112,4; O = 16; H = 1.

---

a) La ecuación del equilibrio de solubilidad en agua pura para el $Cd(OH)_2$ muestra que por cada mol de $Cd(OH)_2$ que se disuelve aparecen 1 mol de Cd^{2+} y 2 mol de OH^-. Si, en el equilibrio, la concentración de sal disuelta, $Cd(OH)_2$ (aq), es s mol/L (solubilidad molar), las concentraciones de los iones en el mismo son las siguientes:

$$Cd(OH)_2\,(s) \quad \rightleftarrows \quad Cd^{2+}\,(aq) \quad + \quad 2\,OH^-\,(aq)$$

[ ] (mol/L) $\qquad\qquad\qquad\qquad s \qquad\qquad\quad 2\,s$

Esquema de los pasos para la resolución:

$$K_{ps} \xrightarrow{①} \text{mol}\,Cd(OH)_2/L \xrightarrow{②} \text{g}\,Cd(OH)_2/L$$

① mol $Cd(OH)_2$/L de la disolución saturada de $Cd(OH)_2$ (solubilidad molar)

Calculamos la solubilidad molar, s, del $Cd(OH)_2$ a partir del producto de solubilidad, K_{ps}:

$$K_{ps} = [Cd^{2+}][OH^-]^2 = s \cdot (2s)^2 = 4s^3$$

Despejando s queda:

$$s = \sqrt[3]{\frac{K_{ps}}{4}} = \sqrt[3]{\frac{1,1 \cdot 10^{-14}}{4}} = 1,4 \cdot 10^{-5} \, \text{M}$$

② Calculamos la solubilidad en g/L a partir de la solubilidad molar, s, y la masa molar del $Cd(OH)_2$ (146,4 g/mol):

$$\frac{1,4 \cdot 10^{-5} \, \text{mol}}{\text{L}} \cdot \frac{146,4 \, \text{g}}{\text{mol}} = 2,0 \cdot 10^{-3} \, \text{g} \, Cd(OH)_2/\text{L}$$

Este valor significa que 1 L de disolución saturada contiene $2,0 \cdot 10^{-3}$ g de $Cd(OH)_2$ disuelto.

b) Consideramos la disolución de NaOH, 0,1 M. Como se trata de un compuesto soluble, todo el hidróxido de sodio está disociado en iones OH^- y Na^+. Puesto que por cada mol de NaOH se origina 1 mol de OH^-:

$$[OH^-] = [NaOH]_o = 0,1 \, \text{M}$$

Consideramos la ecuación el equilibrio de solubilidad para el $Cd(OH)_2$ en una disolución de concentración $[OH^-] = 0,1$ M. Si, en el equilibrio, la concentración de sal disuelta, $Cd(OH)_2$ (aq), es s' mol/L, las concentraciones de los iones en el mismo son las siguientes:

$$Cd(OH)_2 \, (s) \quad \rightleftharpoons \quad Cd^{2+} \, (aq) \quad + \quad 2\,OH^- \, (aq)$$
$$[\quad] (\text{mol/L}) \qquad\qquad\qquad\qquad s' \qquad\qquad 2\,s' + 0,1$$

$(2s' + 0,1)$ M $\simeq 0,1$ M, ya que al ser el hidróxido de cadmio un compuesto poco soluble, la concentración de iones OH^- procedentes del hidróxido de cadmio es muy pequeña en comparación con la concentración de iones OH^- procedentes del hidróxido de sodio.

Calculamos la nueva solubilidad molar, s', del $Cd(OH)_2$ a partir del producto de solubilidad, $K_{ps\,Cd(OH)_2}$:

$$K_{ps\,Cd(OH)_2} = [Cd^{2+}][OH^-]^2 = s' \cdot 0,1^2$$

Despejando s', queda:

$$s' = \frac{K_{ps}}{0,1^2} = \frac{1,1 \cdot 10^{-14}}{0,01} = 1,1 \cdot 10^{-12} \, \text{M}$$

Calculamos la solubilidad en g/L a partir de la solubilidad molar, s', y la masa molar del $Cd(OH)_2$ ($146{,}4\,g/mol$):

$$\frac{1,1 \cdot 10^{-12}\,\text{mol}}{\text{L}} \cdot \frac{146,4\,\text{g}}{\text{mol}} = 1,6 \cdot 10^{-10}\,\text{g}\,Cd(OH)_2/\text{L}$$

Este valor significa que 1 litro de disolución saturada contiene $1,6 \cdot 10^{-10}\,g$ de $Cd(OH)_2$ disuelto.

Observamos que la solubilidad es menor que en agua pura, debido al efecto del ion común: la presencia de un ion común (en este caso, el ion hidróxido) en el equilibrio de solubilidad de una sustancia poco soluble desplaza el equilibrio hacia la formación de más compuesto sin disolver.

Problema 8.20

Calcule la solubilidad molar del Ag_2S en los siguientes casos:
a) Agua pura.
b) En una disolución 0,1 M de $AgNO_3$.
Dato: $K_{ps\,Ag_2S} = 8 \cdot 10^{-51}$.

---

a) La ecuación del equilibrio de solubilidad en agua pura del Ag_2S muestra que por cada mol de Ag_2S que se disuelve aparecen 2 mol de Ag^+ y 1 mol de S^{2-}. Si, en el equilibrio, la concentración de sal disuelta, $Ag_2S\,(aq)$, es s mol/L (solubilidad molar), las concentraciones de los iones en el mismo son las siguientes:

$$Ag_2S\,(s) \quad \rightleftarrows \quad 2\,Ag^+\,(aq) \quad + \quad S^{2-}\,(aq)$$
$$[\quad]\,(mol/L) \qquad\qquad\qquad 2\,s \qquad\qquad\qquad s$$

Calculamos la solubilidad molar, s, del Ag_2S a partir del producto de solubilidad, K_{ps}:

$$K_{ps} = [Ag^+]^2[S^{2-}] = (2s)^2 \cdot s = 4s^3$$

Despejando s, queda:

$$s = \sqrt[3]{\frac{K_{ps}}{4}} = \sqrt[3]{\frac{8 \cdot 10^{-51}}{4}} = 1,3 \cdot 10^{-17}\,M$$

b) Consideramos la disolución de nitrato de plata, $AgNO_3$, 0,1 M. Como se trata de una sal soluble, todo el nitrato de plata está disociado en iones NO_3^- y Ag^+. Puesto que por cada mol de $AgNO_3$ se origina 1 mol Ag^+:

$$[Ag^+] = [AgNO_3]_o = 0,1\,M$$

Consideramos la ecuación el equilibrio de solubilidad para el Ag_2S en una disolución de concentración $[Ag^+] = 0,1\,M$. Si, en el equilibrio, la concentración de sal disuelta, $Ag_2S\,(aq)$, es s' mol/L, las concentraciones de los iones en el mismo son las siguientes:

$$Ag_2S\,(s) \;\rightleftharpoons\; 2\,Ag^+\,(aq) \;+\; S^{2-}\,(aq)$$

$$[\quad]\,(mol/L) \qquad\qquad 2s' + 0,1 \qquad\qquad s'$$

$(2s' + 0,1)\,M \simeq 0,1\,M$, ya que al ser el sulfuro de plata es una sal poco soluble, la concentración de iones Ag^+ procedentes del sulfuro de plata es muy pequeña en comparación con la concentración de iones Ag^+ procedentes del nitrato de plata.

Calculamos la nueva solubilidad molar, s', del Ag_2S a partir del producto de solubilidad, $K_{ps\,Ag_2S}$:

$$K_{ps\,Ag_2S} = [Ag^+]^2[S^{2-}] = 0,1^2 \cdot s'$$

Despejando s', queda:

$$s' = \frac{K_{ps}}{0,1^2} = \frac{8 \cdot 10^{-51}}{0,01} = 8 \cdot 10^{-49}\,M$$

Observamos que la solubilidad es menor que en agua pura, debido al efecto del ion común: la presencia de un ion común (en este caso, el ion plata) en el equilibrio de solubilidad de una sustancia poco soluble desplaza el equilibrio hacia la formación de más compuesto sin disolver.

Problema 8.21

Sabiendo que la constante del producto de solubilidad del sulfato de bario es $1,5 \cdot 10^{-9}$, calcule:

a) La solubilidad molar del sulfato de bario en agua pura.

b) Los gramos de sulfato de bario que se pueden disolver en 1 L de disolución 0,2 M de sulfato de sodio.

Masas atómicas: S = 32; O = 16; Ba = 137,3.

---

a) La ecuación del equilibrio de solubilidad en agua pura del $BaSO_4$ muestra que por cada mol de $BaSO_4$ que se disuelve aparecen 1 mol de Ba^{2+} y 1 mol de SO_4^{2-}. Si, en el equilibrio, la concentración de sal disuelta, $BaSO_4\,(aq)$, es s mol/L (solubilidad molar), las concentraciones de los iones en el mismo son las siguientes:

$$BaSO_4\,(s) \;\rightleftharpoons\; Ba^{2+}\,(aq) \;+\; SO_4^{2-}\,(aq)$$

$$[\quad]\,(mol/L) \qquad\qquad s \qquad\qquad s$$

Calculamos la solubilidad molar, s, del $BaSO_4$ a partir del producto de solubilidad, K_{ps}:

$$K_{ps} = [Ba^{2+}][SO_4^{2-}] = s \cdot s = s^2$$

Despejando s, queda:

$$s = \sqrt{K_{ps}} = \sqrt{1,5 \cdot 10^{-9}} = 3,9 \cdot 10^{-5}\,\mathrm{M}$$

b) Consideramos la disolución de sulfato de sodio, Na_2SO_4, 0,2 M. Como se trata de una sal soluble, todo el sulfato de sodio está disociado en iones SO_4^{2-} y Na^+. Puesto que por cada mol de Na_2SO_4 se origina 1 mol de SO_4^{2-}:

$$[SO_4^{2-}] = [Na_2SO_4]_o = 0,2\,\mathrm{M}$$

Consideramos la ecuación el equilibrio de solubilidad para el $BaSO_4$ en una disolución de concentración $[SO_4^{2-}] = 0,2\,\mathrm{M}$. Si, en el equilibrio, la concentración de sal disuelta, $BaSO_4$ (aq), es s' mol/L, las concentraciones de los iones en el mismo son las siguientes:

$$BaSO_4\,(s) \quad \rightleftarrows \quad Ba^{2+}\,(aq) \quad + \quad SO_4^{2-}\,(aq)$$
$$[\quad]\,(mol/L) \qquad\qquad\qquad s' \qquad\qquad s' + 0,2 \simeq 0,2$$

$(s' + 0,2)\,\mathrm{M} \simeq 0,2\,\mathrm{M}$, ya que al ser el sulfato de bario una sal poco soluble la concentración de iones SO_4^{2-} procedentes del sulfato de bario es muy pequeña en comparación con la concentración de iones SO_4^{2-} procedentes del sulfato de sodio.

Calculamos la nueva solubilidad molar, s', del $BaSO_4$ a partir del producto de solubilidad, K_{ps}:

$$K_{ps} = [Ba^{2+}][SO_4^{2-}] = s' \cdot 0,2$$

Despejando s', queda:

$$s' = \frac{K_{ps}}{0,2} = \frac{1,5 \cdot 10^{-9}}{0,2} = 7,5 \cdot 10^{-9}\,\mathrm{M}$$

Observamos que la solubilidad es menor que en agua pura, debido al efecto del ion común: la presencia de un ion común (en este caso, el ion sulfato) en el equilibrio de solubilidad de una sustancia poco soluble desplaza el equilibrio hacia la formación de más compuesto sin disolver.

Calculamos la nueva solubilidad en g/L a partir de la solubilidad molar, s', y la masa molar del $BaSO_4$ (100 g/mol):

$$\frac{7,5 \cdot 10^{-9}\,\mathrm{mol}}{\mathrm{L}} \cdot \frac{233,3\,\mathrm{g}}{\mathrm{mol}} = 1,8 \cdot 10^{-6}\,\mathrm{g}\,BaSO_4/\mathrm{L}$$

Interpretamos el valor obtenido para la solubilidad: 1 L de disolución saturada de $BaSO_4$ contiene $1,8 \cdot 10^{-6}$ g de $BaSO_4$ disuelto. Por tanto, se puede disolver esa cantidad en 1 L de disolución 0,2 M de sulfato de sodio.

Problema 8.22

La solubilidad del hidróxido de magnesio, $Mg(OH)_2$, en agua es de 9,6 mg/L a 25 °C. Calcule:

a) El producto de solubilidad de este hidróxido insoluble a esta temperatura.

b) La solubilidad a 25 °C, en una disolución 0,1 M de $Mg(NO_3)_2$.

Masas atómicas: H = 1; O = 16; Mg = 24,3.

---

a) La ecuación del equilibrio de solubilidad para el $Mg(OH)_2$ muestra que por cada mol de $Mg(OH)_2$ que se disuelve aparecen 1 mol de Mg^{2+} y 2 mol de OH^-. Si, en el equilibrio, la concentración de sal disuelta, $Mg(OH)_2$ (aq), es s mol/L (solubilidad molar), las concentraciones de los iones en el mismo son las siguientes:

$$Mg(OH)_2 \text{ (s)} \quad \rightleftarrows \quad Mg^{2+} \text{ (aq)} \quad + \quad 2\,OH^- \text{ (aq)}$$
$$[\quad]\,(mol/L) \qquad\qquad\qquad s \qquad\qquad\qquad 2s$$

Esquema de los pasos para la resolución:

$$mg\,Mg(OH)_2/L \xrightarrow[\textcircled{1}]{} mol\,Mg(OH)_2/L \xrightarrow[\textcircled{2}]{K_{ps}=4s^3} K_{ps}$$

① mol $Mg(OH)_2$/L de la disolución saturada de $Mg(OH)_2$ (solubilidad molar).

Calculamos la solubilidad molar, s, del $Mg(OH)_2$ (aq), conocida su solubilidad en mg/L y su masa molar (58,3 g/mol):

$$s = \frac{9,6\,mg}{L} \cdot \frac{10^{-3}\,g}{1\,mg} \cdot \frac{1\,mol}{58,3\,g} = 1,6 \cdot 10^{-4}\,M$$

② Producto de solubilidad, K_{ps}.

$$K_{ps} = [Mg^{2+}][OH^-]^2 = s(2s)^2 = 4s^3 = 4 \cdot (1,6 \cdot 10^{-4})^3 = 1,6 \cdot 10^{-11}$$

b) Consideramos la disolución de $Mg(NO_3)_2$, 0,1 M. Como se trata de una sal soluble, todo el $Mg(NO_3)_2$ está disociado en NO_3^- y Mg^{2+}. Puesto que por cada mol de $Mg(NO_3)_2$ se origina 1 mol de Mg^{2+}:

$$[Mg^{2+}] = [Mg(NO_3)_2]_o = 0,1\,M$$

Consideramos la ecuación el equilibrio de solubilidad para el $Mg(OH)_2$ en una disolución de concentración $[Mg^{2+}] = 0,1\,M$. Si, en el equilibrio, la concentración de sal disuelta, $Mg(OH)_2$ (aq), es s' mol/L, las concentraciones de los iones en el mismo son las siguientes:

$$Mg(OH)_2 \text{ (s)} \quad \rightleftharpoons \quad Mg^{2+} \text{ (aq)} \quad + \quad 2\,OH^- \text{ (aq)}$$
$$[\quad]\,(mol/L) \qquad\qquad\qquad s' + 0,1 \qquad\qquad 2\,s'$$

$(s' + 0,1)\,M \simeq 0,1\,M$, ya que al ser el hidróxido de magnesio un compuesto poco soluble la concentración de iones Mg^{2+} procedentes del hidróxido de magnesio es muy pequeña en comparación con la concentración de iones Mg^{2+} procedentes del nitrato de magnesio.

Calculamos la nueva solubilidad molar, s', del $Mg(OH)_2$ a partir del producto de solubilidad, $K_{ps\,MgOH)_2}$:

$$K_{ps\,Mg(OH)_2} = [Mg^{2+}][OH^-]^2 = 0,1 \cdot (2\,s')^2$$

Despejando s', queda:

$$s' = \sqrt{\frac{K_{ps}}{4 \cdot 0,1}} = \sqrt{\frac{1,6 \cdot 10^{-11}}{0,4}} = 6,3 \cdot 10^{-6}\,M$$

Calculamos la solubilidad en mg/L a partir de la solubilidad molar, s', y la masa molar del $Mg(OH)_2$ (58,3 g/mol):

$$\frac{6,3 \cdot 10^{-6}\,mol}{L} \cdot \frac{58,3\,g}{mol} \cdot \frac{1\,000\,mg}{1g} = 0,37\,mg\,Mg(OH)_2/L$$

Este valor significa que l L de disolución saturada contiene $0,37\,mg$ de $Mg(OH)_2$.

Observamos que la solubilidad es unas 25 veces menor que en agua pura, debido al efecto del ion común: la presencia de un ion común (en este caso, el ion magnesio) en el equilibrio de solubilidad de una sustancia poco soluble desplaza el equilibrio hacia la formación de más compuesto sin disolver.

Problema 8.23

Una disolución es 0,001 M en Sr^{2+} y 2 M en Ca^{2+}. Si los productos de solubilidad del $SrSO_4$ y $CaSO_4$ valen $1 \cdot 10^{-7}$ y $1 \cdot 10^{-5}$, respectivamente:
a) ¿Qué catión precipitará antes al añadir lentamente Na_2SO_4?
b) ¿Qué concentración quedará del primer ion en precipitar cuando empiece a precipitar el segundo?

a) Las sustancias susceptibles de precipitar son el sulfato de estroncio y el sulfato de calcio, sustancias poco solubles como indica su producto de solubilidad.

El equilibrio de solubilidad y el producto de solubilidad de cada uno de ellas son los siguientes:

$$SrSO_4\,(s) \quad \rightleftarrows \quad Sr^{2+}\,(aq) \quad + \quad SO_4^{2-}\,(aq) \qquad K_{ps} = 1 \cdot 10^{-7}$$

$$CaSO_4\,(s) \quad \rightleftarrows \quad Ca^{2+}\,(aq) \quad + \quad SO_4^{2-}\,(aq) \qquad K_{ps} = 1 \cdot 10^{-5}$$

Para que inicie la precipitación de cada uno de ellos se tiene que cumplir que:

$$Q_{ps} > K_{ps}$$

Al añadir Na_2SO_4 a la disolución, se disuelve y origina iones SO_4^{2-} que provocan la precipitación escalonada de las sustancias poco solubles. Las concentraciones de SO_4^{2-}, por encima de las cuales se inicia la precipitación, son:

- Precipitado de $SrSO_4$

$$[Sr^{2+}][SO_4^{2-}] = K_{ps\,SrSO_4} \Rightarrow [SO_4^{2-}] = \frac{K_{ps\,SrSO_4}}{[Sr^{2+}]} = \frac{1 \cdot 10^{-7}}{10^{-3}\,M} = 1 \cdot 10^{-4}\,M$$

- Precipitado de $CaSO_4$

$$[Ca^{2+}][SO_4^{2-}] = K_{ps\,CaSO_4} \Rightarrow [SO_4^{2-}] = \frac{K_{ps\,CaSO_4}}{[Ca^{2+}]} = \frac{1 \cdot 10^{-5}}{2\,M} = 5 \cdot 10^{-6}\,M$$

Como la concentración de ion sulfato necesaria para que se inicie la precipitación del sulfato de calcio es más pequeña (20 veces menor) que la correspondiente al sulfato de estroncio, el sulfato de calcio precipita primero.

b) Mientras precipita el $CaSO_4$, se van consumiendo los iones Ca^{2+} de la disolución y los iones SO_4^{2-} que se van añadiendo. La baja concentración de SO_4^{2-} impide que se alcance la concentración requerida para que precipite el $SrSO_4$. Sin embargo, conforme disminuye la concentración de Ca^{2+} por la precipitación de $CaSO_4$, la concentración de SO_4^{2-} puede aumentar hasta el valor $[SO_4^{2-}] = 1 \cdot 10^{-4}\,M$, necesario para que comience a precipitar el $SrSO_4$.

Calculamos la concentración de Ca^{2+} que queda en la disolución cuando comienza a precipitar el $SrSO_4$:

Cuando comienza a precipitar $SrSO_4$, se tiene que cumplir la condición de que:

$$[SO_4^{2-}] = 1 \cdot 10^{-4} \, M$$

Y como:

$$[Ca^{2+}][SO_4^{2-}] = K_{ps \, CaSO_4}$$

La concentración de Ca^{+2} que queda en la disolución es:

$$[Ca^{2+}] = \frac{K_{ps \, CaSO_4}}{[SO_4^{2-}]} = \frac{1 \cdot 10^{-5}}{1 \cdot 10^{-4}} = 0,1 \, M$$

Problema 8.24

Se añade lentamente $AgNO_3$ (aq) a una disolución con $[Cl^-]=$ 0,115 M y $[Br^-]=$ 0,264 M.
a) Indique el orden de precipitación. Justifíquelo.
b) ¿Cuál es el porcentaje de Br^- que permanece sin precipitar?
Datos: $K_{ps \, AgCl} = 1,8 \cdot 10^{-10}$; $K_{ps \, AgBr} = 5,0 \cdot 10^{-13}$.

---

a) Las sustancias susceptibles de precipitar son el cloruro de plata y el bromuro de plata, sustancias poco solubles como indica su producto de solubilidad.

El equilibrio de solubilidad y el producto de solubilidad de cada uno de ellas son los siguientes:

$$AgCl \, (s) \quad \rightleftarrows \quad Ag^+ \, (aq) \quad + \quad Cl^- \, (aq) \qquad K_{ps} = 1,8 \cdot 10^{-10}$$

$$BrCl \, (s) \quad \rightleftarrows \quad Ag^+ \, (aq) \quad + \quad Br^- \, (aq) \qquad K_{ps} = 5,0 \cdot 10^{-13}$$

Para que inicie la precipitación de cada uno de ellos, se tiene que cumplir que:

$$Q_{ps} > K_{ps}$$

Las concentraciones de Ag^+ por encima de la cuales se inicia la precipitación son:

- Precipitado de AgCl

$$[Ag^+][Cl^-] = K_{ps \, AgCl} \Rightarrow [Ag^+] = \frac{K_{ps \, AgCl}}{[Cl^-]} = \frac{1,8 \cdot 10^{-10}}{0,115 \, M} = 1,6 \cdot 10^{-9} \, M$$

- Precipitado de AgBr

$$[Ag^+][Br^-] = K_{ps \, AgBr} \Rightarrow [Ag^+] = \frac{K_{ps \, AgBr}}{[Br^-]} = \frac{5,0 \cdot 10^{-13}}{0,264 \, M} = 1,9 \cdot 10^{-12} \, M$$

Como la concentración de ion plata necesaria para que se inicie la precipitación del bromuro de plata es mucho más pequeña (unas 850 veces menor) que la correspondiente al cloruro de plata, el bromuro de plata precipita primero.

b) Mientras precipita el AgBr, se van consumiendo los iones Br^- de la disolución y los iones Ag^+ que se van añadiendo. La baja concentración de Ag^+ impide que se alcance la concentración requerida para que precipite el AgCl. Sin embargo, conforme disminuye la concentración de Br^- por la precipitación de AgBr, la concentración de Ag^+ puede aumentar hasta el valor $[Ag^+] = 1,6 \cdot 10^{-9}$ M, necesario para que comience a precipitar el AgCl.

Calculamos la $[Br^-]$ que queda en la disolución cuando comienza a precipitar el AgCl:

Cuando comienza a precipitar AgCl se tiene que cumplir la condición de que:

$$[Ag^+] = 1,6 \cdot 10^{-9}\,M$$

Y como:

$$[Br^-][Ag^+] = K_{ps\,AgBr}$$

La $[Br^-]$ que queda en la disolución es:

$$[Br^-] = \frac{K_{ps\,AgBr}}{[Ag^+]} = \frac{5 \cdot 10^{-13}}{1,6 \cdot 10^{-9}} = 3,1 \cdot 10^{-4}\,M$$

Y el porcentaje de iones bromuro que queda sin precipitar será:

$$\frac{[Br^-]}{[Br^-]_o} \cdot 100 = \frac{3,1 \cdot 10^{-4}\,M}{0,264\,M} \cdot 100 - 0,117\,\%\,Br$$

Problema 8.25

Se añade gradualmente NaCl sólido a una disolución 0,2 M de cada uno de estos iones: Cu^+, Ag^+ y Au^+.
a) Señala el orden en que aparecen los distintos precipitados que se forman.
b) Calcula las concentraciones de Ag^+ y Au^+ cuando comienza a precipitar el CuCl.
Datos: $K_{ps\,CuCl} = 1,9 \cdot 10^{-7}$; $K_{ps\,AgCl} = 1,8 \cdot 10^{-10}$; $K_{ps\,AuCl} = 2,0 \cdot 10^{-13}$.

---

a) Las sustancias susceptibles de precipitar son el cloruro de cobre(I), el cloruro de plata y el cloruro de oro(I), sustancias poco solubles como indica su producto de solubilidad.

El equilibrio de solubilidad y el producto de solubilidad de cada uno de ellas son los siguientes:

$$CuCl\,(s) \; \rightleftarrows \; Cu^+\,(aq) \; + \; Cl^-\,(aq) \qquad K_{ps} = 1,9 \cdot 10^{-7}$$

$$AgCl\,(s) \; \rightleftarrows \; Ag^+\,(aq) \; + \; Cl^-\,(aq) \qquad K_{ps} = 1,8 \cdot 10^{-10}$$

$$AuCl\,(s) \; \rightleftarrows \; Au^+\,(aq) \; + \; Cl^-\,(aq) \qquad K_{ps} = 2,0 \cdot 10^{-13}$$

Para que inicie la precipitación de cada uno de ellos, se tiene que cumplir que:

$$Q_{ps} > K_{ps}$$

Las concentraciones de Cl^- por encima de las cuales se inicia la precipitación son:

- Precipitado de CuCl

$$[Cu^+][Cl^-] = K_{ps\,CuCl} \Rightarrow [Cl^-] = \frac{K_{ps\,CuCl}}{[Cu^+]} = \frac{1,9 \cdot 10^{-7}}{0,2\,M} = 9,5 \cdot 10^{-7}\,M$$

- Precipitado de AgCl

$$[Ag^+][Cl^-] = K_{ps\,AgCl} \Rightarrow [Cl^-] = \frac{K_{ps\,AgCl}}{[Ag^+]} = \frac{1,8 \cdot 10^{-10}}{0,2\,M} = 9,0 \cdot 10^{-10}\,M$$

- Precipitado de AuCl

$$[Au^+][Cl^-] = K_{ps\,AuCl} \Rightarrow [Cl^-] = \frac{K_{ps\,AuCl}}{[Au^+]} = \frac{2,0 \cdot 10^{-13}}{0,2\,M} = 1,0 \cdot 10^{-12}\,M$$

La concentración de ion cloruro necesaria para que se inicie la precipitación de cada una de las sustancias varía en este sentido:

$$[Cl^-]_{AuCl} < [Cl^-]_{AgCl} < [Cl^-]_{CuCl}$$

El orden de precipitación sería:

$$1^o\,AuCl \qquad 2^o\,AgCl \qquad 3^o\,CuCl$$

b) Mientras precipita el AuCl, se van consumiendo los iones Au^+ de la disolución y los iones Cl^- que se van añadiendo. La baja concentración de Cl^- impide que se alcance la concentración requerida para que precipite el compuesto siguiente, el AgCl. Sin embargo, conforme disminuye la concentración de Au^+ por la precipitación de AuCl, la concentración de Cl^- puede aumentar hasta el valor $[Cl^-] = 9,0 \cdot 10^{-10}\,M$, necesario para que comience a precipitar el AgCl.

Seguidamente, mientras precipita el AgCl, se van consumiendo los iones Ag^+ de la disolución y los iones Cl^- que se van añadiendo. La baja concentración de Cl^- impide que se alcance la concentración requerida para que precipite el CuCl. Sin embargo, conforme disminuye la concentración de Cu^+ por la precipitación del CuCl, la concentración de Cl^- puede aumentar hasta el valor $[Cl^-] = 9,5 \cdot 10^{-7}$ M, necesario para que comience a precipitar el CuCl.

Calculamos la $[Ag^+]$ y la $[Au^+]$ que queda en la disolución cuando comienza a precipitar el CuCl:

Cuando comienza a precipitar CuCl, se tiene que cumplir la condición de que:

- Para determinar $[Ag^+]$

$$[Ag^+][Cl^-] = K_{ps\,AgCl}$$

Si $[Cl^-] = 9,5 \cdot 10^{-7}$ M, la $[Ag^+]$ que queda en la disolución es:

$$[Ag^+] = \frac{K_{ps\,AgCl}}{[Cl^-]} = \frac{1,8 \cdot 10^{-10}}{9,5 \cdot 10^{-7}\,\mathrm{M}} = 1,9 \cdot 10^{-4}\,\mathrm{M}$$

- Para determinar $[Au^+]$

$$[Au^+][Cl^-] = K_{ps\,AuCl}$$

Si $[Cl^-] = 9,5 \cdot 10^{-7}$ M, la $[Au^+]$ que queda en la disolución es:

$$[Au^+] = \frac{K_{ps\,AuCl}}{[Cl^-]} = \frac{2 \cdot 10^{-13}}{9,5 \cdot 10^{-7}\,\mathrm{M}} = 2,1 \cdot 10^{-7}\,\mathrm{M}$$

Problema 8.26

El producto de solubilidad del hidróxido de magnesio, $Mg(OH)_2$, es $1,2 \cdot 10^{-11}$. Calcule:

a) El pH de la disolución saturada.

b) La solubilidad en una disolución de hidróxido de sodio de pH = 12.

Dato: $K_w = 1 \cdot 10^{-14}$.

---

a) La ecuación del equilibrio de solubilidad en agua pura del $Mg(OH)_2$ muestra que por cada mol de $Mg(OH)_2$ que se disuelve aparecen 1 mol de Mg^{2+} y 2 mol de OH^-. Si, en el equilibrio, la concentración de sal disuelta, $Mg(OH)_2$ (aq), es s

mol/L (solubilidad molar), las concentraciones de los iones en el mismo son las siguientes:

$$Mg(OH)_2\,(s) \;\rightleftarrows\; Mg^{2+}\,(aq) \;+\; 2\,OH^-\,(aq)$$
$$[\;\;]\,(mol/L) \hspace{4cm} s \hspace{2cm} 2\,s$$

Por ser una disolución acuosa, además de equilibrio de solubilidad del hidróxido de magnesio, está presente el equilibrio de autoionización del agua:

$$2\,H_2O\,(l) \rightleftarrows H_3O^+\,(aq) + OH^-\,(aq)$$

Comparando las constantes de equilibrio ($K_{ps} > K_w = 1{\cdot}10^{-14}$), podemos admitir que la $[OH^-]$ procede en su mayoría de la disociación del compuesto iónico.

Calculamos la solubilidad molar, s, del $Mg(OH)_2$ a partir del producto de solubilidad, K_{ps}:

$$K_{ps} = [Mg^{2+}][OH^-]^2 = s \cdot (2s)^2 = 4s^3$$

Despejando s queda:

$$s = \sqrt[3]{\frac{K_{ps}}{4}} = \sqrt[3]{\frac{1,2 \cdot 10^{-11}}{4}} = 1,4 \cdot 10^{-4}\,M$$

Calculamos el pH de la disolución saturada de $Mg(OH)_2$:

Como $[OH^-] = 2s = 2 \cdot 1,4 \cdot 10^{-4}\,M = 2,8 \cdot 10^{-4}\,M$:

$$pOH = -\log[OH^-] = -\log 2,8 \cdot 10^{-4} = 3,6$$

Y el pH es:
$$pH = 14 - pOH = 14 - 3,6 = 10,4$$

b) La solubilidad del $Mg(OH)_2$ debe de disminuir por el efecto ion común en una disolución con pH = 12, más básico que el de la disolución saturada, al ser mayor la concentración de iones hidróxido, OH^-.

Calculamos la concentración de OH^-:

Si la disolución tiene pH = 12:

$$pOH = 14 - pH = 14 - 12 = 2$$

Y la $[OH^-]$ es:
$$[OH^-] = 10^{-2}\,M$$

Consideremos la ecuación el equilibrio de solubilidad para el $Mg(OH)_2$ en una disolución de concentración $[OH^-] = 10^{-2}$ M. Si, en el equilibrio, la concentración de sal disuelta, $Mg(OH)_2$ (aq), es s' mol/L, las concentraciones de los iones en el mismo son las siguientes:

$$Mg(OH)_2 \text{ (s)} \quad \rightleftarrows \quad Mg^{2+} \text{ (aq)} \quad + \quad 2\,OH^- \text{ (aq)}$$
$$[\quad] \text{(mol/L)} \qquad\qquad\qquad s' \qquad\qquad\quad 2\,s' + 0,01$$

$(2s' + 0,01)$ M $\simeq 0,01$ M, ya que al ser el hidróxido de magnesio un compuesto poco soluble, la concentración de iones OH^- procedentes de él es muy pequeña en comparación con la concentración de iones OH^- de la disolución.

Calculamos la nueva solubilidad molar, s', del $Mg(OH)_2$ a partir del producto de solubilidad, $K_{ps\,Mg(OH)_2}$:

$$K_{ps\,Mg(OH)_2} = [Mg^{2+}][OH^-]^2 = s' \cdot (1,0 \cdot 10^{-2})^2$$

Despejando s', queda:

$$s' = \frac{K_{ps}}{(1,0 \cdot 10^{-2})^2} = \frac{1,2 \cdot 10^{-11}}{1,0 \cdot 10^{-4}} = 1,2 \cdot 10^{-7} \text{ M}$$

Observamos que, en efecto, la solubilidad es menor, unas 1200 veces menor.

Problema 8.27

Para una disolución de hidróxido de calcio, $Ca(OH)_2$, calcula:
a) El pH de la disolución saturada.
b) Los gramos de hidróxido de calcio que se disolverán en 100 mL de una disolución cuyo pH $= 11,5$.
Datos: $K_{ps\,Ca(OH)_2} = 7,9 \cdot 10^{-6}$. Masas atómicas: C $= 12$; O $= 16$; Ca $= 40$; H $= 1$.

---

a) La ecuación del equilibrio de solubilidad en agua pura del $Ca(OH)_2$ muestra que por cada mol de $Ca(OH)_2$ que se disuelve aparecen 1 mol de Ca^{2+} y 2 mol de OH^-. Si, en el equilibrio, la concentración de sal disuelta, $Ca(OH)_2$ (aq), es s mol/L (solubilidad molar), las concentraciones de los iones son las siguientes:

$$Ca(OH)_2 \text{ (s)} \quad \rightleftarrows \quad Ca^{2+} \text{ (aq)} \quad + \quad 2\,OH^- \text{ (aq)}$$
$$[\quad] \text{(mol/L)} \qquad\qquad\qquad s \qquad\qquad\quad 2\,s$$

Por ser una disolución acuosa, además de equilibrio de solubilidad del hidróxido de calcio, está presente el equilibrio de autoionización del agua:

$$2\,H_2O \text{ (l)} \rightleftarrows H_3O^+ \text{ (aq)} + OH^- \text{ (aq)}$$

Comparando las constantes de equilibrio ($K_{ps} > K_w = 1 \cdot 10^{-14}$), podemos admitir que la $[OH^-]$ procede en su mayoría de la disociación del compuesto iónico.

Calculamos la solubilidad molar, s, del $Ca(OH)_2$ a partir del producto de solubilidad, K_{ps}:

$$K_{ps} = [Ca^{2+}][OH^-]^2 = s \cdot (2s)^2 = 4s^3$$

Despejando s, queda:

$$s = \sqrt[3]{\frac{K_{ps}}{4}} = \sqrt[3]{\frac{7,9 \cdot 10^{-6}}{4}} = 0,012 \, M$$

Calculamos el el pH de la disolución saturada de $Ca(OH)_2$:

Como $[OH^-] = 2s = 2 \cdot 0,012 \, M = 0,024 \, M$:

$$pOH = -\log [OH^-] = -\log 0,024 = 1,6$$

Y el pH es:

$$pH = 14 - pOH = 14 - 1,6 = 12,4$$

b) Consideramos ahora el hidróxido de calcio en una disolución de pH = 11,5. Su solubilidad debe aumentar al añadir un ácido y rebajar el pH: los iones oxonio reaccionan con los iones hidróxido para formar agua y el equilibrio se desplaza hacia la derecha, para reponer los iones hidróxido perdidos, y aumenta la solubilidad del precipitado.

Calculamos la concentración de OH^-:

Si la disolución tiene pH = 11,5:

$$pOH = 14 - pH = 14 - 11,5 = 2,5$$

Y la $[OH^-]$ es:

$$[OH^-] = 10^{-2,5} \, M = 3,2 \cdot 10^{-3} \, M$$

Consideramos la ecuación el equilibrio de solubilidad para el $Ca(OH)_2$ en una disolución de concentración $[OH^-] = 3,2 \cdot 10^{-3} \, M$. Si, en el equilibrio, la concentración de sal disuelta, $Ca(OH)_2$ (aq), es s' mol/L, las concentraciones de los iones son las siguientes:

$$Ca(OH)_2 \, (s) \quad \rightleftarrows \quad Ca^{2+} \, (aq) \quad + \quad 2 \, OH^- \, (aq)$$
$$[\quad] \, (mol/L) \qquad\qquad\qquad s' \qquad\qquad 2 \, s' + 3,2 \cdot 10^{-3}$$

$(2s'+3,2 \cdot 10^{-3})$ M $\simeq 3,2 \cdot 10^{-3}$ M, ya que al ser el hidróxido de calcio un compuesto poco soluble, la concentración de iones OH$^-$ procedentes de él es muy pequeña en comparación con la concentración de iones OH$^-$ de la disolución.

Calculamos la nueva solubilidad molar, s', del Ca(OH)$_2$ a partir del producto de solubilidad, $K_{ps\,\mathrm{Ca(OH)_2}}$:

$$K_{ps\,\mathrm{Ca(OH)_2}} = [\mathrm{Ca}^{2+}][\mathrm{OH}^-]^2 = s' \cdot (3,2 \cdot 10^{-3})^2$$

Despejando s', queda:

$$s' = \frac{K_{ps}}{(3,2 \cdot 10^{-3})^2} = \frac{7,9 \cdot 10^{-6}}{(3,2 \cdot 10^{-3})^2} = 0,77\,\mathrm{M}$$

Observamos que la solubilidad es mayor en una disolución de pH más ácido, unas 65 veces mayor.

Calculamos los gramos de Ca(OH)$_2$ que se disuelven en 100 mL de disolución:

$$0,77\,\frac{\mathrm{mol}}{\mathrm{L}} \cdot \frac{74\,\mathrm{g}}{\mathrm{mol}} \cdot 0,1\,\mathrm{L} = 5,7\,\mathrm{g\,Ca(OH)_2}$$

Problema 8.28

El pH de una disolución saturada de Pb(OH)$_2$ es 9,9 a 25 °C. Calcule:
a) La solubilidad molar del Pb(OH)$_2$ a 25 °C:
b) El producto de solubilidad.

---

a) La ecuación del equilibrio de solubilidad en agua pura del Pb(OH)$_2$ muestra que por cada mol de Pb(OH)$_2$ que se disuelve aparecen un mol de Pb^{2+} y 2 mol de OH$^-$. Si, en el equilibrio, la concentración de sal disuelta, Pb(OH)$_2$ (aq), es s mol/L, las concentraciones de los iones son las siguientes:

$$\mathrm{Pb(OH)_2\,(s)} \quad \rightleftarrows \quad \mathrm{Pb}^{2+}\,(\mathrm{aq}) \quad + \quad 2\,\mathrm{OH}^-\,(\mathrm{aq})$$

[ ] (mol/L) $\qquad\qquad\qquad\qquad\quad s \qquad\qquad\qquad 2\,s$

Por ser una disolución acuosa, además del equilibrio de solubilidad del hidróxido de plomo(II), está presente el equilibrio de autoionización del agua:

$$2\,\mathrm{H_2O}\,(\mathrm{l}) \rightleftarrows \mathrm{H_3O}^+\,(\mathrm{aq}) + \mathrm{OH}^-\,(\mathrm{aq})$$

Dado que el pH de la disolución es básico, podemos admitir que la [OH$^-$] procede en su mayoría de la disociación del compuesto iónico.

Calculamos la solubilidad molar, s, del $Pb(OH)_2$ a partir del pH de la disolución:

Si el pH $= 9,9$, pOH $= 14-$pH $= 14-9,9 = 4,1 \Rightarrow [OH^-] = 10^{-4,1} = 7,9 \cdot 10^{-5}$ M

De acuerdo con la ecuación del equilibrio de solubilidad, $[OH^-] = 2s$, de donde:

$$s = \frac{1}{2}[OH^-] = \frac{1}{2} \cdot 7,9 \cdot 10^{-5} \text{ M} = 4,0 \cdot 10^{-5} \text{ M}$$

b) Calculamos el producto de solubilidad, K_{ps}:

$$K_{ps} = [Pb^{2+}][OH^-]^2 = s \cdot (2s)^2 = 4s^3 = 4 \cdot (4,0 \cdot 10^{-5})^3 = 2,6 \cdot 10^{-13}$$

Problema 8.29

Conociendo que el producto de solubilidad del $Fe(OH)_3$ a la temperatura 25 °C es de $4 \cdot 10^{-38}$, calcule:
a) La solubilidad en agua pura de dicho compuesto a esa temperatura.
b) La concentración del catión Fe^{3+} que debe tener una disolución para que comience a precipitar a pH $= 9$.

---

a) La ecuación del equilibrio de solubilidad en agua pura el $Fe(OH)_3$ muestra que por cada mol de $Fe(OH)_3$ que se disuelve aparecen 1 mol de Fe^{3+} y 3 mol de OH^-. Si, en el equilibrio, la concentración de sal disuelta, $Fe(OH)_3$ (aq), es s mol/L (solubilidad molar), las concentraciones de los iones son las siguientes:

$$Fe(OH)_3 \text{ (s)} \quad \rightleftarrows \quad Fe^{3+} \text{ (aq)} \quad + \quad 3\,OH^- \text{ (aq)}$$
$$[\;\;](\text{mol/L}) \qquad\qquad\qquad s \qquad\qquad\quad 3\,s$$

Por ser una disolución acuosa, además de equilibrio de solubilidad de hidróxido de hierro (III), está presente el equilibrio de autoionización del agua:

$$2\,H_2O \text{ (l)} \rightleftarrows H_3O^+ \text{ (aq)} + OH^- \text{ (aq)}$$

Comparando las constantes de equilibrio ($K_{ps} \ll K_w = 1 \cdot 10^{-14}$), podemos admitir que la $[OH^-]$ procede en su mayoría de la autoionización del agua y, por tanto, $[OH^-] = 10^{-7}$ M.

Calculamos la solubilidad molar, s, del $Fe(OH)_3$ a partir del producto de solubilidad, K_{ps}:

$$K_{ps} = [Fe^{3+}][OH^-]^3 = s \cdot [OH^-]^3$$

Despejando s, queda:

$$s = \frac{K_{ps}}{[OH^-]^3} = \frac{4 \cdot 10^{-38}}{(10^{-7} \text{ M})^3} = 4 \cdot 10^{-17} \text{ M}$$

Observamos que la suposición hecha es válida, ya que la $[OH^-]$ debida a la solubilidad del precipitado ($3\,s = 3\cdot 4\cdot 10^{-17}\,M = 1,2\cdot 10^{-16}\,M$) es mucho menor que la $[OH^-]$ debida a la autoionización del agua ($10^{-7}\,M$).

b) Para que se inicie la precipitación del $Fe(OH)_3$, se debe de cumplir que:

$$Q_{ps} > K_{ps}$$

Es decir:

$$[Fe^{3+}][OH^-]^3 > 4\cdot 10^{-38}$$

Calculamos la $[OH^-]$ en la disolución en la que precipita el $Fe(OH)_3$:

Si al disolución tiene pH $= 9$:

$$pOH = 14 - pH = 14 - 9 = 5 \Rightarrow [OH^-] = 10^{-5}\,M$$

La $[Fe^{3+}]$ por encima de la cual comienza a precipitar el $Fe(OH)_3$ es:

$$[Fe^{3+}] = \frac{K_{ps}}{[OH^-]^3} = \frac{4\cdot 10^{-38}}{(10^{-5}\,M)^3} = 4\cdot 10^{-23}\,M$$

Problema 8.30

Indique si debería formarse un precipitado en una disolución con las siguientes concentraciones. Justifique su respuesta.
a) $[Mg^{2+}] = 0,01$ M y $[NH_3] = 0,1$ M.
b) $[Cr^{3+}] = 0,038$ M y pH $= 3,2$.
Datos: $K_{ps\,Mg(OH)_2} = 1,8\cdot 10^{-11}$; $K_{ps\,Cr(OH)_3} = 6,3\cdot 10^{-31}$; $K_{b\,NH_3} = 1,8\cdot 10^{-5}$.

a) La sustancia susceptible de precipitar es el hidróxido de magnesio. La clave aquí está en comprender que la $[OH^-]$ procede de la ionización del NH_3.

- Calculamos la $[OH^-]$ de la disolución

  Como podemos apreciar por el dato del constante de ionización K_b, el NH_3 es una base débil. Si llamamos c (en mol/L) a la concentración inicial de NH_3 y suponemos que cuando se ha llegado al equilibrio, se ha ionizado x mol/L (o $c\alpha$, en función de α), el equilibrio de ionización en el formato ICE (inicio, cambios, equilibrio) es el siguiente:

	NH_3	$+$	$H_2O \Longleftrightarrow$	NH_4^+	$+$	OH^-
$[\ ]_o$ (M)	c			-		-
$Cambios$ (M)	$-x$			x		x
$[\ ]$ (M)	$c-x$			x		x

Para determinar $[OH^-]$ relacionamos x con K_b:

$$K_b = \frac{[NH_4^+][OH^-]}{[NH_3]} = \frac{x \cdot x}{c - x}$$

Si hacemos la aproximación $c - x \simeq c$, ya que se trata de una base débil, la relación entre x, c y K_b es la siguiente:

$$K_b = \frac{x^2}{c}$$

Despejando x, y sustituyendo en la ecuación los valores de c y K_b, resulta:

$$x = [OH^-] = \sqrt{K_b \cdot c} = \sqrt{(1,8 \cdot 10^{-5}) \cdot 0,1} = 1,3 \cdot 10^{-3}$$

$$\lfloor c = 0,1\,M;\ K_b = 1,8 \cdot 10^{-5} \rfloor$$

- Calculamos si se produce o no el precipitado

  La condición de precipitación es que $Q_{ps} > K_{ps}$.

  Para el equilibrio de solubilidad del hidróxido de magnesio:

$$Q_{ps} = [Mg^{2+}][OH^-]^2 = 10^{-2}\,M \cdot (1,3 \cdot 10^{-3}\,M)^2 = 1,7 \cdot 10^{-8}$$

  Como el valor de $1,8 \cdot 10^{-8}$ para Q_{ps} es mayor que el valor de $1,8 \cdot 10^{-11}$ para K_{ps}, se produce la precipitación hasta que $Q_{ps}=K_{ps}$, momento en que la disolución está saturada.

b) La sustancia susceptible de precipitar es ahora el $Cr(OH)_3$. El apartado es parecido al anterior. Los pasos a dar son:

- Calculamos la $[OH^-]$ de la disolución a partir del pH:

  Si la disolución tiene pH $= 3,2$:

$$pOH = 14 - pH = 14 - 3,2 = 10,8 \Rightarrow [OH^-] = 10^{-10,8}\,M = 1,6 \cdot 10^{-11}\,M$$

- Calculamos si se produce o no el precipitado:

  La condición de precipitación es que $Q_{ps} > K_{ps}$.

  Para el equilibrio de solubilidad del hidróxido de de cromo(III):

$$Q_{ps} = [Co^{3+}][OH^-]^3 = (3,8 \cdot 10^{-2}\,M) \cdot (1,6 \cdot 10^{-11})^3 = 1,6 \cdot 10^{-34}$$

  Como el valor de $1,6 \cdot 10^{-34}$ para Q_{ps} es menor que el valor de $6,3 \cdot 10^{-31}$ para K_{ps}, no se produce la precipitación.

Capítulo 9

Ácidos y bases

Cuestión 9.1

a) Defina el concepto de ácido y base según Arrhenius.

b) Clasifique, según la definición anterior, las siguientes especies, escribiendo su disociación en agua: H_2SO_4, H_3PO_4, $Ca(OH)_2$, $HClO_3$, $NaOH$.

---

a) Ácido es aquella sustancia que en disolución acuosa se disocia produciendo iones hidrógeno, H^+.

Base es aquella sustancia que en disolución acuosa se disocia produciendo iones hidróxido, OH^-.

b) Son ácidos las sustancias ácido sulfúrico, ácido fosfórico y ácido clórico:

$$H_2SO_4 \xrightarrow{H_2O} SO_4^{2-} + 2\,H^+$$

$$H_3PO_4 \xrightarrow{H_2O} H_2PO_4^- + H^+$$

$$HClO_3 \xrightarrow{H_2O} ClO_3^- + H^+$$

Son bases las sustancias hidróxido de calcio e hidróxido de sodio:

$$Ca(OH)_2 \xrightarrow{H_2O} Ca^{2+} + 2\,OH^-$$

$$NaOH \xrightarrow{H_2O} Na^+ + OH^-$$

Cuestión 9.2

Justifique el carácter ácido y/o básico de cada una de las siguientes especies de acuerdo con la teoría de Brønsted-Lowry: NH_3, HNO_2, OH^-, HCO_3^-, CO_3^{2-}.

Según la teoría de Brønsted-Lowry, un ácido es aquella especie química (molécula o ion) capaz de ceder un protón (H^+) a otra, y una base es aquella especie química capaz de aceptar un protón de otra.

En un equilibrio ácido-base hay una doble transferencia de protones (de especies que actúan como ácidos a otras que actúan como bases).

$$\text{ácido}_1 + \text{base}_2 \quad \rightleftharpoons \quad \text{ácido conjugado}_2 + \text{base conjugada}_1$$

Justificamos el carácter ácido o base de las especies químicas cuando se encuentran en disolución acuosa.

El ácido nitroso sólo puede actuar como ácido (cede un protón al agua, que actúa como base):

$$\underset{\text{ácido}_1}{HNO_2} \quad + \quad \underset{\text{base}_2}{H_2O} \quad \rightleftharpoons \quad \underset{\text{ácido conjugado}_2}{H_3O^+} \quad + \quad \underset{\text{base conjugada}_1}{NO_2^-}$$

El amoniaco, el ion carbonato y el ion hidróxido sólo pueden actuar como bases (aceptan un protón del agua, que actúa como ácido):

$$\underset{\text{ácido}_1}{H_2O} \quad + \quad \underset{\text{base}_2}{NH_3} \quad \rightleftharpoons \quad \underset{\text{ácido conjugado}_2}{NH_4^+} \quad + \quad \underset{\text{base conjugada}_1}{OH^-}$$

$$\underset{\text{ácido}_1}{H_2O} \quad + \quad \underset{\text{base}_2}{CO_3^{2-}} \quad \rightleftharpoons \quad \underset{\text{ácido conjugado}_2}{OH^-} \quad + \quad \underset{\text{base conjugada}_1}{HCO_3^-}$$

$$\underset{\text{ácido}_1}{H_2O} \quad + \quad \underset{\text{base}_2}{OH^-} \quad \rightleftharpoons \quad \underset{\text{ácido conjugado}_2}{H_2O} \quad + \quad \underset{\text{base conjugada}_1}{OH^-}$$

El ion hidrogenocarbonato (especie anfiprótica) puede actuar como ácido (cede un protón al agua, que actúa como base) y como base (acepta un protón del agua, que actúa como ácido):

Como ácido:

$$\underset{\text{ácido}_1}{HCO_3^-} \quad + \quad \underset{\text{base}_2}{H_2O} \quad \rightleftharpoons \quad \underset{\text{ácido conjugado}_2}{H_3O^+} \quad + \quad \underset{\text{base conjugada}_1}{CO_3^{2-}}$$

Como base:

$$H_2O \quad + \quad HCO_3^- \quad \rightleftarrows \quad H_2CO_3 \quad + \quad OH^-$$

$$\underset{\text{ácido}_1}{} \quad \underset{\text{base}_2}{} \quad \quad \underset{\text{ácido conjugado}_2}{} \quad \underset{\text{base conjugada}_1}{}$$

Cuestión 9.3

De las siguientes especies químicas: H_3O^+, HSO_3^-, CO_3^{2-}, H_2O, NH_3, NH_4^+, explique según la teoría de Brønsted-Lowry:
a) Cuáles pueden actuar sólo como ácido.
b) Cuáles, sólo como bases.
c) Cuáles, como ácido y como base.

Según la teoría de Brønsted-Lowry, un ácido es aquella especie química (molécula o ion) capaz de ceder un protón (H^+) a otra, y una base es aquella especie química capaz de aceptar un protón de otra.

En un equilibrio ácido-base hay una doble transferencia de protones (de especies que actúan como ácidos a otras que actúan como bases).

$$\text{ácido}_1 + \text{base}_2 \rightleftarrows \text{ácido conjugado}_2 + \text{base conjugada}_1$$

Justificamos el carácter ácido o base de las especies químicas cuando se encuentran en disolución acuosa.

Según esta teoría:

a) Sólo pueden actuar como ácidos H_3O^+ y NH_4^+ (ceden un protón al agua, que actúa como base):

$$H_3O^+ \quad + \quad H_2O \quad \rightleftarrows \quad H_3O^+ \quad + \quad H_2O$$

$$\underset{\text{ácido}_1}{} \quad \underset{\text{base}_2}{} \quad \quad \underset{\text{ácido conjugado}_2}{} \quad \underset{\text{base conjugada}_1}{}$$

$$NH_4^+ \quad + \quad H_2O \quad \rightleftarrows \quad H_3O^+ \quad + \quad NH_3$$

$$\underset{\text{ácido}_1}{} \quad \underset{\text{base}_2}{} \quad \quad \underset{\text{ácido conjugado}_2}{} \quad \underset{\text{base conjugada}_1}{}$$

b) Sólo pueden actuar como bases CO_3^{2-} y NH_3 (aceptan un protón del agua, que actúa como ácido):

$$H_2O \quad + \quad CO_3^{2-} \quad \rightleftarrows \quad HCO_3^- \quad + \quad OH^-$$

ácido$_1$ base$_2$ ácido conjugado$_2$ base conjugada$_1$

$$H_2O \quad + \quad NH_3 \quad \rightleftarrows \quad NH_4^+ \quad + \quad OH^-$$

ácido$_1$ base$_2$ ácido conjugado$_2$ base conjugada$_1$

c) Pueden actuar como ácidos (ceden un protón del agua, que actúa como base) y como bases (aceptan un protón del agua, que actúa como ácido): H_2O y HSO_3^-. Este tipo de especies que pueden actuar como ácidos y como bases se llaman especies anfipróticas.

El comportamiento del agua como ácido y como base lo hemos visto en los ejemplos anteriores.

El comportamiento del ion hidrogenosulfito como ácido y como base es el siguiente:

Como ácido:

$$HSO_3^- \quad + \quad H_2O \quad \rightleftarrows \quad H_3O^+ \quad + \quad SO_4^{2-}$$

ácido$_1$ base$_2$ ácido conjugado$_2$ base conjugada$_1$

Como base:

$$H_2O \quad + \quad HSO_3^- \quad \rightleftarrows \quad H_2SO_4 \quad + \quad OH^-$$

ácido$_1$ base$_2$ ácido conjugado$_2$ base conjugada$_1$

Cuestión 9.4

Indique, razonadamente, para las siguientes especies: H_2O, HS^-, HPO_4^{2-} y HSO_4^-.
a) Cuál es el ácido conjugado de cada una.
b) Cuál es la base conjugada de cada una.

---

a y b) Según la teoría de Brønsted-Lowry, un ácido es aquella especie química (molécula o ion) capaz de ceder un protón (H^+) a otra, y una base es aquella especie química capaz de aceptar un protón de otra.

En un equilibrio ácido-base hay una doble transferencia de protones (de especies que actúan como ácidos a otras que actúan como bases).

$$\text{ácido}_1 + \text{base}_2 \rightleftarrows \text{ácido conjugado}_2 + \text{base conjugada}_1$$

Justificamos el carácter ácido o base de las especies químicas cuando se encuentran en disolución acuosa.

Las especies de la cuestión son especies anfipróticas, ya que se pueden comportar como ácidos o como bases.

El equilibrio de auotoionización del agua muestra el comportamiento ácido-base de ella:

$$H_2O \quad + \quad H_2O \quad \rightleftarrows \quad H_3O^+ \quad + \quad OH^-$$

ácido$_1$ base$_2$ ácido conjugado$_2$ base conjugada$_1$

El ácido conjugado de H_2O es H_3O^+, y la base conjugada de H_2O es OH^-.

Los equilibrios ácido-base en disolución acuosa, en los que el resto de las especies actúa como base (aceptando un protón del agua, que actúa como ácido), son los siguientes:

$$H_2O \quad + \quad HS^- \quad \rightleftarrows \quad H_2S \quad + \quad OH^-$$

ácido$_1$ base$_2$ ácido conjugado$_2$ base conjugada$_1$

$$H_2O \quad + \quad HPO_4^{2-} \quad \rightleftarrows \quad H_2PO_4^- \quad + \quad OH^-$$

ácido$_1$ base$_2$ ácido conjugado$_2$ base conjugada$_1$

$$H_2O \quad + \quad HSO_4^- \quad \rightleftarrows \quad H_2SO_4 \quad + \quad OH^-$$

ácido$_1$ base$_2$ ácido conjugado$_2$ base conjugada$_1$

Los ácidos conjugados de HS^-, HPO_4^{2-} y HSO_4^- son, respectivamente: H_2S, $H_2PO_4^-$ y H_2SO_4.

Los equilibrios ácido-base en disolución acuosa, en los que el resto de las especies actúa como ácido (cediendo un protón al agua, que actúa como base), son los siguientes:

$$HS^- \quad + \quad H_2O \quad \rightleftarrows \quad H_3O^+ \quad + \quad S^{2-}$$

ácido$_1$ base$_2$ ácido conjugado$_2$ base conjugada$_1$

$$HPO_4^{2-} \quad + \quad H_2O \quad \rightleftarrows \quad H_3O^+ \quad + \quad PO_4^{3-}$$

ácido$_1$ base$_2$ ácido conjugado$_2$ base conjugada$_1$

$$HSO_4^- \quad + \quad H_2O \quad \rightleftarrows \quad H_3O^+ \quad + \quad SO_4^{2-}$$

ácido$_1$ base$_2$ ácido conjugado$_2$ base conjugada$_1$

Las bases conjugadas de HS^-, HPO_4^{2-} y HSO_4^- son, respectivamente: S^{2-}, PO_4^{3-} y SO_4^{2-}.

Cuestión 9.5

Complete los siguientes equilibrios e identifique los pares ácido-base conjugados:

a) ..... $+ H_2O \rightleftarrows CO_3^{2-} + H_3O^+$

b) $NH_4^+ + OH^- \rightleftarrows H_2O +$ .....

c) $F^- + H_2O \rightleftarrows OH^- +$ .....

a) El equilibrio completo es:

$$\underline{HCO_3^-} \quad + \quad H_2O \quad \rightleftarrows \quad CO_3^{2-} \quad + \quad H_3O^+$$

$\text{ácido}_1 \qquad\qquad \text{base}_2 \qquad \text{base conjugada}_1 \qquad \text{ácido conjugado}_2$

Los pares ácido-base conjugados correspondientes a este equilibrio ácido-base son:

$$\text{Par 1}: HCO_3^-/CO_3^{2-} \qquad \text{Par 2}: H_3O^+/H_2O$$

b) El equilibrio completo es:

$$NH_4^+ \quad + \quad OH^- \quad \rightleftarrows \quad H_2O \quad + \quad \underline{NH_3}$$

$\text{ácido}_1 \qquad \text{base}_2 \qquad \text{ácido conjugado}_2 \qquad \text{base conjugada}_1$

Los pares ácido-base conjugados correspondientes a este equilibrio ácido-base son:

$$\text{Par 1}: NH_4^+/NH_3 \qquad \text{Par 2}: H_2O/OH^-$$

c) El equilibrio completo es:

$$F^- \quad + \quad H_2O \quad \rightleftarrows \quad OH^- \quad + \quad \underline{HF}$$

$\text{base}_2 \qquad \text{ácido}_1 \qquad \text{base conjugada}_1 \qquad \text{ácido conjugado}_2$

Los pares ácido-base conjugados correspondientes a este equilibrio ácido-base son:

$$\text{Par 1}: H_2O/OH^- \qquad \text{Par 2}: HF/F^-$$

Cuestión 9.6

Complete los siguientes equilibrios e identifique los pares ácido-base conjugados:

a) $CO_3^{2-} + H_3O^+ \rightleftarrows$

b) $NH_4^+ + H_2O \rightleftarrows$

c) $NO_2^- + H_2O \rightleftarrows$

a) El equilibrio completo es:

$$\underset{\text{base}_2}{CO_3^{2-}} + \underset{\text{ácido}_1}{H_3O^+} \rightleftarrows \underset{\text{ácido conjugado}_2}{\underline{HCO_3^-}} + \underset{\text{base conjugada}_1}{\underline{H_2O}}$$

Los pares ácido-base conjugados correspondientes a este equilibrio ácido-base son:

$$\text{Par 1}: H_3O^+/H_2O \qquad \text{Par 2}: HCO_3^-/CO_3^{2-}$$

b) El equilibrio completo es:

$$\underset{\text{ácido}_1}{NH_4^+} + \underset{\text{base}_2}{H_2O} \rightleftarrows \underset{\text{ácido conjugado}_2}{\underline{H_3O^+}} + \underset{\text{base conjugada}_1}{\underline{NH_3}}$$

Los pares ácido-base conjugados correspondientes a este equilibrio ácido-base son:

$$\text{Par 1}: NH_4^+/NH_3 \qquad \text{Par 2}: H_3O^+/H_2O$$

c) El equilibrio completo es:

$$\underset{\text{base}_2}{NO_2^-} + \underset{\text{ácido}_1}{H_2O} \rightleftarrows \underset{\text{ácido conjugado}_2}{\underline{HNO_2}} + \underset{\text{base conjugada}_1}{\underline{OH^-}}$$

Los pares ácido-base conjugados correspondientes a este equilibrio ácido-base son:

$$\text{Par 1}: H_2O/OH^- \qquad \text{Par 2}: HNO_2/NO_2^-$$

Cuestión 9.7

Indique si las siguientes afirmaciones son correctas. Justifique su respuesta.
a) El ion HSO_4^- puede actuar como ácido según la teoría de Arrhenius.
b) El ion CO_3^{2-} es una base según la teoría de Brønsted y Lowry.

---

a) Correcta. Según Arrhenius un ácido es aquella sustancia que en disolución acuosa se disocia produciendo iones hidrógeno, H^+.

La ecuación de disociación es la siguiente:

$$HSO_4^- \xrightarrow{H_2O} SO_4^{2-} + H^+$$

b) Correcta. Según la teoría de Brønsted-Lowry una base es aquella especie capaz de aceptar un protón (de un ácido).

El equilibrio de ácido-base en disolución acuosa del ion CO_3^{2-} que actúa como base aceptando un protón del agua es el siguiente:

$$H_2O \quad + \quad CO_3^{2-} \quad \rightleftarrows \quad HCO_3^- \quad + \quad OH^-$$

$$\text{ácido}_1 \qquad\qquad \text{base}_2 \qquad\qquad \text{ácido conjugado}_2 \qquad\quad \text{base conjugada}_1$$

Cuestión 9.8

De los ácidos débiles HNO_2 y HCN, el primero es más fuerte que el segundo.
a) Escriba sus reacciones de disociación en agua, especificando cuáles son sus bases conjugadas.
b) Indique, razonadamente, cuál de las dos bases conjugadas es más fuerte.

---

a) Según la teoría de Brønsted-Lowry, un ácido es aquella especie química (molécula o ion) capaz de ceder un protón (H^+) a otra, y una base es aquella especie química capaz de aceptar un protón de otra.

En un equilibrio ácido-base hay una doble transferencia de protones (de especies que actúan como ácidos a otras que actúan como bases).

La ecuación de disociación en agua del ácido nitroso es la siguiente:

$$HNO_2 \quad + \quad H_2O \quad \rightleftarrows \quad H_3O^+ \quad + \quad NO_2^-$$

$$\text{ácido}_1 \qquad\quad \text{base}_2 \qquad\quad \text{ácido conjugado}_2 \qquad\quad \text{base conjugada}_1$$

La base conjugada del ácido nitroso, HNO_2, es el ion nitrito, NO_2^-.

La ecuación de disociación en el agua del ácido cianhídrico es la siguiente:

$$HCN \quad + \quad H_2O \quad \rightleftarrows \quad H_3O^+ \quad + \quad CN^-$$

$$\text{ácido}_1 \qquad\quad \text{base}_2 \qquad\quad \text{ácido conjugado}_2 \qquad\quad \text{base conjugada}_1$$

La base conjugada del ácido cianhídrico, HCN, es el ion cianuro, CN^-.

b) La constante de acidez de una ácido, K_a, o la constante de basicidad de una base, K_b, nos indica lo ionizados que están. Cuanto mayor sea el valor de la constante de un ácido o de una base, más fuerte serán.

En disolución acuosa K_a, constante de acidez de un ácido, y K_b, constante de basicidad de su base conjugada, están relacionadas con el producto iónico del agua, K_w, de la siguiente manera:

$$K_a K_b = K_w$$

Según esta expresión, cuanto mayor sea K_a, menor será K_b; o lo que es lo mismo, cuanto más fuerte sea una sustancia como ácido, más débil será como base su base conjugada.

Por tanto, si el ácido nitroso es más fuerte que el ácido cianhídrico, el ion nitrito, base conjugada del ácido nitroso, será más débil como base que el ion cianuro, base conjugada del ácido cianhídrico.

Cuestión 9.9

Considere cuatro disoluciones A, B, C y D caracterizadas por:

$A : pH = 4; \quad B : [OH^-] = 10^{-14}\,M; \quad C : [H_3O^+] = 10^{-7}\,M; \quad D : pH = 9$

a) Ordénelas de menor a mayor acidez.
b) Indique cuáles son ácidas, cuáles básicas y cuáles neutras.

---

a) La concentración de iones oxonio, $[H_3O^+]$, de una disolución es un índice de la acidez de la misma (una disolución es tanto más ácida cuanto mayor sea $[H_3O^+]$). Sin embargo, para que resulte más operativo se define el pH. El pH de una disolución es el logaritmo con el signo cambiado de la concentración de iones oxonio, $[H_3O^+]$:

$$pH = -\log{[H_3O^+]}$$

Si tenemos en cuenta la definición de logaritmo decimal de un número, como aquél al que hay que elevar la base (en este caso 10) para que dé dicho número, resulta que:

$$10^{-pH} = [H_3O^+]$$

En esta expresión podemos ver más claramente que a medida que aumenta la $[H_3O^+]$ de una disolución, disminuye su pH. Y también, que a medida que aumenta la acidez de una disolución, disminuye su pH.

Cuando comparemos los valores de la acidez de las cuatro disoluciones, los expresaremos en pH.

- Disolución A: $pH = 4$.

- Disolución B: $[OH^-] = 10^{-14}$

  Como se debe cumplir que el producto de las concentraciones de iones oxonio e iones hidróxido es igual al producto iónico del agua:

  $$[OH^-][H_3O^+] = 10^{-14}$$

Despejando $[H_3O^+]$, tenemos:

$$[H_3O^+] = \frac{10^{-14}}{[OH^-]} = \frac{10^{-14}}{10^{-14}} = 1\,M$$

El pH de la disolución B es:

$$pH = -\log[H_3O^+] = -\log 1 = 0$$

- Disolución C: $[H_3O^+] = 10^{-7}$

$$pH = -\log[H_3O^+] = -\log 10^{-7} = 7$$

- Disolución D: pH $= 9$.

El orden de menor a mayor acidez será:

$$D < C < A < B$$

b) Los valores del pH oscilan entre:

$$pH = 0 \quad ([H_3O^+] = 1\,M) \quad y \quad pH = 14 \quad ([H_3O^+] = 10^{-14}\,M)$$

Las disoluciones ácidas tienen pH <7; las neutras, pH $= 7$; y las básicas, pH >7.

Por tanto: disolución A: ácida; disolución B: ácida; disolución C: neutra y disolución D: básica.

Cuestión 9.10

Calcule los datos necesarios para completar la tabla siguiente e indique, en cada caso, si la disolución es ácida o básica.

	pH	$[H_3O^+]$	$[OH^-]$
a)	1		
b)		$2 \cdot 10^{-4}$	
c)			$2 \cdot 10^{-5}$

---

a) Si la disolución tiene pH $= 1$, por la definición de pH, resulta que:

$$[H_3O]^+ = 10^{-pH} = 10^{-1}\,M$$

Para calcular la concentración de iones hidróxido, $[OH^-]$, se debe cumplir que el producto de las concentraciones de iones oxonio e iones hidróxido es el producto iónico del agua, K_w:

$$[H_3O^+][OH^-] = K_w \quad \lfloor K_w = 1 \cdot 10^{-14} \, \text{a} \, 25 \, ^\circ\text{C} \rfloor$$

Por tanto:

$$[OH^-] = \frac{10^{-14}}{[H_3O^+]} = \frac{10^{-14}}{10^{-1}} = 10^{-13} \, \text{M}$$

Como el pH <7, la disolución es ácida.

b) Conocemos la concentración de iones oxonio ($[H_3O^+] = 2 \cdot 10^{-4}$). Calculamos primero el pH:

$$\text{pH} = -\log [H_3O^+] = -\log 2 \cdot 10^{-4} = 3,7$$

La concentración de iones hidróxido es:

$$[OH^-] = \frac{10^{-14}}{[H_3O^+]} = \frac{10^{-14}}{2 \cdot 10^{-4}} = 5 \cdot 10^{-11} \, \text{M}$$

Como el pH < 7, la disolución es ácida.

c) Conocemos la concentración de iones hidróxido ($[OH^-] = 2 \cdot 10^{-5}$). Calculamos primero la concentración de iones oxonio:

$$[H_3O^+] = \frac{10^{-14}}{[OH^-]} = \frac{10^{-14}}{2 \cdot 10^{-5}} = 5 \cdot 10^{-10} \, \text{M}$$

El pH es:

$$\text{pH} = -\log [H_3O^+] = -\log 5 \cdot 10^{-10} = 9,3$$

Como el pH >7, la disolución es básica.

Cuestión 9.11

En dos disoluciones de la misma concentración de dos ácidos débiles monopróticos HA y HB, se comprueba que $[A^-]$ es mayor que $[B^-]$. Indique la veracidad o falsedad de las afirmaciones siguientes. Razónelo.

a) El ácido HA es más fuerte que el ácido HB.

b) El valor de la constante de disociación del ácido HA es menor que el valor de la constante de disociación del HB.

c) El pH de la disolución del ácido HA es mayor que el pH de la disolución del ácido HB.

a) Verdadera. Si la $[A^-]$ es mayor que la $[B^-]$, el ácido HA está más disociado (o ionizado) que el ácido HB, y por tanto, es más fuerte.

b) Falsa. Cuanto más fuerte es un ácido, mayor es su constante de disociación.

Los equilibrios de disociación en agua de los ácidos HA y HB son:

$$HA + H_2O \rightleftharpoons H_3O^+ + A^-; \qquad HB + H_2O \rightleftharpoons H_3O^+ + B^-$$

Las constantes de disociación de los dos ácidos HA y HB son:

$$K_{a\,HA} = \frac{[H_3O^+][A^-]}{[HA]} \qquad K_{a\,HB} = \frac{[H_3O^+][B^-]}{[HB]}$$

Como $[A^-] > [B^-]$, $K_{a\,HA} > K_{a\,HB}$.

c) Falsa. De la definición de pH obtenemos que:

$$[H_3O^+] = 10^{-pH}$$

De esta expresión deducimos que cuanto mayor es la $[H_3O^+]$ de una disolución, menor es el pH. Como la $[H_3O^+]$ de la disolución del ácido HA es mayor que la del ácido HB, debido a que el ácido HA está más ionizado, el pH de su disolución será menor.

Cuestión 9.12

a) Describa el procedimiento e indique el material necesario para preparar 500 mL de una disolución acuosa de hidróxido de sodio 0,001 M a partir de otra 0,1 M.

b) ¿Cuál es el pH de la disolución preparada?

---

a) Queremos preparar 500 mL de una disolución 0,001 M de NaOH a partir de una disolución 0,1 M de NaOH.

- Cálculos:

  500 mL (0,5 L) de la disolución 0,001 M a preparar deben contener:

  $$0,5\,L \cdot \frac{0,001\,mol}{L} = 0,0005\,mol\ NaOH$$

  El volumen de NaOH de la disolución 0,1 M (más concentrada) que debemos tomar de forma que contenga 0,0005 mol de NaOH, es:

  $$\frac{0,1\,mol\ NaOH}{1\,000\,mL\ dn} = \frac{0,0005\,mol\ NaOH}{x\ mL\ dn} \qquad x = 5\,mL\ dn$$

- Material:

- Matraz aforado con la disolución concentrada.
- Matraz aforado de 500 mL para contener la disolución a preparar.
- Pipeta de 10 mL y pipeteador.
- Vaso de precipitados.
- Agua destlilada.

- Procedimiento:

Extraemos con la pipeta 5 mL de la disolución concentrada y los vertemos en un matraz aforado de 500 mL. Añadimos agua destilada, contenida en un vaso de precipitados, hasta cerca del enrase. Completamos el vertido con una pipeta hasta llegar al enrase. Etiquetamos la disolución con la leyenda: "NaOH, 0,001 M".

b) El hidróxido de sodio es un electrólito fuerte, esto es, se encuentra totalmente disociado en iones sodio e iones hidróxido:

$$NaOH \xrightarrow{H_2O} Na^+ + OH^-$$

De acuerdo con la estequiometría del proceso, cada mol de hidróxido de sodio origina un mol de iones sodio y un mol de iones hidróxido y, por tanto, la concentración de iones hidróxido será igual a la concentración de hidróxido de sodio antes de disociarse:

$$[OH^-] = [NaOH]_o$$

Como la concentración de la disolución de hidróxido es 0,001M, la concentración de los iones hidróxido será también 0,001M.

El pOH de la disolución es:

$$pOH = -\log[OH^-] = -\log 0{,}001 = 3$$

Y el pH:

$$pH = 14 - pOH = 14 - 3 = 11$$

Cuestión 9.13

Calcule el pH de las siguientes disoluciones acuosas:
a) 100 mL de HCl 0,2 M.
b) 100 mL de $Ca(OH)_2$ 0,25 M.

Para el cálculo del pH de las disoluciones de ácido clorhídrico e hidróxido de calcio el dato del volumen de disolución (100 mL en los dos casos) es irrelevante, ya que la concentración de una disolución, y por tanto, su pH no depende del volumen que ocupe.

a) El ácido clorhídrico es un ácido fuerte en disolución acuosa (está completamente ionizado en iones oxonio y en iones cloruro). El equilibrio, que está totalmente desplazado hacia la derecha, es el siguiente:

$$HCl + H_2O \rightleftarrows H_3O^+ + Cl^-$$

De acuerdo con la estequiometría del proceso, por cada mol de ácido clorhídrico se forma 1 mol de iones oxonio.

Por tanto:
$$[H_3O^+] = [HCl]_o = 0,2\,M$$

El pH de la disolución es:

$$pH = -\log[H_3O^+] = -\log 0,2 = 0,7$$

b) El hidróxido de calcio es un electrólito fuerte, esto es, se encuentra totalmente disociado en iones calcio e iones hidróxido:

$$Ca(OH)_2 \xrightarrow{H_2O} Ca^{2+} + 2\,OH^-$$

De acuerdo con la estequiometría del proceso, cada mol de hidróxido de calcio origina 1 mol de iones calcio y 2 mol de iones hidróxido, y, por tanto, la concentración de iones hidróxido será el doble de la concentración de hidróxido de calcio antes de disociarse:

$$[OH^-] = 2\,[Ca(OH)_2]_o = 2 \cdot 0,25\,M = 0,5\,M$$

El pOH de la disolución será:

$$pOH = -\log[OH^-] = -\log 0,5 = 0,3$$

Y el pH:

$$pH = 14 - pOH = 14 - 0,3 = 13,7$$

Cuestión 9.14

El pH de un litro de una disolución acuosa de hidróxido de sodio es 13. Calcule:

a) Los gramos de hidróxido de sodio utilizados para prepararla.

b) El volumen de agua que hay que añadir a un litro de la disolución anterior para que su pH sea 12.

a) Esquema de la resolución:

$$\text{pH} \xrightarrow{\text{pOH}=14-\text{pH}} \text{pOH} \xrightarrow{[\text{OH}^-]=10^{-\text{pOH}}} [\text{OH}^-] \xrightarrow{[\text{OH}^-]=[\text{NaOH}]_o} [\text{NaOH}]_o \xrightarrow{n=M\cdot V} \text{mol NaOH} \xrightarrow{m=n\cdot M_m} \text{g NaOH}$$

- pOH

$$\text{pOH} = 14 - \text{pH} = 14 - 13 = 1$$

- $[\text{OH}^-]$

$$[\text{OH}^-] = 10^{-\text{pOH}}\,\text{M} = 10^{-1}\,\text{M}$$

- $[\text{NaOH}]_o$

  Como el hidróxido de sodio es un electrólito fuerte, un mol de de iones hidróxido procede de un mol de hidróxido de sodio. Por tanto:

$$[\text{NaOH}]_o = [\text{OH}^-] = 10^{-1}\,\text{M}$$

- Moles de NaOH

  En 1 L de disolución habrá:

$$n = M \cdot V = 10^{-1}\,\text{mol/L} \cdot 1\,\text{L} = 0,1\,\text{mol NaOH}$$

- Gramos de NaOH

$$m = n \cdot M_m = 0,1\,\text{mol} \cdot 40\,\text{g/mol} = 4\,\text{g NaOH}$$

b) Si la disolución diluida de NaOH que queremos preparar tiene pH = 12, mediante un cálculo análogo al realizado en el apartado anterior determinamos su concentración en iones OH^-:

$$\text{pOH} = 14 - \text{pH} = 14 - 12 = 2 \Rightarrow [\text{OH}^-] = [\text{NaOH}] = 10^{-2}\,\text{M}$$

¿Qué volumen ha de tener dicha disolución si contiene 0,1 mol de NaOH?:

$$V = \frac{n}{M} = \frac{0{,}1\,\text{mol}}{10^{-2}\,\text{mol/L}} = 10\,\text{L}$$

Si la disolución primera tiene un volumen de 1 L y la diluida es de 10 L, debemos añadirle 9 L de agua a la primera.

Cuestión 9.15

a) ¿Cuál es la concentración de H_3O^+ en 200 mL de una disolución acuosa 0,1 M de HCl?

b) ¿Cuál es el pH?

c) ¿Cuál será el pH de la disolución que resulte al diluir con agua la anterior hasta un litro?

a) El ácido clorhídrico es un ácido fuerte y se encuentra totalmente ionizado. Por tanto:

$$[H_3O^+] = [HCl]_o = 0,1\,M$$

b) De acuerdo con la definición de pH:

$$pH = -\log[H_3O^+] = -\log 0,1 = 1$$

c) Hallamos primero los moles de iones oxonio presentes en 200 mL de disolución:

$$n = c \cdot V = 0,1\,mol/L \cdot 0,2\,L = 0,02\,mol$$

$$\lfloor c = [H_3O^+] = 0,1\,M;\ V = 200\,mL = 0,2\,L \rfloor$$

Seguidamente, la nueva concentración de iones oxonio al añadir agua hasta tener 1 L de disolución, que contiene 0,02 mol de iones oxonio:

$$[H_3O^+] = \frac{n}{V} = \frac{0,02\,mol}{1\,L} = 0,02\,M$$

Y, por último, el nuevo pH:

$$pH = -\log[H_3O^+] = -\log 0,02 = 1,7$$

Cuestión 9.16

a) Escriba el equilibrio de ionización y la expresión de K_b para una disolución acuosa de NH_3.
b) Justifique cualitativamente el carácter ácido, básico o neutro que tendrá una disolución acuosa de KCN, siendo K_a (HCN) $= 6,2 \cdot 10^{-10}$.
c) Indique todas las especies químicas presentes en una disolución acuosa de HCl.

---

a) La ecuación de ionización del amoniaco en disolución acuosa es:

$$NH_3 + H_2O \rightleftarrows NH_4^+ + OH^-$$

La expresión de la constante de basicidad para el amoniaco es:

$$K_b = \frac{[NH_4^+][OH^-]}{[NH_3]}$$

b) El cianuro de potasio, KCN, es un electrólito fuerte y, por tanto, cuando se disuelve en agua está totalmente disociado en iones potasio e iones cianuro:

$$KCN \xrightarrow{H_2O} K^+ + CN^-$$

El ion cianuro, CN^-, es una base fuerte, ya que procede de un ácido débil, el ácido cianhídrico, HCN, de constante de ionización, K_a, muy pequeña (como muestra el enunciado del problema) y reacciona con el agua originando iones OH^-. Por ello, el carácter de la disolución es básico:

$$CN^- + H_2O \leftrightharpoons HCN + OH^-$$

c) En una disolución acuosa de ácido clorhídrico hay presentes dos equilibrios ácido-base:

- El equilibrio de ionización del HCl, desplazado totalmente hacia la derecha, por ser un ácido fuerte:

$$HCl + H_2O \rightleftharpoons Cl^- + H_3O^+$$

- El equilibrio de autoionización del H_2O:

$$2\,H_2O \rightleftharpoons H_3O^+ + OH^-$$

Por tanto, las especies presentes en una disolución acuosa son: agua, iones cloruro, iones oxonio (procedentes del ácido y de la autoionización del agua) e iones hidróxido (procedentes de la autoionización del agua). No existe la especie HCl.

Cuestión 9.17

Usando la teoría de Brønsted-Lowry, justifique el carácter ácido, básico o neutro de las disoluciones acuosas de las siguientes especies:
a) CO_3^{2-}.
b) Cl^-.
c) NH_4^+.

---

a) El ion carbonato es una base fuerte, ya que procede de un ácido débil, el ácido carbónico, y, al reaccionar con el agua, origina iones OH^-. Por ello, el carácter de la disolución es básico:

$$CO_3^{2-} + H_2O \leftrightharpoons HCO_3^- + OH^-$$

b) El ion cloruro es una base débil, ya que procede de un ácido fuerte, el ácido clorhídrico, y no reacciona con el agua. Por ello, el carácter de la disolución es neutro:

$$Cl^- + H_2O \leftrightharpoons \text{no reacciona}$$

c) El ion amonio es un ácido de relativa fuerza, ya que procede de una base débil, el amoniaco, y, al reaccionar con el agua origina iones H_3O^+. Por ello, el carácter de la disolución es ácido:

$$NH_4^+ + H_2O \leftrightharpoons H_3O^+ + NH_3$$

Cuestión 9.18

a) ¿Qué significado tienen los términos fuerte y débil referidos a un ácido o a una base?
b) Si se añade agua a una disolución de pH $= 4$, ¿qué le ocurre a la concentración de H_3O^+?

---

a) Según la teoría de Brønsted y Lowry, los términos "fuerte" y "débil" referidos a un ácido o base tienen el siguiente significado:

- Término fuerte

  - Ácido fuerte: tiene mucha tendencia a ceder protones a una base.
  - Base fuerte: tiene mucha tendencia a aceptar protones de un ácido.

  Como consecuencia, están totalmente ionizados en la disolución.

  Así, el ácido nítrico en disolución acuosa es un ácido fuerte y está totalmente ionizado en iones NO_3^- y en iones H_3O^+ (no existe en disolución la especie HNO_3):

$$HNO_3 + H_2O \rightleftarrows NO_3^- + H_3O^+$$

- Término débil

  - Ácido débil: tiene poca tendencia a ceder protones a una base.
  - Base débil: tiene poca tendencia a aceptar protones de un ácido.

  Como consecuencia, están muy poco ionizados en la disolución.

  Así, el amoniaco es una base débil en disolución acuosa y muy poco amoniaco está ionizado en las especies NH_4^+ y OH^-:

$$NH_3 + H_2O \rightleftarrows NH_4^+ + OH^-$$

b) Si se le añade agua a una disolución de pH $= 4$ (pH ácido) la $[H_3O^+]$ disminuye, ya que el mismo número de moles de H_3O^+ está en un volumen de disolución mayor. Al disminuir la $[H_3O^+]$, debe aumentar la $[OH^-]$, ya que el producto de las concentraciones de iones oxonio e iones hidróxido está relacionado con el producto iónico del agua, K_w, mediante la siguiente expresión:

$$[H_3O^+][OH^-] = K_w = 10^{-14}$$

Si el pH $= 4$, $[H_3O^+] = 10^{-pH}\,M = 10^{-4}\,M$. Al añadir agua, la $[H_3O^+]$ puede disminuir hasta $10^{-7}\,M$ (pH $= 7$), que es la $[H_3O^+]$ del agua pura.

Cuestión 9.19

a) Escriba la reacción de neutralización entre $Ca(OH)_2$ y HCl.

b) ¿Qué volumen de una disolución 0,2 M de $Ca(OH)_2$ se necesitará para neutralizar 50 mL de una disolución 0,1 M de HCl?

c) Describa el procedimiento e indique el material necesario para llevar a cabo la valoración anterior.

---

a) La reacción de neutralización es la siguiente:

$$2\,HCl + Ca(OH)_2 \rightarrow CaCl_2 + 2\,H_2O$$

b) La estequiometría de la reacción es la siguiente:

	$2\,HCl$	$+$	$Ca(OH)_2$	$\rightarrow$	$CaCl_2$	$+$	$2\,H_2O$
Estequiometría	$2\,mol$		$1\,mol$		$1\,mol$		$2\,mol$

Esquema de los pasos para la resolución:

$$\text{mL dn HCl}\,0,1\,M \xrightarrow{n=M\cdot V} \text{mol HCl} \xrightarrow{\text{Estequiometría}} \text{mol Ca(OH)}_2 \xrightarrow{V=\frac{n}{M}} \text{L dn Ca(OH)}_2$$

- Moles HCl

$$n = M \cdot V = 0,1\,\text{mol/L} \cdot 0,05\,\text{L} = 5 \cdot 10^{-3}\,\text{mol HCl}$$

$$\lfloor M = 0,1\,\text{mol/L};\ V = 50\,\text{mL} = 0,05\,\text{L} \rfloor$$

- Moles $Ca(OH)_2$

Según la estequiometría de la reacción, 2 mol de HCl neutralizan 1 mol de $Ca(OH)_2$ (la mitad), luego 0,005 mol de HCl neutralizarán también la mitad de moles de $Ca(OH)_2$: $\dfrac{1}{2} \cdot 0,005 = 0,0025\,\text{mol Ca(OH)}_2$.

- Litros de $Ca(OH)_2$ 0,2 M

$$V = \frac{n}{M} = \frac{0,0025\,\text{mol}}{0,2\,\text{mol/L}} = 0,0125\,\text{L} = 12,5\,\text{mL}$$

c) El material y el procedimiento son:

- Material:

  Un matraz erlenmeyer de 250 mL, dos buretas (una de 50 mL y otra de 25 mL), dos varillas soporte con pie, dos pinzas para las buretas y un agitador magnético.

- Procedimiento:

  Llenamos la bureta de 25 mL con la disolución de hidróxido de calcio 0,2 M. A continuación, vertemos con la otra bureta los 50 mL de ácido clorhídrico 0,1 M en un matraz erlenmeyer y le añadimos unas gotas de fenolftaleína (el color no se altera al añadir el indicador ya que la forma ácida de la fenolftaleína es incolora). Colocamos el matraz erlermeyer debajo de la bureta y añadimos la disolución de hidróxido de calcio, al principio de forma continua, para terminar añadiéndolo gota a gota, a la vez que agitamos la disolución con el agitador magnético. El punto de equivalencia, que es el punto en el que la neutralización se ha completado, lo determinamos por el cambio en el color del indicador (pasa de incoloro a rosa, que es el color de la forma básica de la fenolftaleína). Ese momento se conoce como punto final de la valoración. Para que la valoración sea buena, debe coincidir el punto de equivalencia con el punto final de la valoración.

Cuestión 9.20

a) ¿Qué volumen de disolución de NaOH 0,1 M se necesitaría para neutralizar 10 mL de disolución acuosa de HCl 0,2 M?

b) ¿Cuál es el pH en el punto de equivalencia?

c) Describa el procedimiento experimental y el nombre del material necesario para llevar a cabo la valoración.

---

a) La ecuación de la reacción de neutralización y la estequiometría de la misma son las siguientes:

	HCl	+	NaOH	$\rightarrow$	NaCl	+	H_2O
Estequiometría	1 mol		1 mol		1 mol		1 mol

Esquema de la resolución:

$$\text{mL dn HCl} \xrightarrow{n=M\cdot V} \text{mol HCl} \xrightarrow{\text{Estequiometría}} \text{mol NaOH} \xrightarrow{V=\frac{n}{M}} \text{mL dn NaOH}$$

- Moles HCl

$$n = M \cdot V = 0,2\,\text{mol/L} \cdot 0,01\,\text{L} = 0,002\,\text{mol HCl}$$

$$\lfloor M = 0,2\,\text{mol/L};\ V = 10\,\text{mL} = 0,01\,\text{L} \rfloor$$

- Moles NaOH

  Según la estequiometría del proceso, 1 mol de HCl neutraliza 1 mol de NaOH (idéntica cantidad), luego 0,002 mol de HCl neutralizarán 0,002 mol NaOH.

- Mililitros de NaOH 0,1 M

$$V = \frac{n}{M} = \frac{0,002\,\text{mol}}{0,1\,\text{mol/L}} = 0,02\,\text{L} = 20\,\text{mL}$$

b) Puesto que se trata de la neutralización de un ácido fuerte con una base fuerte, el pH en el punto de equivalencia es 7. En el punto de equivalencia el número de iones hidróxido procedentes del hidróxido de sodio neutraliza los iones oxonio procedentes del ácido:

$$H_3O^+ + OH^- \rightarrow 2\,H_2O$$

Los únicos iones oxonio e hidróxido son los procedentes de la autoionización del agua. Entonces se cumple que:

$$[H_3O^+] = [OH^-] = 10^{-7}\,\text{M}$$

Y el pH es:

$$pH = -\log[H_3O^+] = -\log 10^{-7} = 7$$

c) El material y el procedimiento son:

- Material:

  Un matraz erlenmeyer de 250 mL, una bureta de 25 mL, una pipeta de 10 mL, una varilla soporte con pie, una pinza para la bureta y un agitador magnético.

- Procedimiento:

  Llenamos la bureta de 25 mL con la disolución de hidróxido de sodio 0,1
  M. A continuación, vertemos con una pipeta los 10 mL de ácido clorhídrico
  0,2 M en un matraz erlenmeyer y le añadimos unas gotas de fenolftaleína
  (el color no se altera al añadir el indicador ya que la forma ácida de la
  fenolftaleína es incolora). Colocamos el matraz erlermeyer debajo de la bureta y añadimos la disolución de hidróxido de sodio, al principio de forma
  continua, para terminar añadiéndolo gota a gota, a la vez que agitamos la
  disolución con el agitador magnético. El punto de equivalencia, que es el
  punto en el que la neutralización se ha completado, lo determinamos por
  el cambio en el color del indicador (pasa de incoloro a rosa, que es el color
  de la forma básica de la fenolftaleína). Ese momento se conoce como punto
  final de la valoración. Para que la valoración sea buena, debe coincidir el
  punto de equivalencia con el punto final de la valoración.

Cuestión 9.21

a) El pH de una disolución de un ácido monoprótico (HA) de concentración
$5 \cdot 10^{-3}$ M es 2,3. ¿Se trata de un ácido fuerte o débil? Razone su respuesta.
b) Indique si el pH de una disolución acuosa de CH_3COONa es mayor,
menor o igual a 7. Razone su respuesta.

---

a) Se trata de un ácido fuerte. Si el pH de la disolución es 2,3, por definición de
pH, la concentración de iones oxonio será:

$$[H_3O^+] = 10^{-2,3} = 5 \cdot 10^{-3} \, M$$

Como la concentración del ácido HA coincide con la concentración de iones oxonio
($[HA] = [H_3O^+]$), está totalmente ionizado, luego se trata de un ácido fuerte.

b) El acetato de sodio es un electrólito fuerte. En disolución acuosa está totalmente disociado en iones acetato e iones sodio:

$$CH_3COONa \xrightarrow{H_2O} CH_3COO^- + Na^+$$

El ion sodio(1+) no reacciona con el agua, ya que se trata de un ácido débil,
mientras que el ion acetato sí, ya que se trata de una base fuerte (su ácido
conjugado, el ácido acético, es un ácido débil). El equilibrio de hidrólisis del ion
acetato es el siguiente:

$$CH_3COO^- + H_2O \leftrightarrows CH_3COOH + OH^-$$

Como se originan iones OH^-, la disolución es básica y el pH es mayor que 7.

Cuestión 9.22

a) Escriba el equilibrio de hidrólisis del ion amonio (NH_4^+), identificando en el mismo las especies como ácido y como base de Brønsted.

b) Indique cómo varía la concentración del ion NH_4^+ al añadir una disolución de NaOH. Razone su respuesta.

c) Indique cómo variará la concentración de ion NH_4^+ al añadir una disolución de HCl. Razone su respuesta.

---

a) El equilibrio de hidrólisis es el siguiente:

$$NH_4^+ \quad + \quad H_2O \quad \rightleftarrows \quad H_3O^+ \quad + \quad NH_3$$

$$\text{ácido}_1 \qquad \text{base}_2 \qquad\qquad \text{ácido conjugado}_2 \qquad \text{base conjugada}_1$$

Los pares ácido-base conjugados correspondiente a este equilibrio ácido-base son:

$$\text{Par 1}: NH_4^+/NH_3 \qquad \text{Par 2}: H_3O^+/H_2O$$

b) Al añadir una disolución de NaOH, los iones hidróxido, OH^-, reaccionan con los iones oxonio, H_3O^+, para formar agua, y disminuye la concentración de iones oxonio de la disolución. Como consecuencia, el equilibrio se desplaza hacia la derecha, para reponer los iones oxonio perdidos, y disminuye, por tanto, la concentración de iones amonio, NH_4^+: aumenta la hidrólisis del ion amonio.

c) Al añadir ahora una disolución de HCl, aumenta la concentración de iones oxonio de la disolución. Como consecuencia, el equilibrio se desplaza hacia la izquierda, para eliminar los iones oxonio añadidos (efecto ion común), y aumenta la concentración de iones amonio: disminuye la hidrólisis del ion amonio.

Cuestión 9.23

Dadas las siguientes sales: NaCl, NH_4NO_3 y K_2CO_3:

a) Escriba las ecuaciones químicas correspondientes a su disolución en agua.

b) Clasifique las disoluciones en ácidas, básicas o neutras.

---

a) Las ecuaciones correspondientes a la disolución en agua de cada una de las sales son:

$$NaCl \xrightarrow{H_2O} Na^+ + Cl^-$$

$$NH_4NO_3 \xrightarrow{H_2O} NH_4^+ + NO_3^-$$

$$K_2CO_3 \xrightarrow{H_2O} 2K^+ + CO_3^{2-}$$

b) Veamos el carácter ácido, básico o neutro de cada una de las sales:

- Una disolución de cloruro de sodio en agua tiene carácter neutro.

  - Na^+ no sufre reacción de hidrólisis (es muy estable en disolución acuosa).

  - Cl^- tampoco sufre reacción de hidrólisis (es una base muy débil, ya que procede de un ácido fuerte, HCl).

    Como no se originan ni iones H_3O^+ ni iones OH^-, el pH = 7 (pH neutro).

- Una disolución de nitrato de amonio en agua tiene carácter ácido.

  - NH_4^+ sufre reacción de hidrólisis (es un ácido de relativa fuerza, ya que procede de una base débil, NH_3):

    $$NH_4^+ + H_2O \rightleftarrows H_3O^+ + NH_3$$

  - NO_3^- no sufre reacción de hidrólisis (es una base muy débil, ya que procede de un ácido fuerte, HNO_3).

    Como se originan iones H_3O^+, el pH < 7 (pH ácido).

- Una disolución de carbonato de potasio en agua tiene carácter básico.

  - K^+ no sufre reacción de hidrólisis (es muy estable en disolución acuosa).

  - CO_3^{2-} sufre reacción de hidrólisis (es una base de relativa fuerza, ya que procede de un ácido débil, H_2CO_3).

    $$CO_3^{2-} + H_2O \rightleftarrows HCO_3^- + OH^-$$

    Como se originan iones OH^-, el pH > 7 (pH básico).

Cuestión 9.24

Si se mezclan y se homogeneizan los pares de disoluciones que se indican ¿cuál sería el pH de las disoluciones resultantes?
a) 10 mL de disolución a pH = 2 y 90 mL de agua pura.
b) 1 mL de disolución a pH = 11 y 99 mL de agua pura.

---

a) Calculamos primero la concentración de iones oxonio de la disolución a partir de su pH:

$$pH = -\log [H_3O^+]$$

De acuerdo a la definición de logaritmo:

$$[H_3O^+] = 10^{-\text{pH}} = 10^{-2}\,\text{M}$$

Calculamos ahora el número de moles de iones oxonio en 10 mL de disolución (0,01 L):

$$n = c \cdot V = 10^{-2}\text{mol/L} \cdot 0,01\,\text{L} = 10^{-4}\,\text{mol}$$

Calculamos la concentración de iones oxonio al añadir 90 mL de agua a los 10 mL de disolución hasta tener 100 mL (0,1 L) de disolución (suponemos que los volúmenes son aditivos y que los iones oxonio aportados por el agua son despreciables frente a los iones oxonio aportados por la disolución):

$$[H_3O^+] = \frac{n}{V} = \frac{10^{-4}\,\text{mol}}{0,1\,\text{L}} = 10^{-3}\,\text{M}$$

Y determinamos, por último, el pH de la disolución diluida:

$$\text{pH} = -\log[H_3O^+] = -\log 10^{-3} = 3$$

b) Calculamos primero la concentración de iones oxonio de la disolución a partir de su pH:

De acuerdo a la definición de logaritmo:

$$[H_3O^+] = 10^{-\text{pH}} = 10^{-11}\,\text{M}$$

No podemos resolver este apartado como el anterior, porque al diluir la disolución, la concentración de los iones oxonio del agua ($10^{-7}\,\text{M}$) es muy superior a la de los iones oxonio de la disolución de partida. Lo que hacemos es calcular la concentración de iones hidróxido:

$$[OH^-] = \frac{K_w}{[H_3O^+]} = \frac{10^{-14}}{10^{-11}\,\text{M}} = 10^{-3}\,\text{M}$$

Calculamos ahora el número de moles de iones hidróxido en 1 mL de disolución (0,001 L):

$$n = c \cdot V = 10^{-3}\text{mol/L} \cdot 0,001\,\text{L} = 10^{-6}\,\text{mol}$$

Hallamos la nueva concentración de iones hidróxido al añadir a 1 mL de disolución 99 mL de agua hasta tener 100 mL (0,1 L) de disolución (suponemos que los volúmenes son aditivos y que los iones hidróxido aportados por el agua son despreciables frente a los aportados por la disolución):

$$[OH^-] = \frac{n}{V} = \frac{10^{-6}\,\text{mol}}{0,1\,\text{L}} = 10^{-5}\,\text{M}$$

Calculamos el pOH de la disolución diluida:

$$pOH = -\log[OH^-] = -\log 10^{-5} = 5$$

Y calculamos, por último, el pH de la disolución diluida:

$$pH = 14 - pOH = 14 - 5 = 9$$

Cuestión 9.25

Indique si las siguientes afirmaciones son verdaderas. Justifique su respuesta.

a) En disoluciones acuosas de las bases débiles, éstas se encuentran totalmente disociadas.

b) Un ácido débil es aquel cuyas disoluciones son diluidas.

---

a) Falsa. Una base débil en disolución acuosa es aquella que está muy poco disociada o ionizada. Así, por ejemplo, la metilamina, CH_3NH_2, es una base débil en disolución acuosa, porque sólo se ioniza una pequeña proporción de las moléculas, ya que tiene muy poca tendencia a ceder iones hidrógeno al agua. El equilibrio de ionización es:

$$CH_3NH_2 + H_2O \rightleftarrows CH_3NH_3^+ + OH^-$$

b) Falsa. Un ácido débil es aquel que en disolución está muy poco ionizado, o que tiene muy poca tendencia a ceder protones a una base, y no tiene nada que ver con la concentración a la que se encuentre en una disolución.

Cuestión 9.26

La fenolftaleína es un indicador ácido-base que cambia de incoloro a rosa en el intervalo de pH 8 (incoloro) a pH 9,5 (rosa).

a) ¿Qué color presentará este indicador en una disolución acuosa de cloruro de amonio, NH_4Cl?

b) ¿Qué color presentará este indicador en una disolución de NaOH 10^{-3} M? Razone las respuestas.

---

a) El cloruro de amonio, NH_4Cl, es una sal procedente de un ácido fuerte (el ácido clorhídrico) y una base débil (el amoniaco). En disolución acuosa se encuentra completamente disociado en los iones Cl^- y NH_4^+.

El ion Cl^- no sufre reacción de hidrólisis (es una base muy débil, ya que procede de un ácido fuerte). Sin embargo, el ion NH_4^+ sí la sufre (es un ácido de relativa fuerza, ya que procede de una base débil):

$$NH_4^+ + H_2O \rightleftharpoons H_3O^+ + NH_3$$

Como se originan iones H_3O^+, el pH < 7 (pH ácido). El color de la fenolftaleína será el de su forma ácida (incoloro), que lo presenta por debajo de pH 8.

b) El hidróxido de sodio, NaOH, es una sustancia que en disolución acuosa se encuentra completamente disociada en iones Na^+ e iones OH^-. Como se originan iones OH^-, el pH > 7 (pH básico). Pero, ¿qué valor tiene el pH de una disolución de NaOH 10^{-3} M?

Como el hidróxido de sodio está completamente ionizado:

$$[OH^-] = [NaOH]_o = 0,001 \, M$$

El pOH de la disolución es:

$$pOH = -\log [OH^-] = -\log 0,001 = 3$$

Y el pH:
$$pH = 14 - pOH = 14 - 3 = 11$$

El color de la fenolftaleína será el de su forma básica (rosa), que lo presenta por encima de pH 9,5.

Cuestión 9.27

a) Al disolver una sal en agua, ¿se puede obtener una disolución de pH básico? Razone la respuesta y ponga un ejemplo.

b) ¿Y de pH ácido? Razone la respuesta y ponga un ejemplo.

---

a) Sí, si uno de los iones que la forman reacciona con el agua y origina iones hidróxido. Este es el caso del acetato de sodio:

El acetato de sodio, CH_3COONa, es una sal procedente de un ácido débil (el ácido acético) y una base fuerte (el hidróxido de sodio). En disolución acuosa se encuentra completamente disociado en los iones CH_3COO^- y Na^+.

El ion Na^+ no sufre reacción de hidrólisis, ya que es muy estable en disolución acuosa. Sin embargo, el ion CH_3COO^- sufre reacción de hidrólisis (es una base de relativa fuerza, ya que procede de un ácido débil):

$$CH_3COO^- + H_2O \rightleftharpoons CH_3COOH + OH^-$$

b) Sí, si uno de los iones que la forman reacciona con el agua y origina iones oxonio. Éste es el caso del sulfato de amonio:

El sulfato de amonio, $(NH_4)_2SO_4$, es una sal procedente de un ácido fuerte (el ácido sulfúrico) y una base débil (el amoniaco). En disolución acuosa se encuentra completamente disociado en los iones SO_4^{2-} y NH_4^+.

El ion SO_4^{2-} no sufre reacción de hidrólisis (es una base muy débil, ya que procede de un ácido fuerte). Sin embargo, el ion NH_4^+ sufre reacción de hidrólisis (es un ácido de relativa fuerza, ya que procede de una base débil):

$$NH_4^+ + H_2O \rightleftharpoons H_3O^+ + NH_3$$

Problema 9.28

La disolución acuosa de amoniaco 0,1 M tiene un pH de 11,11. Calcule:
a) La constante de disociación del amoniaco.
b) El grado de disociación del amoniaco.

---

a) El amoniaco es una base débil, esto es, se encuentra poco ionizado. Si llamamos c (en mol/L) a la concentración inicial de amoniaco y suponemos que cuando se ha llegado al equilibrio se han ionizado x mol/L, el equilibrio de ionización en el formato ICE (inicio, cambios, equilibrio) es el siguiente:

	$NH_3 + H_2O \rightleftharpoons$	NH_4^+	$+ OH^-$
$[\ ]_o$ (M)	c	-	-
$Cambios$ (M)	$-x$	x	x
$[\ ]$ (M)	$c-x$	x	x

Para facilitar los cálculos, creamos la hipótesis de que todos los iones OH^- proceden de la ionización del amoniaco, despreciando los procedentes de la autoionización del agua, ya que suponemos que la constante de disociación, K_b, es mucho mayor que el producto iónico de agua, K_w $(1 \cdot 10^{-14})$.

Podemos calcular K_b, puesto que conocemos la concentración inicial de amoniaco, c, y podemos determinar la $[OH^-]$ y la $[NH_4^+]$ a partir del pH de la disolución.

Por otra parte, de acuerdo con la estequiometría de la reacción, en el equilibrio:

$$[OH^-] = [NH_4^+] = x$$

Calculamos $[OH^-]$:

$$\text{Si pH} = 11{,}11 \Rightarrow \text{pOH} = 14 - \text{pH} = 14 - 11{,}11 = 2{,}89$$

$$\text{y } [\text{OH}^-] = 10^{-\text{pOH}} = 10^{-2{,}89} = 1{,}29 \cdot 10^{-3} \text{ M}$$

Y ahora K_b:

$$K_b = \frac{[\text{NH}_4^+][\text{OH}^-]}{[\text{NH}_3]} = \frac{x \cdot x}{c - x} = \frac{(1{,}29 \cdot 10^{-3} \text{ M}) \cdot (1{,}29 \cdot 10^{-3} \text{ M})}{0{,}1 \text{ M} - 1{,}29 \cdot 10^{-3} \text{ M}} = 1{,}68 \cdot 10^{-5}$$

$$\lfloor [\text{OH}^-] = [\text{NH}_4^+] = x = 1{,}29 \cdot 10^{-3} \text{ M}; \ c = 0{,}1 \text{ M} \rfloor$$

Observe que el supuesto inicial de que K_b es mucho mayor que K_w era correcto.

b) El grado de ionización del amoniaco, α, es la fracción de moles de moléculas de amoniaco que se ionizan. Calculamos su valor hallando la relación entre la concentración del amoniaco ionizado, x, y la concentración del amoniaco inicial, c:

$$\alpha = \frac{x}{c} = \frac{1{,}29 \cdot 10^{-3} \text{ M}}{0{,}1 \text{ M}} = 0{,}0129$$

En tanto por ciento, el grado de ionización es del $1{,}29\,\%$.

Problema 9.29

Al disolver 0,23 g de HCOOH en 50 mL de agua, se obtiene una disolución de pH igual a 2,3. Calcule:
a) La constante de disociación de dicho ácido.
b) El grado de disociación del mismo.
Datos: Masas atómicas: $C = 12; H = 1; O = 16$.

---

a) El ácido metanoico (ácido fórmico) es un ácido débil, esto es, se encuentra poco ionizado. Si llamamos c (en mol/L) a la concentración inicial de ácido metanoico, la cual podemos averiguarla con los datos del problema, y suponemos que cuando se ha llegado al equilibrio, se ha ionizado x mol/L, el equilibrio de ionización en el formato ICE (inicio, cambios, equilibrio) es el siguiente:

	$\text{HCOOH} + \text{H}_2\text{O} \rightleftharpoons$	$\text{HCOO}^- +$	H_3O^+
$[\ ]_o$ (M)	c	-	-
$Cambios$ (M)	$-x$	x	x
$[\ ]$ (M)	$c - x$	x	x

Para facilitar los cálculos, creamos la hipótesis de que todos los iones H_3O^+ proceden de la ionización del ácido metanoico, despreciando los procedentes de la autoionización del agua, ya que suponemos que la constante de disociación del ácido, K_a, es mucho mayor que el producto iónico del agua, K_w $(1 \cdot 10^{-14})$.

Podemos calcular K_a, puesto que podemos conocer la concentración inicial del ácido metanoico, c, y podemos determinar la $[H_3O^+]$ y $[HCOOH]$ a partir del pH de la disolución.

Por otra parte, de acuerdo con la estequiometría de la reacción, en el equilibrio:

$$[H_3O^+] = [HCOO^-] = x$$

Calculamos $[H_3O^+]$:

$$\text{Si pH} = 2,3 \Rightarrow [H_3O^+] = 10^{-\text{pH}} = 10^{-2,3} = 5,01 \cdot 10^{-3}\,\text{M}$$

$$K_a = \frac{[HCOO^-][H_3O^+]}{[HCOOH]} = \frac{x \cdot x}{c - x} = \frac{(5,01 \cdot 10^{-3}\,\text{M}) \cdot (5,01 \cdot 10^{-3}\,\text{M})}{0,1\,\text{M} - 5,01 \cdot 10^{-3}\,\text{M}} = 2,64 \cdot 10^{-4}$$

$$\lfloor [H_3O^+] = [HCOO^-] = x = 5,01 \cdot 10^{-3}\,\text{M};\ c = \frac{\frac{m}{M_m}}{V} = \frac{\frac{0,23\,\text{g}}{46\,\text{g/mol}}}{0,05\,\text{L}} = 0,1\text{M} \rfloor$$

Observe que el supuesto inicial de que K_a es mucho mayor que K_w era correcto.

b) El grado de ionización del ácido metanoico, α, es la fracción de moles de moléculas de ácido metanoico que se ionizan. Calculamos su valor hallando la relación entre la concentración del ácido metanoico ionizado, x, y la concentración del ácido metanoico inicial, c:

$$\alpha = \frac{x}{c} = \frac{5,01 \cdot 10^{-3}\,\text{M}}{0,1\,\text{M}} = 0,0501$$

En tanto por ciento, el grado de ionización es del 5,01 %.

Problema 9.30

Una disolución acuosa de ácido cianhídrico (HCN) 0,01 M tiene un pH = 5,6. Calcule:
a) La concentración de todas las especies químicas presentes.
b) El grado de disociación del HCN y el valor de su constante de acidez.

a) El ácido cianhídrico es un ácido débil. Si llamamos c (en mol/L) a la concentración inicial de ácido cianhídrico y suponemos que cuando se ha llegado al equilibrio, se ha ionizado x mol/L, el equilibrio de ionización en el formato ICE (inicio, cambios, equilibrio) es el siguiente:

$$HCN + H_2O \rightleftarrows \quad CN^- + H_3O^+$$

$[\ ]_o$ (M)	c	-	-
$Cambios$ (M)	$-x$	x	x
$[\ ]$ (M)	$c - x$	x	x

Para facilitar los cálculos, creamos la hipótesis de que todos los iones H_3O^+ proceden de la ionización del ácido cianhídrico, despreciando los procedentes de la autoionización del agua, ya que suponemos que la constante de disociación del ácido, K_a, es mucho mayor que el producto iónico del agua, K_w $(1 \cdot 10^{-14})$.

Podemos calcular la concentración de todas las especies presentes en la disolución a partir del pH de la disolución, la concentración del ácido y la relación existente en todas la disoluciones acuosas entre las concentraciones de iones oxonio e iones hidróxido.

Determinamos primero $[H_3O^+]$:

$$\text{Si pH} = 5{,}6 \Rightarrow [H_3O^+] = 10^{-pH} = 10^{-5,6} = 2{,}51 \cdot 10^{-6} \text{ M}$$

Según la tabla de más arriba:

- $[H_3O^+] = [CN^-] = x = 2{,}51 \cdot 10^{-6}$ M

- $[HCN] = c - x = 0{,}01 \text{ M} - 2{,}51 \text{ M} \cdot 10^{-6} \simeq 0{,}01 \text{ M}$

- $[OH^-] = \dfrac{10^{-14}}{[H_3O^+]} = \dfrac{10^{-14}}{2{,}51 \cdot 10^{-6} \text{ M}} = 3{,}98 \cdot 10^{-9}$ M

b) El grado de ionización del ácido cianhídrico, α, es la fracción de moles de moléculas de ácido cianhídrico que se ioniza. Calculamos su valor hallando la relación entre la concentración del ácido cianhídrico ionizado, x, y la concentración del ácido cianhídrico inicial, c:

$$\alpha = \frac{x}{c} = \frac{2{,}51 \cdot 10^{-6} \text{ M}}{0{,}01 \text{ M}} = 2{,}51 \cdot 10^{-4}$$

En tanto por ciento, el grado de ionización es del 0,0251 %, muy pequeño (es un ácido muy débil).

La constante de acidez es:

$$K_a = \frac{[CN^-][H_3O^+]}{[HCN]} = \frac{x \cdot x}{c} = \frac{(2,51 \cdot 10^{-6}\,M) \cdot (2,51 \cdot 10^{-6}\,M)}{0,01\,M} = 6,30 \cdot 10^{-10}$$

Problema 9.31

Una disolución acuosa 0,1 M de un ácido HA, posee una concentración de protones de 0,03 mol/L. Calcule:
a) El valor de la constante K_a del ácido y el pH de esa disolución.
b) La concentración del ácido en la disolución para que el pH sea 2,0.

---

a) Si llamamos c (en mol/L) a la concentración inicial de ácido HA y suponemos que cuando se ha llegado al equilibrio se han ionizado x mol/L, el equilibrio de ionización en el formato ICE (inicio, cambios, equilibrio) es el siguiente:

$$HA + H_2O \rightleftharpoons A^- + H_3O^+$$

$[\ ]_o$ (M)	c	-	-
Cambios (M)	$-x$	x	x
$[\ ]$ (M)	$c-x$	x	x

Para facilitar los cálculos, creamos la hipótesis de que todos los iones H_3O^+ proceden de la ionización del ácido HA, despreciando los procedentes de la auto-ionización del agua, ya que suponemos que K_a es mucho mayor que K_w.

Podemos determinar la constante de disociación del ácido HA, K_a, puesto que conocemos la concentración inicial del ácido, c, la concentración de protones (más correctamente, iones oxonio) y la $[A^-]$, ya que, de acuerdo con la estequiometría de la reacción:

$$[H_3O^+] = [A^-] = x = 0,03\,M$$

La constante de disociación del ácido HA, K_a, es:

$$K_a = \frac{[HA^-][H_3O^+]}{[HA]} = \frac{x \cdot x}{c-x} = \frac{(0,03\,M) \cdot (0,03\,M)}{0,1\,M - 0,03\,M} = 1,28 \cdot 10^{-2}$$

$$\lfloor [H_3O^+] = [A^-] = x = 0,03\,M; \ c = 0,1M \rfloor$$

El pH de la disolución es:

$$pH = -\log[H_3O^+] = -\log 0,03\,M = 1,52$$

b) En el apartado anterior hemos visto la expresión que relaciona la constante de acidez con las concentraciones en el equilibrio en función de x y c:

$$K_a = \frac{x \cdot x}{c-x}$$

Como $x = [H_3O^+] = 10^{-pH}$, podemos determinar la concentración inicial del ácido para un determinado pH de la disolución. Si pH $= 2$, $x = 10^{-pH} = 10^{-2}\,M$.

Despejando de la anterior expresión c, tenemos:

$$c = \frac{x^2}{K_a} + x = \frac{(10^{-2}\,M)^2}{1,28 \cdot 10^{-2}} + 10^{-2}\,M = 0,0178\,M$$

Problema 9.32

Se preparan 10 L de disolución de un ácido monoprótico HA, de masa molar 74, disolviendo en agua 37 g de éste. La concentración de H_3O^+ es 0,001 M. Calcule:
a) El grado de disociación del ácido en disolución.
b) El valor de la constante K_a.

---

a) Si llamamos c (en mol/L) a la concentración inicial de ácido HA y suponemos que cuando se ha llegado al equilibrio se ha ionizado x mol/L, el equilibrio de ionización en el formato ICE (inicio, cambios, equilibrio) es el siguiente:

$$HA + H_2O \rightleftarrows A^- + H_3O^+$$

$[\ ]_o\,(M)$	c	-	-
$Cambios\,(M)$	$-x$	x	x
$[\ ]\,(M)$	$c - x$	x	x

Para facilitar los cálculos, creamos la hipótesis de que todos los iones H_3O^+ proceden de la ionización del ácido HA, despreciando los procedentes de la auto-ionización del agua, ya que suponemos que K_a es mucho mayor que K_w.

El grado de ionización del HA, α, es la fracción de moles de moléculas de ácido HA que se ionizan. Calculamos su valor hallando la relación entre la concentración del ácido HA ionizado, x, y la concentración del ácido HA inicial, c:

$$\alpha = \frac{x}{c} = \frac{0,001\,M}{0,05\,M} = 0,02$$

$$\lfloor x = [H_3O^+] = 0,001\,M; \quad c = \frac{n\,(moles)}{V\,(L)} = \frac{\dfrac{m\,(g)}{M_m\,(g/mol)}}{V\,(L)} = \frac{\dfrac{37\,g}{74\,g/mol}}{10\,L} = 0,05M \rfloor$$

$$\lfloor\lfloor M_m = 74\,g/mol; m = 37\,g; V = 10\,L \rfloor\rfloor$$

b) Calculamos la constante de ionización del ácido, K_a, sustituyendo en la expresión de la constante de equilibrio del ácido las concentraciones en el equilibrio de todas las especies presentes en él:

$$K_a = \frac{[\text{A}^-][\text{H}_3\text{O}^+]}{[\text{HA}]} = \frac{x \cdot x}{c - x} = \frac{(0,001\,\text{M}) \cdot (0,001\,\text{M})}{0,05\,\text{M} - 0,001\,\text{M}} = 2,04 \cdot 10^{-5}$$

$$\lfloor c = 0{,}05\,\text{M}; x = [\text{H}_3\text{O}^+] = [\text{A}^-] = 0,001\,\text{M} \rfloor$$

Se puede hacer la aproximación $c - x \simeq c$, ya que lo que se sustrae de c es inferior al 5 % de c $(0,001 < 0,05 \cdot 0,05)$, llamada regla del 5 %. Observe que el valor obtenido difiere muy poco del obtenido sin la aproximación:

$$K_a = \frac{x^2}{c} = \frac{(0,001\,\text{M})^2}{0,05\,\text{M}} = 2,0 \cdot 10^{-5}$$

Problema 9.33

Un ácido monoprótico, HA, en disolución acuosa de concentración 0,03 M, se encuentra ionizado en un 5 %. Calcule:
a) El pH de la disolución.
b) La constante de ionización del ácido.

---

a) Como podemos apreciar por el dato del grado de ionización, α, el ácido HA es un ácido débil. Si llamamos c (en mol/L) a la concentración inicial de ácido HA y suponemos que cuando se ha llegado al equilibrio se ha ionizado x mol/L (o $c\alpha$, en función de α), el equilibrio de ionización en el formato ICE (inicio, cambios, equilibrio) es el siguiente:

	HA	$+$	$\text{H}_2\text{O} \rightleftarrows$	$\text{A}^- +$	H_3O^+
$[\ ]_o\,(\text{M})$	c			-	-
$Cambios\,(\text{M})$	$-x$			x	x
$[\ ]\,(\text{M})$	$c - x$			x	x
$[\ ]\,(\text{M})(\text{en función de }\alpha)$	$c - c\alpha = c(1 - \alpha)$			$c\alpha$	$c\alpha$

Calculamos el pH de la disolución determinando la de concentración de iones oxonio de la misma. Para facilitar los cálculos, creamos la hipótesis de que todos los iones H_3O^+ proceden de la ionización del ácido HA, despreciando los procedentes de la autoionización del agua, ya que suponemos que K_a es mucho mayor que K_w.

A partir del grado de ionización de HA, α, calculamos la $[\text{H}_3\text{O}^+]$ y, consecuentemente, el pH:

$$\text{pH} = -\log [\text{H}_3\text{O}^+] = -\log 1,5 \cdot 10^{-3} = 2,82$$

$$\lfloor \alpha = 5\,\% \Rightarrow \alpha = 0,05;\ c\alpha = [H_3O^+] = 0,03\,M \cdot 0,05 = 1,5 \cdot 10^{-3}\,M \rfloor$$

Como el pH $<$ 7, se trata de un pH ácido.

b) Cálculo de la constante de ionización del ácido, K_a:

$$K_a = \frac{[A^-]\,[H_3O^+]}{[HA]} = \frac{c\alpha \cdot c\alpha}{c(1-\alpha)} = \frac{c\alpha^2}{1-\alpha} = \frac{0,03 \cdot 0,05^2}{1-0,05} = 7,89 \cdot 10^{-5}$$

$$\lfloor c = 0,03\,M;\ \alpha = 0,05 \rfloor$$

No hacemos la aproximación $1 - \alpha \simeq 1$, ya que lo que se sustrae de 1 es igual al 5\,% de 1 (regla del 5\,%).

Problema 9.34

A 25 °C, una disolución de amoniaco contiene 0,17 g de este compuesto por litro y está ionizado en un 4,24\,%. Calcule:
a) La constante de ionización del amoniaco a la temperatura mencionada.
b) El pH de la disolución.
Masas atómicas: N = 14; H = 1.

---

a) Como podemos apreciar por el dato del grado de ionización, α, el amoniaco es una base débil, esto es, está poco ionizado. Si llamamos c (en mol/L) a la concentración inicial de amoniaco y suponemos que cuando se ha llegado al equilibrio se ha ionizado x mol/L (o $c\alpha$, en función de α), el equilibrio de ionización en el formato ICE (inicio, cambios, equilibrio) es el siguiente:

	NH_3	+	$H_2O \rightleftarrows$	NH_4^+	+	OH^-
$[\ ]_o$ (M)	c			-		-
$Cambios$ (M)	$-x$			x		x
$[\ ]$ (M)	$c - x$			x		x
$[\ ]$ (M) (en función de α)	$c - c\alpha = c(1-\alpha)$			$c\alpha$		$c\alpha$

Para facilitar los cálculos, creamos la hipótesis de que todos los iones OH^- proceden de la ionización de la base NH_3, despreciando los procedentes de la auto-ionización del agua, ya que suponemos que K_b es mucho mayor que K_w.

$$K_b = \frac{[NH_4^+]\,[OH^-]}{[NH_3]} = \frac{c\alpha \cdot c\alpha}{c(1-\alpha)} = \frac{c\alpha^2}{1-\alpha} = \frac{0,01 \cdot 0,0424^2}{1-0,0424} = 1,88 \cdot 10^{-5}$$

$$\left\lfloor c = \frac{\dfrac{m}{M_m}}{V} = \frac{\dfrac{0,17\,g}{17\,g/mol}}{1\,L} = 0,01\,M;\ \alpha = 0,0424\ (\alpha = 4,24\,\%) \right\rfloor$$

$$\lfloor\lfloor M_m = 17\,\text{g/mol}; \; m = 0,17\,\text{g}; \; V = 1\,\text{L}\rfloor\rfloor$$

Se puede hacer la aproximación $1 - \alpha \simeq 1$, ya que lo que se sustrae de 1 es inferior al 5 % de 1 (regla del 5 %). El valor obtenido difiere muy poco del obtenido sin la aproximación:

$$K_a = c\alpha^2 = 0,01 \cdot 0,0424^2 = 1,80 \cdot 10^{-5}$$

b) Calculamos el pH hallando primero el pOH, con el que está relacionado:

$$\text{pOH} = -\log\left[\text{OH}^-\right] = -\log 4,24 \cdot 10^{-4} = 3,4$$

$$\lfloor \alpha = 0,0424; \; c = 0,01\,\text{M}; \; c\alpha = 0,01\,\text{M} \cdot 0,0424 = 4,24 \cdot 10^{-4}\,\text{M} \rfloor$$

$$\text{pH} = 14 - \text{pOH} = 14 - 3,4 = 10,6$$

Como el pH > 7 se trata de un pH básico.

Problema 9.35

Calcule:
a) El pH de una disolución 0,1 M de ácido acético, CH_3COOH, cuyo grado de disociación es 1,33 %.
b) La constante K_a del ácido acético.

---

a) Como podemos apreciar por el dato del grado de ionización α, el ácido acético es un ácido débil, esto es, está poco ionizado. Si llamamos c (en mol/L) a la concentración inicial de ácido acético y suponemos que cuando se ha llegado al equilibrio se ha ionizado x mol/L (o $c\alpha$, en función de α), el equilibrio de ionización en el formato ICE (inicio, cambios, equilibrio) es el siguiente:

	CH_3COOH	$+$	$H_2O \rightleftarrows$	CH_3COO^-	$+$	H_3O^+
$[\;\;]_o$ (M)	c			-		-
$Cambios$ (M)	$-x$			x		x
$[\;\;]$ (M)	$c - x$			x		x
$[\;\;]$ (M)(en α)	$c(1-\alpha)$			$c\alpha$		$c\alpha$

Para determinar el pH de la disolución, hemos de averiguar la concentración de iones oxonio de la misma. Para facilitar los cálculos, creamos la hipótesis de que todos los iones H_3O^+ proceden de la ionización del ácido acético, despreciando los procedentes de la autoionización del agua, ya que suponemos que K_a es mucho mayor que K_w.

A partir del grado de ionización de HA, α, podemos determinar $[H_3O^+]$ y, consecuentemente, el pH:

$$\text{pH} = -\log\left[H_3O^+\right] = -\log 1,33 \cdot 10^{-3} = 2,9$$

$\lfloor \alpha = 1,33\,\% \Rightarrow \alpha = 0,0133; \; c = 0,1\,\mathrm{M}; \; c\alpha = 0,1\,\mathrm{M} \cdot 0,0133 = 1,33 \cdot 10^{-3}\,\mathrm{M} \rfloor$

Como el pH $<$ 7, se trata de un pH ácido.

b) Cálculo de la constante de ionización del ácido, K_a:

$$K_a = \frac{[\mathrm{CH_3COO^-}][\mathrm{H_3O^+}]}{[\mathrm{CH_3COOH}]} = \frac{c\alpha \cdot c\alpha}{c(1-\alpha)} = \frac{c\alpha^2}{1-\alpha} = \frac{0,1 \cdot 0,0133^2}{1-0,0133} = 1,79 \cdot 10^{-5}$$

$$\lfloor c = 0,1\,\mathrm{M}; \alpha = 0,0133 \rfloor$$

Se puede hacer la aproximación $1 - \alpha \simeq 1$, ya que lo que se sustrae de 1 es inferior al 5\,% de 1 (regla del 5\,%). El valor obtenido difiere muy poco del obtenido sin la aproximación:

$$K_a = c\alpha^2 = 0,1 \cdot 0,0133^2 = 1,77 \cdot 10^{-5}$$

Problema 9.36

El pH de una disolución de ácido acético ($\mathrm{CH_3COOH}$) es 2,9. Calcule:
a) La molaridad de la disolución.
b) El grado de disociación del ácido acético en dicha disolución.
Dato: $K_a\,(\mathrm{CH_3COOH}) = 1,8 \cdot 10^{-5}$.

---

a) El ácido acético es un ácido débil. Si llamamos c (en mol/L) a la concentración inicial de ácido acético, cuya concentración conocemos y suponemos que cuando se ha llegado al equilibrio se ha ionizado x mol/L (o $c\alpha$, en función de α), el equilibrio de ionización en el formato ICE (inicio, cambios, equilibrio) es el siguiente:

	$\mathrm{CH_3COOH}$	$+$	$\mathrm{H_2O}$ $\rightleftarrows$	$\mathrm{CH_3COO^-}$	$+$	$\mathrm{H_3O^+}$
$[\;\;]_o\,(\mathrm{M})$	c			$-$		$-$
$Cambios\,(\mathrm{M})$	$-x$			x		x
$[\;\;]\,(\mathrm{M})$	$c-x$			x		x
$[\;\;]\,(\mathrm{M})(\mathrm{en}\,\alpha)$	$c(1-\alpha)$			$c\alpha$		$c\alpha$

Para facilitar los cálculos, creamos la hipótesis de que todos los iones $\mathrm{H_3O^+}$ proceden de la ionización del ácido acético, despreciando los procedentes de la autoionización del agua, ya que suponemos que K_a es mucho mayor que K_w.

Calculamos la concentración inicial del ácido, c, a través de la relación que existe entre K_a y las concentraciones de las distintas especies en el equilibrio:

$$K_a = \frac{[\mathrm{CH_3COO^-}][\mathrm{H_3O^+}]}{[\mathrm{CH_3COOH}]} = \frac{x \cdot x}{c - x}$$

Como $[H_3O^+] = 10^{-pH}$ y $[H_3O^+] = [CH_3COOH] = x$, podemos determinar la concentración del ácido inicial para un determinado pH de la disolución. Despejando de la anterior expresión c, tenemos:

$$c = \frac{x^2}{K_a} + x = \frac{(10^{-2,9}\,M)^2}{1,8 \cdot 10^{-5}} + 10^{-2,9}\,M = 0,0893\,M$$

b) El grado de ionización, α, es la fracción de moles de moléculas de ácido acético ionizadas. Su valor es:

$$\alpha = \frac{x}{c} = \frac{1,26 \cdot 10^{-3}\,M}{0,0893\,M} = 0,0141$$

$$\lfloor x = [H_3O^+] = 10^{-pH} = 10^{-2,9} = 1,26 \cdot 10^{-3}\,M\rfloor$$

El ácido acético está ionizado en un 1,41 %.

Problema 9.37

Se preparan 100 mL de disolución acuosa de HNO_2 que contienen 0,47 g de este ácido. Calcule:
a) El grado de disociación del ácido nitroso.
b) El pH de la disolución.
Datos: $K_a(HNO_2) = 5,0 \cdot 10^{-4}$. Masas atómicas: N = 14; O = 16; H = 1.

---

a) Como podemos apreciar por el dato de la constante de ionización, K_a, el ácido HNO_2 es un ácido débil. Si llamamos c (en mol/L) a la concentración inicial de HNO_2 y suponemos que cuando se ha llegado al equilibrio se ha ionizado x mol/L (o $c\alpha$, en función de α), el equilibrio de ionización en el formato ICE (inicio, cambios, equilibrio) es el siguiente:

	HNO_2	+	$H_2O \rightleftarrows$	NO_2^- +	H_3O^+
$[\ ]_o\,(M)$	c			-	-
$Cambios\,(M)$	$-x$			x	x
$[\ ]\,(M)$	$c - x$			x	x
$[\ ]\,(M)(\text{en }\alpha)$	$c - c\alpha = c(1-\alpha)$			$c\alpha$	$c\alpha$

Para facilitar los cálculos, creamos la hipótesis de que todos los iones H_3O^+ proceden de la ionización del HNO_2, despreciando los procedentes de la autoionización del agua, ya que suponemos que K_a es mucho mayor que K_w.

Calculamos el grado de ionización del ácido (fracción de moles de moléculas de ácido ionizadas) relacionándolo con su constante de ionización, K_a:

$$K_a = \frac{[NO_2^-][H_3O^+]}{[HNO_2]} = \frac{c\alpha \cdot c\alpha}{c(1-\alpha)} = \frac{c\alpha^2}{1-\alpha}$$

Si hacemos la aproximación $1 - \alpha \simeq 1$, resulta una ecuación de fácil resolución. La aproximación será válida, siempre que una vez conocido el valor de α, ésta sea inferior a 0,05 (regla del 5 %). Si resulta mayor que 0,05, no podremos hacer la aproximación y resolveremos la ecuación de segundo grado con todos sus términos.

Con la aproximación realizada, la relación entre α, c y K_a es la siguiente:

$$K_a = c\alpha^2$$

Despejando α, y sustituyendo en la ecuación los valores de c y K_a, resulta:

$$\alpha = \sqrt{\frac{K_a}{c}} = \sqrt{\frac{5,0 \cdot 10^{-4}}{0,1}} = 0,0707$$

$$\lfloor c = \frac{n\,(\text{moles})}{V\,(\text{L})} = \frac{\dfrac{m\,(\text{g})}{M_m\,(\text{g/mol})}}{V\,(\text{L})} = \frac{\dfrac{0,47\,\text{g}}{47\,\text{g/mol}}}{0,1\,\text{L}} = 0,1\,\text{M};\ K_a = 5,0 \cdot 10^{-4} \rfloor$$

$$\lfloor\lfloor M_m(\text{HNO}_2) = 47\,\text{g/mol}; m = 0,47\,\text{g}; V = 0,1\,\text{L} \rfloor\rfloor$$

Puesto que el valor resulta superior a 0,05 no podemos hacer, en principio, la aproximación.

La ecuación de segundo grado que resulta sin hacer la aproximación es:

$$0,1\alpha^2 + 5 \cdot 10^{-4}\alpha - 5 \cdot 10^{-4} = 0$$

La solución positiva es $\alpha = 0,0682$. Dicho valor significa que por cada mol de moléculas de ácido nitroso, 0,0682 están ionizadas (un 6,82 %).

b) Determinación del pH:

$$\text{pH} = -\log[\text{H}_3\text{O}^+] = -\log 6,82 \cdot 10^{-3} = 2,17$$

$$\lfloor [\text{H}_3\text{O}^+] = c\alpha = 0,1\,\text{M} \cdot 0,0682 = 6,82 \cdot 10^{-3}\,\text{M} \rfloor$$

Como el pH < 7, se trata de un pH ácido.

Problema 9.38

El ácido benzoico ($\text{C}_6\text{H}_5\text{COOH}$) es un buen conservante de alimentos ya que inhibe el desarrollo microbiano siempre y cuando posea un pH inferior a 5. Calcule:

a) Si una disolución acuosa de ácido benzoico de concentración 6,1 g/L es adecuada como conservante.

b) El grado de disociación del ácido en disolución.

Datos: $K_a(\text{C}_6\text{H}_5\text{COOH}) = 6,5 \cdot 10^{-5}$. Masas atómicas: C = 12; O = 16; H =1.

a) Como podemos apreciar por el dato de la constante de ionización, K_a, el ácido benzoico es un ácido débil, esto es, está poco ionizado. Si llamamos c (en mol/L) a la concentración inicial de C_6H_5COOH y suponemos que cuando se ha llegado al equilibrio se ha ionizado x mol/L (o $c\alpha$, en función de α), el equilibrio de ionización en el formato ICE (inicio, cambios, equilibrio) es el siguiente:

	C_6H_5COOH	$+$	$H_2O \rightleftarrows$	$C_6H_5COO^-$	$+$	H_3O^+
$[\ ]_o$ (M)	c			-		-
$Cambios$ (M)	$-x$			x		x
$[\ ]$ (M)	$c - x$			x		x
$[\ ]$ (M)(en α)	$c - c\alpha = c(1 - \alpha)$			$c\alpha$		$c\alpha$

Para facilitar los cálculos, creamos la hipótesis de que todos los iones H_3O^+ proceden de la ionización del C_6H_5COOH, despreciando los procedentes de la autoionización del agua, ya que suponemos que K_a es mucho mayor que K_w.

Hemos de calcular el pH de la disolución problema para saber si su pH es inferior a 5, y, por ello, es bueno como conservante.

Para calcular el pH, hemos de averiguar la concentración de los iones oxonio, $[H_3O^+]$, que está relacionada con la concentración de ácido benzoico y la concentración de iones benzoato mediante la expresión de la constante de equilibrio, K_a. Por otra parte, de acuerdo con la tabla anterior:

$$[H_3O^+] = [C_6H_5COO^-] = x$$

La expresión de K_a en función de c y x es:

$$K_a = \frac{[C_6H_5COO^-][H_3O^+]}{[C_6H_5COOH]} = \frac{x \cdot x}{c - x}$$

Determinamos la concentración de la disolución antes del próximo paso:

$$c = 6,1 \frac{g}{L} \cdot \frac{1\,mol}{122\,g} = 0,05\,M$$

$$\lfloor M_{m\ C_6H_5COOH} = 122\,g/mol \rfloor$$

Si hacemos la aproximación $c - x \simeq c$, resulta una ecuación de fácil resolución. La aproximación será válida siempre que una vez conocido el valor de x, éste sea inferior a $0,05 \cdot 0,05 = 0,0025$ (regla del 5 %). Si resulta mayor que 0,0025, no podremos hacer la aproximación y resolveremos la ecuación de segundo grado con todos sus términos.

Con la aproximación realizada, la relación entre x, c y K_a es la siguiente:

$$K_a = \frac{x^2}{c}$$

Despejando x, y sustituyendo en la ecuación los valores de c y K_a, resulta:

$$x = \sqrt{K_a \cdot c} = \sqrt{(6,5 \cdot 10^{-5}) \cdot (0,05)} = 1,80 \cdot 10^{-3}\,\text{M}$$

$$\lfloor c = 0,05\,\text{M};\ K_a = 6,5 \cdot 10^{-5} \rfloor$$

Puesto que el valor resulta inferior a 0,0025, podemos hacer la aproximación.

Determinamos del pH:

$$\text{pH} = -\log\left[\text{H}_3\text{O}^+\right] = -\log 1,8 \cdot 10^{-3} = 2,74$$

$$\lfloor [\text{H}_3\text{O}^+] = x = 1,80 \cdot 10^{-3}\,\text{M} \rfloor$$

Como el pH < 5, la disolución es adecuada como conservante.

b) El grado de ionización, α, es la fracción de moles de moléculas de ácido benzoico ionizadas. Su valor es:

$$\alpha = \frac{x}{c} = \frac{1,80 \cdot 10^{-3}\,\text{M}}{0,05\,\text{M}} = 0,036$$

El ácido benzoico está ionizado en un 3,6 %.

Problema 9.39

La constante K_b del NH_3 es igual a $1,8 \cdot 10^{-5}$ a 25 °C. Calcule:
a) La concentración de las especies iónicas en una disolución 0,2 M de amoniaco.
b) El pH de la disolución y el grado de disociación del amoniaco.

---

a) Como podemos apreciar por el dato de la constante de ionización K_b, el amoniaco es una base débil. Si llamamos c (en mol/L) a la concentración inicial de NH_3, cuya concentración conocemos, y suponemos que cuando se ha llegado al equilibrio se ha ionizado x mol/L (o $c\alpha$, en función de α), el equilibrio de ionización en el formato ICE (inicio, cambios, equilibrio) es el siguiente:

	NH_3	$+$	H_2O	$\rightleftarrows$	NH_4^+	$+$	OH^-
$[\ ]_o$ (M)	c				-		-
$Cambios$ (M)	$-x$				x		x
$[\ ]$ (M)	$c-x$				x		x

Para facilitar los cálculos, creamos la hipótesis de que todos los iones OH^- proceden de la ionización del amoniaco, despreciando los procedentes de la autoionización del agua, ya que suponemos que K_b es mucho mayor que K_w.

Para calcular la concentración de las especies presentes en el equilibrio, relacionamos x con la constante de ionización de la base, K_b:

$$K_b = \frac{[\text{NH}_4^+][\text{OH}^-]}{[\text{NH}_3]} = \frac{x \cdot x}{c - x}$$

Si hacemos la aproximación $c - x \simeq c$, resulta una ecuación de fácil resolución. La aproximación será válida siempre que una vez conocido el valor de x, éste sea inferior a $0,2 \cdot 0,05 = 0,01$ (regla del 5 %). Si resulta mayor que 0,01, no podremos hacer la aproximación y resolveremos la ecuación de segundo grado con todos sus términos.

Con la aproximación realizada, la relación entre x, c y K_b es la siguiente:

$$K_b = \frac{x^2}{c}$$

Despejando x, y sustituyendo en la ecuación los valores de c y K_b resulta:

$$x = \sqrt{K_b \cdot c} = \sqrt{(1,8 \cdot 10^{-5}) \cdot 0,2} = 0,00190 \, \text{M}$$

$$\lfloor c = 0,2 \, \text{M}; \; K_b = 1,8 \cdot 10^{-5} \rfloor$$

Puesto que el valor resulta inferior a 0,01, podemos hacer la aproximación.

Los valores de las concentraciones de las especies presentes en el equilibrio son:

- $[\text{NH}_3] = c - x = 0,2 \, \text{M} - 0,00190 \, \text{M} = 0,198 \, \text{M}$

- $[\text{NH}_4^+] = [\text{OH}^-] = x = 1,90 \cdot 10^{-3} \, \text{M}$

- $[\text{H}_3\text{O}^+] = \dfrac{1 \cdot 10^{-14}}{[\text{OH}^-]} = \dfrac{1 \cdot 10^{-14}}{1,90 \cdot 10^{-3} \, \text{M}} = 5,26 \cdot 10^{-12} \, \text{M}$

b) Determinamos del pH y del grado de ionización, α:

$$\text{pH} = -\log [\text{H}_3\text{O}^+] = -\log 5,26 \cdot 10^{-12} = 11,3$$

$$\lfloor [\text{H}_3\text{O}^+] = 5,26 \cdot 10^{-12} \rfloor$$

Como el pH > 7, se trata de un pH básico.

El grado de ionización, α, es la fracción de moles de moléculas de amoniaco ionizadas. Su valor es:

$$\alpha = \frac{x}{c} = \frac{1,90 \cdot 10^{-3} \, \text{M}}{0,2 \, \text{M}} = 0,0095$$

El NH_3 está ionizado en un 0,95 %.

> **Problema 9.40**
>
> La codeína es un compuesto monobásico de carácter débil cuya constante K_b es $9 \cdot 10^{-7}$ a 25 °C. Calcule:
> a) El pH de una disolución 0,02 M de codeína.
> b) El valor de la constante de acidez del ácido conjugado de la codeína.

a) Si llamamos c (en mol/L) a la concentración inicial de la codeína, B, y suponemos que cuando se ha llegado al equilibrio se ha ionizado x mol/L (o $c\alpha$, en función de α), el equilibrio de ionización en el formato ICE (inicio, cambios, equilibrio) es el siguiente:

	B	+	$H_2O \rightleftarrows$	BH^+	+	OH^-
$[\ ]_o$ (M)	c			-		-
$Cambios$ (M)	$-x$			x		x
$[\ ]$ (M)	$c-x$			x		x

Para facilitar los cálculos, creamos la hipótesis de que todos los iones OH^- proceden de la ionización de la codeína, despreciando los procedentes de la autoionización del agua ya que suponemos que K_b es mucho mayor que K_w.

Para calcular el pH, hemos de averiguar el pOH. Calculamos el pOH a partir de la concentración de los iones hidróxido, $[OH^-]$, que está relacionada con la concentración codeína y la concentración de la codeína ionizada mediante la constante de equilibrio, K_b. Por otra parte, de acuerdo con la tabla anterior:

$$[OH^-] = [BH^+] = x$$

La expresión de K_b en función de c y x es:

$$K_b = \frac{[BH^+][OH^-]}{[B]} = \frac{x \cdot x}{c - x}$$

Si hacemos la aproximación $c - x \simeq c$ resulta una ecuación de fácil resolución. La aproximación será válida siempre que una vez conocido el valor de x, éste sea inferior a $0,02 \cdot 0,05 = 0,001$ (regla del 5 %). Si resulta mayor que 0,001 no podremos hacer la aproximación y resolveremos la ecuación de segundo grado con todos sus términos.

Con la aproximación realizada, la relación entre x, c y K_b es la siguiente:

$$K_b = \frac{x^2}{c}$$

Despejando x, y sustituyendo en la ecuación los valores de c y K_b, resulta:

$$x = \sqrt{K_b \cdot c} = \sqrt{(9 \cdot 10^{-7}) \cdot 0,02} = 1,34 \cdot 10^{-4}\,\text{M}$$

$$\lfloor c = 0,02\,\text{M};\ K_b = 9 \cdot 10^{-7} \rfloor$$

Puesto que el valor resulta inferior a 0,001 podemos hacer la aproximación.

Determinamos del pOH:

$$\text{pOH} = -\log\left[\text{OH}^-\right] = -\log 1,34 \cdot 10^{-4} = 3,9$$

Y el pH será:

$$\text{pH} = 14 - \text{pOH} = 14 - 3,9 = 10,1$$

Como el pH > 7, se trata de un pH básico.

b) La constante de acidez de una base, K_b, nos indica lo ionizado que está. Cuanto mayor sea su valor, más fuerte será la base.

En una disolución acuosa, K_b, constante de basicidad de una base, y K_a, constante de acidez de su ácido conjugado, están relacionadas con el producto iónico del agua, K_w, de la siguiente manera:

$$K_a K_b = K_w$$

Según esta expresión, cuanto mayor sea K_a, menor será K_b; o lo que es lo mismo, cuanto más fuerte sea una sustancia como ácido, más débil será como base su base conjugada.

El equilibrio de ionización en el agua del ácido conjugado de la codeína, BH^+, es el siguiente:

$$\text{BH}^+ + \text{H}_2\text{O} \rightleftharpoons \text{H}_3\text{O}^+ + \text{B}$$

Como a 25 °C $K_w = 1 \cdot 10^{-14}$, a esa misma temperatura, la constante de acidez de BH^+ es:

$$K_a = \frac{K_w}{K_b} = \frac{1 \cdot 10^{-14}}{9 \cdot 10^{-7}} = 1,1 \cdot 10^{-8}$$

El valor de $K_b > K_a$ nos indica que para una misma concentración de codeína y de su ácido conjugado está más ionizada la codeína.

Problema 9.41

Se disuelven 0,86 g de $Ba(OH)_2$, en la cantidad de agua necesaria para obtener 0,1 L de disolución. Calcule:
a) Las concentraciones de las especies OH^- y Ba^{2+} en la disolución.
b) El pH de la disolución.
Masas atómicas: Ba = 137; O = 16; H = 1.

---

a) El hidróxido de bario es un electrólito fuerte, esto es, se encuentra totalmente disociado en iones bario e iones hidróxido:

$$Ba(OH)_2 \xrightarrow{H_2O} Ba^{2+} + 2\,OH^-$$

De acuerdo con la estequiometría de la reacción, cada mol de hidróxido de bario origina 1 mol de iones bario y 2 mol de iones hidróxido, y, por tanto, la concentración de iones hidróxido será el doble de la concentración de iones bario, y el doble también de la concentración de hidróxido de bario antes de disociarse:

$$[OH^-] = 2\,[Ba^{2+}] = 2\,[Ba(OH)_2]_o$$

Determinamos primero la concentración de hidróxido de bario antes de disociarse:

$$[Ba(OH)_2]_o = \frac{n}{V} = \frac{\dfrac{0,86\,g}{171\,g/mol}}{0,1\,L} = 5,03 \cdot 10^{-2}\,M$$

$$\lfloor M_{m\,Ba(OH)_2} = 171\,g/mol;\; m_{Ba(OH)_2} = 0,86\,g;\; V = 0,1\,mL \rfloor$$

Conocida la concentración de hidróxido de bario, podemos determinar las concentraciones de los iones bario(2+) e hidróxido:

$$[Ba^{2+}] = [Ba(OH)_2]_o = 0,0503\,M$$

$$[OH^-] = 2\,[Ba(OH)_2]_o = 2\,\cdot 0,0503 = 0,101\,M$$

b) El pH de la disolución lo determinamos a partir del pOH:

$$pOH = -\log\,[OH^-] = -\log 0,101 = 1$$

$$pH = 14 - pOH = 14 - 1 = 13$$

Problema 9.42

La concentración de HCl de un jugo gástrico es 0,15 M.
a) ¿Cuántos gramos de HCl hay en 100 mL de ese jugo?
b) ¿Qué masa de hidróxido de aluminio, $Al(OH)_3$, será necesaria para neutralizar el ácido anterior?
Masas atómicas: H = 1; O = 16; Al = 27; Cl = 35,5.

---

a) Calculamos los moles de HCl que hay en 100 mL (0,1 L) de jugo gástrico y después los gramos:

$$0,1\,\mathrm{L} \cdot \frac{0,15\,\mathrm{mol}}{\mathrm{L}} \cdot \frac{36,5\,\mathrm{g}}{\mathrm{mol}} = 0,55\,\mathrm{g\,HCl}$$

$$\lfloor M_{m\,\mathrm{HCl}} = 36,5\,\mathrm{g/mol}\rfloor$$

b) La ecuación de la reacción y la estequiometría del mismo son las siguientes:

$$
\begin{array}{cccccccc}
 & 3\,\mathrm{HCl} & + & \mathrm{Al(OH)_3} & \rightarrow & \mathrm{AlCl_3} & + & 3\,\mathrm{H_2O} \\
\text{Estequiometría} & 3\,\mathrm{mol} & & 1\,\mathrm{mol} & & 1\,\mathrm{mol} & & 3\,\mathrm{mol}
\end{array}
$$

Esquema de los pasos para la resolución:

$$\mathrm{mL\ dn\ HCl\,0,1\,M} \overset{n=M\cdot V}{\longrightarrow} \mathrm{mol\ HCl} \overset{\text{Estequiometría}}{\longrightarrow} \mathrm{mol\ Al(OH)_3} \overset{m=n\cdot M_m}{\longrightarrow} \mathrm{g\ Al(OH)_3}$$

- Moles de HCl

$$n = M \cdot V = 0,15\,\mathrm{mol/L} \cdot 0,1\,\mathrm{L} = 0,015\,\mathrm{mol\,HCl}$$

$$\lfloor M = 0,15\,\mathrm{mol/L};\ V = 100\,\mathrm{mL} = 0,1\,\mathrm{L}\rfloor$$

- Moles de $\mathrm{Al(OH)_3}$

  Según la estequiometría de la reacción, 3 mol de HCl neutralizan 1 mol de $\mathrm{Al(OH)_3}$ (un tercio), luego 0,015 mol de HCl neutralizarán $\frac{1}{3} \cdot 0,015 = 0,005\,\mathrm{mol\,Al(OH)_3}$.

- Gramos de $\mathrm{Al(OH)_3}$

$$m = n \cdot M_m = 0,005\,\mathrm{mol} \cdot 78\,\mathrm{g/mol} = 0,39\,\mathrm{g\,Al(OH)_3}$$

$$\lfloor M_{m\,\mathrm{Al(OH)_3}} = 78\,\mathrm{g/mol}\rfloor$$

Problema 9.43

En 50 mL de una disolución acuosa de HCl 0,05 M se disuelven 1,5 g de NaCl. Suponiendo que no se altera el volumen de la disolución, calcule:
a) La concentración de cada uno de los iones.
b) El pH de la disolución.
Masas atómicas: Na = 23; Cl = 35,5.

a) Los iones presentes en la disolución final son: iones cloruro, iones sodio(1+), iones oxonio e iones hidróxido. La disolución ocupa un volumen de 50 mL.

Hemos de tener en cuenta que el ácido clorhídrico, al ser un ácido fuerte, está completamente ionizado y, por tanto:

$$[\text{HCl}]_\text{o} = [\text{Cl}^-]_\text{procedentes del HCl} = [\text{H}_3\text{O}^+] = 0,05\,\text{M}$$

Por otra parte, el cloruro de sodio, al ser un electrólito fuerte, está completamente disociado y, por tanto:

$$[\text{NaCl}]_\text{o} = [\text{Cl}^-]_\text{procedentes del NaCl} = [\text{Na}^+] = 0,513\,\text{M}$$

$$\lfloor[\text{NaCl}]_\text{o} = \frac{n}{V} = \frac{\dfrac{m}{M_m}}{V} = \frac{\dfrac{1,5\,\text{g}}{58,5\,\text{g/mol}}}{0,05\,\text{L}} = 0,513\,\text{M}\rfloor$$

$$\lfloor\lfloor m = 1,5\,\text{g};\ M_m = 58,5\,\text{g/mol};\ V = 50\,\text{mL} = 0,05\,\text{L}\rfloor\rfloor$$

Determinemos la concentración de cada uno de los iones:

- $[\text{Cl}^-]$

  Los iones cloruro proceden de la ionización del ácido clorhídrico (n_1) y de la disociación del cloruro de sodio (n_2):

$$[\text{Cl}^-] = \frac{n_1 + n_2}{V} = \frac{0,0025\,\text{mol} + 0,0256\,\text{mol}}{0,05\,\text{L}} = \frac{0,0281\,\text{mol}}{0,05\,\text{L}} = 0,562\,\text{M}$$

$$\lfloor n_1 = c \cdot V = 0,05\,\text{M} \cdot 0,05\,\text{L} = 0,0025\,\text{mol}$$

$$n_2 = c \cdot V = 0,513\,\text{M} \cdot 0,05\,\text{L} = 0,0256\,\text{mol}\rfloor$$

- $[\text{Na}^+]$

  Los iones sodio(1+) proceden de la disociación del cloruro de sodio:

$$[\text{Na}^+] = [\text{NaCl}]_\text{o} = 0,513\,\text{M}$$

- $[\text{H}_3\text{O}^+]$

  Los iones oxonio proceden de la ionización del ácido clorhídrico y de la autoionización del agua (se desprecian los procedentes de la autoionización del agua):

$$[\text{H}_3\text{O}^+] = [\text{HCl}]_\text{o} = 0,05\,\text{M}$$

- $[OH^-]$

  Los iones hidróxido proceden únicamente de la autoionización del agua. La concentración de los iones hidróxido está relacionada con la concentración de iones oxonio mediante K_w, el producto iónico del agua. Por tanto:

$$[OH^-] = \frac{K_w}{[H_3O^+]} = \frac{1 \cdot 10^{-14}}{5 \cdot 10^{-2}} = 2 \cdot 10^{-13}\,M$$

b) El pH de la disolución es:

$$pH = -\log\,[H_3O^+] = -\log 0,05 = 1,3$$

Problema 9.44

Se mezclan 250 mL de una disolución 0,25 M de hidróxido de sodio con 150 mL de disolución 0,5 M de dicha base. Calcule:
a) La concentración, en gramos por litro, de la disolución resultante.
b) El pH de la misma.
Masas atómicas: H = 1; O = 16; Na = 23.

---

a) Para calcular la concentración, en g/L, de la disolución resultante de la mezcla de las dos disoluciones debemos calcular el número de moles de NaOH de cada disolución, sumarlos y calcular la concentración de la nueva disolución, suponiendo que los volúmenes son aditivos. Si llamamos 1 y 2 a las disoluciones 0,25 M y 0,5 M, respectivamente, tenemos:

- $n_1 = c_1 \cdot V_1 = 0,25\,\dfrac{mol}{L} \cdot 0,25\,L = 0,0625\,mol$

- $n_2 = c_2 \cdot V_2 = 0,5\,\dfrac{mol}{L} \cdot 0,15\,L = 0,075\,mol$

- $n_{total} = n_1 + n_2 = 0,0625\,mol + 0,075 = 0,138\,mol$

- $c = \dfrac{n_{totales}}{V} = \dfrac{0,138\,mol}{0,40\,L} = 0,345\,\dfrac{mol}{L} \cdot \dfrac{40\,g}{1\,mol} = 13,8\,g/L$

  $\lfloor M_{m\,NaOH} = 40\,g/mol;\ V = V_1 + V_2 = 0,25\,L + 0,15\,L = 0,40\,L\rfloor$

b) Para determinar el pH de la disolución resultante, tenemos en cuenta que el hidróxido de sodio es una base fuerte:

$$NaOH \xrightarrow{H_2O} Na^+ + OH^-$$

De acuerdo con la estequiometría de la reacción, cada mol de hidróxido de sodio origina un mol de iones hidróxido, y, por tanto, la concentración de iones hidróxido será la misma que la concentración de hidróxido de sodio antes de disociarse:

$$[OH^-] = [NaOH]_o$$

Por tanto:

$$[OH^-] = [NaOH]_o = 0,345\,M$$

Determinamos el pH a partir del pOH:

$$pOH = -\log[OH^-] = -\log 0,345 = 0,46$$

$$pH = 14 - pOH = 14 - 0,46 = 13,5$$

Problema 9.45

a) Calcule el volumen de agua que hay que añadirle a 100 mL de una disolución 0,5 M de NaOH para que sea 0,3 M.

b) Si a 50 mL de una disolución 0,3 M de NaOH añadimos 50 mL de HCl 0,1 M, ¿qué pH tendrá la disolución resultante? Suponga que los volúmenes son aditivos.

---

a) Determinamos los moles de NaOH que hay en 100 mL de NaOH 0,5 M:

$$n = c_{\text{dn inicial}} \cdot V_{\text{dn inicial}} = 0,5\,\frac{\text{mol}}{\text{L}} \cdot 0,1\,\text{L} = 0,05\,\text{mol NaOH}$$

Calculamos el volumen de la disolución al añadirle agua, tal que sea 0,3 M:

$$V_{\text{dn final}} = \frac{n}{c_{\text{dn final}}} = \frac{0,05\,\text{mol}}{0,3\,\text{mol/L}} = 0,167\,\text{L} = 167\,\text{mL}$$

Puesto que la disolución final ha de tener un volumen de 167 mL y la inicial tenía 100 mL, hemos de añadirle 67 mL de agua destilada.

b) El HCl y el NaOH son, respectivamente, un ácido y una base fuertes. Están, por tanto, totalmente ionizados en sus respectivas disoluciones, de tal forma que:

$$[H_3O^+] = [HCl]_o = 0,1\,M \qquad y \qquad [OH^-] = [NaOH]_o = 0,3\,M$$

El número de iones oxonio y el de iones hidróxido es:

$$n_{H_3O^+} = 0,1\,\frac{\text{mol}}{\text{L}} \cdot 0,05\,\text{L} = 0,005\,\text{mol} \qquad n_{OH^-} = 0,3\,\frac{\text{mol}}{\text{L}} \cdot 0,05\,\text{L} = 0,015\,\text{mol}$$

Al mezclar las dos disoluciones, se produce la reacción de neutralización:

$$H_3O^+ + OH^- \to 2\,H_2O$$

$$\lfloor Cl^- \text{ y } Na^+, \text{iones espectadores}\rfloor$$

La reacción tiene lugar mol a mol (un mol de iones oxonio neutraliza un mol de iones hidróxido).

El número de moles de iones hidróxido que sobra es:

$$n_{OH^-} = 0,015\,\text{mol} - 0,005\,\text{mol} = 0,01\,\text{mol}$$

La concentración de iones hidróxido en la mezcla es:

$$[OH^-] = \frac{n_{OH^-}}{V} = \frac{0,01\,\text{mol}}{0,1\,\text{L}} = 10^{-1}\,\text{M}$$

$$\lfloor V = V_{\text{dn HCl}} + V_{\text{dn NaOH}} = 0,05\,\text{L} + 0,05\,\text{L} = 0,1\,\text{L} \quad (\text{volúmenes aditivos})\rfloor$$

El pOH es:
$$pOH = -\log[OH^-] = -\log 10^{-1} = 1$$

Y el pH es:
$$pH = 14 - pOH = 14 - 1 = 13$$

Problema 9.46

a) ¿Qué volumen de una disolución 0,03 M de $HClO_4$ se necesita para neutralizar 50 mL de una disolución 0,05 M de NaOH?
b) Calcule el pH de la disolución obtenida al mezclar 50 mL de cada una de las disoluciones anteriores. Suponga que los volúmenes son aditivos.

a) Se trata de la reacción de neutralización de un ácido fuerte, $HClO_4$, con una base fuerte, NaOH. La ecuación de la reacción y la estequiometría de la misma son las siguientes:

	$HClO_4$	+	NaOH	→	$NaClO_4$	+	H_2O
Estequiometría	1 mol		1 mol		1 mol		1 mol

Esquema de los pasos para la resolución:

$$\text{mL dn NaOH} \xrightarrow{n=M\cdot V} \text{mol NaOH} \xrightarrow{\text{Estequiometría}} \text{mol } HClO_4 \xrightarrow{V=\frac{n}{M}} \text{mL dn } HClO_4$$

- Moles de NaOH

$$n = M \cdot V = 0,05 \, \text{mol/L} \cdot 0,05 \, \text{L} = 2,5 \cdot 10^{-3} \, \text{mol NaOH}$$

$$\lfloor M = 0,05 \, \text{mol/L}; \, V = 50 \, \text{mL} = 0,05 \, \text{L} \rfloor$$

- Moles de $HClO_4$

  Según la estequiometría de la reacción, 1 mol de NaOH neutraliza 1 mol de $HClO_4$, luego $2,5 \cdot 10^{-3}$ mol de NaOH neutralizarán $2,5 \cdot 10^{-3}$ mol de $HClO_4$.

- Mililitros de disolución de $HClO_4$

$$V = \frac{n}{M} = \frac{2,5 \cdot 10^{-3} \, \text{mol}}{0,03 \, \text{mol/L}} = 0,0833 \, \text{L} = 83,3 \, \text{mL}$$

b) Como el $HClO_4$ y el NaOH son, respectivamente, un ácido y una base fuertes, están totalmente ionizados en sus respectivas disoluciones, de tal forma que:

$$[H_3O^+] = [HClO_4]_o = 0,03 \, \text{M} \qquad \text{y} \qquad [OH^-] = [NaOH]_o = 0,05 \, \text{M}$$

El número de iones oxonio y el de iones hidróxido es el siguiente:

$$n_{H_3O^+} = 0,03 \, \frac{\text{mol}}{\text{L}} \cdot 0,05 \, \text{L} = 0,0015 \, \text{mol} \quad n_{OH^-} = 0,05 \, \frac{\text{mol}}{\text{L}} \cdot 0,05 \, \text{L} = 0,0025 \, \text{mol}$$

Al mezclar las dos disoluciones, se va a producir la reacción de neutralización:

$$H_3O^+ + OH^- \rightarrow 2 \, H_2O$$

$$\lfloor ClO_4^- \text{ y } Na^+, \text{ iones espectadores} \rfloor$$

La reacción tiene lugar mol a mol (un mol de iones oxonio neutraliza un mol de iones hidróxido).

El número de moles de iones hidróxido que sobra es:

$$n_{OH^-} = 0,0025 \, \text{mol} - 0,0015 \, \text{mol} = 0,001 \, \text{mol}$$

La concentración de iones hidróxido en la mezcla es:

$$[OH^-] = \frac{n_{OH^-}}{V} = \frac{0,001 \, \text{mol}}{0,1 \, \text{L}} = 1 \cdot 10^{-2} \, \text{M}$$

$$\lfloor V = V_{\text{dn } HClO_4} + V_{\text{dn NaOH}} = 0,05 \, \text{L} + 0,05 \, \text{L} = 0,1 \, \text{L} \quad (\text{volúmenes aditivos}) \rfloor$$

El pOH es:

$$\text{pOH} = -\log\left[\text{OH}^-\right] = -\log 10^{-2} = 2$$

Y el pH es:

$$\text{pH} = 14 - \text{pOH} = 14 - 2 = 12$$

Problema 9.47

a) Calcule la masa de NaOH sólido del 80 % de riqueza en peso, necesaria para preparar 250 ml de disolución 0,025 M y determine su pH.
b) ¿Qué volumen de la disolución anterior se necesita para neutralizar 20 mL de una disolución de ácido sulfúrico 0,005 M?
Masas atómicas: Na = 23; O = 16; H = 1.

---

a) Calculamos primero la masa de NaOH comercial:

Esquema de los pasos para la resolución:

$$\text{M NaOH} \xrightarrow{n=M\cdot V} \text{mol NaOH} \xrightarrow{m=n\cdot M_m} \text{g NaOH} \xrightarrow{\text{Riqueza en peso}} \text{g NaOH comercial}$$

- Moles de NaOH

$$n = M \cdot V = 0,025\,\text{mol/L} \cdot 0,25\,\text{L} = 6,25 \cdot 10^{-3}\,\text{mol NaOH}$$

- Gramos de NaOH

$$m = n \cdot M_m = 6,25 \cdot 10^{-3}\,\text{mol} \cdot 40\,\text{g/mol} = 0,25\,\text{g NaOH}$$

- Gramos de NaOH comercial

$$\frac{\text{Si para tener } 80\,\text{g NaOH}}{\text{se necesitan } 100\,\text{g NaOH comercial}} = \frac{\text{para tener } 0,25\,\text{g NaOH}}{\text{se necesitarán } x\,\text{g NaOH comercial}}$$

$$x = 0,312\,\text{g NaOH comercial}$$

Calculamos el pH de la disolución:

El hidróxido de sodio es un electrólito fuerte, esto es, se encuentra totalmente disociado en iones sodio e iones hidróxido:

$$\text{NaOH} \xrightarrow{\text{H}_2\text{O}} \text{Na}^+ + \text{OH}^-$$

De acuerdo con la estequiometría de la reacción, cada mol de hidróxido de sodio origina un mol de iones hidróxido, y, por tanto, la concentración de iones hidróxido será la misma que la concentración de hidróxido de sodio antes de disociarse:

$$[OH^-] = [NaOH]_o = 0,025\,M$$

El pH de la disolución lo determinamos a partir del pOH:

$$pOH = -\log[OH^-] = -\log 0,025 = 1,6$$

$$pH = 14 - pOH = 14 - 1,6 = 12,4$$

b) La estequiometría de la reacción de neutralización es la siguiente:

$$H_2SO_4 \quad + \quad 2\,NaOH \quad \rightarrow \quad Na_2SO_4 \quad + \quad 2\,H_2O$$

Estequiometría $\quad$ 1 mol $\quad\quad$ 2 mol $\quad\quad\quad$ 1 mol $\quad\quad$ 2 mol

Esquema de los siguientes pasos para la resolución:

$$mL\ dn\ H_2SO_4 \xrightarrow{n=M\cdot V} mol\ H_2SO_4 \xrightarrow{Estequiometría} mol\ NaOH \xrightarrow{V=\frac{n}{M}} mL\ dn\ NaOH$$

- Moles de H_2SO_4

$$n = M \cdot V = 0,005\,mol/L \cdot 0,02\,L = 1\cdot 10^{-4}\,mol\ H_2SO_4$$

- Moles de NaOH

  Según la estequiometría de la reacción, 1 mol de H_2SO_2 neutraliza 2 mol de NaOH (el doble), luego $1\cdot 10^{-4}$ mol de H_2SO_4 neutralizarán también el doble de moles de NaOH: $2\cdot 10^{-4}$ mol NaOH.

- Mililitros de NaOH

$$V = \frac{n}{M} = \frac{2\cdot 10^{-4}\,mol}{0,025\,mol/L} = 8\cdot 10^{-3}\,L = 8\,mL$$

Problema 9.48

Se prepara una disolución tomando 10 mL de una disolución de ácido sulfúrico del 24 % de riqueza en peso y densidad 1,17 g/mL, añadiendo agua destilada hasta un volumen de 100 mL. Calcule:

a) El pH de la disolución diluida.

b) El volumen de la disolución preparada que se necesita para neutralizar 10 mL de disolución de KOH de densidad 1,05 g/mL y 15 % de riqueza en peso.

Masas atómicas: K = 39; S = 32; O = 16; H = 1.

a) Para calcular el pH de la disolución diluida, debemos calcular primero la molaridad de la disolución concentrada; seguidamente, la molaridad de la disolución diluida al añadirle agua; a continuación, la concentración de iones oxonio de la misma; y por último, aplicar la definición de pH:

- mol/L (M) de la disolución concentrada de H_2SO_4

$$1\,170\frac{\text{g dn}}{\text{L dn}} \cdot \frac{24\,\text{g}\,H_2SO_4}{100\,\text{g dn}} \cdot \frac{1\,\text{mol}\,H_2SO_4}{98\,\text{g}\,H_2SO_4} = 2,86\,\text{M}$$

$$\lfloor M_m = 98\,\text{g}\,H_2SO_4/\text{mol};\ d = 1,170\,\text{g dn/mL dn} = 1\,170\,\text{g dn/L dn};$$

$$\text{Riqueza} = 24\,\% = 24\,\text{g}\,H_2SO_4/100\,\text{g dn}\rfloor$$

- mol/L (M) de la disolución diluida de H_2SO_4

  10 mL de la disolución concentrada contendrá:

$$2,86\frac{\text{mol}}{\text{L}} \cdot 0,01\,\text{L} = 0,0286\,\text{mol}\,H_2SO_4$$

  Al añadirle agua hasta un volumen total de disolución de 100 mL (0,1 L), la concentración de la disolución diluida, c, es:

$$c = \frac{n}{V} = \frac{0,0286}{0,1\,\text{L}} = 0,286\,\text{M}$$

- $[H_3O^+]$

  Puesto que el ácido sulfúrico es un ácido fuerte, está totalmente ionizado[1] en agua. Al ser diprótico, cada mol de ácido origina dos mol de iones oxonio, H_3O^+. Por tanto:

$$[H_3O^+] = 2\,[H_2SO_4]_o = 2 \cdot 0,286\,\text{M} = 0,572\,\text{M}$$

- pH

  El pH de la disolución diluida de H_2SO_4 es:

$$\text{pH} = -\log[H_3O^+] = -\log 0,572 = 0,24$$

b) La estequiometría de la reacción de neutralización es la siguiente:

	H_2SO_4	+	$2\,KOH$	$\rightarrow$	K_2SO_4	+	$2\,H_2O$
Estequiometría	1 mol		2 mol		1 mol		2 mol

---

[1]En realidad, no está totalmente ionizado, pero hacemos está aproximación para facilitar los cálculos.

Calculemos la molaridad de la disolución de hidróxido de potasio, KOH:

$$1050\frac{\text{g dn}}{\text{L dn}} \cdot \frac{15\,\text{g KOH}}{100\,\text{g dn}} \cdot \frac{1\,\text{mol KOH}}{56\,\text{g KOH}} = 2,81\,\text{M}$$

$$\lfloor M_m = 56\,\text{g/mol}; \ d = 1\,050\,\text{g dn}/1\,000\,\text{mL dn} = 1\,050\,\text{g dn/L dn};$$

$$\text{Riqueza} = 15\,\% = 15\,\text{g KOH}/100\,\text{g dn}\rfloor$$

Esquema de los siguientes pasos para la resolución:

$$\text{mL dn KOH} \xrightarrow{n=M \cdot V} \text{mol KOH} \xrightarrow{\text{Estequiometría}} \text{mol H}_2\text{SO}_4 \xrightarrow{V=\frac{n}{M}} \text{mL dn H}_2\text{SO}_4$$

- Moles KOH

$$n = M \cdot V = 2,81\,\text{mol/L} \cdot 0,01\,\text{L} = 0,0281\,\text{mol KOH}$$

$$\lfloor M = 2,81\,\text{mol/L}; \ V = 10\,\text{mL} = 0,01\,\text{L}\rfloor$$

- Moles H_2SO_4

  Según la estequiometría de la reacción, 2 mol de KOH neutralizan 1 mol de H_2SO_4 (la mitad), luego 0,0281 mol de KOH neutralizarán también la mitad de moles de H_2SO_2: $0,014\,\text{mol H}_2\text{SO}_4$.

- Litros de disolución de H_2SO_4 0,286M

$$V = \frac{n}{M} = \frac{0,014\,\text{mol}}{0,286\,\text{mol/L}} = 0,0489\,\text{L} = 48,9\,\text{mL}$$

Problema 9.49

En la etiqueta de un frasco comercial de ácido clorhídrico se especifican los siguientes datos: 35 % en peso; densidad 1,18 g/mL. Calcule:
a) El volumen de disolución necesario para preparar 300 mL de HCl 0,3 M.
b) El volumen de NaOH 0,2 M necesario para neutralizar 100 mL de la disolución 0,3 M de HCl.
Masas atómicas: H = 1; Cl = 35,5.

---

a) Para calcular el volumen de ácido concentrado que hemos de tomar para preparar 300 mL de una disolución 0,3 M del mismo ácido, seguimos estos pasos:

- Moles de ácido clorhídrico que contiene la disolución a preparar

  Puesto que la disolución es 0,3 M, si quisiéramos preparar 1 L de disolución (1 000 mL), debería contener 0,3 mol de ácido clorhídrico. Como queremos preparar 300 mL, debe contener:

  $$\frac{1\,000\,\text{mL HCl}}{0,3\,\text{mol HCl}} = \frac{300\,\text{mL HCl}}{x\,\text{mol HCl}}; \quad x = 0,09\,\text{mol HCl}$$

- mol/L (M) de la disolución concentrada de HCl

  $$1180\frac{\text{g dn}}{\text{L dn}} \cdot \frac{35\,\text{g HCl}}{100\,\text{g dn}} \cdot \frac{1\,\text{mol HCl}}{36,5\,\text{g HCl}} = 11,3\,\text{M}$$

  $$\lfloor M_m = 36,5\,\text{g HCl/mol};\ d = 1,180\,\text{g dn/mL dn} = 1\,180\,\text{g dn/L dn};$$

  $$\text{Riqueza} = 35\,\% = 35\,\text{g HCl/100\,g dn}\rfloor$$

- Litros que necesitamos de la disolución concentrada

  Como la concentración de la disolución concentrada es 11,3 M, 1 mol de HCl está contenido en 1 L de disolución (1 000 mL). Por tanto, 0,09 mol de HCl, que es lo que necesitamos, estarán contenidos en:

  $$\frac{11,3\,\text{mol HCl}}{1\,000\,\text{mL dn}} = \frac{0,09\,\text{mol HCl}}{x\,\text{mL dn}}; \ x = 7,96\,\text{mL dn} \simeq 8,0\,\text{mL dn}$$

b) La estequiometría de la reacción de neutralización es la siguiente:

	HCl	+	NaOH	→	NaCl	+	H$_2$O
Estequiometría	1 mol		1 mol		1 mol		1 mol

Esquema de los pasos para la resolución:

$$\lfloor \text{mL dn HCl} \xrightarrow{n=M\cdot V} \text{mol HCl} \xrightarrow{\text{Estequiometría}} \text{mol NaOH} \xrightarrow{V=\frac{n}{M}} \text{mL dn NaOH}$$

- Moles de HCl

  $$n = M \cdot V = 0,3\,\text{mol/L} \cdot 0,1\,\text{L} = 0,03\,\text{mol HCl}$$

  $$M = 0,3\,\text{mol/L};\ V = 100\,\text{mL} = 0,1\,\text{L}\rfloor$$

- Moles de NaOH

  Según la estequiometría de la reacción, 1 mol de HCl neutraliza 1 mol de NaOH, luego 0,03 mol de HCl neutralizarán también 0,03 mol NaOH.

- Mililitros de disolución de NaOH 0,2 M

$$V = \frac{n}{M} = \frac{0,03\,\text{mol}}{0,2\,\text{mol/L}} = 0,15\,\text{L} = 150\,\text{mL}$$

Problema 9.50

a) Calcule el pH de una disolución 0,02 M de ácido nítrico y el de una disolución 0,05 M de NaOH.

b) El pH de la disolución que resulta al mezclar 75 mL de una disolución del ácido con 25 mL de la disolución de la base. Suponga los volúmenes aditivos.

---

a) El ácido nítrico es un ácido fuerte en disolución acuosa, ya que está completamente ionizado en iones nitrato y en iones oxonio. El equilibrio, que está totalmente desplazado hacia la derecha, es el siguiente:

$$HNO_3 + H_2O \rightleftarrows H_3O^+ + NO_3^-$$

De acuerdo con la estequiometría de la reacción, por cada mol de ácido nítrico que se ioniza se forma 1 mol de iones oxonio.

Por tanto:

$$[H_3O^+] = [HNO_3]_o = 0,02\,\text{M}$$

El pH de la disolución es:

$$pH = -\log[H_3O^+] = -\log 0,02 = 1,70$$

Por otra parte, el hidróxido de sodio es un electrólito fuerte, esto es, se encuentra totalmente disociado en iones sodio e iones hidróxido:

$$NaOH \xrightarrow{H_2O} Na^+ + OH^-$$

De acuerdo con la estequiometría de la reacción, cada mol de hidróxido de sodio que se disocia origina 1 mol de iones sodio(1+) y 1 mol de iones hidróxido, y, por tanto, la concentración de iones hidróxido es la misma que la concentración de hidróxido de sodio antes de disociarse:

$$[OH^-] = [NaOH]_o = 0,05\,\text{M}$$

El pOH de la disolución será:

$$pOH = -\log[OH^-] = -\log 0,05 = 1,3$$

Y el pH:
$$\text{pH} = 14 - \text{pOH} = 14 - 1,3 = 12,7$$

b) Para calcular el pH de la disolución formada por la mezcla de las disoluciones, calculamos primero el número de moles de H_3O^+ y OH^- que contiene cada una de las disoluciones que se mezclan:

- 0,075 mL de HNO_3 0,02 M:

$$n_{H_3O^+} = [H_3O^+] \cdot V = 0,02\,\text{mol/L} \cdot 0,075\,\text{L} = 1,5 \cdot 10^{-3}\,\text{mol}$$

- 0,025 mL de NaOH 0,05 M:

$$n_{OH^-} = [OH^-] \cdot V = 0,05\,\text{mol/L} \cdot 0,025\,\text{L} = 1,25 \cdot 10^{-3}\,\text{mol}$$

Al mezclar las dos disoluciones, se produce la reacción de neutralización:

$$H_3O^+ + OH^- \rightarrow 2\,H_2O$$

$$\lfloor NO_3^- \text{ y } Na^+, \text{ iones espectadores} \rfloor$$

Calculamos ahora el número de moles de la especie sobrante tras la neutralización, teniendo en cuenta que un mol de H_3O^+ reacciona con un mol de OH^-:

$$n_{H_3O^+} = 1,5 \cdot 10^{-3}\,\text{mol} - 1,25 \cdot 10^{-3}\,\text{mol} = 2,5 \cdot 10^{-4}\,\text{mol}$$

Seguidamente, calculamos la concentración de H_3O^+. Para ello suponemos que los volúmenes de las disoluciones que se mezclan son aditivos (75 mL + 25 mL = 100 mL = 0,1 L):

$$[H_3O^+] = \frac{n_{H_3O^+}}{V} = \frac{2,5 \cdot 10^{-4}\,\text{mol}}{0,1\,\text{L}} = 2,5 \cdot 10^{-3}\,\text{M}$$

Calculamos, por último, el pH:

$$\text{pH} = -\log [H_3O^+] = -\log 2,5 \cdot 10^{-3} = 2,60$$

Capítulo 10

Reacciones de oxidación-reducción

Cuestión 10.1

a) Defina el concepto electrónico de oxidación-reducción.

b) Indique cuál o cuáles de las semiecuaciones siguientes corresponden a una oxidación y cuál o cuáles a una reducción.

$$ClO_2^- \rightarrow Cl^- \quad [1]$$
$$S \rightarrow SO_4^{2-} \quad [2]$$
$$Fe^{2+} \rightarrow Fe^{3+} \quad [3]$$

c) Indique la variación del número de oxidación del cloro, hierro y azufre.

a) Los procesos redox o procesos de oxidación-reducción son aquellos en los que hay una transferencia total o parcial de electrones entre dos especies químicas.

En ellos ocurren a la vez los siguientes procesos:

- Oxidación, en el cual tiene lugar una pérdida de electrones por parte del reductor, que se transforma en su oxidante conjugado:

$$\text{Reductor}_1 \rightarrow \text{Oxidante conjugado}_1 + n\,e^-$$

- Reducción, en el cual tiene lugar una ganancia de electrones por parte del oxidante, que se transforma en su reductor conjugado:

$$\text{Oxidante}_2 + n\,e^- \rightarrow \text{Reductor conjugado}_2$$

El proceso redox global es:

$$\text{Reductor}_1 + \text{Oxidante}_2 \rightarrow \text{Oxidante conjugado}_1 + \text{Reductor conjugado}_2$$

Las parejas $\text{Reductor}_1/\text{Oxidante conjugado}_1$ y $\text{Oxidante}_2/\text{Reductor conjugado}_2$ constituyen los pares redox 1 y 2, respectivamente.

Una forma de distinguir los procesos redox del resto de procesos es que en ellos algunos elementos varían su número de oxidación (n.o.). Mientras que en el proceso de reducción (o semirreacción de reducción) un elemento disminuye su n.o., en el proceso de oxidación (o semirreacción de oxidación) un elemento aumenta su n.o.

b) Completamos las semiecuaciones dadas, por ejemplo, en medio ácido:

$$
\begin{aligned}
ClO_2^- + 4\,H^+ + 4\,e^- &\rightarrow Cl^- + 2\,H_2O \\
S + 4\,H_2O &\rightarrow SO_4^{2-} + 8\,H^+ + 6\,e^- \\
Fe^{2+} &\rightarrow Fe^{3+} + e^-
\end{aligned}
$$

Como la reducción conlleva una ganancia de electrones, la semiecuación [1] corresponde a un proceso de reducción; como la oxidación conlleva una pérdida de electrones, las semiecuaciones [2] y [3] corresponden a procesos de oxidación.

c) En la tabla siguiente aparece la variación del número de oxidación del cloro, del azufre y del hierro:

$$
\begin{array}{ccc}
\overset{+3}{ClO_2^-} \rightarrow \overset{-1}{Cl^-} & \qquad \overset{0}{S} \rightarrow \overset{+6}{SO_4^{2-}} & \qquad \overset{+2}{Fe^{2+}} \rightarrow \overset{+3}{Fe^{3+}}
\end{array}
$$

Cuestión 10.2

Indique si las siguientes afirmaciones son verdaderas o falsas. Justifíquelo.
a) Todas las reacciones de combustión son procesos redox.
b) El agente oxidante es la especie que dona electrones en un proceso redox.

---

a) Verdadera. Los procesos redox o procesos de oxidación-reducción son aquellos procesos en los que hay una transferencia parcial o total de electrones entre dos especies químicas. En los procesos en los que intervienen sustancias covalentes (como la combustión) tiene lugar una trasferencia parcial de electrones, mientras que en los procesos en los que intervienen iones tiene lugar una transferencia total de electrones. Tanto si hay un tipo como si hay otro de trasferencia de electrones, siempre sucede que varía el número de oxidación de algunos elementos.

En las combustiones, siempre varía el número de oxidación tanto del carbono (en la sustancias carbono, hidrocarburos, alcoholes, etc.), azufre, fósforo, etc., como del oxígeno.

En todos los casos, el carbono, azufre o fósforo aumentan su número de oxidación (la sustancia que posee ese elemento se oxida) mientras que el oxígeno disminuye su número de oxidación (se reduce).

b) Falsa. El oxidante es la especie que acepta electrones del reductor. Al aceptar electrones se reduce, dando lugar a la forma reducida del oxidante (reductor conjugado). Recuérdese la famosa regla nemotécnica: el oxidante es un "mangante" (coge electrones) mientras que el reductor es un "benefactor" (cede electrones).

Cuestión 10.3

Dadas las siguientes reacciones:

$$NaOH + HNO_3 \rightarrow NaNO_3 + H_2O$$
$$Cu + Cl_2 \rightarrow CuCl_2$$
$$CH_4 + 2\,O_2 \rightarrow 2\,CO_2 + H_2O$$

a) Indique si todas son de oxidación-reducción. Justifíquelo.
b) Identifique el agente oxidante y el reductor, donde proceda.

a) Las reacciones redox o reacciones de oxidación-reducción son aquellos procesos en los que hay una transferencia total o parcial de electrones entre dos especies químicas. Una forma de distinguirlos del resto de procesos es que en ellos algunos elementos varían su número de oxidación (n.o.).

La primera reacción no es de oxidación-reducción, porque ninguno de los elementos varía su número de oxidación. El sodio, el hidrógeno, el oxígeno y el nitrógeno mantienen los números de oxidación $+1$, $+1$, -2, y $+5$, respectivamente.

La segunda reacción sí es de oxidación-reducción. El cobre aumenta su n.o. de 0 en la sustancia cobre a $+2$ en el cloruro de cobre(II), mientras que el cloro disminuye su n.o. de 0 en la sustancia dicloro a -1 en el cloruro de cobre(II).

La tercera reacción también es de oxidación reducción. El carbono aumenta su n.o. de -4 en el metano a $+4$ en el dióxido de carbono, mientras que el oxígeno disminuye su n.o. de 0 en la sustancia oxígeno a -2 en el dióxido de carbono y en el agua.

b) En la segunda reacción el agente oxidante es el dicloro y el agente reductor, el cobre. En la tercera reacción el agente oxidante es el oxígeno y el agente reductor, el metano.

Cuestión 10.4

De las siguientes ecuaciones:

$$HCO_3^- + H^+ \rightarrow CO_2 + H_2O$$
$$CuO + NH_3 \rightarrow N_2 + H_2O + Cu$$
$$KClO_3 \rightarrow KCl + O_2$$

a) Indique si son todos procesos redox. Justifíquelo.
b) Escriba las semiecuaciones redox donde proceda.

---

a) Las reacciones redox o reacciones de oxidación-reducción son aquellos procesos en los que hay una transferencia total o parcial de electrones entre dos especies químicas. Una forma de distinguirlos del resto de procesos es que en ellos algunos elementos varían su número de oxidación (n.o.).

La primera ecuación no corresponde a una reacción de oxidación-reducción, porque ninguno de los elementos varía su número de oxidación. El carbono, el hidrógeno y el oxígeno mantienen los números de oxidación $+4$, $+1$, y -2, respectivamente.

La segunda ecuación sí corresponde a una reacción de oxidación-reducción. El nitrógeno aumenta su n.o. de -3 en el amoniaco a 0 en la sustancia dinitrógeno, mientras que el cobre disminuye su n.o. de $+2$ en óxido de cobre(II) a 0 en la sustancia cobre.

La tercera ecuación también corresponde a una reacción de oxidación-reducción. El oxígeno aumenta el n.o. de -2 en el clorato de potasio a 0 en la sustancia oxígeno, mientras que el cloro disminuye su n.o. de $+5$ en el clorato de potasio a -1 en el cloruro de potasio.

b) En la segunda ecuación podemos escribir las semiecuaciones redox:

S. oxidación $\qquad 2\,NH_3 \rightarrow N_2 + 6\,H^+ + 6\,e^-$

S. reducción $\qquad Cu^{2+} + 2\,e^- \rightarrow Cu$

En la tercera ecuación podemos escribir las semiecuaciones redox:

S. oxidación $\qquad 2\,O^{2-} \rightarrow O_2 + 4\,e^-$

S. reducción $\qquad ClO_3^- + 6\,H^+ + 6\,e^- \rightarrow Cl^- + 3\,H_2O$

Cuestión 10.5

Indique, razonadamente, si cada una de las siguientes transformaciones es una reacción de oxidación-reducción, identificando, en su caso, el agente oxidante y el reductor:

$$2\,Al + HCl \;\to\; 2\,AlCl_3 + 3\,H_2$$
$$H_2O + SO_3 \;\to\; H_2SO_4$$
$$2\,NaBr + Cl_2 \;\to\; 2\,NaCl + Br_2$$

Las reacciones redox o reacciones de oxidación-reducción son aquellos procesos en los que hay una transferencia total o parcial de electrones entre dos especies químicas. Una forma de distinguirlos del resto de procesos es que en ellos algunos elementos varían su número de oxidación (n.o.).

La primera reacción es de oxidación-reducción. El aluminio aumenta su n.o. de 0 en la sustancia aluminio a +3 en el tricloruro de aluminio, mientras que el hidrógeno disminuye su n.o. de +1 en el cloruro de hidrógeno a 0 en la sustancia H_2. El agente oxidante es el ion hidrógeno, mientras que el reductor es la sustancia Al.

La segunda reacción no es de oxidación-reducción, porque ninguno de los elementos varía su número de oxidación. El hidrógeno, el azufre y el oxígeno mantienen sus números de oxidación $+1$, $+6$, y -2, respectivamente.

La tercera reacción es de oxidación-reducción. El bromo aumenta su n.o. de -1 en el ion bromuro a 0 en la sustancia dibromo, mientras que el cloro disminuye su n.o. de 0 en la sustancia dicloro a -1 en el ion cloruro. El agente oxidante es la sustancia dicloro, mientras que el agente reductor es el ion bromuro.

Cuestión 10.6

Dadas las siguientes reacciones:

$$Mg + \frac{1}{2}\,O_2 \;\to\; MgO$$
$$Mg + Cl_2 \;\to\; MgCl_2$$

a) Explique lo que ocurre con los electrones de la capa de valencia de los elementos que intervienen en las mismas.

b) ¿Qué tienen en común ambos procesos para el magnesio?

c) ¿Tienen algo en común los procesos que le ocurren al oxígeno y al dicloro?

a) En la primera reacción, el magnesio pierde los dos electrones de la capa de valencia y forma el ion magnesio(2+), Mg^{2+}, muy estable, ya que posee la configuración electrónica del neón. En cambio, el oxígeno completa su capa de valencia al captar dos electrones y forma el ion óxido, O^{2-}, muy estable, puesto que posee la configuración electrónica del neón.

En la segunda reacción, el magnesio pierde los dos electrones de la capa de valencia y forma el ion magnesio(2+), Mg^{2+}. En cambio, el cloro completa su capa de valencia al captar un electrón y forma el ion cloruro, Cl^-, muy estable, puesto que posee la configuración electrónica del argón.

b) En los dos casos experimenta una pérdida de dos electrones para formar el ion estable. Hablando en términos de oxidación-reducción, experimenta una oxidación:

$$Mg \rightarrow Mg^{2+} + 2\,e^-$$

c) Sí, en ambos procesos el oxígeno y el dicloro experimentan una ganancia de electrones. Hablando en términos de oxidación-reducción, experimentan una reducción:

$$\frac{1}{2}\,O_2 + 2\,e^- \rightarrow O^{2-}$$

$$Cl_2 + 2\,e^- \rightarrow 2\,Cl^-$$

Cuestión 10.7

Para la reacción:

$$HNO_3 + C \rightarrow CO_2 + NO + H_2O$$

Indique si son verdaderas o falsas las afirmaciones siguientes. Justifíquelo.
a) El número de oxidación del oxígeno pasa de -2 a 0.
b) El carbono se oxida a CO_2.
c) El HNO_3 se reduce a NO.

---

a) Falsa. El número de oxidación (n.o.) del oxígeno en todas las sustancias de la reacción que contiene ese elemento es -2.

b) Verdadera. El carbono se oxida a dióxido de carbono, porque el n.o. del carbono aumenta: pasa de 0 en la sustancia carbono a $+4$ en el dióxido de carbono.

El carbono es el reductor, ya que es la especie que cede electrones al oxidante, el ion nitrato, experimentando una oxidación a dióxido de carbono:

$$\text{Semirreacción oxidación}: \quad C + 2\,H_2O \quad \rightarrow \quad CO_2 + 4\,H^+ + 4\,e^-$$

c) Verdadera. El ácido nítrico (o mejor, el ion nitrato) se reduce a monóxido de nitrógeno porque el n.o. del nitrógeno disminuye, pues pasa de +5 en el ion nitrato a +2 en el monóxido de nitrógeno.

El ion nitrato es el oxidante, ya que es la especie que acepta electrones del reductor, el carbono, experimentando una reducción a monóxido de nitrógeno[1]:

$$\text{Semirreacción reducción}: \quad NO_3^- + 4\,H^+ + 3\,e^- \quad \rightarrow \quad NO + 2\,H_2O$$

Cuestión 10.8

La siguiente reacción transcurre en medio ácido:

$$MnO_4^- + SO_3^{2-} \rightarrow MnO_2 + SO_4^{2-}$$

a) Indique, razonándolo, qué especie se oxida y cuál se reduce.
b) Señale cuál es el oxidante y cuál el reductor, justificando la respuesta.
c) Ajuste la reacción iónica.

a y b) La ecuación del enunciado a ajustar está en forma iónica:

$$\overset{+7}{MnO_4^-} + \overset{+4}{SO_3^{2-}} \rightarrow \overset{+4}{MnO_2} + \overset{+6}{SO_4^{2-}}$$

Representa una reacción redox, porque algunos elementos varían su número de oxidación. Las especies químicas que contienen esos elementos experimentan una oxidación o reducción según aumente o disminuya, respectivamente, el número de oxidación (n.o.) del elemento en esas especies.

Observamos que el azufre aumenta su n.o. de +4 en el ion sulfito a +6 en el ion sulfato, mientras que el manganeso disminuye su número de oxidación de +7 en el ion permanganato a +4 en el óxido de manganeso(IV). Por tanto, el ion sulfito (el reductor) se oxida a ion sulfato, mientras que el ion permanganato (el oxidante) se reduce a óxido de manganeso(IV).

Hablando de transferencia de electrones, podemos decir que el ion sulfito, el reductor, cede electrones al ion permanganato, el oxidante.

---

[1]En disolución ácida, las semiecuaciones que contengan oxígeno se ajustan añadiendo en el miembro que menos átomos de oxígeno tenga tantas moléculas de agua como átomos de oxígeno se requieran para el ajuste del oxígeno; a continuación, se añaden en el otro miembro tantos iones hidrógeno como hidrógenos se requieran para el ajuste de los átomos de hidrógeno.

Las semiecuaciones de oxidación y reducción ajustadas atómica y eléctricamente son las siguientes:

S. oxidación: $$SO_3^{2-} + H_2O \rightarrow SO_4^{2-} + 2H^+ + 2e^-$$

S. reducción: $$MnO_4^- + 4H^+ + 3e^- \rightarrow MnO_2 + 2H_2O$$

c) Para obtener la ecuación iónica global ajustada, debemos multiplicar la semiecuación de oxidación por 3 y la semiecuación de reducción por 2 para que el número de electrones cedidos en la oxidación sea igual al número de electrones ganados en la reducción:

S. oxidación: $$\times 3\,[SO_3^{2-} + H_2O \rightarrow SO_4^{2-} + 2H^+ + 2e^-]$$

S. reducción: $$\times 2\,[MnO_4^- + 4H^+ + 3e^- \rightarrow MnO_2 + 2H_2O]$$

Sumamos las dos semiecuaciones para obtener la ecuación iónica:

S. oxidación: $$3\,SO_3^{2-} + 3\,H_2O \rightarrow 3\,SO_4^{2-} + 6\,H^+ + \cancel{6e^-}$$

S. reducción: $$2\,MnO_4^- + 8\,H^+ + \cancel{6e^-} \rightarrow 2\,MnO_2 + 4\,H_2O$$

E. iónica: $$2\,MnO_4^- + 3\,SO_3^{2-} + 2\,H^+ \rightarrow 2\,MnO_2 + 3\,SO_4^{2-} + H_2O$$

Comprobamos que la ecuación iónica está ajustada tanto atómica como eléctricamente. En este último caso, comprobamos que la carga neta en ambos miembros es la misma:

$$[2 \times (1-) + 3 \times (2-) + 2 \times (1+)] = 3 \times (2-) = 6-$$

Cuestión 10.9

Una de las prácticas de laboratorio de Química de 2º de Bachillerato es una valoración redox, denominada permanganimetría por utilizar el permanganato de potasio.

a) Explique brevemente en qué consiste y todo lo referente al material, reactivos y procedimiento utilizado en la práctica.

b) Dado el proceso:

$$KMnO_4 + FeSO_4 + H_2SO_4 \rightarrow MnSO_4 + K_2SO_4 + Fe_2(SO_4)_3 + H_2O$$

Ajuste esta reacción por el método del ion-electrón.

---

a) Una permanganimetría es una técnica de valoración redox en la que se utiliza permanganato de potasio a la vez como agente valorante oxidante y como indicador (autoindicador).

Mediante la valoración determinamos la concentración del agente reductor, conocida la concentración de la disolución de permanganato de potasio, que ha sido estandarizada o normalizada previamente con una disolución de oxalato de sodio (patrón primario) para conocer la molaridad exacta.

- Materiales:

  Matraz erlenmeyer, bureta, varilla soporte, pinza de la bureta y agitador magnético.

- Reactivos:

  Disolución estandarizada de permanganato de potasio, disolución de la sustancia reductora problema (por ejemplo, Fe^{2+}) y ácido sulfúrico (medio ácido).

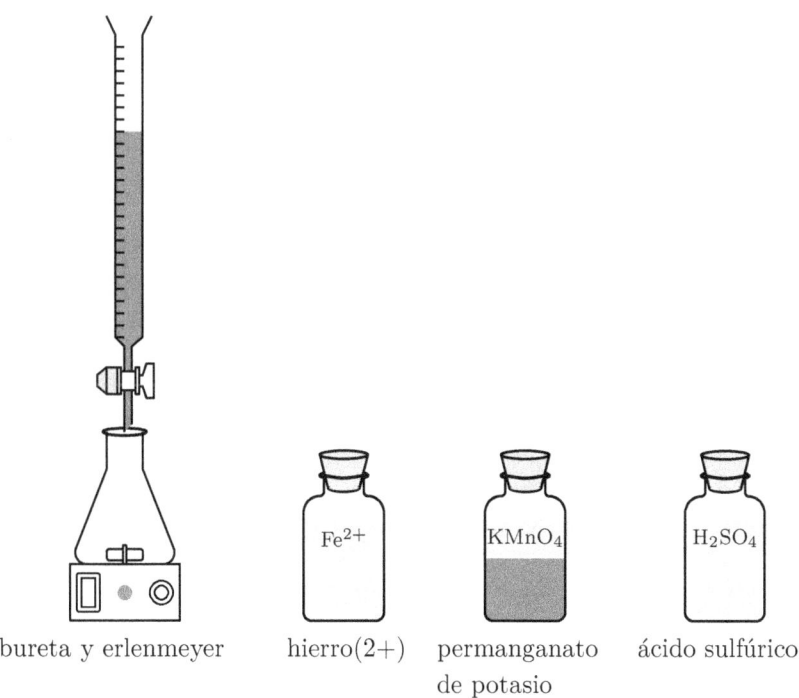

bureta y erlenmeyer hierro(2+) permanganato ácido sulfúrico
de potasio

- Procedimiento

  En un erlenmeyer se vierten 10 mL de la disolución problema de Fe^{2+}, se añaden unos 8 mL de ácido sulfúrico diluido (1:4) y unos 75 mL de agua destilada. Se llena la bureta con la disolución de permanganato de potasio de concentración conocida y se añade sobre la disolución problema contenida en el matraz erlenmeyer. La técnica de valoración consiste en añadir al principio, de forma continua, el reactivo valorante desde la bureta, agitando continuamente la disolución problema, para terminar añadiéndolo gota a gota cuando nos encontramos cerca del punto final de la valoración, indicado por el cambio de color del autoindicador. El punto final se encuentra próximo cuando la decoloración de la disolución de permanganto ocurre lentamente. Se alcanza el punto final cuando aparece coloración rosa débil y persiste unos segundos. Por último, se anota el volumen de permanganato consumido para hacer los cálculos estequiométricos oportunos.

b) La ecuación del enunciado a ajustar está en forma molecular:

$$\overset{+7}{\text{KMnO}_4} \;+\; \overset{+2}{\text{FeSO}_4} \;+\; \text{H}_2\text{SO}_4 \;\to\; \overset{+2}{\text{MnSO}_4} \;+\; \text{K}_2\text{SO}_4 \;+\; \overset{+3}{\text{Fe}_2(\text{SO}_4)_3} \;+\; \text{H}_2\text{O}$$

Puesto que la reacción transcurre en un medio acuoso, disociamos en iones el permanganato de potasio, el sulfato de hierro(II), el ácido sulfúrico, el sulfato de manganeso(II), el sulfato de potasio y el sulfato de hierro(III), y expresamos la ecuación de la siguiente manera:

$$[\text{K}^+, \text{MnO}_4^-] + [\text{Fe}^{2+}, \text{SO}_4^{2-}] + [2\,\text{H}^+ +, \text{SO}_4^{2-}] \to [\text{Mn}^{2+}, \text{SO}_4^{2-}] + [2\,\text{K}^+, \text{SO}_4^{2-}] + [2\,\text{Fe}^{3+}, 3\,\text{SO}_4^{2-}] + \text{H}_2\text{O}$$

La ecuación representa una reacción redox, porque algunos elementos varían su número de oxidación (n.o.). Las especies químicas que contienen esos elementos experimentan una oxidación o reducción según aumente o disminuya, respectivamente, el número de oxidación del elemento en esas especies.

Observamos que el hierro aumenta su n.o. de +2 en el ion hierro(2+) a +3 en el ion hierro(3+), mientras que el manganeso disminuye su número de oxidación de +7 en el ion permanganato a +2 en el ion manganeso(2+). Por tanto, el ion hierro(2+) (el reductor) se oxida a ion hierro(3+), mientras que el ion permanganato (el oxidante) se reduce a ion manganeso(2+).

Las semiecuaciones de oxidación y reducción, ajustadas atómica y eléctricamente, son las siguientes:

S. oxidación: $\qquad\qquad\qquad \text{Fe}^{2+} \;\to\; \text{Fe}^{3+} + \text{e}^-$

S. reducción: $\qquad\qquad \text{MnO}_4^- + 8\,\text{H}^+ + 5\,\text{e}^- \;\to\; \text{Mn}^{2+} + 4\,\text{H}_2\text{O}$

Para obtener la ecuación iónica global debemos multiplicar la semiecuación de oxidación por 5 para que el número de electrones cedidos en la oxidación sea igual al número de electrones ganados en la reducción:

S. oxidación: $\qquad\qquad\qquad \times 5\,[\text{Fe}^{2+} \;\to\; \text{Fe}^{3+} + \text{e}^-]$

S. reducción: $\qquad\qquad \text{MnO}_4^- + 8\,\text{H}^+ + 5\,\text{e}^- \;\to\; \text{Mn}^{2+} + 4\,\text{H}_2\text{O}$

Sumamos las dos semiecuaciones para obtener la ecuación iónica:

S. oxidación: $5\,Fe^{2+} \rightarrow 5\,Fe^{3+} + 5\,\cancel{e}$

S. reducción: $MnO_4^- + 8\,H^+ + 5\,\cancel{e} \rightarrow Mn^{2+} + 4\,H_2O$

E. iónica: $MnO_4^- + 5\,Fe^{2+} + 8\,H^+ \rightarrow Mn^{2+} + 5\,Fe^{+3} + 4\,H_2O$

Comprobamos que la ecuación iónica está ajustada tanto atómica como eléctricamente. En este último caso, comprobamos que la carga neta en ambos miembros es la misma:

$$[1 \times (1-) + 5 \times (2+) + 8 \times (1+)] = [1 \times (2+) + 5 \times (3+)] = 17+$$

Trasladamos los coeficientes de la ecuación iónica a la molecular y ajustamos el resto por tanteo:

$$KMnO_4 + 5\,FeSO_4 + 4\,H_2SO_4 \rightarrow MnSO_4 + 1/2\,K_2SO_4 + 5/2\,Fe_2(SO_4)_3 + 4\,H_2O$$

Multiplicamos por 2 los coeficientes para transformarlos en números enteros:

$$2\,KMnO_4 + 10\,FeSO_4 + 8\,H_2SO_4 \rightarrow 2\,MnSO_4 + K_2SO_4 + 5\,Fe_2(SO_4)_3 + 8\,H_2O$$

Cuestión 10.10

La siguiente reacción redox tiene lugar en medio ácido:

$$MnO_4^- + Cl^- + H^+ \rightarrow Mn^{2+} + Cl_2 + H_2O$$

Indique, razonando la respuesta, la veracidad o falsedad de las afirmaciones siguientes:

a) El Cl^- es el agente reductor.

b) El MnO_4^- experimenta una oxidación.

c) En la reacción, debidamente ajustada, se forman también 4 moles de H_2O por cada mol de MnO_4^-.

---

a) Verdadera. El Cl^- es el reductor, ya que es la especie que cede electrones al oxidante, el MnO_4^-, experimentando una oxidación:

S. oxidación : $2\,Cl^- \rightarrow Cl_2 + 2\,e^-$

b) Falsa. El MnO_4^- experimenta una reducción, ya que es la especie que acepta electrones del reductor, el Cl^-:

S. reducción : $MnO_4^- + 8\,H^+ + 5\,e^- \rightarrow Mn^{2+} + 4\,H_2O$

c) Verdadera. La ecuación iónica ajustada lo muestra, ya que se forman 8 mol de H_2O por cada 2 mol de MnO_4^-:

S. oxidación:	$10\,Cl^- \rightarrow 5\,Cl_2 + \cancel{10\,e^-}$
S. reducción:	$2\,MnO_4^- + 16\,H^+ + \cancel{10\,e^-} \rightarrow 2\,Mn^{2+} + 8\,H_2O$

E. iónica:	$2\,MnO_4^- + 10\,Cl^- + 16\,H^+ \rightarrow 2\,Mn^{2+} + 5\,Cl_2 + 8\,H_2O$

Cuestión 10.11

a) Indique los números de oxidación del nitrógeno en las siguientes molécu-las: N_2, NO, N_2O y N_2O_4.

b) Escriba la semirreacción de reducción del HNO_3 a NO.

---

a) Los números de oxidación del nitrógeno en las siguientes moléculas son:

Molécula	Número de oxidación del nitrógeno
N_2	0
NO	$+2$
N_2O	$+1$
N_2O_4	$+4$

b) La ecuación de la semirreacción de reducción del HNO_3 es la siguiente:

$$\text{S. reducción}: \quad NO_3^- + 4\,H^+ + 3\,e^- \rightarrow NO + 2\,H_2O$$

Cuestión 10.12

Cuando el I_2 reacciona con gas dihidrógeno se transforma en yoduro de hidrógeno:

a) Escriba el proceso que tiene lugar, estableciendo las correspondientes se-mirreacciones redox.

b) Identifique, razonando la respuesta, la especie oxidante y la especie re-ductora.

c) ¿Cuántos electrones se transfieren para obtener un mol de yoduro de hidrógeno según el proceso redox indicado? Razone la respuesta.

---

a y b) La ecuación del proceso (sin ajustar) es la siguiente:

$$\overset{0}{I_2} + \overset{0}{H_2} \rightarrow \overset{+1\ -1}{HI}$$

Representa una reacción redox, porque algunos elementos varían su número de oxidación. Las especies químicas que contienen esos elementos experimentan una oxidación o reducción según aumente o disminuya, respectivamente, el número de oxidación (n.o.) del elemento en esas especies.

Observamos que el hidrógeno aumenta su n.o. de 0 en la sustancia dihidrógeno a +1 en el yoduro de hidrógeno, mientras que el yodo disminuye su número de oxidación de 0 en el diyodo a −1 en el yoduro de hidrógeno. Por tanto, el dihidrógeno (el reductor) se oxida a yoduro de hidrógeno, mientras que el diyodo (el oxidante) se reduce a yoduro de hidrógeno.

Hablando de transferencia de electrones, podemos decir que el dihidrógeno, el reductor, cede electrones al diyodo, el oxidante.

Aunque la reacción no transcurra en un medio acuoso, podemos ajustar la ecuación mediante el método del ion-electrón como si realmente transcurriera en este medio. Para ello, disociamos en iones el yoduro de hidrógeno y expresamos la ecuación de la siguiente manera:

$$I_2 + H_2 \rightarrow [H^+, I^-]$$

Las semiecuaciones de oxidación y reducción ajustadas atómica y eléctricamente son las siguientes:

S. oxidación: $\qquad H_2 \rightarrow 2\,H^+ + 2\,e^-$

S. reducción: $\qquad I_2 + 2\,e^- \rightarrow 2\,I^-$

Para obtener la ecuación global ajustada, debemos sumar las dos semiecuaciones (los electrones se cancelan):

S. oxidación: $\qquad H_2 \rightarrow 2\,H^+ + \cancel{2\,e^-}$

S. reducción: $\qquad I_2 + \cancel{2\,e^-} \rightarrow 2\,I^-$

E. global: $\qquad I_2 + H_2 \rightarrow 2\,HI$

Comprobamos que la ecuación global está ajustada tanto atómica como eléctricamente.

c) La ecuación de la reacción y la estequiometría de la misma, sin cancelar los electrones transferidos, son las siguientes:

$$I_2 \quad + \quad H_2 \quad + \quad 2\,e^- \quad \rightarrow \quad 2\,HI \quad + \quad 2\,e^-$$
$$1\,mol \quad + \quad 1\,mol \qquad 2\,mol \quad \rightarrow \quad 2\,mol \qquad 2\,mol$$

De acuerdo con la estequiometría de la reacción, observamos que se transfieren 2 mol de e^- por cada 2 mol de yoduro de hidrógeno que se forman, luego se transferirá 1 mol de e^- ($6,023 \cdot 10^{23}\ e^-$) cuando se forme 1 mol de esta sustancia.

Cuestión 10.13

La siguiente reacción transcurre en medio básico:

$$CrO_2^- + ClO^- \rightarrow CrO_4^{2-} + Cl^-$$

a) Diga qué especie se oxida y cuál se reduce. Razónelo.
b) Indique cuál es el oxidante y cuál, el reductor, justificando la respuesta.
c) Ajuste la reacción iónica.

a y b) La ecuación del enunciado a ajustar está en forma iónica:

$$\overset{+3}{CrO_2^-} + \overset{+1}{ClO^-} \rightarrow \overset{+6}{CrO_4^{2-}} + \overset{-1}{Cl^-}$$

Representa una reacción redox, porque algunos elementos varían su número de oxidación. Las especies químicas que contienen esos elementos experimentan una oxidación o reducción según aumente o disminuya, respectivamente, el número de oxidación (n.o.) del elemento en esas especies.

Observamos que el cromo aumenta su n.o. de $+3$ en el ion cromito a $+6$ en el ion cromato, mientras que el cloro disminuye su número de oxidación de $+1$ en el ion hipoclorito a -1 en el ion cloruro. Por tanto, el cromito (el reductor) se oxida a ion cromato, mientras que el ion hipoclorito (el oxidante) se reduce a ion cloruro.

Hablando de transferencia de electrones, podemos decir que el ion cromito, el reductor, cede electrones al ion hipoclorito, el oxidante.

Las semiecuaciones de oxidación y reducción ajustadas atómica y eléctricamente son las siguientes[2]:

S. oxidación: $CrO_2^- + 4\,OH^- \rightarrow CrO_4^{2-} + 2\,H_2O + 3\,e^-$

S. reducción: $ClO^- + H_2O + 2\,e^- \rightarrow Cl^- + 2\,OH^-$

---

[2]En disolución básica, las semiecuaciones que contengan oxígeno se ajustan atómicamente de la siguiente manera, y por este orden:

- Ajuste del oxígeno: en el miembro que menos oxígenos tenga, por cada cada oxígeno que falte, se añaden dos iones OH^-, y una molécula de H_2O en el otro miembro. Si la semiecuación continúa sin estar ajustada, se procede al ajuste del hidrógeno.

- Ajuste del hidrógeno: en el miembro que menos hidrógenos tenga, por cada hidrógeno que falte, se añade una molécula de H_2O, y un ion OH^- en el otro miembro.

Ejemplo: Semirreacción de la oxidación del amoniaco a ion nitrato en medio básico: $NH_3 \rightarrow NO_3^-$:

Ajuste del oxígeno $NH_3 + 6\,OH^- \rightarrow NO_3^- + 3\,H_2O$

Ajuste del hidrógeno y de la carga $NH_3 + 9\,OH^- \rightarrow NO_3^- + 6\,H_2O + 8\,e^-$

c) Para obtener la ecuación iónica global, debemos multiplicar la semiecuación de oxidación por 2 y la semiecuación de reducción por 3, para que el número de electrones cedidos en la oxidación sea igual al número de electrones ganados en la reducción:

S. oxidación: $\times 2\,[CrO_2^- + 4\,OH^- \;\rightarrow\; CrO_4^{2-} + 2\,H_2O + 3\,e^-]$

S. reducción: $\times 3\,[ClO^- + H_2O + 2\,e^- \;\rightarrow\; Cl^- + 2\,OH^-]$

Sumamos las dos semiecuaciones para obtener la ecuación iónica:

S. oxidación: $2\,CrO_2^- + 8\,OH^- \;\rightarrow\; 2\,CrO_4^{2-} + 4\,H_2O + \cancel{6e^-}$

S. reducción: $3\,ClO^- + 3\,H_2O + \cancel{6e^-} \;\rightarrow\; 3\,Cl^- + 6\,OH^-$

E. iónica: $2\,CrO_2^- + 3\,ClO^- + 2\,OH^- \;\rightarrow\; 2\,CrO_4^{2-} + 3\,Cl^- + H_2O$

Comprobamos que la ecuación iónica está ajustada tanto atómica como eléctricamente. En este último caso, comprobamos que la carga neta en ambos miembros es la misma:

$$[2 \times (1-) + 3 \times (1-) + 2 \times (1-)] = [2 \times (2-) + 3 \times (1-)] = 7-$$

Problema 10.14

La siguiente reacción tiene lugar en medio ácido:

$$Cr_2O_7^{2-} + C_2O_4^{2-} \rightarrow Cr^{3+} + CO_2$$

a) Ajuste por el método del ion-electrón esta reacción en su forma iónica.
b) Calcule el volumen de CO_2, medido a 700 mm de Hg y 30 °C, que se obtendrá cuando reaccionan 25,8 mL de una disolución de $K_2Cr_2O_7$ 0,002 M con exceso del ion $C_2O_4^{2-}$.

---

a) La ecuación del enunciado a ajustar está en forma iónica:

$$\overset{+6}{Cr_2O_7^{2-}} + \overset{+3}{C_2O_4^{2-}} \rightarrow \overset{+3}{Cr^{3+}} + \overset{+4}{CO_2}$$

Representa una reacción redox, porque algunos elementos varían su número de oxidación. Las especies químicas que contienen esos elementos experimentan una oxidación o reducción según aumente o disminuya, respectivamente, el número de oxidación (n.o.) del elemento en esas especies.

Observamos que el carbono aumenta su n.o. de +3 en el ion oxalato a +4 en el dióxido de carbono, mientras que el cromo disminuye su n.o. de +6 en el ion dicromato a +3 en el ion cromo(3+). Por tanto, el ion oxalato (el reductor) se oxida a dióxido de carbono, mientras que el ion dicromato (el oxidante) se reduce a ion cromo(3+).

Las semirreacciones de oxidación y reducción ajustadas atómica y eléctricamente son las siguientes:

S. oxidación: $$C_2O_4^{2-} \rightarrow 2\,CO_2 + 2\,e^-$$

S. reducción: $$Cr_2O_7^{2-} + 14\,H^+ + 6\,e^- \rightarrow 2\,Cr^{3+} + 7\,H_2O$$

Para obtener la ecuación iónica global, debemos multiplicar la semiecuación de oxidación por 3 para que el número de electrones cedidos en la oxidación sea igual al número de electrones ganados en la reducción:

S. oxidación: $$\times 3\,[C_2O_4^{2-} \rightarrow 2\,CO_2 + 2\,e^-]$$

S. reducción: $$Cr_2O_7^{2-} + 14\,H^+ + 6\,e^- \rightarrow 2\,Cr^{3+} + 7\,H_2O$$

Sumamos las dos semiecuaciones para obtener la ecuación iónica:

S. oxidación: $$3\,C_2O_4^{2-} \rightarrow 6\,CO_2 + \cancel{6\,e^-}$$

S. reducción: $$Cr_2O_7^{2-} + 14\,H^+ + \cancel{6\,e^-} \rightarrow 2\,Cr^{3+} + 7\,H_2O$$

E. iónica: $$Cr_2O_7^{2-} + 3\,C_2O_4^{2-} + 14\,H^+ \rightarrow 2\,Cr^{3+} + 6\,CO_2 + 7\,H_2O$$

Comprobamos que la ecuación iónica está ajustada tanto atómica como eléctricamente. En este último caso, comprobamos que la carga neta en ambos miembros es la misma:

$$[1 \times (2-) + 3 \times (2-) + 14 \times (1+)] = 2 \times (3+) = 6+$$

b) La ecuación de la reacción y la estequiometría de la misma son las siguientes:

$$Cr_2O_7^{2-} + 3\,C_2O_4^{2-} + 14\,H^+ \rightarrow 2\,Cr^{3+} + 6\,CO_2 + 7\,H_2O$$

Esteq.   1 mol   3 mol   14 mol   2 mol   6 mol   7 mol

Esquema de los pasos para la resolución:

$$\text{L dn. } Cr_2O_7^{2-} \xrightarrow[\textcircled{1}]{n=M\cdot V} \text{mol } Cr_2O_7^{2-} \xrightarrow[\textcircled{2}]{\text{Estequiometría}} \text{mol } CO_2 \xrightarrow[\textcircled{3}]{V=\frac{nRT}{P}} \text{L } CO_2 \text{ c. } p \text{ y } T$$

① Moles de $Cr_2O_7^{2-}$

$$n = M \cdot V = 0,002\,\frac{\text{mol}}{\text{L}} \cdot 0,0258\,\text{L} = 5,16 \cdot 10^{-5}\,\text{mol } Cr_2O_7^{2-}$$

$$\lfloor M_{K_2Cr_2O_7} = M_{Cr_2O_7^{2-}} = 0,002\,\text{M};\ 25,8\,\text{mL} = 0,0258\,\text{L}\rfloor$$

② De acuerdo con la estequiometría de la reacción, por cada mol de ion dicromato que reacciona se obtienen 6 mol de dióxido de carbono. Por tanto:

$$\frac{1\,\text{mol Cr}_2\text{O}_7^{2-}}{6\,\text{mol CO}_2} = \frac{5,16\cdot10^{-5}\,\text{mol Cr}_2\text{O}_7^{2-}}{x\,\text{mol CO}_2};\quad x = 3,10\cdot10^{-4}\,\text{mol CO}_2$$

③ Litros de CO_2 en las condiciones de p y T dadas:

Despejamos el volumen, V, en la ecuación de los gases perfectos:

$$V = \frac{nRT}{p} = \frac{3,10\cdot10^{-4}\,\text{mol}\cdot0,082\,\dfrac{\text{atm}\cdot\text{L}}{\text{K}\cdot\text{mol}}\cdot303\text{K}}{700\,\text{mm Hg}\cdot\dfrac{1\,\text{atm}}{760\,\text{mm Hg}}} = 8,36\cdot10^{-3}\,\text{L CO}_2$$

$$\lfloor T = 273 + 30\,^\circ\text{C} = 303\,\text{K}\rfloor$$

Problema 10.15

El O_5I_2 oxida al CO, gas muy tóxico, a dióxido de carbono en ausencia de agua, reduciéndose él a I_2.
a) Ajuste la reacción molecular por el método del ion-electrón.
b) Calcule los gramos de O_5I_2 necesarios para oxidar 10 litros de CO que se encuentran a 75 °C y 700 mm de Hg de presión.
Datos: $R = 0,082\,\text{atm}\cdot\text{L}\cdot\text{K}^{-1}\cdot\text{mol}^{-1}$. Masas atómicas: C = 12; O = 16; I = 127.

a) La ecuación del enunciado a ajustar está en forma molecular:

$$\overset{+5}{O_5I_2} + \overset{+2}{CO} \rightarrow \overset{0}{I_2} + \overset{+4}{CO_2}$$

Representa una reacción redox, porque algunos elementos varían su número de oxidación. Las especies químicas que contienen esos elementos experimentan una oxidación o reducción según aumente o disminuya, respectivamente, el número de oxidación (n.o.) del elemento en esas especies.

Observamos que el carbono aumenta su n.o. de +2 en el monóxido de carbono a +4 en el dióxido de carbono, mientras que el yodo disminuye su número de oxidación de +5 en el diyoduro de pentaoxígeno a 0 en la sustancia diyodo. Por tanto, el monóxido de carbono (el reductor) se oxida a dióxido de carbono, mientras que el diyoduro de pentaoxígeno (el oxidante) se reduce a diyodo.

Aunque la reacción no transcurra en un medio acuoso, podemos ajustar la ecuación mediante el método del ion-electrón como si realmente transcurriera en este medio. Suponemos también que la reacción tiene lugar en medio ácido.

Las semirreacciones de oxidación y reducción ajustadas atómica y eléctricamente son las siguientes:

S. oxidación: $\qquad CO + H_2O \rightarrow CO_2 + 2\,H^+ + 2\,e^-$

S. reducción: $\qquad O_5I_2 + 10\,H^+ + 10\,e^- \rightarrow I_2 + 5\,H_2O$

Para obtener la ecuación iónica global, debemos multiplicar la semiecuación de oxidación por 5 para que el número de electrones cedidos en la oxidación sea igual al número de electrones ganados en la reducción:

S. oxidación: $\qquad \times 5\,[CO + H_2O \rightarrow CO_2 + 2\,H^+ + 2\,e^-]$

S. reducción: $\qquad O_5I_2 + 10\,H^+ + 10\,e^- \rightarrow I_2 + 5\,H_2O$

Sumamos las dos semiecuaciones para obtener la ecuación iónica:

S. oxidación: $\qquad 5\,CO + 5\,\cancel{H_2O} \rightarrow 5\,CO_2 + \cancel{10\,H^+} + \cancel{10\,e^-}$

S. reducción: $\qquad O_5I_2 + \cancel{10\,H^+} + \cancel{10\,e^-} \rightarrow I_2 + \cancel{5\,H_2O}$

E. global: $\qquad O_5I_2 + 5\,CO \rightarrow I_2 + 5\,CO_2$

Comprobamos que la ecuación global está ajustada tanto atómica como eléctricamente. En este último caso, comprobamos que la carga neta en ambos miembros es la misma: 0.

b) La ecuación de la reacción y la estequiometría de la misma son las siguientes:

$$O_5I_2 \quad + \quad 5\,CO \quad \rightarrow \quad I_2 \quad + \quad 5\,CO_2$$

Estequimetría $\quad 1\,mol \quad + \quad 5\,mol \quad \rightarrow \quad 1\,mol \quad + \quad 5\,mol$

Esquema de los pasos para la resolución:

$$\text{L CO c. } p \text{ y } T \xrightarrow[\textcircled{1}]{n=\frac{pV}{RT}} \text{mol CO} \xrightarrow[\textcircled{2}]{\text{Estequiometría}} \text{mol } O_5I_2 \xrightarrow[\textcircled{3}]{m=n\cdot M_m} \text{g } O_5I_2$$

① Moles de CO

Averiguamos el número de moles de CO mediante la ecuación de los gases perfectos:

$$n = \frac{pV}{RT} = \frac{700\,\text{mm Hg} \cdot \dfrac{1\,\text{atm}}{760\,\text{mm Hg}} \cdot 10\,\text{L}}{0,082\,\dfrac{\text{atm}\cdot\text{L}}{\text{K}\cdot\text{mol}} \cdot 348\,\text{K}} = 0,323\,\text{mol CO}$$

$$\lfloor T = 273 + 75\,^\circ\text{C} = 348\,\text{K} \rfloor$$

② De acuerdo con la estequiometría de la reacción, cada 5 mol de monóxido de carbono reaccionan con 1 mol de diyoduro de pentaoxígeno. Por tanto:

$$\frac{5\,\text{mol CO}}{1\,\text{mol O}_5\text{I}_2} = \frac{0,323\,\text{mol CO}}{x\,\text{mol O}_5\text{I}_2}; \quad x = 0,0646\,\text{mol O}_5\text{I}_2$$

③ Gramos de O_5I_2

$$m = n \cdot M_m = 0,0646\,\text{mol} \cdot 334\,\text{g/mol} = 21,6\,\text{g O}_5\text{I}_2$$

Problema 10.16

El ácido sulfúrico concentrado reacciona con el bromuro de potasio según la reacción:

$$H_2SO_4 + KBr \rightarrow K_2SO_4 + Br_2 + SO_2 + H_2O$$

a) Ajústala por el método del ion-electrón y escribe las dos semiecuaciones redox.
b) Calcula el volumen de bromo líquido (densidad= 2,92 g/mL) que se obtendrá al tratar 90,1 g de bromuro de potasio con suficiente cantidad de ácido sulfúrico.
Masas atómicas: K = 39; Br = 80.

---

a) La ecuación del enunciado a ajustar está en forma molecular:

$$\overset{+6}{H_2SO_4} + \overset{-1}{KBr} \rightarrow K_2SO_4 + \overset{0}{Br_2} + \overset{+4}{SO_2} + H_2O$$

Puesto que la reacción transcurre en un medio acuoso, disociamos en iones el ácido sulfúrico, el bromuro de potasio y el sulfato de potasio, y expresamos la ecuación de la siguiente manera:

$$[2\,H^+,\ SO_4^{2-}] + [K^+,\ Br^-] \rightarrow [2\,K^+,\ SO_4^{2-}] + Br_2 + SO_2 + H_2O$$

La ecuación representa una reacción redox, porque algunos elementos varían su número de oxidación (n.o.). Las especies químicas que contienen esos elementos experimentan una oxidación o reducción según aumente o disminuya, respectivamente, el n.o. del elemento en esas especies.

Observamos que el bromo aumenta su n.o. de -1 en el ion bromuro a 0 en el dibromo líquido, mientras que el azufre disminuye su número de oxidación de $+6$ en el ion sulfato a $+4$ en el dióxido de azufre. Por tanto, el ion bromuro (el redutor) se oxida a dibromo, mientras que el ion sulfato (el oxidante) se reduce a dióxido de azufre.

Las semirreacciones de oxidación y reducción ajustadas atómica y eléctricamente son las siguientes:

S. oxidación: $\qquad 2\,Br^- \;\rightarrow\; Br_2 + 2\,e^-$

S. reducción: $\qquad SO_4^{2-} + 4\,H^+ + 2\,e^- \;\rightarrow\; SO_2 + 2\,H_2O$

Sumamos las dos semiecuaciones para obtener la ecuación iónica:

S. oxidación: $\qquad 2\,Br^- \;\rightarrow\; Br_2 + \cancel{2e^-}$

S. reducción: $\qquad SO_4^{2-} + 4\,H^+ + \cancel{2e^-} \;\rightarrow\; SO_2 + 2\,H_2O$

E. iónica: $\qquad SO_4^{2-} + 2\,Br^- + 4\,H^+ \;\rightarrow\; Br_2 + SO_2 + 2\,H_2O$

Comprobamos que la ecuación iónica está ajustada tanto atómica como eléctricamente. En este último caso, comprobamos que la carga neta en ambos miembros es la misma:

$$[1 \times (2-) + 2 \times (1-) + 4 \times (1+)] = 0 = 0$$

Trasladamos los coeficientes de la ecuación iónica a la molecular, teniendo en cuenta que como hay $4\,H^+$ por cada SO_4^{2-} que se reduce a SO_2, tenemos que poner como coeficiente un 2 delante de H_2SO_4, y ajustar el resto por tanteo:

$$2\,H_2SO_4 + 2\,KBr \rightarrow K_2SO_4 + Br_2 + SO_2 + 2\,H_2O$$

b) La ecuación de la reacción y la estequiometría de la misma es la siguiente:

	$2\,H_2SO_4$	+	$2\,KBr$	$\rightarrow$	K_2SO_4	+	Br_2	+	SO_2	+	$2\,H_2O$
Esteq.	2 mol	+	2 mol	$\rightarrow$	1 mol	+	1 mol	+	1 mol	+	2 mol

Esquema de los pasos para la resolución:

$$g\;KBr \xrightarrow[\textcircled{1}]{n=\frac{m}{M_m}} mol\;KBr \xrightarrow[\textcircled{2}]{\text{Estequiometría}} mol\;Br_2 \xrightarrow[\textcircled{3}]{m=n\cdot M_m} g\;Br_2 \xrightarrow[\textcircled{4}]{V=\frac{m}{d}} mL\;Br_2$$

① Moles de KBr

$$n = \frac{m}{M_m} = \frac{90,1\,g}{119\,g/mol} = 0,757\,mol\;KBr$$

② Moles de Br_2

Según la estequiometría de la reacción, por cada 2 mol de KBr que reaccionan se obtiene 1 mol de Br_2 (la mitad). Si reaccionan 0,757 mol de KBr, se obtendrá también la mitad: 0,378 g Br_2.

③ Gramos de Br_2

$$m = n \cdot M_m = 0,378\,\mathrm{g} \cdot 160\,\frac{\mathrm{g}}{\mathrm{mol}} = 60,5\,\mathrm{g}\,Br_2$$

④ mL de Br_2

Conocida su densidad podemos determinar el volumen que ocupa una determinada masa de Br_2:

$$V = \frac{m}{d} = \frac{60,5\,\mathrm{g}}{2,92\,\mathrm{g/mL}} = 20,7\,\mathrm{mL}$$

Problema 10.17

En medio ácido, el ion cromato oxida al ion sulfito según la ecuación:

$$CrO_4^{2-} + SO_3^{2-} + H^+ \rightarrow Cr^{3+} + SO_4^{2-} + H_2O$$

a) Ajuste la ecuación iónica por el método ion-electrón.
b) Si 25 mL de una disolución de Na_2SO_3 reaccionan con 28,1 mL de disolución 0,088 M de K_2CrO_4, calcule la molaridad de la disolución de Na_2SO_3.

---

a) La ecuación del enunciado a ajustar está en forma iónica:

$$\overset{+6}{CrO_4^{2-}} + \overset{+4}{SO_3^{2-}} + H^+ \rightarrow \overset{+3}{Cr^{3+}} + \overset{+6}{SO_4^{2-}} \quad | \quad H_2O$$

Representa una reacción redox, porque algunos elementos varían su número de oxidación (n.o.). Las especies químicas que contienen esos elementos experimentan una oxidación o reducción según aumente o disminuya, respectivamente, el n.o. del elemento en esas especies.

Observamos que el azufre aumenta su n.o. de +4 en el ion sulfito a +6 en el ion sulfato, mientras que el cromo disminuye su n.o. de +6 en el ion cromato a +3 en el ion cromo(3+). Por tanto, el ion sulfito (el reductor) se oxida a ion sulfato, mientras que el ion cromato (el oxidante) se reduce a ion cromo(3+).

Las semiecuaciones de oxidación y reducción, ajustadas atómica y eléctricamente, son las siguientes:

S. oxidación: $\qquad SO_3^{2-} + H_2O \rightarrow SO_4^{2-} + 2\,H^+ + 2\,e^-$

S. reducción: $\qquad CrO_4^{2-} + 8\,H^+ + 3\,e^- \rightarrow Cr^{3+} + 4\,H_2O$

Para obtener la ecuación iónica, debemos multiplicar la semiecuación de oxidación por 3 y la semiecuación de reducción por 2, para que el número de electrones cedidos en la oxidación sea igual al número de electrones ganados en la reducción:

S. oxidación: $\times 3\,[SO_3^{2-} + H_2O \rightarrow SO_4^{2-} + 2\,H^+ + 2\,e^-]$

S. reducción: $\times 2\,[CrO_4^{2-} + 8\,H^+ + 3\,e^- \rightarrow Cr^{3+} + 4\,H_2O]$

Sumamos las dos semiecuaciones para obtener la ecuación iónica:

S. oxidación: $3\,SO_3^{2-} + 3\,H_2O \rightarrow 3\,SO_4^{2-} + 6\,H^+ + \cancel{6\,e^-}$

S. reducción: $2\,CrO_4^{2-} + 16\,H^+ + \cancel{6\,e^-} \rightarrow 2\,Cr^{3+} + 8\,H_2O$

E. iónica: $2\,CrO_4^{2-} + 3\,SO_3^{2-} + 10\,H^+ \rightarrow 2\,Cr^{3+} + 3\,SO_4^{2-} + 5\,H_2O$

Comprobamos que la ecuación iónica está ajustada tanto atómica como eléctricamente. En este último caso, comprobamos que la carga neta en ambos miembros es la misma:

$$[2 \times (2-) + 3 \times (2-) + 10 \times (1+)] = [2 \times (3+) + 3 \times (2-)] = 0$$

b) La ecuación de la reacción y la estequiometría de la misma son las siguientes:

$$2\,CrO_4^{2-} + 3\,SO_3^{2-} + 10\,H^+ \rightarrow 2\,Cr^{3+} + 3\,SO_4^{2-} + 5\,H_2O$$

Esteq.   2 mol   +   3 mol   +   10 mol   →   2 mol   +   3 mol   +   5 mol

Esquema de los pasos para la resolución:

$$\text{L dn } K_2CrO_4 \xrightarrow[\textcircled{1}]{n=M\cdot V} \text{mol } CrO_4^{2-} \xrightarrow[\textcircled{2}]{\text{Estequiometría}} \text{mol } SO_3^{2-} \xrightarrow[\textcircled{3}]{M=\frac{n}{V}} \text{mol/L } Na_2SO_3$$

① Moles de CrO_4^{2-}

Como el K_2CrO_4 es un electrolito fuerte:

$$[K_2CrO_4]_o = [CrO_4^{2-}] = 0,088\,\text{mol/L}$$

$$n = M \cdot V = 0,088\,\text{mol/L} \cdot 0,0281\,\text{L} = 0,00247\,\text{mol } CrO_4^{2-}$$

② Moles de SO_3^{2-}

Según la estequiometría de la reacción, 2 mol de CrO_4^{2-} reaccionan con 3 mol de SO_3^{2-}. Por tanto:

$$\frac{2\,\text{mol } CrO_4^{2-}}{3\,\text{mol } SO_3^{2-}} = \frac{0,00247\,\text{mol } CrO_4^{2-}}{x\,\text{mol } SO_3^{2-}}; \quad x = 0,00370\,\text{mol } SO_3^{2-}$$

③ mol/L de Na_2SO_3 (molaridad)

Como el Na_2SO_3 es un electrolito fuerte:

$$[Na_2SO_3]_o = [SO_3^{2-}]$$

Como esa cantidad está contenida en 25 mL (0,025 L) de disolución, la molaridad será:

$$M = \frac{m}{V} = \frac{0,00370\,mol}{0,025L} = 0,148\,M\,Na_2SO_3$$

Problema 10.18

El $KMnO_4$, en medio ácido sulfúrico, reacciona con el H_2O_2 para dar $MnSO_4$, O_2, H_2O y K_2SO_4.

a) Ajuste la reacción molecular por el método ion-electrón.

b) ¿Qué volumen de O_2 medido a 1 520 mm de mercurio y 125 °C se obtiene a partir de 100 g de $KMnO_4$.

Datos: $R = 0,082\,atm \cdot L \cdot K^{-1} \cdot mol^{-1}$. Masas atómicas: C = 12; O = 16; K = 39; Mn = 55.

a) La ecuación del proceso en forma molecular es la siguiente:

$$\overset{+7}{KMnO_4} + \overset{-1}{H_2O_2} + H_2SO_4 \rightarrow \overset{+2}{MnSO_4} + K_2SO_4 + \overset{0}{O_2} + H_2O$$

Puesto que la reacción transcurre en un medio acuoso, disociamos en iones el permanganato de potasio, el ácido sulfúrico, el sulfato de manganeso(II) y el sulfato de potasio, y expresamos la ecuación de la siguiente manera:

$$[K^+, MnO_4^-] + H_2O_2 + [2\,H^+ +, SO_4^{2-}] \rightarrow [Mn^{2+}, SO_4^{2-}] + [2\,K^+, SO_4^{2-}] + O_2 + H_2O$$

La ecuación representa una reacción redox, porque algunos elementos varían su número de oxidación (n.o.). Las especies químicas que contienen esos elementos experimentan una oxidación o reducción según aumente o disminuya, respectivamente, el número de oxidación del elemento en esas especies.

Observamos que el oxígeno aumenta su n.o. de -1 en el peróxido de hidrógeno a 0 en el oxígeno, mientras que el manganeso disminuye su número de oxidación de $+7$ en el ion permanganato a $+2$ en el ion manganeso(2+). Por tanto, el peróxido de hidrógeno (el reductor) se oxida a oxígeno, mientras que el ion permanganato (el oxidante) se reduce a ion manganeso(2+).

Las semiecuaciones de oxidación y reducción ajustadas atómica y eléctricamente son las siguientes:

S. oxidación: $$H_2O_2 \rightarrow O_2 + 2\,H^+ + 2\,e^-$$

S. reducción: $$MnO_4^- + 8\,H^+ + 5\,e^- \rightarrow Mn^{2+} + 4\,H_2O$$

Para obtener la ecuación iónica, debemos multiplicar la semiecuación de oxidación por 5 y la semiecuación de reducción por 2, para que el número de electrones cedidos en la oxidación sea igual al número de electrones ganados en la reducción:

S. oxidación: $$\times 5\,[H_2O_2 \rightarrow O_2 + 2\,H^+ + 2\,e^-]$$

S. reducción: $$\times 2\,[MnO_4^- + 8\,H^+ + 5\,e^- \rightarrow Mn^{2+} + 4\,H_2O]$$

Sumamos las dos semiecuaciones para obtener la ecuación iónica:

S. oxidación: $$5\,H_2O_2 \rightarrow 5\,O_2 + 10\,H^+ + \cancel{10\,e^-}$$

S. reducción: $$2\,MnO_4^- + 16\,H^+ + \cancel{10\,e^-} \rightarrow 2\,Mn^{2+} + 8\,H_2O$$

E. iónica: $$2\,MnO_4^- + 5\,H_2O_2 + 6\,H^+ \rightarrow 2\,Mn^{2+} + 5\,O_2 + 8\,H_2O$$

Comprobamos que la ecuación iónica está ajustada tanto atómica como eléctricamente. En este último caso, comprobamos que la carga neta en ambos miembros es la misma:

$$[2 \times (1-) + 6 \times (1+)] = 2 \times (2+) = 4+$$

Trasladamos los coeficientes de la ecuación iónica a la molecular y ajustamos el resto por tanteo:

$$2\,KMnO_4 + 5\,H_2O_2 + 3\,H_2SO_4 \rightarrow 2\,MnSO_4 + K_2SO_4 + 5\,O_2 + 8\,H_2O$$

b) La ecuación de la reacción y la estequiometría de la misma son las siguientes:

$2\,KMnO_4$	+	$5\,H_2O_2$	+	$3\,H_2SO_4$	$\rightarrow$	$2\,MnSO_4$	+	K_2SO_4	+	$5\,O_2$	+	$8\,H_2O$
2 mol	+	5 mol	+	3 mol	$\rightarrow$	1 mol	+	1 mol	+	5 mol	+	8 mol

Esquema de los pasos para la resolución:

$$g\,KMnO_4 \xrightarrow[\textcircled{1}]{n=\frac{m}{M_m}} mol\,KMnO_4 \xrightarrow[\textcircled{2}]{Estequiometría} mol\,O_2 \xrightarrow[\textcircled{3}]{V=\frac{nRT}{p}} L\,O_2\,c.p\,y\,T$$

① Moles $KMnO_4$

$$n = \frac{m}{M_m} = \frac{100\,g}{158\,g\,mol} = 0,633\,mol\,KMnO_3$$

② Moles de O_2

Según la estequiometría de la reacción, se producen 5 mol de O_2 por cada 2 mol de $KMnO_4$ que se consumen. Por tanto:

$$\frac{2\,\text{mol}\,KMnO_4}{5\,\text{mol}\,O_2} = \frac{0,633\,\text{mol}\,KMnO_4}{x\,\text{mol}\,O_2}; \; x = 1,58\,\text{moles}\,KMnO_4$$

③ Litros de O_2 en la condiciones dadas de p y T

Despejamos el volumen, V, en la ecuación de los gases perfectos:

$$V = \frac{nRT}{p} = \frac{1,58\,\text{mol} \cdot 0,082\,\dfrac{\text{atm} \cdot \text{L}}{\text{K} \cdot \text{mol}} \cdot 398\,\text{K}}{1\,520\,\text{mm Hg} \cdot \dfrac{1\,\text{atm}}{760\,\text{mm Hg}}} = 25,8\,\text{L}\,O_2$$

$$\lfloor T = 273 + 125\,^{\circ}\text{C} = 398\,\text{K} \rfloor$$

Problema 10.19

Dada la siguiente reacción redox:

$$K_2Cr_2O_7 + HCl \rightarrow CrCl_3 + KCl + Cl_2 + H_2O$$

a) Ajuste la reacción por el método del ion-electrón.
b) Calcule la molaridad de la disolución de HCl si cuando reaccionan 25 mL de la misma con un exceso de $K_2Cr_2O_7$ producen 0,3 L de Cl_2, medidos en condiciones normales.

---

a) La ecuación del enunciado a ajustar está en forma molecular:

$$\overset{+6}{K_2Cr_2O_7} + \overset{-1}{HCl} \rightarrow \overset{+3}{CrCl_3} + KCl + \overset{0}{Cl_2} + H_2O$$

Puesto que la reacción transcurre en un medio acuoso, disociamos en iones el dicromato de potasio, el ácido clorhídrico, el cloruro de cromo(III) y el cloruro de potasio, y expresamos la ecuación de la siguiente manera:

$$[2\,K^+, Cr_2O_7^{2-}] + [H^+, Cl^-] \rightarrow [Cr^{3+}, 3\,Cl^-] + [K^+, Cl^-] + Cl_2 + H_2O$$

La ecuación representa una reacción redox, porque algunos elementos varían su número de oxidación (n.o.). Las especies químicas que contienen esos elementos experimentan una oxidación o reducción según aumente o disminuya, respectivamente, el número de oxidación del elemento en esas especies.

Observamos que el cloro aumenta su n.o. de -1 en el ion cloruro a 0 en la sustancia dicloro, mientras que el cromo disminuye su número de oxidación de $+6$ en el ion dicromato a $+3$ en el ion cromo(3+). Por tanto, el ion cloruro (el reductor) se oxida a dicloro, mientras que el ion dicromato (el oxidante) se reduce a ion cromo(3+).

Las semiecuaciones de oxidación y reducción ajustadas atómica y eléctricamente son las siguientes:

S. oxidación: $\qquad\qquad\qquad\qquad 2\,Cl^- \rightarrow Cl_2 + 2\,e^-$

S. reducción: $\qquad Cr_2O_7^{2-} + 14\,H^+ + 6\,e^- \rightarrow 2\,Cr^{3+} + 7\,H_2O$

Para obtener la ecuación iónica, debemos multiplicar la semiecuación de oxidación por 3 para que el número de electrones cedidos en la oxidación sea igual al número de electrones ganados en la reducción:

S. oxidación: $\qquad\qquad\qquad \times 3\,[2\,Cl^- \rightarrow Cl_2 + 2\,e^-]$

S. reducción: $\qquad Cr_2O_7^{2-} + 14\,H^+ + 6\,e^- \rightarrow 2\,Cr^{3+} + 7\,H_2O$

Sumamos las dos semiecuaciones para obtener la ecuación iónica:

S. oxidación: $\qquad\qquad\qquad 6\,Cl^- \rightarrow 3\,Cl_2 + \cancel{6e^-}$

S. reducción: $\qquad Cr_2O_7^{2-} + 14\,H^+ + \cancel{6e^-} \rightarrow 2\,Cr^{3+} + 7\,H_2O$

E. iónica: $\qquad Cr_2O_7^{2-} + 6\,Cl^- + 14\,H^+ \rightarrow 2\,Cr^{3+} + 3\,Cl_2 + 7\,H_2O$

Comprobamos que la ecuación iónica está ajustada tanto atómica como eléctricamente. En este último caso, comprobamos que la carga neta en ambos miembros es la misma:

$$[1 \times (2-) + 6 \times (1-) + 14 \times (+1)] = 2 \times (3+) = 6+$$

Trasladamos los coeficientes de la ecuación iónica a la molecular y ajustamos el resto por tanteo:

$$K_2Cr_2O_7 + 14\,HCl \rightarrow 2\,CrCl_3 + 2\,KCl + 3\,Cl_2 + 7\,H_2O$$

b) La ecuación de la reacción y la estequiometría de la misma son las siguientes:

$K_2Cr_2O_7$	+	$14\,HCl$	$\rightarrow$	$2\,ClCr_3$	+	$2\,KCl$	+	$3\,Cl_2$	+	$7\,H_2O$
1 mol	+	14 mol	$\rightarrow$	2 mol	+	2 mol	+	3 mol	+	7 mol

Esquema de los pasos para la resolución:

$$L\,Cl_2 \text{ c.n.} \xrightarrow[\text{\textcircled{1}}]{n=\frac{V}{V_m}} mol\,Cl_2 \xrightarrow[\text{\textcircled{2}}]{\text{Estequiometría}} mol\,HCl \xrightarrow[\text{\textcircled{3}}]{M=\frac{n}{V}} mol/L\,HCl$$

① Moles de Cl_2

Un mol de cualquier gas en condiciones normales (c.n.) ocupa $22, 4$ L. Por tanto:

$$n = \frac{V}{V_m} = \frac{0,3\,\text{L}}{22,4\,\text{L/mol}} = 0,0134\,\text{mol Cl}_2$$

② Moles de HCl

Según la estequiometría de la reacción, 3 mol de Cl_2 son producidos a partir de 14 mol de HCl. Por tanto:

$$\frac{3\,\text{mol Cl}_2}{14\,\text{mol HCl}} = \frac{0,0134\,\text{mol Cl}_2}{x\,\text{mol HCl}}; \quad x = 0,0625\,\text{mol HCl}$$

③ mol/L de HCl (molaridad)

Como esa cantidad de sustancia está contenida en 25 mL de disolución, la molaridad será:

$$M = \frac{n}{V} = \frac{0,0625\,\text{mol}}{0,025\text{L}} = 2,5\,\text{M HCl}$$

Problema 10.20

La siguiente reacción tienen lugar en medio ácido:

$$BrO_4^- + Zn \rightarrow Br^- + Zn^{2+}$$

a) Ajuste la ecuación iónica por el método del ion-electrón.
b) Determine la riqueza de la muestra de Zn si 1 g de la misma reacciona con 25 mL de una disolución 0,1 M de iones BrO_4^-.
Masa atómica Zn = 65,4.

---

a) La ecuación del enunciado a ajustar está en forma iónica:

$$\overset{+7}{BrO_4^-} + \overset{0}{Zn} \rightarrow \overset{-1}{Br^-} + \overset{+2}{Zn^{2+}}$$

La ecuación representa una reacción redox, porque algunos elementos varían su número de oxidación (n.o.). Las especies químicas que contienen esos elementos experimentan una oxidación o reducción según aumente o disminuya, respectivamente, el n.o del elemento en esas especies.

Observamos que el zinc aumenta su n.o. de 0 en el zinc metal a +2 en el ion zinc(2+), mientras que el bromo disminuye su n.o. de +7 en el ion perbromato a -1 en el ion bromuro. Por tanto, el zinc metal (el reductor) se oxida a ion zinc(2+), mientras que el ion perbromato (el oxidante) se reduce a ion bromuro.

Las semirreacciones de oxidación y reducción ajustadas atómica y eléctricamente son las siguientes:

$$\text{S. oxidación:} \qquad\qquad Zn \;\rightarrow\; Zn^{2+} + 2\,e^-$$

$$\text{S. reducción:} \qquad BrO_4^- + 8\,H^+ + 8\,e^- \;\rightarrow\; Br^- + 4\,H_2O$$

Para obtener la ecuación iónica, debemos multiplicar la semiecuación de oxidación por 4 para que el número de electrones cedidos en la oxidación sea igual al número de electrones ganados en la reducción:

$$\text{S. oxidación:} \qquad\qquad \times 4\,[Zn \;\rightarrow\; Zn^{2+} + 2\,e^-]$$

$$\text{S. reducción:} \qquad BrO_4^- + 8\,H^+ + 8\,e^- \;\rightarrow\; Br^- + 4\,H_2O$$

Sumamos las dos semiecuaciones para obtener la ecuación iónica:

$$\text{S. oxidación:} \qquad\qquad 4\,Zn \;\rightarrow\; 4\,Zn^{2+} + \cancel{8\,e^-}$$

$$\text{S. reducción:} \qquad BrO_4^- + 8\,H^+ + \cancel{8\,e^-} \;\rightarrow\; Br^- + 4\,H_2O$$

___

$$\text{E. iónica:} \qquad BrO_4^- + 4\,Zn + 8\,H^+ \;\rightarrow\; Br^- + 4\,Zn^{2+} + 4\,H_2O$$

Comprobamos que la ecuación iónica está ajustada tanto atómica como eléctricamente. En este último caso, comprobamos que la carga neta en ambos miembros es la misma:

$$[1 \times (1-) + 8 \times (1+)] = [1 \times (1-) + 4 \times (2+)] = 7+$$

b) La ecuación de la reacción y la estequiometría de la misma son las siguientes:

	BrO_4^-	+	$4\,Zn$	+	$8\,H^+$	$\rightarrow$	Br^-	+	$4\,Zn^{2+}$	+	$4\,H_2O$
Esteq.	1 mol	+	4 mol	+	8 mol	$\rightarrow$	1 mol	+	4 mol	+	4 mol

Esquema de los pasos para la resolución:

$$\text{L dn. } BrO_4^- \;\xrightarrow[\textcircled{1}]{n=M\cdot V}\; \text{mol } BrO_4^- \;\xrightarrow[\textcircled{2}]{\text{Estequiometría}}\; \text{mol Zn} \;\xrightarrow[\textcircled{3}]{m=n\cdot M_m}\; \text{g Zn} \;\xrightarrow[\textcircled{4}]{}\; \text{Riq.muestra}$$

① Moles BrO_4^-

$$n = M \cdot V = 0,1\,\frac{\text{mol}}{\text{L}} \cdot 0,025\,\text{L} = 2,5 \cdot 10^{-3}\,\text{mol } BrO_4^-$$

② Moles de Zn

Según la estequiometría de la reacción, 4 mol de Zn reaccionan con 1 mol de BrO_4^-. Por tanto:

$$\frac{1\,\text{mol}\,BrO_4^-}{4\,\text{mol}\,Zn} = \frac{2,5\cdot10^{-3}\,\text{mol}\,BrO_4^-}{x\,\text{mol}\,Zn}; \quad x = 0,01\,\text{mol}\,Zn$$

③ Gramos de Zn

$$m = n \cdot M_m = 0,01\,\text{mol} \cdot 65,4\,\text{g/mol} = 0,654\,\text{g}\,Zn$$

④ Riqueza de la muestra en zinc

La riqueza de la muestra en zinc, en %, representa los gramos de zinc que contendría la muestra si tuviésemos 100 g de ésta (zinc impuro). Por tanto:

$$\frac{1\,\text{g}\,\text{muestra}}{0,654\,\text{g}\,Zn} = \frac{100\,\text{g}\,\text{muestra}}{x\,\text{g}\,Zn}$$

$$x = 65,4\,\text{g}\,Zn \implies 65,4\,\%\,\text{riqueza en Zn}$$

Problema 10.21

El monóxido de nitrógeno se puede obtener según la siguiente reacción:

$$Cu + HNO_3 \rightarrow Cu(NO_3)_2 + NO + H_2O$$

a) Ajuste por el método del ion-electrón esta reacción en sus formas iónica y molecular.
b) Calcule la masa de cobre que se necesita para obtener 5 litros de NO medidos a 750 mm de Hg y 40 °C.
Datos: $R = 0,082\,\text{atm}\cdot L \cdot K^{-1} \cdot \text{mol}^{-1}$; Masa atómica: Cu = 63,5.

a) La ecuación del enunciado a ajustar está en forma molecular:

$$\overset{0}{Cu} + \overset{+5}{HNO_3} \rightarrow \overset{+2}{Cu(NO_3)_2} + \overset{+2}{NO} + H_2O$$

Representa una reacción redox, porque algunos elementos varían su número de oxidación (n.o.). Las especies químicas que contienen esos elementos experimentan una oxidación o reducción según aumente o disminuya, respectivamente, el n.o del elemento en esas especies.

Puesto que la reacción transcurre en un medio acuoso, disociamos en iones el ácido nítrico y el nitrato de cobre (II), y expresamos la ecuación de la siguiente manera:

$$Cu + [H^+, NO_3^-] \rightarrow [Cu^{2+}, 2\,NO_3^-] + NO + H_2O$$

Observamos que el cobre aumenta su n.o. de 0 en la sustancia cobre a +2 en el ion cobre(2+), mientras que el nitrógeno disminuye su número de oxidación de +5 en el ion nitrato a +2 en el monóxido de nitrógeno. Por tanto, el cobre (el reductor) se oxida a ion cobre(2+), mientras que el ion nitrato (el oxidante) se reduce a monóxido de nitrógeno.

Las semiecuaciones de oxidación y reducción ajustadas atómica y eléctricamente son las siguientes:

S. oxidación: $\qquad\qquad\qquad\qquad\qquad Cu \;\rightarrow\; Cu^{2+} + 2\,e^-$

S. reducción: $\qquad\qquad NO_3^- + 4\,H^+ + 3\,e^- \;\rightarrow\; NO + 2\,H_2O$

Para obtener la ecuación iónica, debemos multiplicar la semiecuación de oxidación por 3 y la semiecuación de reducción por 2, para que el número de electrones cedidos en la oxidación sea igual al número de electrones ganados en la reducción:

S. oxidación: $\qquad\qquad\qquad\qquad \times 3\,[Cu \;\rightarrow\; Cu^{2+} + 2\,e^-]$

S. reducción: $\qquad\qquad \times 2\,[NO_3^- + 4\,H^+ + 3\,e^- \;\rightarrow\; NO + 2\,H_2O]$

Sumamos las dos semiecuaciones para obtener la ecuación iónica:

S. oxidación: $\qquad\qquad\qquad\qquad 3\,Cu \;\rightarrow\; 3\,Cu^{2+} + \cancel{6\,e^-}$

S. reducción: $\qquad 2\,NO_3^- + 8\,H^+ + \cancel{6\,e^-} \;\rightarrow\; 2\,NO + 4\,H_2O$

E. iónica: $\qquad\quad 3\,Cu + 2\,NO_3^- + 8\,H^+ \;\rightarrow\; 3\,Cu^{2+} + 2\,NO + 4\,H_2O$

Comprobamos que la ecuación iónica está ajustada tanto atómica como eléctricamente. En este último caso, comprobamos que la carga neta en ambos miembros es la misma:

$$[2 \times (1-) + 8 \times (1+)] = 3 \times (2+) = 6+$$

Trasladamos los coeficientes de la ecuación iónica a la molecular haciendo caso omiso del coeficiente 2 del ion NO_3^-, que nos indica el número de iones NO_3^- que se reducen por cada 8 iones H^+:

$$3\,Cu + 8\,HNO_3 \rightarrow 3\,Cu(NO_3)_2 + 2\,NO + 4\,H_2O$$

b) La ecuación de la reacción y la estequiometría de la misma son las siguientes:

$3\,Cu$	$+$	$8\,HNO_3$	$\rightarrow$	$3\,Cu(NO_3)_2$	$+$	$2\,NO$	$+$	$4\,H_2O$
3 mol	$+$	8 mol	$\rightarrow$	3 mol	$+$	2 mol	$+$	4 mol

Esquema de los pasos para la resolución:

$$\text{L NO c.} p \text{ y } T \xrightarrow[①]{n=\frac{pV}{RT}} \text{mol NO} \xrightarrow[②]{\text{Estequiometría}} \text{mol Cu} \xrightarrow[③]{m=n\cdot M_m} \text{g Cu}$$

① Moles NO

$$n = \frac{pV}{RT} = \frac{750\,\text{mm Hg} \cdot \dfrac{1\,\text{atm}}{760\,\text{mm Hg}} \cdot 5\,\text{L}}{0,082\,\dfrac{\text{atm} \cdot \text{L}}{\text{K} \cdot \text{mol}} \cdot 313\,\text{K}} = 0,192\,\text{mol NO}$$

$$\lfloor T = 40\,°\text{C} + 273 = 313\,\text{K} \rfloor$$

② Moles de Cu

Según la estequiometría de la reacción, se producen 2 mol de NO a partir de 3 mol de Cu. Por tanto:

$$\frac{2\,\text{mol NO}}{3\,\text{mol Cu}} = \frac{0,192\,\text{mol NO}}{x\,\text{mol Cu}}; \quad x = 0,288\,\text{mol Cu}$$

③ Gramos de Cu

$$m = n \cdot M_m = 0,288\,\text{mol} \cdot 63,5\,\text{g/mol} = 18,3\,\text{g Cu}$$

Problema 10.22

Una muestra que contiene sulfuro de calcio se trata con ácido nítrico concentrado hasta reacción completa, según:

$$CaS + HNO_3 \rightarrow NO + SO_3 + Ca(NO_3)_2 + H_2O$$

a) Ajuste por el método del ion-electrón esta reacción en sus formas iónica y molecular.
b) Sabiendo que al tratar 35 g de la muestra con un exceso de ácido se obtienen 20,3 L de NO, medidos a 780 mm de Hg y 30 °C, calcule la riqueza en CaS de la muestra.
Datos: $R = 0,082\,\text{atm} \cdot \text{L} \cdot \text{K}^{-1} \cdot \text{mol}^{-1}$; Masas atómicas: Ca = 40; S = 32.

a) La ecuación del enunciado a ajustar está en forma molecular:

$$\overset{-2}{CaS} + \overset{+6}{HNO_3} \rightarrow \overset{+2}{NO} + \overset{+6}{SO_3} + Ca(NO_3)_2 + H_2O$$

Puesto que la reacción transcurre en un medio acuoso, disociamos en iones el sulfuro de calcio, el ácido nítrico y el nitrato de cobre(II), y expresamos la ecuación de la siguiente manera:

$$[\mathrm{Ca}^{2+},\, \mathrm{S}^{2-}] + [\mathrm{H}^+,\, \mathrm{NO_3^-}] \rightarrow \mathrm{NO} + \mathrm{SO_3} + [\mathrm{Ca}^{2+},\, 2\,\mathrm{NO_3^-}] + \mathrm{H_2O}$$

La ecuación representa una reacción redox, porque algunos elementos varían su número de oxidación (n.o.). Las especies químicas que contienen esos elementos experimentan una oxidación o reducción según aumente o disminuya, respectivamente, el n.o del elemento en esas especies.

Observamos que el azufre aumenta su n.o. de -2 en el ion sulfuro a $+6$ en el trióxido de azufre, mientras que el nitrógeno disminuye su número de oxidación de $+6$ en el ion nitrato a $+2$ en el monóxido de nitrógeno. Por tanto, el ion sulfuro (el reductor) se oxida a trióxido de azufre, mientras que el ion nitrato (el oxidante) se reduce a monóxido de nitrógeno.

Las semiecuaciones de oxidación y reducción ajustadas atómica y eléctricamente son las siguientes:

S. oxidación: $\qquad\qquad\quad \mathrm{S}^{2-} + 3\,\mathrm{H_2O} \;\rightarrow\; \mathrm{SO_3} + 6\,\mathrm{H}^+ + 8\,\mathrm{e}^-$

S. reducción: $\qquad\qquad \mathrm{NO_3^-} + 4\,\mathrm{H}^+ + 3\,\mathrm{e}^- \;\rightarrow\; \mathrm{NO} + 2\,\mathrm{H_2O}$

Para obtener la ecuación iónica, debemos multiplicar la semiecuación de oxidación por 3 y la semiecuación de reducción por 8, para que el número de electrones cedidos en la oxidación sea igual al número de electrones ganados en la reducción:

S. oxidación: $\qquad\qquad \times 3\,[\mathrm{S}^{2-} + 3\,\mathrm{H_2O} \;\rightarrow\; \mathrm{SO_3} + 6\,\mathrm{H}^+ + 8\,\mathrm{e}^-]$

S. reducción: $\qquad\qquad \times 8\,[\mathrm{NO_3^-} + 4\,\mathrm{H}^+ + 3\,\mathrm{e}^- \;\rightarrow\; \mathrm{NO} + 2\,\mathrm{H_2O}]$

Sumamos las dos semiecuaciones para obtener la ecuación iónica:

S. oxidación: $\qquad\qquad\quad 3\,\mathrm{S}^{2-} + 9\,\mathrm{H_2O} \;\rightarrow\; 3\,\mathrm{SO_3} + 18\,\mathrm{H}^+ + \cancel{24\,\mathrm{e}^-}$

S. reducción: $\qquad 8\,\mathrm{NO_3} + 32\,\mathrm{H}^+ + \cancel{24\,\mathrm{e}^-} \;\rightarrow\; 8\,\mathrm{NO} + 16\,\mathrm{H_2O}$

_____

E. iónica: $\qquad\qquad 3\,\mathrm{S}^{2-} + 8\,\mathrm{NO_3^-} + 14\,\mathrm{H}^+ \;\rightarrow\; 3\,\mathrm{SO_3} + 8\,\mathrm{NO} + 7\,\mathrm{H_2O}$

Comprobamos que la ecuación iónica está ajustada tanto atómica como eléctricamente. En este último caso, comprobamos que la carga neta en ambos miembros es la misma:

$$[3 \times (-2) + 8 \times (-1) + 14 \times (+1)] = 0 = 0$$

Trasladamos los coeficientes de la ecuación iónica a la molecular haciendo caso omiso del coeficiente 8 del ion $\mathrm{NO_3^-}$, que nos indica el número de iones $\mathrm{NO_3^-}$ que se reducen por cada 14 iones H^+:

$$3\,CaS + 14\,HNO_3 \rightarrow 8\,NO + 3\,SO_3 + 3\,Ca(NO_3)_2 + 7\,H_2O$$

b) La ecuación de la reacción y la estequiometría de la misma son las siguientes:

$$
\begin{array}{ccccccccccc}
3\,CaS & + & 14\,HNO_3 & \rightarrow & 8\,NO & + & 3\,SO_3 & + & 3\,Ca(NO_3)_2 & + & 7\,H_2O \\
3\,mol & + & 14\,mol & \rightarrow & 8\,mol & + & 3\,mol & + & 3\,mol & + & 7\,mol
\end{array}
$$

Esquema de los pasos para la resolución:

$$L\,NO\,c.\,p\,y\,T \xrightarrow[\textcircled{1}]{n=\frac{pV}{RT}} mol\,NO \xrightarrow[\textcircled{2}]{Estequiometría} mol\,CaS \xrightarrow[\textcircled{3}]{m=n\cdot M_m} g\,CaS \xrightarrow[\textcircled{4}]{} Riq.muestra$$

① Moles NO

Averiguamos el número de moles de NO mediante la ecuación de los gases perfectos:

$$n = \frac{pV}{RT} = \frac{780\,mm\,Hg \cdot \dfrac{1\,atm}{760\,mm\,Hg} \cdot 20,3\,L}{0,082\,\dfrac{atm \cdot L}{K \cdot mol} \cdot 303\,K} = 0,838\,mol\,NO$$

$$\lfloor T = 30\,°C + 273 = 303\,K \rfloor$$

② Moles de CaS

Según la estequiometría de la reacción, se producen 8 mol de NO a partir de 3 mol de CaS. Por tanto:

$$\frac{8\,mol\,NO}{3\,mol\,CaS} = \frac{0,838\,mol\,NO}{x\,mol\,CaS}; \quad x = 0,314\,mol\,CaS$$

③ Gramos de CaS

$$m = n \cdot M_m = 0,314\,mol \cdot 72\,g/mol = 22,6\,g\,CaS$$

④ Riqueza de la muestra en sulfuro de calcio

La riqueza de la muestra en sulfuro de calcio, en %, representa los gramos de sulfuro de calcio que contendría la muestra si tuviésemos 100 g de la misma (sulfuro de calcio impuro). Por tanto,

$$\frac{35\,g\,muestra}{22,6\,g\,CaS} = \frac{100\,g\,muestra}{x\,g\,CaS}$$

$$x = 64,6\,g\,CaS \Longrightarrow 64,6\,\%\ riqueza\ en\ CaS$$

Problema 10.23

Dada la siguiente reacción redox:

$$K_2Cr_2O_7 + Na_2SO_3 + H_2SO_4 \rightarrow Cr_2(SO_4)_3 + K_2SO_4 + Na_2SO_4 + H_2O$$

a) Ajuste la reacción por el método del ion-electrón.

b) Calcule la molaridad de una disolución de sulfito de sodio, si 15 mL de ésta reaccionan totalmente, en medio ácido, con 25 mL de disolución de dicromato de potasio 0,06 M.

a) La ecuación del enunciado a ajustar está en forma molecular:

$$\underset{K_2Cr_2O_7}{\overset{+6}{}} + \underset{Na_2SO_3}{\overset{+4}{}} + H_2SO_4 \rightarrow \underset{Cr_2(SO_4)_3}{\overset{+3\ +6}{}} + \underset{K_2SO_4}{\overset{+6}{}} + \underset{Na_2SO_4}{\overset{+6}{}} + H_2O$$

Puesto que la reacción transcurre en un medio acuoso, disociamos en iones el dicromato de potasio, el sulfito de sodio, el ácido sulfúrico, el sulfato de cromo(III), el sulfato de potasio y el sulfato de sodio, y expresamos la ecuación de la siguiente manera:

$$[2\,K^+, Cr_2O_7^{2-}] + [2\,Na^+, SO_3^{2-}] + [2\,H^+, SO_4^{2-}] \rightarrow [2\,Cr^{3+}, 3\,SO_4^{2-}] + [2\,K^+, SO_4^{2-}] + [2\,Na^+, SO_4^{2-}] + H_2O$$

La ecuación representa una reacción redox, porque algunos elementos varían su número de oxidación (n.o.). Las especies químicas que contienen esos elementos experimentan una oxidación o reducción según aumente o disminuya, respectivamente, el n.o. del elemento en esas especies.

Observamos que el azufre aumenta su n.o. de +4 en el ion sulfito a +6 en los iones sulfato, mientras que el cromo disminuye su número de oxidación de +6 en el ion dicromato a +3 en el ion cromo(3+). Por tanto, el ion sulfito (el reductor) se oxida a ion sulfato, mientras que el ion dicromato (el oxidante) se reduce a ion cromo(3+).

Las semiecuaciones de oxidación y reducción ajustadas atómica y eléctricamente son las siguientes:

S. oxidación: $$SO_3^{2-} + H_2O \rightarrow SO_4^{2-} + 2\,H^+ + 2\,e^-$$

S. reducción: $$Cr_2O_7^{2-} + 14\,H^+ + 6\,e^- \rightarrow 2\,Cr^{3+} + 7\,H_2O$$

Para obtener la ecuación iónica, debemos multiplicar la semiecuación de oxidación por 3 para que el número de electrones cedidos en la oxidación sea igual al número de electrones ganados en la reducción:

S. oxidación: $$\times 3\,[SO_3^{2-} + H_2O \rightarrow SO_4^{2-} + 2\,H^+ + 2\,e^-]$$

S. reducción: $$Cr_2O_7^{2-} + 14\,H^+ + 6\,e^- \rightarrow 2\,Cr^{3+} + 7\,H_2O$$

Sumamos las dos semiecuaciones para obtener la ecuación iónica:

S. oxidación:
$$3\,SO_3^{2-} + 3\,H_2O \;\rightarrow\; 3\,SO_4^{2-} + 6\,H^+ + \cancel{6e^-}$$

S. reducción:
$$Cr_2O_7^{2-} + 14\,H^+ + \cancel{6e^-} \;\rightarrow\; 2\,Cr^{3+} + 7\,H_2O$$

E. iónica:
$$Cr_2O_7^{2-} + 3\,SO_3^{2-} + 8\,H^+ \;\rightarrow\; 2\,Cr^{3+} + 3\,SO_4^{2-} + 4\,H_2O$$

Comprobamos que la ecuación iónica está ajustada tanto atómica como eléctricamente. En este último caso, comprobamos que la carga neta en ambos miembros es la misma:

$$[1 \times (2-) + 3 \times (2-) + 8 \times (1+)] = [2 \times (3+) + 3 \times (2-)] = 0$$

Trasladamos los coeficientes de la ecuación iónica a la molecular y ajustamos el resto por tanteo:

$$K_2Cr_2O_7 + 3\,Na_2SO_4 + 4\,H_2SO_4 \rightarrow Cr_2(SO_3)_3 + K_2SO_4 + 3\,Na_2SO_4 + 4\,H_2O$$

b) Esquema de los pasos para la resolución:

$$L\,dn.\,K_2Cr_2O_7 \xrightarrow[\textcircled{1}]{n=M\cdot V} mol\,K_2Cr_2O_7 \xrightarrow[\textcircled{2}]{Estequiometría} mol\,Na_2SO_3 \xrightarrow[\textcircled{3}]{M=\frac{n}{V}} mol/L\,Na_2SO_3$$

① Moles $K_2Cr_2O_7$

$$n = M \cdot V = 0,06\,\frac{moles}{L} \cdot 0,025\,L = 1,5 \cdot 10^{-3}\,mol\,K_2Cr_2O_7$$

② Moles de Na_2SO_3

Según la estequiometría de la reacción, 1 mol de $K_2Cr_2O_7$ reaccionan con 3 mol de Na_2SO_3. Por tanto:

$$\frac{1\,mol\,K_2Cr_2O_7}{3\,mol\,Na_2SO_3} = \frac{1,5 \cdot 10^{-3}\,mol\,K_2Cr_2O_7}{x\,mol\,Na_2SO_3}; \; x = 4,5 \cdot 10^{-3}\,mol\,Na_2SO_3$$

③ mol/L de Na_2SO_3 (molaridad)

Como esos moles de Na_2SO_3 están contenidos en 15 mL de disolución, la molaridad será:

$$M = \frac{n}{V} = \frac{4,5 \cdot 10^{-3}\,mol}{0,015\,L} = 0,3\,M\,Na_2SO_3$$

Problema 10.24

El ácido sulfúrico reacciona con cobre para dar sulfato de cobre(II), dióxido de azufre y agua.
a) Ajuste, por el método del ion-electrón, la reacción molecular.
b) ¿Qué masa de sulfato de cobre(II) se puede preparar por la acción de 2 mL de ácido sulfúrico del 96 % de riqueza en peso y densidad 1,84 g/mL sobre cobre en exceso?
Masas atómicas: H = 1; O = 16; S = 32; Cu = 63,5.

a) La ecuación a ajustar en forma molecular es la siguiente:

$$\overset{0}{Cu} \; + \; \overset{+6}{H_2SO_4} \; \rightarrow \; \overset{+2}{CuSO_4} \; + \; \overset{+4}{SO_2} \; + \; H_2O$$

Puesto que la reacción transcurre en un medio acuoso, disociamos en iones el ácido sulfúrico y el sulfato de cobre(II), y expresamos la ecuación de la siguiente manera:

$$Cu + [2\,H^+, SO_4^{2-}] \rightarrow [Cu^{2+}, SO_4^{2-}] + SO_2 + H_2O$$

La ecuación representa una reacción redox, porque algunos elementos varían su número de oxidación (n.o.). Las especies químicas que contienen esos elementos experimentan una oxidación o reducción según aumente o disminuya, respectivamente, el n.o del elemento en esas especies.

Observamos que el cobre aumenta su n.o. de 0 en la sustancia cobre a +2 en el ion cobre(2+), mientras que el azufre disminuye su número de oxidación de +6 en el ion sulfato a +4 en el dióxido de azufre. Por tanto, el cobre (el reductor) se oxida a ion cobre(2+), mientras que el ion sulfato (el oxidante) se reduce a dióxido de azufre.

Las semiecuaciones de oxidación y reducción ajustadas atómica y eléctricamente son las siguientes:

S. oxidación: $$Cu \rightarrow Cu^{2+} + 2\,e^-$$
S. reducción: $$SO_4^{2-} + 4\,H^+ + 2\,e^- \rightarrow SO_2 + 2\,H_2O$$

Sumamos las dos semiecuaciones para obtener la ecuación iónica:

S. oxidación: $$Cu \rightarrow Cu^{2+} + 2\,\cancel{e^-}$$
S. reducción: $$SO_4^{2-} + 4\,H^+ + 2\,\cancel{e^-} \rightarrow SO_2 + 2\,H_2O$$

E. iónica: $$Cu + SO_4^{2-} + 4\,H^+ \rightarrow Cu^{2+} + SO_2 + 2\,H_2O$$

Comprobamos que la ecuación iónica está ajustada tanto atómica como eléctricamente. En este último caso, comprobamos que la carga neta en ambos miembros es la misma:

$$[1 \times (2-) + 4 \times (1+)] = 1 \times (2+) = 2+$$

Trasladamos los coeficientes de la ecuación iónica a la molecular, teniendo en cuenta que como hay $4\,H^+$ por cada SO_4^{2-} que se reduce a SO_2, ponemos como coeficiente un 2 delante de H_2SO_4:

$$Cu + 2\,H_2SO_4 \rightarrow CuSO_4 + SO_2 + 2\,H_2O$$

b) La ecuación de la reacción y la estequiometría de la misma son las siguientes:

$$
\begin{array}{ccccccccc}
Cu & + & 2\,H_2SO_4 & \rightarrow & CuSO_4 & + & SO_2 & + & 2\,H_2O \\
1\,mol & + & 2\,mol & \rightarrow & 1\,mol & + & 1\,mol & + & 2\,mol
\end{array}
$$

Esquema de los pasos para la resolución:

$$
mL\ dn.\ H_2SO_4 \xrightarrow[\text{①}]{n=M\cdot V} mol\ H_2SO_4 \xrightarrow[\text{②}]{\text{Estequiometría}} mol\ CuSO_4 \xrightarrow[\text{③}]{m=n\cdot M_m} g\ CuSO_4
$$

① Moles de H_2SO_4

Calculamos primeramente la molaridad del ácido sulfúrico concentrado mediante factores de conversión:

$$M_{H_2SO_4\ conc.} = \frac{1\,840\,g\,dn}{L\,dn} \cdot \frac{96\,g\,H_2SO_4}{100\,g\,dn} \cdot \frac{1\,mol\,H_2SO_4}{98\,g\,H_2SO_4} = 18\,M$$

$$\lfloor M_m = 98\,g\,H_2SO_4/mol\,H_2SO_4;\ d = 1,84\,g\,dn/mL\,dn = 1\,840\,g\,dn/L\,dn;$$

$$Riqueza = 96\,\% = 96\,g\,H_2SO_4/100\,g\,dn \rfloor$$

Los moles de H_2SO_4 en 2 mL (0,002 L) de disolución serán:

$$n = M \cdot V = 18\,\frac{mol}{L} \cdot 0,002\,L = 0,036\,mol\,H_2SO_4$$

② Moles de $CuSO_4$

Según la estequiometría de la reacción, 2 mol de H_2SO_4 producen 1 mol de $CuSO_4$ (la mitad). Por tanto, si reaccionan 0,036 mol de H_2SO_4 producirán también la mitad: 0,018 mol de $CuSO_4$.

③ Gramos de $CuSO_4$

$$m = n \cdot M_m = 0,018\,mol \cdot 159,5\,\frac{g}{mol} = 2,87\,g\,CuSO_4$$

Problema 10.25

El estaño metálico, en presencia de ácido clorhídrico, es oxidado por el dicromato de potasio ($K_2Cr_2O_7$) a cloruro de estaño(IV), reduciéndose el dicromato a cloruro de cromo(III). Se produce además cloruro de potasio y agua.

a) Ajuste, por el método del ion-electrón, la ecuación molecular completa.

b) Calcule la riqueza en estaño de una aleación, si un gramo de la misma una vez disuelta se valora, en medio ácido clorhídrico, con dicromato de potasio 0,1 M, gastándose 25 mL del mismo.

Masa atómica: Sn = 119.

---

a) La ecuación a ajustar en forma molecular es la siguiente:

$$\overset{0}{Sn} \ + \ \overset{+6}{K_2Cr_2O_7} \ + \ HCl \ \rightarrow \ \overset{+4}{SnCl_4} \ + \ \overset{+3}{CrCl_3} \ + \ KCl \ + \ H_2O$$

Puesto que la reacción transcurre en un medio acuoso, disociamos en iones el dicromato de potasio, el ácido clorhídrico, el cloruro de estaño(IV), el cloruro de cromo(III) y el cloruro de potasio, y expresamos la ecuación de la siguiente manera:

$$Sn + [2\,K^+, Cr_2O_7^{2-}] + [H^+, Cl^-] \rightarrow [Sn^{4+}, 4\,Cl^-] + [Cr^{3+}, 3\,Cl^-] + [K^+, Cl^-] + Cl_2 + H_2O$$

La ecuación representa una reacción redox, porque algunos elementos varían su número de oxidación (n.o.). Las especies químicas que contienen esos elementos experimentan una oxidación o reducción según aumente o disminuya, respectivamente, el número de oxidación del elemento en esas especies.

Observamos que el estaño aumenta su n.o. de 0 en el estaño metal a +4 en el ion estaño(IV), mientras que el cromo disminuye su número de oxidación de +6 en el ion dicromato a +3 en el ion cromo(3+). Por tanto, el estaño (el reductor) se oxida a ion estaño(4+), mientras que el ion dicromato (el oxidante) se reduce a ion cromo(3+).

Las semiecuaciones de oxidación y reducción ajustadas atómica y eléctricamente son las siguientes:

S. oxidación: $$Sn \ \rightarrow \ Sn^{4+} + 4\,e^-$$

S. reducción: $$Cr_2O_7^{2-} + 14\,H^+ + 6\,e^- \ \rightarrow \ 2\,Cr^{3+} + 7\,H_2O$$

Para obtener la ecuación iónica, debemos multiplicar la semiecuación de oxidación por 3 y la de reducción por 2, para que el número de electrones cedidos en la oxidación sea igual al número de electrones ganados en la reducción (el mínimo común múltiplo de $4\,e^-$ y $6\,e^-$ son los 12 e^- que se transfieren):

S. oxidación: $\qquad\qquad\qquad\qquad\qquad\qquad\qquad\quad \times 3\,[\mathrm{Sn} \;\rightarrow\; \mathrm{Sn}^{4+} + 4\,e^-]$

S. reducción: $\qquad\qquad\qquad\quad \times 2\,[\mathrm{Cr_2O_7^{2-}} + 14\,\mathrm{H}^+ + 6\,e^- \;\rightarrow\; 2\,\mathrm{Cr}^{3+} + 7\,\mathrm{H_2O}]$

Sumamos las dos semiecuaciones para obtener la ecuación iónica:

S. oxidación: $\qquad\qquad\qquad\qquad\qquad 3\,\mathrm{Sn} \;\rightarrow\; 3\,\mathrm{Sn}^{4+} + \cancel{12\,e^-}$

S. reducción: $\qquad\quad 2\,\mathrm{Cr_2O_7^{2-}} + 28\,\mathrm{H}^+ + \cancel{12\,e^-} \;\rightarrow\; 4\,\mathrm{Cr}^{3+} + 14\,\mathrm{H_2O}$

E. iónica: $\qquad\quad 3\,\mathrm{Sn} + 2\,\mathrm{Cr_2O_7^{2-}} + 28\,\mathrm{H}^+ \;\rightarrow\; 3\,\mathrm{Sn}^{4+} + 4\,\mathrm{Cr}^{3+} + 14\,\mathrm{H_2O}$

Comprobamos que la ecuación iónica está ajustada tanto atómica como eléctricamente. En este último caso, comprobamos que la carga neta en ambos miembros es la misma:

$$[2 \times (2-) + 28 \times (1+)] = [3 \times (4+) + 4 \times (3+)] = 24+$$

Trasladamos los coeficientes de la ecuación iónica a la molecular y ajustamos el resto por tanteo:

$$3\,\mathrm{Sn} + 2\,\mathrm{K_2Cr_2O_7} + 28\,\mathrm{HCl} \rightarrow 3\,\mathrm{SnCl_4} + 4\,\mathrm{CrCl_3} + 4\,\mathrm{KCl} + 14\,\mathrm{H_2O}$$

b) La ecuación de la reacción y la estequiometría de la misma son las siguientes:

$$
\begin{array}{ccccccccccc}
3\,\mathrm{Sn} & + & 2\,\mathrm{K_2Cr_2O_7} & + & 28\,\mathrm{HCl} & \rightarrow & 3\,\mathrm{SnCl_4} & + & 4\,\mathrm{CrCl_3} & + & 4\,\mathrm{KCl} & + & 14\,\mathrm{H_2O} \\
3\,\text{mol} & + & 2\,\text{mol} & + & 28\,\text{mol} & \rightarrow & 3\,\text{mol} & + & 4\,\text{mol} & + & 4\,\text{mol} & + & 14\,\text{mol}
\end{array}
$$

Esquema de los pasos para la resolución:

$$\mathrm{L\ dn.\ K_2Cr_2O_7} \xrightarrow[\textcircled{1}]{n=M\cdot V} \mathrm{mol\ K_2Cr_2O_7} \xrightarrow[\textcircled{2}]{\text{Estequiometría}} \mathrm{mol\ Sn} \xrightarrow[\textcircled{3}]{m=n\cdot M_m} \mathrm{g\ Sn} \xrightarrow{\textcircled{4}} \mathrm{Riq.\ aleación}$$

① Moles $\mathrm{K_2Cr_2O_7}$

$$n = M \cdot V = 0,1\,\frac{\mathrm{mol}}{\mathrm{L}} \cdot 0,025\,\mathrm{L} = 2,5 \cdot 10^{-3}\,\mathrm{mol\ K_2Cr_2O_7}$$

② Moles de Sn

Según la estequiometría de la reacción, 2 mol de $\mathrm{K_2Cr_2O_7}$ reaccionan con 3 mol de Sn. Por tanto:

$$\frac{2\,\mathrm{mol\ K_2Cr_2O_7}}{3\,\mathrm{mol\ Sn}} = \frac{2,5 \cdot 10^{-3}\,\mathrm{mol\ K_2Cr_2O_7}}{x\,\mathrm{mol\ Sn}}; \; x = 3,75 \cdot 10^{-3}\,\mathrm{mol\ Sn}$$

③ Gramos de Sn

$$m = n \cdot M_m = 3,75 \cdot 10^{-3} \text{mol} \cdot 119\,\text{g/mol} = 0,466\,\text{g Sn}$$

④ Riqueza de la muestra en estaño

La riqueza de la aleación en estaño, en %, representa los gramos de estaño que contendría la aleación si tuviésemos 100 g de la misma (estaño impuro). Por tanto:

$$\frac{1\,\text{g aleación}}{0,446\,\text{g Sn}} = \frac{100\,\text{g aleación}}{x\,\text{g Sn}}$$

$$x = 44,6\,\text{g Sn} \implies 44,6\,\%\,\text{riqueza en Sn}$$

Problema 10.26

Dada la siguiente reacción redox en disolución acuosa:

$$KMnO_4 + KI + H_2SO_4 \to I_2 + MnSO_4 + K_2SO_4 + H_2O$$

a) Ajuste la reacción por el método del ion-electrón.
b) Calcule los litros de disolución 2 M de permanganato de potasio necesarios para obtener un kilogramo de diyodo.
Masas atómicas: O = 16; K = 39; Mn = 55; I = 127.

---

a) La ecuación del enunciado a ajustar está en forma molecular:

$$\overset{+7}{KMnO_4} + \overset{-1}{KI} + H_2SO_4 \to \overset{0}{I_2} + \overset{+2}{MnSO_4} + K_2SO_4 + H_2O$$

Puesto que la reacción transcurre en un medio acuoso, disociamos en iones el permanganato de potasio, el yoduro de potasio, el ácido sulfúrico, el sulfato de manganeso(II) y el sulfato de potasio, y expresamos la ecuación de la siguiente manera:

$$[K^+, MnO_4^-] + [K^+, I^-] + [2\,H^+, SO_4^{2-}] \to I_2 + [Mn^{2+}, SO_4^{2-}] + [2\,K^+, SO_4^{2-}] + [H_2O]$$

La ecuación representa una reacción redox porque algunos elementos varían su número de oxidación (n.o.). Las especies químicas que contienen esos elementos experimentan una oxidación o reducción según aumente o disminuya, respectivamente, el número de oxidación del elemento en esas especies.

Observamos que el yodo aumenta su n.o. de -1 en el ion yoduro a 0 en la sustancia diyodo, mientras que el manganeso disminuye su número de oxidación de $+7$ en el ion permanganato a +2 en el ion manganeso(2+). Por tanto, el ion yoduro (el reductor) se oxida a diyodo, mientras que el ion permanganato (el oxidante) se reduce a ion manganeso(2+).

Las semiecuaciones de oxidación y reducción ajustadas atómica y eléctricamente son las siguientes:

S. oxidación:
$$2\,I^- \;\rightarrow\; I_2 + 2\,e^-$$

S. reducción:
$$MnO_4^- + 8\,H^+ + 5\,e^- \;\rightarrow\; Mn^{2+} + 4\,H_2O$$

Para obtener la ecuación iónica, debemos multiplicar la semiecuación de oxidación por 5 y la semiecuación de reducción por 2, para que el número de electrones cedidos en la oxidación sea igual al número de electrones ganados en la reducción:

S. oxidación:
$$\times 5\,[2\,I^- \;\rightarrow\; I_2 + 2\,e^-]$$

S. reducción:
$$\times 2\,[MnO_4^- + 8\,H^+ + 5\,e^- \;\rightarrow\; Mn^{2+} + 4\,H_2O]$$

Sumamos las dos semiecuaciones para obtener la ecuación iónica:

S. oxidación:
$$10\,I^- \;\rightarrow\; 5\,I_2 + \cancel{10\,e^-}$$

S. reducción:
$$2\,MnO_4^- + 16\,H^+ + \cancel{10\,e^-} \;\rightarrow\; 2\,Mn^{2+} + 8\,H_2O$$

E. iónica:
$$2\,MnO_4^- + 10\,I^- + 16\,H^+ \;\rightarrow\; 5\,I_2 + 2\,Mn^{2+} + 8\,H_2O$$

Comprobamos que la ecuación iónica está ajustada tanto atómica como eléctricamente. En este último caso, comprobamos que la carga neta en ambos miembros es la misma:

$$[2 \times (1-) + 10 \times (1-) + 16 \times (1+)] = 2 \times (2+) = 4+$$

Trasladamos los coeficientes de la ecuación iónica a la molecular y ajustamos el resto por tanteo:

$$2\,KMnO_4 + 10\,KI + 8\,H_2SO_4 \rightarrow 5\,I_2 + 2\,MnSO_4 + 6\,K_2SO_4 + 8\,H_2O$$

b) La ecuación de la reacción y la estequiometría de la misma son las siguientes:

$2\,KMnO_4$	+	$10\,KI$	+	$8\,H_2SO_4$	$\rightarrow$	$5\,I_2$	+	$2\,MnSO_4$	+	$6\,K_2SO_4$	+	$8\,H_2O$
2 mol	+	10 mol	+	8 mol	$\rightarrow$	5 mol	+	2 mol	+	6 mol	+	8 mol

Esquema de los pasos para la resolución:

$$g\,I_2 \;\xrightarrow[\textcircled{1}]{n=\frac{m}{M_m}}\; mol\,I_2 \;\xrightarrow[\textcircled{2}]{Estequiometría}\; mol\,KMnO_4 \;\xrightarrow[\textcircled{3}]{V=\frac{n}{M}}\; L\,dn.\,KMnO_4$$

① Moles I_2

$$n = \frac{m}{M_m} = \frac{1\,000\,\text{g}}{254\,\text{g/mol}} = 3,94\,\text{mol}\,I_2$$

② Moles de $KMnO_4$

Según la estequiometría de la reacción, se producen 5 mol de I_2 por cada 2 mol de $KMnO_4$ que se consumen. Por tanto:

$$\frac{5\,\text{mol}\,I_2}{2\,\text{mol}\,KMnO_4} = \frac{3,94\,\text{mol}\,I_2}{x\,\text{mol}\,KMnO_4}; \ x = 1,58\,\text{mol}\,KMnO_4$$

③ Litros de disolución 2 M de $KMnO_4$

$$V = \frac{n}{M} = \frac{1,58\,\text{mol}}{2\,\text{mol/L}} = 0,79\,\text{L dn}\,KMnO_4$$

Capítulo 11

Procesos electroquímicos

Cuestión 11.1

Indique si los siguientes enunciados, relativos a una reacción redox, son verdaderos o falsos. Razónelo.

a) Un elemento se reduce cuando pierde electrones.

b) Una especie se oxida al mismo tiempo que otra se reduce.

c) En una pila, la oxidación tienen lugar en el electrodo negativo.

---

a) Falso. Un elemento, o mejor, una especie química se reduce cuando gana electrones. La especie química que se reduce es el oxidante. Cuando una especie química se reduce el número de oxidación (n.o.) de uno de los elementos que contiene disminuye.

Así, por ejemplo, cuando el ion hierro(3+) se reduce a hierro experimenta una ganancia de tres electrones y el n.o. del hierro disminuye de +3 a 0.

$$\overset{+3}{Fe^{3+}} + 3\,e^- \rightarrow \overset{0}{Fe}$$

b) Verdadero. Los procesos de oxidación y reducción no se dan aislados, sino que cada uno se verifica en presencia del otro, de forma que el número de electrones que gana el oxidante cuando se reduce lo pierde el reductor cuando se oxida.

Veamos, por ejemplo, la electrólisis de cloruro de estaño(II) fundido:

S. oxidación (ánodo):	$2\,Cl^- \,(l) \rightarrow Cl_2\,(g) + 2\,e^-$
S. reducción (cátodo):	$Sn^{2+}\,(l) + 2\,e^- \rightarrow Sn\,(s)$
Ecuación global:	$2\,Cl^-\,(l) + Sn^{2+}\,(l) \rightarrow Sn\,(s) + Cl_2\,(g)$

c) Verdadero. La oxidación, tanto en una pila voltaica como en una cuba electrolítica, ocurre en el ánodo. En el caso de una pila voltaica, el ánodo tiene polaridad negativa puesto que en el proceso de oxidación, que tiene lugar en la superficie del electrodo, átomos del metal (M) del electrodo dejan cada uno de los electrones en él y se transforman en iones positivos (M^{n+}), que abandonan el electrodo y pasan a la disolución. Como resultado, el electrodo adquiere carga negativa y, por ello, la polaridad es negativa.

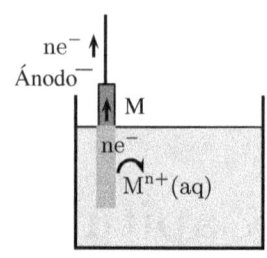

Cuestión 11.2

Si se introduce una lámina de zinc en una disolución de sulfato de cobre(II), $CuSO_4$, se observa que el cobre se deposita en la lámina, se pierde el color azul de la disolución y la lámina de zinc se disuelve.
a) Explique, razonadamente, este fenómeno.
b) Escriba las reacciones observadas.

---

a y b) El fenómeno se interpreta admitiendo que ha tenido lugar de una manera espontánea un proceso de oxidación-reducción:

$$Zn\,(s) + Cu^{2+}\,(aq) \rightarrow Zn^{2+}(aq) + Cu\,(s)$$

$$\lfloor SO_4^{2-}\,(aq)(\text{iones espectadores})\rfloor$$

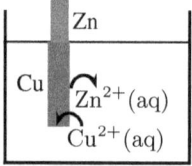

Los procesos redox son procesos en los que se transfieren electrones de una especie a otra. El proceso global, o la reacción global, puede descomponerse en dos semirreacciones, una de oxidación y otra de reducción.

En el caso que nos ocupa, las semirreacciones que tienen lugar son las siguientes:

- Oxidación

  Cada uno de los átomos de zinc de la lámina dejan dos electrones en ella, se transforman en iones zinc(2+) que abandonan la lámina y pasan a la disolución. Como resultado, la lámina de zinc va desapareciendo, y aumenta la concentración de iones zinc(2+) de la disolución. Decimos, en este caso, que el zinc se oxida a ion zinc(2+). La ecuación del proceso es:

$$Zn\,(s) \rightarrow Zn^{2+}\,(aq) + 2\,e^-$$

- Reducción

  Cada uno de los iones de cobre(2+) de la disolución pasan a la lámina de zinc, cogiendo los dos electrones que han soltado cada uno de los iones zinc(2+), y se transforman en átomos de cobre. Como resultado, sobre la lámina de zinc se va depositando cobre metálico y disminuye la concentración de iones cobre(2+) de la disolución, por lo que pierde su color azul. Decimos, en este caso, que el ion cobre(2+) se reduce a cobre. La ecuación del proceso es:

$$Cu^{2+}(aq) + 2\,e^- \rightarrow Cu\,(s) \qquad \lfloor SO_4^{2-}\,(aq)(iones\ espectadores)\rfloor$$

Cuestión 11.3

Explique, mediante la correspondiente reacción, qué sucede cuando en una disolución de sulfato de hierro(II) se introduce una lámina de:
a) Cd.
b) Zn.
Datos: $E^o_{Zn^{2+}/Zn} = -0,76\,V$; $E^o_{Fe^{2+}/Fe} = -0,44\,V$; $E^o_{Cd^{2+}/Cd} = -0,40\,V$.

---

a) Supongamos que, al introducir una lámina de cadmio en una disolución de sulfato de hierro(II), ocurre el proceso representado por esta ecuación:

$$Cd\,(s) + Fe^{2+}(aq) \rightarrow Cd^{2+}(aq) + Fe\,(s)$$

Esta ecuación está ajustada atómica y eléctricamente, y es la suma de los procesos anódico y catódico que ocurren en cada una de las semipilas:

$(\ominus \text{Ánodo}) \ \text{Oxidación:} \qquad\qquad Cd\,(s) \quad \rightarrow \quad Cd^{2+}(aq) + 2\,e^-$

$(\oplus \text{Cátodo}) \ \text{Reducción:} \qquad Fe^{2+}(aq) + 2\,e^- \quad \rightarrow \quad Fe\,(s)$

Para averiguar si la reacción es espontánea, debemos determinar el potencial estándar de la pila, ya que está relacionado con la variación de energía libre estándar, ΔG^o, que determina la espontaneidad o no de una reacción, es decir, si la reacción se da por sí sola, sin tener que comunicarle una energía externa.

El potencial estándar de una pila, E^o_{pila}, se obtiene a partir de los potenciales estándar de electrodo[1]:

$$E^o_{pila} = E^o_{cátodo} - E^o_{ánodo}$$

---

[1] Por acuerdo internacional, los potenciales estándar de electrodo son potenciales de reducción y miden la tendencia que tienen los electrodos a generar en ellos un proceso de reducción. Para resaltar que E^o se refiere a una reducción, el potencial de electrodo correspondiente al proceso de semipila $M^{n+}(aq) + ne^- \rightarrow M\,(s)$ se representa como $E^o_{M^{n+}/M}$.

En el caso de esta pila electroquímica:

$$E^o_{\text{pila}} = E^o_{\text{Fe}^{2+}/\text{Fe}} - E^o_{\text{Cd}^{2+}/\text{Cd}} = -0,44\,\text{V} - (-0,4\,\text{V}) = -0,04\,\text{V}$$

Como $E^o_{\text{pila}} < 0$, la variación de energía libre estándar, ΔG^o, es:

$$\Delta G^o = -nFE^o_{\text{pila}} > 0$$

$$\lfloor n = e^- \text{ tranferidos}; \ F = \text{constante de Faraday} \rfloor$$

El proceso no es espontáneo, puesto que $\Delta G^o > 0$. Por tanto, si introducimos una lámina de cadmio en una disolución de sulfato de hierro(II) no ocurre ninguna reacción química.

b) Supongamos que, al introducir una lámina de zinc en una disolución de sulfato de hierro(II), ocurre el proceso representado por esta ecuación:

$$\text{Zn (aq)} + \text{Fe}^{2+}\,(\text{aq}) \rightarrow \text{Zn}^{2+}\,(\text{aq}) + \text{Fe (s)}$$

Esta ecuación está ajustada atómica y eléctricamente, y es la suma de los procesos anódico y catódico que ocurren en cada una de las semipilas:

$$(\ominus\text{Ánodo}) \ \text{Oxidación:} \qquad \text{Zn (s)} \ \rightarrow \ \text{Zn}^{2+}\,(\text{aq}) + 2\,e^-$$
$$(\oplus\text{Cátodo}) \ \text{Reducción:} \qquad \text{Fe}^{2+}\,(\text{aq}) + 2\,e^- \ \rightarrow \ \text{Fe (s)}$$

Seguimos el mismo procedimiento que en el apartado a) para averiguar si la reacción es espontánea:

$$E^o_{\text{pila}} = E^o_{\text{cátodo}} - E^o_{\text{ánodo}} = E^o_{\text{Fe}^{2+}/\text{Fe}} - E^o_{\text{Zn}^{2+}/\text{Zn}} = -0,44\,\text{V} - (-0,76\,\text{V}) = 0,32\,\text{V}$$

Como $E^o_{\text{pila}} > 0$, $\Delta G^o < 0$. El proceso es espontáneo. Por tanto, si introducimos una lámina de zinc en una disolución de sulfato de hierro(II), el ion hierro(2+) oxida al zinc a ion zinc(2+).

Cuestión 11.4

Sabiendo que:

$$\text{Zn (s)}\,|\,\text{Zn}^{2+}\,(1\,\text{M}) \ \| \ \text{H}^+\,(1\,\text{M})\,|\,\text{H}_2\,(1\,\text{atm})\,|\,\text{Pt (s)} \qquad E^o = 0,76\,\text{V}$$
$$\text{Zn (s)}\,|\,\text{Zn}^{2+}\,(1\,\text{M}) \ \| \ \text{Cu}^{2+}\,(1\,\text{M})\,|\,\text{Cu (s)} \qquad E^o = 1,10\,\text{V}$$

Calcule los potenciales estándar de reducción:

a) $E^o_{\text{Zn}^{2+}/\text{Zn}}$
b) $E^o_{\text{Cu}^{2+}/\text{Cu}}$

a) El potencial estándar de una pila, E^o_{pila}, se obtiene a partir de los potenciales estándar de electrodo:

$$E^o_{pila} = E^o_{cátodo} - E^o_{ánodo} \quad [*]$$

Donde $E^o_{cátodo}$ y $E^o_{ánodo}$ son los potenciales estándar de los electrodos (potenciales de reducción).

En la primera pila, podemos determinar el potencial estándar de electrodo del zinc (que actúa como ánodo) a partir del potencial estándar de la pila y del potencial estándar de electrodo del hidrógeno (que actúa como cátodo), que por definición es 0.

Despejamos $E^o_{ánodo} = E^o_{Zn^{2+}/Zn}$ de la ecuación [*]:

$$E^o_{Zn^{2+}/Zn} = E^o_{cátodo} - E^o_{pila} = E^o_{H^+/H_2} - E^o_{pila} = 0 - 0,76\,V = -0,76\,V$$

b) En la segunda pila, podemos determinar el potencial estándar del cobre (que actúa como cátodo) a partir del potencial estándar de la pila y del potencial estándar de electrodo del zinc (que actúa como ánodo).

Despejamos $E^o_{cátodo} = E^o_{Cu^{2+}/Cu}$ de la ecuación [*]:

$$E^o_{Cu^{2+}/Cu} = E^o_{pila} + E^o_{ánodo} = E^o_{pila} + E^o_{Zn^{2+}/Zn} = 1,10\,V + (-0,76\,V) = 0,34\,V$$

Cuestión 11.5

Teniendo en cuenta los potenciales de reducción estándar de los pares $E^o_{Ag^+/Ag} = +0,80\,V$ y $E^o_{Ni^{2+}/Ni} = -0,25\,V$:
a) ¿Cuál es la fuerza electromotriz, en condiciones estándar, de la pila que se podría construir?
b) Escriba la notación de esa pila y las reacciones que tienen lugar.

---

a) Antes de determinar la f.e.m. (en adelante, potencial estándar de la pila), veamos qué electrodo es el ánodo y cuál es el cátodo. En toda pila voltaica, el cátodo es electrodo con el potencial estándar de electrodo más positivo o menos negativo, mientras que el ánodo es el electrodo con el potencial estándar de electrodo más negativo o menos positivo[2]. Como el potencial estándar de electrodo de la plata

---

[2]Cuanto más positivo o menos negativo es el potencial estándar de un electrodo, más tendencia tiene a que se dé en él la reducción cuando se enfrenta a otro electrodo de potencial estándar de electrodo menos positivo o más negativo. El electrodo donde tiene lugar la reducción es el cátodo, el polo positivo.

es positivo, actúa como cátodo; y el electrodo de níquel, de potencial estándar de electrodo negativo, actúa como ánodo.

El potencial estándar de una pila, E^o_{pila}, se obtiene a partir de los potenciales estándar de electrodo:

$$E^o_{pila} = E^o_{cátodo} - E^o_{ánodo}$$

Donde $E^o_{cátodo}$ y $E^o_{ánodo}$ son los potenciales estándar de los electrodos (potenciales de reducción).

En el caso de esta pila electroquímica:

$$E^o_{pila} = E^o_{Ag^+/Ag} - E^o_{Ni^{2+}/Ni} = 0,80\,\text{V} - (-0,25\,\text{V}) = 1,05\,\text{V}$$

Este valor significa que la pila suministra una energía de 1,05 J a cada culombio de carga que atraviesa el circuito.

b) La notación o diagrama de la pila es la siguiente:

$$Ni\,(s)\,|\,Ni^{2+}\,(aq)\,\|\,Ag^+\,(aq)\,|\,Ag\,(s)$$

Las semiecuaciones correspondientes a los procesos anódico y catódico, así como la ecuación global son las siguientes:

($\ominus$ Ánodo) Oxidación:	$Ni\,(s) \quad \rightarrow \quad Ni^{2+}\,(aq) + 2\,e^-$
($\oplus$ Cátodo) Reducción:	$2 \times [Ag^+\,(aq) + e^- \quad \rightarrow \quad Ag\,(s)]$

Ecuación global: $\qquad Ni\,(s) + 2\,Ag^+\,(aq) \quad \rightarrow \quad Ni^{2+}\,(aq) + 2\,Ag\,(s)$

Cuestión 11.6

Se sabe que el flúor desplaza al yodo de los yoduros para formar el fluoruro correspondiente.

a) Escriba las semirreacciones que tienen lugar.

b) Sabiendo que $E^o_{I_2/I^-} = +0,53,\text{V}$, indique, justificándolo, cuál de los tres valores de E^o siguientes: $+2,83\,\text{V}$; $+0,53\,\text{V}$ y $-0,47\,\text{V}$ corresponderá al par F_2/F^-.

---

a) Las semiecuaciones correspondientes a los procesos anódico y catódico que tendrían lugar en la hipotética pila voltaica serían las siguientes:

- Oxidación (en el ánodo, polo negativo):

$$2\,I^-\,(aq) \rightarrow I_2\,(s) + 2\,e^-$$

- Reducción (en el cátodo, polo positivo):

$$F_2\,(g) + 2\,e^- \rightarrow 2\,F^-\,(aq)$$

b) El potencial estándar de una pila, E^o_{pila}, se obtiene a partir de los potenciales estándar de electrodo:

$$E^o_{\text{pila}} = E^o_{\text{cátodo}} - E^o_{\text{ánodo}}$$

Donde $E^o_{\text{cátodo}}$ y $E^o_{\text{ánodo}}$ son los potenciales estándar de los electrodos (potenciales de reducción).

Como el flúor actúa como como cátodo y el yodo como ánodo:

$$E^o_{\text{pila}} = E^o_{F_2/F^-} - E^o_{I_2/I^-}$$

Como es una reacción espontánea pues se trata de una pila voltaica, $\Delta G^o < 0$ y, por tanto, $E^o_{\text{pila}} > 0$. Según la ecuación anterior, para que $E^o_{\text{pila}} > 0$, si $E^o_{I_2/I^-} = 0,53\,V$, $E^o_{F_2/F^-}$ debe tener un valor positivo por encima de 0,53 V. El único valor posible es 2,83 V.

Cuestión 11.7

Se dispone de una pila formada por un electrodo de zinc y otro de plata, sumergidos en una disolución 1 M de sus respectivos iones, Zn^{2+} y Ag^+. Indique si son verdaderas o falsas las afirmaciones siguientes. Razone las respuestas.

a) La plata es el cátodo y el zinc el ánodo.

b) El potencial de la pila es 0,04 V.

c) En el ánodo de la pila tiene lugar la reducción del oxidante.

Datos: $E^o_{Zn^{2+}/Zn} = -0,76\,V$; $E^o_{Ag+/Ag} = 0,80\,V$.

---

a) Verdadera. En toda pila voltaica, el cátodo es el electrodo con el potencial estándar más positivo o menos negativo, mientras que el ánodo es el electrodo con el potencial estándar de electrodo más negativo o menos positivo. Como el potencial estándar de electrodo de la plata es positivo, actúa como cátodo; y el electrodo de zinc, de potencial de estándar de electrodo negativo, actúa como ánodo.

b) Falsa. El potencial estándar de una pila, E^o_{pila}, se obtiene a partir de los potenciales estándar de electrodo:

$$E^o_{\text{pila}} = E^o_{\text{cátodo}} - E^o_{\text{ánodo}}$$

Siendo $E^o_{\text{cátodo}}$ y $E^o_{\text{ánodo}}$ los potenciales estándar de los electrodos (potenciales de reducción).

En el caso de esta pila electroquímica:

$$E^o_{\text{pila}} = E^o_{\text{Ag}^+/\text{Ag}} - E^o_{\text{Zn}^{2+}/\text{Zn}} = 0,80\,\text{V} - (-0,76\,\text{V}) = 1,56\,\text{V}$$

Este valor significa que la pila suministra una energía de 1,56 J a cada culombio de carga que atraviesa el circuito.

c) Falsa. En el ánodo de la pila ocurre la oxidación del reductor. La semiecuación correspondiente a este proceso es la siguiente:

$$\text{Zn (s)} \rightarrow \text{Zn}^{2+}\,(\text{aq}) + 2\,\text{e}^-$$

Cuestión 11.8

Se dispone de una pila con dos electrodos de Cu y Ag, sumergidos en una disolución 1 M de sus respectivos iones, Cu^{2+} y Ag^+. Diga si son verdaderas o falsas las afirmaciones siguientes. Razone las respuestas.
a) El electrodo de plata es el cátodo y el de cobre el ánodo.
b) El potencial de la pila es 0,46 V.
c) En el ánodo de la pila tiene lugar la reducción del oxidante.
Datos: $E^o_{\text{Ag}^+/\text{Ag}} = 0,80\,\text{V}$; $E^o_{\text{Cu}^{2+}/\text{Cu}} = 0,34\,\text{V}$.

---

a) Verdadera. En toda pila voltaica, el cátodo es el electrodo con el potencial estándar de electrodo más positivo o menos negativo, mientras que el ánodo es el electrodo con el potencial estándar de electrodo más negativo o menos positivo. Como el potencial estándar de electrodo de la plata es más positivo, actúa como cátodo; y el electrodo de cobre, de potencial estándar de electrodo menos positivo, actúa como ánodo.

b) Verdadera. El potencial estándar de una pila, E^o_{pila}, se obtiene a partir de los potenciales estándar de electrodo:

$$E^o_{\text{pila}} = E^o_{\text{cátodo}} - E^o_{\text{ánodo}}$$

Donde $E^o_{\text{cátodo}}$ y $E^o_{\text{ánodo}}$ son los potenciales estándar de los electrodos (potenciales de reducción).

En el caso de esta pila electroquímica:

$$E^o_{\text{pila}} = E^o_{\text{Ag}^+/\text{Ag}} - E^o_{\text{Cu}^{2+}/\text{Cu}} = 0,80\,\text{V} - 0,34\,\text{V} = 0,46\,\text{V}$$

Este valor significa que la pila suministra una energía de 0,46 J a cada culombio de carga que atraviesa el circuito.

c) Falsa. En el ánodo de la pila ocurre la oxidación del reductor. La semiecuación correspondiente a este proceso es la siguiente:

$$Cu\,(s) \rightarrow Cu^{2+}\,(aq) + 2\,e^-$$

Cuestión 11.9

Cuando se introduce una lámina de aluminio en una disolución de nitrato de cobre(II), se deposita cobre sobre la lámina de aluminio y aparecen iones Al^{3+} en la disolución.
a) Escriba las semirreacciones de oxidación y de reducción que tienen lugar.
b) Escriba la reacción redox global indicando el agente oxidante y el reductor.
c) ¿Por qué la reacción es espontánea?
Datos: $E^o_{Cu^{2+}/Cu} = 0,34\,\text{V}$; $E^o_{Al^{3+}/Al} = -1,66\,\text{V}$.

---

a) Las semiecuaciones de los procesos anódico y catódico
son las siguientes:

- Oxidación:

$$Al\,(s) \rightarrow Al^{3+}\,(aq) + 3\,e^-$$

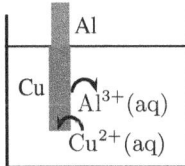

- Reducción:

$$Cu^{2+}\,(aq) + 2\,e^- \rightarrow Cu\,(s)$$

b) Multiplicamos la semiecuación de oxidación por 2 y la semiecuación de reducción por 3, para que el número de electrones cedidos en la oxidación sea igual al número de electrones ganados en la reducción:

Oxidación:	$2 \times [Al\,(s) \quad \rightarrow \quad Al^{3+}\,(aq) + 3\,e^-]$
Reducción:	$3 \times [Cu^{2+}\,(aq) + 2\,e^- \quad \rightarrow \quad Cu\,(s)]$

Ecuación global: $\quad 2\,Al\,(s) + 3\,Cu^{2+}\,(aq) \quad \rightarrow \quad 2\,Al^{3+}\,(aq) + 3\,Cu\,(s)$

El agente oxidante es el ion cobre(2+), que se reduce a cobre, aceptando electrones del aluminio; el agente reductor es el aluminio, que se oxida a ion aluminio, cediendo electrones al ion cobre(2+).

c) Para averiguar si la reacción es espontánea, debemos determinar el potencial estándar de la pila hipotética que se formaría con estos electrodos, ya que está relacionado con la variación de energía libre estándar, ΔG^o, que determina la espontaneidad o no de una reacción, es decir, si la reacción se da por sí sola, sin tener que comunicarle una energía externa.

El potencial estándar de una pila, E^o_{pila}, se obtiene a partir de los potenciales estándar de electrodo[3]:

$$E^o_{\text{pila}} = E^o_{\text{cátodo}} - E^o_{\text{ánodo}}$$

En el caso de esta pila electroquímica:

$$E^o_{\text{pila}} = E^o_{\text{Cu}^{2+}/\text{Cu}} - E^o_{\text{Al}^{3+}/\text{Al}} = 0,34\,\text{V} - (-1,66\,\text{V}) = 2,00\,\text{V}$$

Como $E^o_{\text{pila}} > 0$, la variación de energía libre estándar, ΔG^o, es:

$$\Delta G^o = -nFE^o_{\text{pila}} < 0$$

$$\lfloor n = e^- \text{ tranferidos; } F = \text{ constante de Faraday.}\rfloor$$

El proceso es espontáneo, puesto que $\Delta G^o < 0$.

Cuestión 11.10

a) ¿Tiene el Zn^{2+} capacidad para oxidar el Br^- a Br_2 en condiciones estándar? Razone la respuesta.

Datos: $E^o_{\text{Zn}^{2+}/\text{Zn}} = -0,76\,\text{V}$; $E^o_{\text{Br}_2/\text{Br}^-} = 1,06\,\text{V}$.

b) Escriba, según el convenio establecido, la notación simbólica de la pila que se puede formar con los siguientes electrodos: $\text{Zn}^{2+}/\text{Zn}\,(E^o = -0,76\,\text{V})$; $\text{Cu}^{2+}/\text{Cu}\,(E^o = 0,34\,\text{V})$.

---

a) Lo que se pregunta es si será o no espontánea la reacción de ecuación:

$$\text{Br}^-\,(\text{aq}) + \text{Zn}^{2+}\,(\text{aq}) \rightarrow \text{Br}_2\,(\text{l}) + \text{Zn}\,(\text{s}) \qquad (\text{sin ajustar})$$

La ecuación dada es la suma de las dos semiecuaciones correspondientes a los procesos anódico y catódico que tendrían lugar en una hipotética pila formada

---

[3]Expresiones equivalentes son las siguientes:

$$E^o_{\text{pila}} = E^o_{\text{derecha}} - E^o_{\text{izquierda}}$$

$$E^o_{\text{pila}} = E^o_{\text{semipila de reducción}} - E^o_{\text{semipila de oxidación}}$$

$$E^o_{\text{pila}} = E^o_+ - E^o_-$$

con las semipilas Zn^{2+}/Zn y Br_2/Br^-:

(⊖ Ánodo) Oxidación: $\qquad$ $2\,Br^-\,(aq) \rightarrow Br_2\,(l) + 2\,e^-$

(⊕ Cátodo) Reducción: $\qquad$ $Zn^{2+}\,(aq) + 2\,e^- \rightarrow Zn\,(s)$

El potencial estándar de una pila, E^o_{pila}, se obtiene a partir de los potenciales estándar de electrodo:

$$E^o_{pila} = E^o_{cátodo} - E^o_{ánodo}$$

En el caso de esta pila electroquímica:

$$E^o_{pila} = E^o_{Zn^{2+}/Zn} - E^o_{Br_2/Br^-} = -0,76\,V - 1,06\,V = -1,82\,V$$

Como $E^o_{pila} < 0$, la variación de energía libre estándar, ΔG^o, es:

$$\Delta G^o = -nFE^o_{pila} > 0$$

$$\lfloor n = e^- \text{ tranferidos}; \; F = \text{constante de Faraday.}\rfloor$$

El proceso no es espontáneo puesto que $\Delta G^o > 0$. Por tanto, el Zn^{2+} (aq) no tiene capacidad para oxidar el Br^- (aq) a Br_2 (l) en condiciones estándar.

b) La notación simbólica de la pila es la siguiente:

$$Zn\,(s)\,|\,Zn^{2+}\,(aq)\,||\,Cu^{2+}\,(aq)\,|\,Cu\,(s)$$

Cuestión 11.11

Una pila electroquímica se representa por:

$$Mg\,|\,Mg^{2+}\,(1\,M)\,||\,Sn^{2+}\,(1\,M)\,|\,Sn$$

a) Dibuje un esquema de la misma indicando el electrodo que hace de ánodo y el que hace de cátodo.

b) Escriba las semirreacciones que tienen lugar en cada semipila.

c) Indique el sentido del movimiento de los electrones por el circuito exterior.

---

a) El esquema de la pila electroquímica es el siguiente:

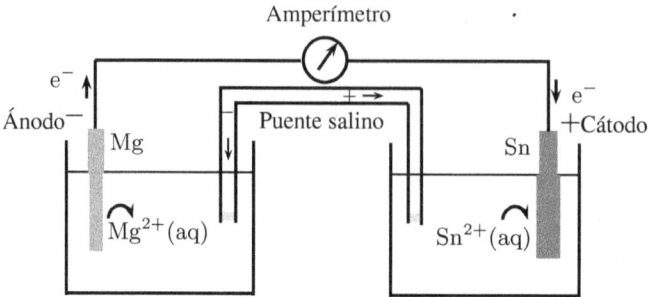

b) La semiecuaciones que corresponden a los procesos de oxidación y reducción que tienen lugar en cada semipila son las siguientes:

($\ominus$ Ánodo) Oxidación: $\qquad$ $\mathrm{Mg\,(s)} \quad \rightarrow \quad \mathrm{Mg^{2+}\,(aq)} + 2\,e^-$

($\oplus$ Cátodo) Reducción: $\quad \mathrm{Sn^{2+}\,(aq)} + 2\,e^- \quad \rightarrow \quad \mathrm{Sn\,(s)}$

c) Como indica la figura, los electrones se mueven por el circuito exterior desde el ánodo (polo negativo) hacia el cátodo (polo positivo).

Cuestión 11.12

La notación de una pila electroquímica es:

$$\mathrm{Mg \,|\, Mg^{2+}\,(aq, 1\,M) \,||\, Ag^+\,(aq, 1\,M) \,|\, Ag}$$

a) Calcule el potencial estándar de la pila.
b) Escriba y ajuste la ecuación química para la reacción que ocurre en la pila.
c) Indique la polaridad de los electrodos.
Datos: $E^o_{\mathrm{Ag^+/Ag}} = 0,80\,\mathrm{V}$; $E^o_{\mathrm{Mg^{2+}/Mg}} = -2,36\,\mathrm{V}$.

---

a) El potencial estándar de una pila, E^o_{pila}, se obtiene a partir de los potenciales estándar de electrodo:

$$E^o_{\mathrm{pila}} = E^o_{\mathrm{cátodo}} - E^o_{\mathrm{ánodo}}$$

Donde $E^o_{\mathrm{cátodo}}$ y $E^o_{\mathrm{ánodo}}$ son los potenciales estándar de los electrodos (potenciales de reducción).

En el caso de esta pila electroquímica:

$$E^o_{\mathrm{pila}} = E^o_{\mathrm{Ag^+/Ag}} - E^o_{\mathrm{Mg^{2+}/Mg}} = 0,80\,\mathrm{V} - (-2,36\,\mathrm{V}) = 3,16\,\mathrm{V}$$

Este valor significa que la pila suministra una energía de 3,16 J a cada culombio de carga que atraviesa el circuito.

El signo del potencial es positivo, como corresponde a una pila voltaica.

b) Las semiecuaciones correspondientes a los procesos anódico y catódico, así como la ecuación global son las siguientes:

$(\ominus \text{Ánodo})$ Oxidación: $\qquad\qquad\qquad Mg\,(s) \ \rightarrow \ Mg^{2+}\,(aq) + 2\,e^-$

$(\oplus \text{Cátodo})$ Reducción: $\qquad 2 \times [Ag^+\,(aq) + e^- \ \rightarrow \ Ag\,(s)]$

Ecuación global: $\qquad\qquad Mg\,(s) + 2\,Ag^+\,(aq) \ \rightarrow \ Mg^{2+}\,(aq) + 2\,Ag\,(s)$

c) El ánodo es el polo negativo y el cátodo el polo positivo.

Cuestión 11.13

A partir de los valores de potenciales normales de reducción siguientes: $(Cl_2/2\,Cl^-) = +1,36\,V$; $(I_2/2\,I^-) = +0,54\,V$; $(Fe^{3+}/Fe^{2+}) = +0,77\,V$, indique, razonando las respuesta:
a) Si el dicloro puede reaccionar con iones Fe^{2+} y transformarlos en Fe^{3+}.
b) Si el diyodo puede reaccionar con iones Fe^{2+} y transformarlos en Fe^{3+}.

a) Supongamos que el proceso tiene lugar. La ecuación del proceso sería:

$$Fe^{2+}\,(aq) + Cl_2\,(g) \rightarrow Fe^{3+}\,(aq) + 2\,Cl^-(aq)$$

Esta ecuación no está ajustada eléctricamente.

La ecuación global del proceso sería la suma de los procesos anódico y catódico:

$(\ominus \text{Ánodo})$ Oxidación: $\qquad 2 \times [Fe^{2+}\,(aq) \ \rightarrow \ Fe^{3+}\,(aq) + e^-]$

$(\oplus \text{Cátodo})$ Reducción: $\qquad Cl_2\,(g) + 2\,e^- \ \rightarrow \ 2\,Cl^-\,(aq)$

Ecuación global: $\qquad 2\,Fe^{2+}\,(aq) + Cl_2\,(g) \ \rightarrow \ 2\,Fe^{3+}\,(aq) + 2\,Cl^-\,(aq)$

Para averiguar si la reacción es espontánea debemos determinar el potencial estándar de la pila, ya que está relacionado con la variación de energía libre, ΔG^o, que determina la espontaneidad o no de una reacción, es decir, si la reacción se da por sí sola, sin tener que comunicarle una energía externa.

El potencial estándar de una pila, E^o_{pila}, se obtiene a partir de los potenciales de electrodo:

$$E^o_{pila} = E^o_{cátodo} - E^o_{ánodo}$$

En el caso de esta pila electroquímica:

$$E^o_{pila} = E^o_{Cl_2/Cl^-} - E^o_{Fe^{3+}/Fe^{3+}} = 1,36\,V - (0,77\,V) = 0,59\,V$$

Como $E^o_{\text{pila}} > 0$, la variación de energía libre estándar, ΔG^o, es:

$$\Delta G^o = -nFE^o_{\text{pila}} < 0$$

$$\lfloor n = e^- \text{ tranferidos}; \; F = \text{constante de Faraday.} \rfloor$$

El proceso es espontáneo puesto que $\Delta G^o < 0$. Por tanto, el dicloro puede oxidar los iones hierro(2+) a iones hierro(3+).

b) Supongamos que el proceso tiene lugar. La ecuación del proceso sería:

$$\text{Fe}^{2+} \text{(aq)} + \text{I}_2 \text{(g)} \rightarrow \text{Fe}^{3+} \text{(aq)} + 2\,\text{I}^- \text{(aq)}$$

Esta ecuación no está ajustada eléctricamente.

La ecuación global del proceso sería la suma de los procesos anódico y catódico:

$(\ominus \text{Ánodo})$ Oxidación:	$2 \times [\text{Fe}^{2+} \text{(aq)} \;\rightarrow\; \text{Fe}^{3+} \text{(aq)} + e^-]$
$(\oplus \text{Cátodo})$ Reducción:	$\text{I}_2 \text{(s)} + 2\,e^- \;\rightarrow\; 2\,\text{I}^- \text{(aq)}$

Ecuación global:	$2\,\text{Fe}^{2+} \text{(aq)} + \text{I}_2 \text{(g)} \;\rightarrow\; 2\,\text{Fe}^{3+} \text{(aq)} + 2\,\text{I}^- \text{(aq)}$

Seguimos el mismo procedimiento que en el apartado a) para averiguar si la reacción es espontánea.

$$E^o_{\text{pila}} = E^o_{\text{cátodo}} - E^o_{\text{ánodo}} = E^o_{\text{I}_2/\text{I}^-} - E^o_{\text{Fe}^{3+}/\text{Fe}^{2+}} = 0,54\,\text{V} - (0,77\,\text{V}) = -0,23\,\text{V}$$

Como $E^o_{\text{pila}} < 0$, $\Delta G^o > 0$. El proceso no es espontáneo. Por tanto, el diyodo no puede oxidar los iones hierro(2+) a iones hierro(3+).

Cuestión 11.14

A la vista de los siguientes potenciales normales de reducción:

$$E^o_{\text{Na}^+/\text{Na}} = -2,71\,\text{V}; \; E^o_{\text{H}^+/\text{H}_2} = 0,00\,\text{V}; \; E^o_{\text{Cu}^{2+}/\text{Cu}} = +0,34\,\text{V}$$

Razone:

a) Si se desprenderá dihidrógeno cuando se introduzca una barra de sodio en una disolución de ácido clorhídrico 1 M.

b) Si se desprenderá dihidrógeno cuando se introduzca una barra de cobre en una disolución de ácido clorhídrico 1 M.

c) Si el sodio metálico podrá reducir a los iones cobre(2+).

---

a) Se nos pregunta si la siguiente reacción tendrá lugar:

$$\text{Na (s)} + \text{H}^+ \text{(aq)} \rightarrow \text{Na}^+ \text{(aq)} + \text{H}_2 \text{(g)}$$

Consideremos la pila hipotética correspondiente a dicha reacción:

$$\text{Ánodo} \qquad\qquad\qquad \text{Cátodo}$$
$$\ominus \text{Na (s)} \,|\, \text{Na}^+ \text{(aq)} \;\|\; \text{H}^+ \text{(aq)} \,|\, \text{H}_2 \text{(g)} \,|\, \text{Pt (s)} \oplus$$
$$\text{Oxidación} \qquad\qquad\qquad \text{Reducción}$$

El potencial estándar de una pila, E^o_{pila}, se obtiene a partir de los potenciales de electrodo:

$$E^o_{\text{pila}} = E^o_{\text{cátodo}} - E^o_{\text{ánodo}}$$

En el caso de esta pila:

$$E^o_{\text{pila}} = E^o_{\text{H}^+/\text{H}_2} - E^o_{\text{Na}^+/\text{Na}} = 0\,\text{V} - (-2,71\,\text{V}) = 2,71\,\text{V}$$

Como $E^o_{\text{pila}} > 0$, la variación de energía libre estándar, ΔG^o, es:

$$\Delta G^o = -nFE^o_{\text{pila}} < 0$$

$$\lfloor n = e^- \text{ tranferidos}; \; F = \text{constante de Faraday.} \rfloor$$

El proceso es espontáneo puesto que $\Delta G^o < 0$. Por tanto, el sodio puede desplazar el hidrógeno de sus ácidos. Se desprenderá dihidrógeno.

b) Se nos pregunta si la siguiente reacción tendrá lugar:

$$\text{Cu (s)} + \text{H}^+ \text{(aq)} \rightarrow \text{Cu}^{2+} \text{(aq)} + \text{H}_2 \text{(g)}$$

Consideremos la pila hipotética correspondiente a dicha reacción:

$$\text{Ánodo} \qquad\qquad\qquad \text{Cátodo}$$
$$\ominus \text{Cu (s)} \,|\, \text{Cu}^{2+} \text{(aq)} \;\|\; \text{H}^+ \text{(aq)} \,|\, \text{H}_2 \text{(g)} \,|\, \text{Pt (s)} \oplus$$
$$\text{Oxidación} \qquad\qquad\qquad \text{Reducción}$$

$$E^o_{\text{pila}} = E^o_{\text{cátodo}} - E^o_{\text{ánodo}} = E^o_{\text{H}^+/\text{H}_2} - E^o_{\text{Cu}^{2+}/\text{Cu}} = 0\,\text{V} - 0,34\,\text{V} = -0,34\,\text{V}$$

Como $E^o_{\text{pila}} < 0$, la variación de energía libre estándar, $\Delta G^o > 0$. El proceso no es espontáneo puesto que $\Delta G^o > 0$. Por tanto, el cobre no puede desplazar el hidrógeno de sus ácidos[4]. No se desprenderá dihidrógeno.

Semirreacción	E^o (V)
$\text{Na}^+ \text{(aq)} + \text{e}^- \rightarrow \text{Na (s)}$	$-2,71$
$2\,\text{H}^+ \text{(aq)} + 2\,\text{e}^- \rightarrow \text{H}_2 \text{(g)}$	0
$\text{Cu}^{2+} \text{(aq)} + 2\,\text{e}^- \rightarrow \text{Cu (s)}$	$+0,34$

---

[4]Si se ordenan los potenciales estándar de electrodo (reducción) de arriba abajo en el sentido de los potenciales estándar de electrodo crecientes (de negativo a positivo), todo metal que esté por encima del hidrógeno en la tabla desplazará al hidrógeno de los ácidos, desprendiendo dihidrógeno (ver tabla).

c) Se nos pregunta si la siguiente reacción tendrá lugar:

$$Na\,(s) + Cu^{2+}\,(aq) \rightarrow Na^+\,(aq) + Cu\,(s)$$

Consideremos la pila hipotética correspondiente a dicha reacción:

Ánodo   Cátodo

$\ominus Na\,(s) \,|\, Na^+\,(aq) \,||\, Cu^{2+}\,(aq) \,|\, Cu\,(s) \oplus$

Oxidación   Reducción

$$E^o_{pila} = E^o_{cátodo} - E^o_{ánodo} = E^o_{Cu^{2+}/Cu} - E^o_{Na^+/Na} = 0,34\,V - (-2,71\,V) = 3,05\,V$$

Como $E^o_{pila} > 0$, $\Delta G^o < 0$. El proceso es espontáneo puesto que $\Delta G^o < 0$. Por tanto, el sodio podrá reducir a los iones cobre(2+) a cobre.

Cuestión 11.15

Dados los potenciales normales de reducción:

$$E^o_{Pb^{2+}/Pb} = -0,13\,V;\ E^o_{Zn^{2+}/Zn} = -0,76\,V$$

a) Escriba las semirreacciones y la reacción ajustada de la pila que se puede formar.
b) Calcule la fuerza electromotriz de la misma.
c) Indique qué electrodo actúa como ánodo y cuál como cátodo.

---

a y c) Para escribir la semirreacciones hemos de determinar qué electrodo actúa como ánodo y cuál actúa como cátodo. En toda pila voltaica, el cátodo es el electrodo con el potencial estándar de electrodo más positivo o menos negativo, mientras que el ánodo es el electrodo con el potencial estándar de electrodo más negativo o menos positivo. Como el potencial estándar de electrodo del plomo es menos negativo, actúa como cátodo; y el electrodo del zinc, de potencial estándar de electrodo más negativo, actúa como ánodo.

Las semiecuaciones correspondientes a los procesos anódico y catódico, así como la ecuación global son las siguientes:

$(\ominus$ Ánodo) Oxidación: $Zn\,(s) \rightarrow Zn^{2+}\,(aq) + 2\,e^-$
$(\oplus$ Cátodo) Reducción: $Pb^{2+}\,(aq) + 2\,e^- \rightarrow Pb\,(s)$

Ecuación global: $Zn\,(s) + Pb^{2+}\,(aq) \rightarrow Zn^{2+}\,(aq) + Pb\,(s)$

b) La fuerza electromotriz de la pila (en adelante, potencial estándar de la pila), E^o_{pila}, se obtiene a partir de los potenciales estándar de electrodo:

$$E^o_{pila} = E^o_{cátodo} - E^o_{ánodo}$$

Donde $E^o_{\text{cátodo}}$ y $E^o_{\text{ánodo}}$ son los potenciales estándar de los electrodos (potenciales de reducción).

En el caso de esta pila electroquímica:

$$E^o_{\text{pila}} = E^o_{\text{Pb}^{2+}/\text{Pb}} - E^o_{\text{Zn}^{2+}/\text{Zn}} = -0,13\,\text{V} - (-0,76\,\text{V}) = 0,63\,\text{V}$$

Este valor significa que la pila suministra una energía de 0,63 J a cada culombio de carga que atraviesa el circuito.

Cuestión 11.16

Tres cubas electrolíticas conectadas en serie, contienen disoluciones acuosas de $AgNO_3$ la primera, de $Cd(NO_3)_2$ la segunda y $Zn(NO_3)_2$ la tercera. Cuando las tres cubas son atravesadas por la misma cantidad de corriente, indique, justificándolo, si serán ciertas o no las siguientes afirmaciones:
a) En las cubas segunda y tercera se depositará la misma cantidad de sustancia.
b) En las tres cubas se depositará la misma masa.
Masas atómicas: Ag = 108; Cd = 112,4; Zn = 65,4.

---

a y b) Al pasar la corriente eléctrica por las tres cubas, los cationes migran a su cátodo respectivo donde se descargan tomando electrones, dando lugar a la deposición del metal correspondiente.

Las semiecuaciones correspondientes a los procesos de reducción y la estequiometría de cada uno de ellos son las siguientes:

Cuba 1	$2\,Ag^+(aq)$	$+$	$2\,e^-$	$\rightarrow$	$2\,Ag(s)$
Estequiometría	2 mol		2 mol		2 mol

Cuba 2	$Cd^{2+}(aq)$	$+$	$2\,e^-$	$\rightarrow$	$Cd(s)$
Estequiometría	1 mol		2 mol		1 mol

Cuba 3	$Zn^{2+}(aq)$	$+$	$2\,e^-$	$\rightarrow$	$Zn(s)$
Estequiometría	1 mol		2 mol		1 mol

La primera afirmación es cierta. De acuerdo con la estequiometría de ambos procesos, cuando por la cuba 2 y 3 pasa la misma cantidad de corriente, 2 mol de e^-, se deposita la misma cantidad de sustancia metálica, 1 mol de metal (recuerde que el mol es la unidad de cantidad de sustancia).

La segunda afirmación es falsa. De acuerdo con la estequiometría de los tres procesos, cuando pasa la misma cantidad de corriente por las tres cubas, 2 mol

e^-, se deposita en cada uno de ellos una masa distinta de metal:

$$\text{Cuba 1} \quad m_{\text{Ag}} = n_{\text{Ag}} \cdot M_{\text{m Ag}} = 2\,\text{mol} \cdot 108\,\frac{\text{g}}{\text{mol}} = 216\,\text{g Ag}$$

$$\text{Cuba 2} \quad m_{\text{Cd}} = n_{\text{Cd}} \cdot M_{\text{m Cd}} = 1\,\text{mol} \cdot 112,4\,\frac{\text{g}}{\text{mol}} = 112,4\,\text{g Cd}$$

$$\text{Cuba 3} \quad m_{\text{Zn}} = n_{\text{Zn}} \cdot M_{\text{m Zn}} = 1\,\text{mol} \cdot 65,4\,\frac{\text{g}}{\text{mol}} = 65,4\,\text{g Zn}$$

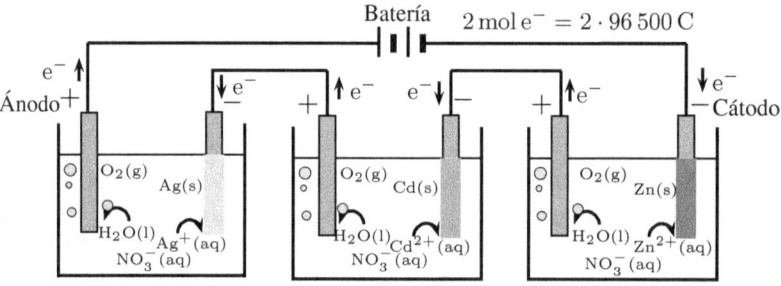

Cuestión 11.17

Indique, razonadamente, los productos que se obtienen en el ánodo y el cátodo de una celda electrolítica al realizar la electrólisis de los siguientes compuestos:

a) Bromuro de zinc fundido ($ZnBr_2$).

b) Disolución acuosa de HCl.

c) Cloruro de níquel(II) fundido ($NiCl_2$).

Datos: $E^o_{Zn^{2+}/Zn} = -0,76\,\text{V}$; $E^o_{Br_2/Br^-} = 1,09\,\text{V}$; $E^o_{Cl_2/Cl^-} = 1,36\,\text{V}$; $E^o_{Ni^{2+}/Ni} = -0,25\,\text{V}$.

---

a) Las semiecuaciones de oxidación y reducción, así como la ecuación global del proceso son las siguientes:

S. oxidación (ánodo):	$2\,\text{Br}^- \,(\text{l}) \;\rightarrow\; \text{Br}_2\,(\text{g}) + 2\,e^-$
S. reducción (cátodo):	$\text{Zn}^{2+}\,(\text{l}) + 2\,e^- \;\rightarrow\; \text{Zn}\,(\text{l})$

Ecuación global: $\qquad 2\,\text{Br}^-\,(\text{l}) + \text{Zn}^{2+}\,(\text{l}) \;\rightarrow\; \text{Zn}\,(\text{l}) + \text{Br}_2\,(\text{g})$

En el ánodo se desprende Br_2 (g), y en cátodo se deposita Zn (s).

El potencial estándar de la reacción global, E^o, se obtiene a partir de los potenciales estándar de electrodo:

$$E^o = E^o_{\text{cátodo}} - E^o_{\text{ánodo}}$$

En el caso de esta celda:

$$E^o = E^o_{\text{Zn}^{2+}/\text{Zn}} - E^o_{\text{Br}_2/\text{Br}^-} = -0,76\,\text{V} - 1,09\,\text{V} = -1,85\,\text{V}$$

Como $E^o < 0$, la variación de energía libre estándar, ΔG^o, es:

$$\Delta G^o = -nFE^o > 0$$

$$\lfloor n = e^- \text{ tranferidos}; \ F = \text{constante de Faraday.}\rfloor$$

El proceso no es espontáneo puesto que $\Delta G^o > 0$. Se trata, por tanto, de una celda electrolítica y para que se produzca la electrólisis es necesario comunicar una diferencia de potencial mayor de 1,85 V.

b) Las semiecuaciones de oxidación y reducción, así como la ecuación global del proceso son las siguientes:

S. oxidación (ánodo):	$2\,\text{Cl}^- \,(\text{aq}) \ \rightarrow \ \text{Cl}_2\,(\text{g}) + 2\,\text{e}^-$
S. reducción (cátodo):	$2\,\text{H}^+\,(\text{aq}) + 2\,\text{e}^- \ \rightarrow \ \text{H}_2\,(\text{g})$
Ecuación global:	$2\,\text{Cl}^-\,(\text{aq}) + 2\,\text{H}^+\,(\text{aq}) \ \rightarrow \ \text{Cl}_2\,(\text{g}) + \text{H}_2\,(\text{g})$

En el ánodo se desprende $\text{Cl}_2\,(\text{g})$ y en cátodo se desprende $\text{H}_2\,(\text{g})$.

$$E^o = E^o_{\text{cátodo}} - E^o_{\text{ánodo}} = E^o_{\text{H}^+/\text{H}^-} - E^o_{\text{Cl}_2/\text{Cl}^-} = 0\,\text{V} - 1,36\,\text{V} = -1,36\,\text{V}$$

$$\lfloor \text{Por definición}: \ E^o_{\text{H}^+/\text{H}_2} = 0,00\,\text{V}\rfloor$$

Como $E^o < 0$, la variación de energía libre estándar, $\Delta G^o > 0$. Se trata, por tanto, de una celda electrolítica y para que se produzca la electrólisis es necesario comunicar una diferencia de potencial mayor de 1,36 V.

c) Las semiecuaciones de oxidación y reducción, así como la ecuación global del proceso son las siguientes:

S. oxidación (ánodo):	$2\,\text{Cl}^-\,(\text{l}) \ \rightarrow \ \text{Cl}_2\,(\text{g}) + 2\,\text{e}^-$
S. reducción (cátodo):	$\text{Ni}^{2+}\,(\text{l}) + 2\,\text{e}^- \ \rightarrow \ \text{Ni}\,(\text{s})$
Ecuación global:	$2\,\text{Cl}^-\,(\text{l}) + \text{Ni}^{2+}\,(\text{l}) \ \rightarrow \ \text{Ni}\,(\text{s}) + \text{Cl}_2\,(\text{g})$

En el ánodo se desprende $\text{Cl}_2\,(\text{g})$, y en cátodo se deposita Ni (s).

$$E^o = E^o_{\text{cátodo}} - E^o_{\text{ánodo}} = E^o_{\text{Ni}^{2+}/\text{Ni}} - E^o_{\text{Cl}_2/\text{Cl}^-} = -0,25\,\text{V} - 1,36\,\text{V} = -1,61\,\text{V}$$

Como $E^o < 0$, la variación de energía libre estándar, $\Delta G^o > 0$. Se trata, por tanto, de una celda electrolítica y para que se produzca la electrólisis es necesario comunicar una diferencia de potencial mayor de 1,61 V.

Problema 11.18

Se realiza la electrólisis completa de 2 litros de una disolución de $AgNO_3$ durante 12 minutos, y se obtiene 1,5 g de plata en el cátodo.

a) ¿Qué intensidad de corriente ha pasado a través de la cuba electrolítica?

b) Calcule la molaridad de la disolución inicial de $AgNO_3$.

Datos: $F = 96\,500\,C$. Masas atómicas: $Ag = 108$; $O = 16$.

---

a) Al pasar la corriente eléctrica por la cuba electrolítica, los iones plata se descargan en el cátodo, y se deposita plata metálica.

La ecuación del proceso de deposición de la plata y la estequiometría del mismo son las siguientes:

$$Ag^{+}(aq) \quad + \quad e^{-} \quad \rightarrow \quad Ag\,(s)$$
$$\text{Estequiometría} \quad 1\,mol \qquad 1\,mol \qquad 1\,mol$$

Calculamos la intensidad de corriente aplicando la ley de Faraday:

$$m = \frac{M_m}{ZF}Q \quad \Rightarrow \quad m = \frac{M_m It}{ZF}$$

$$\lfloor Q = I \cdot t \rfloor$$

Donde m = masa de la sustancia elemento depositada (g).

M_m = masa molar de la sustancia elemento depositada (g/mol).

Q = carga que circula (C).

F = carga que transporta un mol de e^{-} ($96\,500\,C/mol\,e^{-}$).

Z = moles de e^{-} necesarios para depositar 1 mol de sustancia ($mol\,e^{-}/mol\,sustancia$).

I = intensidad de la corriente (A).

t = tiempo de paso de la corriente (s).

Despejamos I de la ecuación anterior:

$$I = \frac{ZFm}{M_m t} = \frac{1\,\dfrac{mol\,e^{-}}{mol\,Ag} \cdot 96\,500\,\dfrac{C}{mol\,e^{-}} \cdot 1,5\,g}{108\,\dfrac{g\,Ag}{mol\,Ag} \cdot 720\,s} = 1,86\,A$$

$$\left\lfloor t = 12\,mim \cdot \frac{60\,s}{1\,min} = 720\,s \right\rfloor$$

b) Dado que la electrólisis es completa, podemos concluir que ha depositado toda la plata de la disolución inicial:

$$n = \frac{m}{M_m} = \frac{1,5\,\text{g}}{108\,\text{g/mol}} = 0,0139\,\text{mol Ag}$$

Esta cantidad de materia procede de 0,0139 mol de Ag^+, lo cual nos permite calcular fácilmente la molaridad de la disolución inicial, sabiendo que el volumen era de 2 L y que el nitrato de plata es un electrolito fuerte:

$$M = \frac{n}{V} = \frac{0,0139\,\text{mol Ag}^+}{2\,\text{L}} = 6,95 \cdot 10^{-3}\,\text{M Ag}^+ = 6,95 \cdot 10^{-3}\,\text{M AgNO}_3$$

Problema 11.19

Para cada una de las electrólisis, calcule:

a) La masa de zinc metálico depositada en el cátodo al pasar por una disolución acuosa de Zn^{2+} una corriente de 1,87 amperios durante 42,5 minutos.

b) El tiempo necesario para que se depositen 0,58 g de plata, tras pasar por una disolución acuosa de AgNO_3 una corriente de 1,84 amperios.

Datos: $F = 96\,500\,\text{C}$. Masas atómicas: Zn = 65,4; Ag = 108.

---

a) La ecuación del proceso de deposición del zinc y la estequiometría del mismo son las siguientes:

$$\text{Zn}^{2+}(\text{aq}) \quad + \quad 2\text{e}^- \quad \rightarrow \quad \text{Zn}(\text{s})$$

Estequiometría $\quad$ 1 mol $\qquad\qquad$ 2 mol $\qquad\qquad$ 1 mol

Este proceso corresponde a la reducción del ion zinc(2+) a zinc metal, y tiene lugar en el cátodo de la celda (o cuba) electrolítica.

Calculamos la masa aplicando la ley de Faraday:

$$m = \frac{M_m}{ZF}Q \quad \Rightarrow \quad m = \frac{M_m I t}{ZF}$$

$$\lfloor Q = I \cdot t \rfloor$$

Donde $\quad m \quad = \quad$ masa de la sustancia elemento depositada (g).

$\qquad\quad M_m \quad = \quad$ masa molar de la sustancia elemento depositada (g/mol).

$\qquad\qquad Q \quad = \quad$ carga que circula (C).

$$F \;=\; \text{carga que transporta un mol de } e^- \; (96\,500\,\text{C/mol}\,e^-).$$

$$Z \;=\; \text{moles de } e^- \text{ necesarios para depositar 1 mol de sustancia}$$
$$(\text{mol}\,e^-/\text{mol sustancia}).$$

$$I \;=\; \text{intensidad de la corriente (A)}.$$

$$t \;=\; \text{tiempo de paso de la corriente (s)}.$$

La masa de zinc depositada será:

$$m = \frac{M_m I t}{ZF} = \frac{65,4\,\dfrac{\text{g Zn}}{\text{mol Zn}} \cdot 1,87\,\text{A} \cdot 2\,550\,\text{s}}{2\,\dfrac{\text{mol}\,e^-}{\text{mol Zn}} \cdot 96\,500\,\dfrac{\text{C}}{\text{mol}\,e^-}} = 1,62\,\text{g Zn}$$

$$\lfloor t = 42,5\,\text{min} \cdot 60\,\text{s/min} = 2\,550\,\text{s} \rfloor$$

b) La ecuación del proceso de deposición de la plata y la estequiometría del mismo son las siguientes:

$$\text{Ag}^+(\text{aq}) \;+\; e^- \;\rightarrow\; \text{Ag (s)}$$
$$\text{Estequiometría} \quad 1\,\text{mol} \qquad 1\,\text{mol} \qquad 1\,\text{mol}$$

Este proceso corresponde a la reducción del ion plata(1+) a plata metal y tiene lugar en el cátodo de la celda electrolítica.

Despejamos el tiempo, t, en la ecuación de Faraday y sustituimos los datos del problema:

$$t = \frac{mZF}{M_m I} = \frac{0,58\,\text{g Ag} \cdot 1\,\dfrac{\text{mol}\,e^-}{\text{mol Ag}} \cdot 96\,500\,\dfrac{\text{C}}{\text{mol}\,e^-}}{108\,\dfrac{\text{g Ag}}{\text{mol Ag}} \cdot 1,84\,\text{A}} = 282\,\text{s}$$

Problema 11.20

Al realizar la electrólisis de $ZnCl_2$ fundido, haciendo pasar durante cierto tiempo una corriente de 3 A a través de una celda electrolítica, se depositan 24,5 g de zinc metálico en el cátodo. Calcule:

a) El tiempo que ha durado la electrólisis.

b) El volumen de dicloro liberado en el ánodo, medido en condiciones normales.

Datos: $F = 96\,500\,\text{C}$. Masa atómica: Zn = 65,4.

a) Al pasar la corriente eléctrica a través de la celda que contiene cloruro zinc fundido, los aniones cloruro, Cl^-, se mueven hacia el ánodo, donde se descargan al dejar sus electrones. Al mismo tiempo, los cationes zinc(2+), Zn^{2+}, se dirigen hacia el cátodo, donde se descargan recibiendo electrones. En el ánodo (+) los iones cloruro se oxidan a dicloro gaseoso, mientras que en el cátodo (−) los iones zinc(2+) se reducen a zinc sólido.

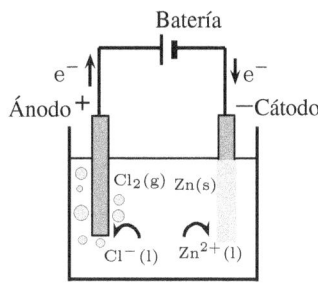

Las semiecuaciones de oxidación y reducción así como la ecuación global del proceso son las siguientes:

S. oxidación (ánodo): $\qquad 2\,Cl^- \,(l) \;\rightarrow\; Cl_2\,(g) + 2\,e^-$

S. reducción (cátodo): $\qquad Zn^{2+}\,(l) + 2\,e^- \;\rightarrow\; Zn\,(s)$

Ecuación global: $\qquad 2\,Cl^-\,(l) + Zn^{2+}\,(l) \;\rightarrow\; Zn\,(s) + Cl_2\,(g)$

Aplicando la ley de Faraday:

$$m = \frac{M_m}{ZF}Q$$

Donde
$m\;=\;$ masa de la sustancia elemento depositada (g).

$M_m\;=\;$ masa molar de la sustancia elemento depositada (g/mol).

$Q\;=\;$ carga que circula (C).

$F\;=\;$ carga que transporta un mol de e^- ($96\,500\,C/mol\,e^-$).

$Z\;=\;$ moles de e^- necesarios para depositar 1 mol de sustancia (mol e^-/mol sustancia).

Sustituyendo en la anterior expresión $Q = It$.

Siendo
$I\;=\;$ intensidad de la corriente (A).

$t\;=\;$ tiempo durante el cual circula la corriente (s).

Despejando t, obtenemos el tiempo durante el cual ha de pasar la corriente para depositar los gramos de zinc deseados:

$$m = \frac{M_m}{ZF}It \Rightarrow \quad t = \frac{mZF}{M_mI} = \frac{24,5\,g\,Zn \cdot 2\,\dfrac{mol\,e^-}{mol\,Zn} \cdot 96\,500\,\dfrac{C}{mol\,e^-}}{65,4\,\dfrac{g\,Zn}{mol\,Zn} \cdot 3\,A} = 24\,100\,s$$

b) Esquema de los pasos para la resolución:

$$\text{g Zn} \xrightarrow[①]{n=\frac{m}{M_m}} \text{mol Zn} \xrightarrow[②]{\text{Estequiometría}} \text{mol Cl}_2 \xrightarrow[③]{V=n\cdot V_m} \text{L Cl}_2 \text{ c.n.} p \text{ y } T$$

① Moles de Zn depositados

$$n = \frac{m}{M_m} = \frac{24,5\,\text{g}}{65,4\,\dfrac{\text{g}}{\text{mol}}} = 0,375\,\text{mol Zn}$$

② Moles de Cl_2 liberados

Según la estequiometría del proceso global, se deposita el mismo número de moles de zinc que se libera de dicloro. Por tanto, si se han producido 0,375 mol de Zn, se habrán liberado también 0,375 mol de Cl_2.

③ Litros de Cl_2 liberados en c.n.

En condiciones normales de p y T un mol de cualquier gas ocupa 22,4 L. Por tanto:

$$V = n \cdot V_m = 0,375\,\text{mol} \cdot 22,4\,\text{L/mol} = 8,40\,\text{L Cl}_2$$

Problema 11.21

Se electroliza una disolución acuosa de $NiCl_2$ pasando una corriente de 0,1 A durante 20 horas. Calcule:
a) La masa de níquel depositada en el cátodo.
b) El volumen de dicloro, medido en condiciones normales, que se desprende en el ánodo.
Datos: $F = 96\,500$ C; Masas atómicas: Cl = 35,5; Ni = 58,7.

---

a) Al pasar la corriente eléctrica a través de la celda que contiene una disolución de cloruro de níquel(II), los aniones cloruro, Cl^-, se mueven hacia el ánodo, donde se descargan al dejar sus electrones. Los cationes níquel(2+), Ni^{2+}, se dirigen hacia el cátodo, donde se descargan recibiendo electrones. En el ánodo (+) los iones cloruro se oxidan a dicloro gaseoso, mientras que en el cátodo (−) los iones níquel(2+) se reducen a níquel sólido.

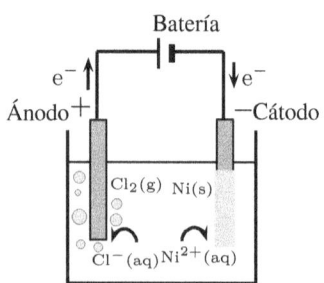

Las semiecuaciones de oxidación y reducción, así como la ecuación global del proceso son las siguientes:

S. oxidación (ánodo):	$2\,Cl^- \,(aq) \;\rightarrow\; Cl_2\,(g) + 2\,e^-$
S. reducción (cátodo):	$Ni^{2+}\,(aq) + 2\,e^- \;\rightarrow\; Ni\,(s)$

Ecuación global:	$2\,Cl^-\,(aq) + Ni^{2+}\,(aq) \;\rightarrow\; Ni\,(s) + Cl_2\,(g)$

Calculamos la masa de níquel depositada aplicando la ley de Faraday:

$$m = \frac{M_m}{ZF}Q \quad\Rightarrow\quad m = \frac{M_m I t}{ZF}$$

$$\lfloor Q = I \cdot t \rfloor$$

Donde
$$
\begin{aligned}
m &= \text{masa de la sustancia elemento depositada (g).}\\
M_m &= \text{masa molar de la sustancia elemento depositada (g/mol).}\\
Q &= \text{carga que circula (C).}\\
F &= \text{carga que transporta un mol de } e^- \ (96\,500\,C/mol\,e^-)\\
Z &= \text{moles de } e^- \text{ necesarios para depositar 1 mol de sustancia}\\
&\quad\ (mol\,e^-/mol\,\text{sustancia}).\\
I &= \text{intensidad de la corriente (A).}\\
t &= \text{tiempo de paso de la corriente (s).}
\end{aligned}
$$

La masa de níquel depositada será:

$$m = \frac{M_m I t}{ZF} = \frac{58,7\,\dfrac{g\,Ni}{mol\,Ni}\cdot 0,1\,A \cdot 72\,000\,s}{2\,\dfrac{mol\,e^-}{mol\,Ni}\cdot 96\,500\,\dfrac{C}{mol\,e^-}} = 2,19\,g\,Ni$$

$$\lfloor t = 20\,hora \cdot 60\,min/hora \cdot 60\,s/min = 72\,000\,s \rfloor$$

b) Esquema de los pasos para la resolución:

$$g\,Ni \xrightarrow[\text{①}]{n=\frac{m}{M_m}} mol\,Ni \xrightarrow[\text{②}]{\text{Estequiometría}} mol\,Cl_2 \xrightarrow[\text{③}]{V=n\cdot V_m} L\,Cl_2\,c.n.\,p\,y\,T$$

① Moles de Ni depositados

$$n = \frac{m}{M_m} = \frac{2,19\,g}{58,7\,\dfrac{g}{mol}} = 0,0373\,mol\,Ni$$

② Moles de Cl_2 liberados

Según la estequiometría del proceso global, se deposita el mismo número de moles de níquel que se libera de dicloro. Por tanto, si se han producido 0,0373 mol de Ni, se habrán liberado también 0,0373 mol de Cl_2.

③ Litros de Cl_2 liberados en c.n.

En condiciones normales de p y T un mol de cualquier gas ocupa 22,4 L. Por tanto:

$$V = n \cdot V_m = 0,0373 \, \text{mol} \cdot 22,4 \, \text{L/mol} = 0,83 \, \text{L} \, Cl_2$$

Problema 11.22

Dos cubas electrolíticas conectadas en serie, contienen una disolución acuosa de $AgNO_3$ la primera, y una disolución acuosa de H_2SO_4 la segunda. Al pasar cierta cantidad de electricidad por las dos cubas se han obtenido, en la primera, 0,090 g de plata. Calcule:
a) La carga eléctrica que pasa por las dos cubas.
b) El volumen de H_2, medido en condiciones normales, que se obtiene en la segunda cuba.
Datos: $F = 96\,500 \, \text{C}$. Masas atómicas: Ag = 108; O = 16.

a) Al pasar la corriente eléctrica a través de las cubas que contienen una disolución de nitrato de plata y una disolución de ácido sulfúrico, tiene lugar en el cátodo de la primera una deposición de plata metálica, y en el cátodo de la segunda un desprendimiento de dihidrógeno. En los ánodos respectivos, las moléculas de agua se oxidan, originando oxígeno gaseoso. Los iones nitrato y sulfato no se descargan, ya que el agua se oxida antes que ellos.

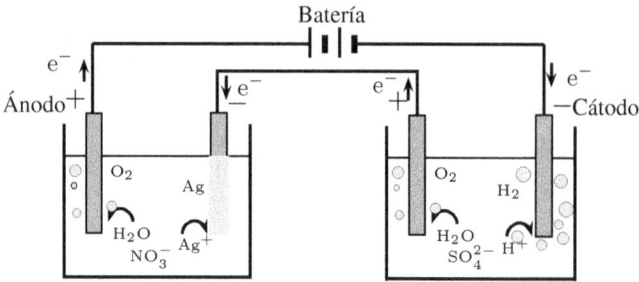

Las semiecuaciones de reducción en ambas cubas, así como sus estequiometrías son las siguientes:

Cuba primera (disolución de nitrato de plata):

$$\text{Ag}^+\,(\text{aq}) \quad + \quad \text{e}^- \quad \rightarrow \quad \text{Ag}\,(\text{s})$$
$$\text{Estequiometría} \quad 1\,\text{mol} \qquad 1\,\text{mol} \qquad 1\,\text{mol}$$

Cuba segunda (disolución de ácido sulfúrico):

$$2\,\text{H}^+\,(\text{g}) \quad + \quad 2\,\text{e}^- \quad \rightarrow \quad \text{H}_2\,(\text{g})$$
$$\text{Estequiometría} \quad 2\,\text{mol} \qquad 2\,\text{mol} \qquad 1\,\text{mol}$$

Con el dato de la masa de plata depositada, determinamos la carga necesaria que ha de pasar por la cuba que contiene la disolución de nitrato de plata para que se produzca esa deposición. Puesto que ambas cubas están conectadas en serie, por la otra celda ha de pasar también la misma carga.

Esquema de los pasos para la resolución:

$$\text{g Ag} \xrightarrow[\text{①}]{n=\frac{m}{M_m}} \text{mol Ag} \xrightarrow[\text{②}]{\text{Estequiometría}} \text{mol e}^- \xrightarrow[\text{③}]{Q=n_{\text{e}^-}\cdot F} \text{C}$$

① Moles de Ag

$$n = \frac{m}{M_m} = \frac{0,090\,\text{g}}{108\,\text{g/mol}} = 8,33 \cdot 10^{-4}\,\text{mol Ag}$$

② Moles de e^- que intervienen

Según la estequiometría del proceso de reducción, por cada mol de Ag depositado interviene 1 mol de e^-. Por tanto, si se depositan $8,33 \cdot 10^{-4}\,\text{mol Ag}$, intervendrán $8,33 \cdot 10^{-4}\,\text{mol e}^-$.

③ Culombios que pasan

Puesto que 1 mol de e^- transportan una carga de $96\,500\,\text{C}$ (1 F):

$$Q = n_{\text{e}^-} \cdot F = 8,33 \cdot 10^{-4}\,\text{mol e}^- \cdot \frac{96\,500\,\text{C}}{\text{mol e}^-} = 80,4\,\text{C}$$

b) Conocida la carga que pasa cuando se deposita una determinada masa de plata, podemos conocer el volumen de dihidrógeno que se desprende cuando pasa por la segunda cuba la misma cantidad de carga.

Esquema de los pasos para la resolución:

$$\text{mol e}^- \xrightarrow[\text{①}]{\text{Estequiometría}} \text{mol H}_2 \xrightarrow[\text{②}]{V=n\cdot V_m} \text{L H}_2 \text{ c.n.} p \text{ y } T$$

① Moles de H_2 desprendidos

Según la estequiometría del proceso de reducción, por cada 2 mol de e^- que intervienen se desprende 1 mol de H_2 (la mitad de moles). Por tanto, si intervienen $8,33 \cdot 10^{-4}$ mol e^-, se desprenderán:

$$\frac{1}{2} \cdot 8,33 \cdot 10^{-4} = 4,16 \cdot 10^{-4} \, \text{mol} \, H_2$$

② Litros de H_2 desprendidos en condiciones normales de p y T

En c.n. de p y T un mol de cualquier gas ocupa 22,4 L. Por tanto:

$$V = n \cdot V_m = 4,16 \cdot 10^{-4} \, \text{mol} \cdot 22,4 \frac{\text{L}}{\text{mol}} = 9,32 \cdot 10^{-3} \, \text{L} = 9,32 \, \text{mL} \, H_2$$

Problema 11.23

a) Calcule el tiempo necesario para que una corriente de 6 amperios deposite 190,50 g de cobre de una disolución de $CuSO_4$.

b) ¿Cuántos moles de electrones intervienen?

Datos: $F = 96\,500$ C. Masa atómica: $Cu = 63,5$.

---

a y b) La ecuación del proceso de deposición del cobre y la estequiometría del mismo son las siguientes:

$$Cu^{2+}(aq) \quad + \quad 2e^- \quad \rightarrow \quad Cu\,(s)$$

Estequiometría   1 mol   2 mol   1 mol

Este proceso corresponde a la reducción del ion cobre(2+) a cobre metal, y tiene lugar en el cátodo de la celda.

Esquema de los pasos para la resolución:

$$\text{g } Cu \xrightarrow[①]{n=\frac{m}{M_m}} \text{mol } Cu \xrightarrow[②]{\text{Estequiometría}} \text{mol } e^- \xrightarrow[③]{Q=n_{e^-} \cdot F} C \xrightarrow[④]{t=\frac{Q}{I}} s_{\text{transcurridos}}$$

① Moles de Cu

$$n = \frac{m}{M_m} = \frac{190,5 \, \text{g}}{63,5 \, \text{g/mol}} = 3 \, \text{mol } Cu$$

② Moles de e^- que intervienen (apartado b)

Según la estequiometría del proceso, por cada mol de Cu depositado intervienen 2 mol de e^-. Por tanto:

$$\frac{1\,\text{mol Cu}}{2\,\text{mol e}^-} = \frac{3\,\text{mol Cu}}{x\,\text{mol e}^-}; \; x = 6\,\text{mol e}^-$$

③ Culombios que intervienen

Puesto que 1 mol de e^- transporta una carga de $96\,500\,\text{C}$ (1 F):

$$Q = n_{e^-} \cdot F = 6\,\text{mol e}^- \cdot \frac{96\,500\,\text{C}}{\text{mol e}^-} = 5,79 \cdot 10^5\,\text{C}$$

④ Segundos transcurridos

$$t = \frac{Q}{I} = \frac{5,79 \cdot 10^5\,\text{C}}{6\,A} = 96\,500\,\text{s}$$

Problema 11.24

Una corriente de 6 amperios pasa a través de una disolución de ácido sulfúrico durante 2 horas. Calcule:
a) La masa de oxígeno liberado.
b) El volumen de dihidrógeno que se obtendrá, medido a 27 °C y 740 mm de Hg.
Datos: $R = 0,082\,\text{atm} \cdot \text{L} \cdot \text{K}^{-1} \cdot \text{mol}^{-1}$. $F = 96\,500\,\text{C}$.
Masas atómicas: O= 16.

---

a) Al pasar la corriente eléctrica a través de la celda que contiene una disolución de ácido sulfúrico, la moléculas de agua se mueven hacia el ánodo, donde se descomponen liberando electrones. Los iones hidrógeno(1+), H^+, se dirigen hacia el cátodo, donde se descargan recibiendo electrones. En el ánodo (+) la moléculas de agua se oxidan, originando oxígeno gaseoso, mientras que en el cátodo (−) los iones hidrógeno(1+) se reducen a dihidrógeno gaseoso. Los iones sulfato no se descargan en el ánodo, ya que el agua se oxida antes que los iones sulfato.

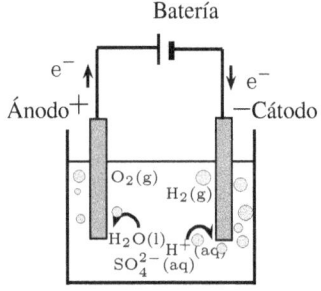

Las semiecuaciones de oxidación y reducción así como la ecuación global del proceso son las siguientes:

S. oxidación (ánodo):	$2\,H_2O\,(l) \;\rightarrow\; O_2\,(g) + 4\,H^+\,(aq) + 4\,e^-$
S. reducción (cátodo):	$4\,H^+\,(aq) + 4\,e^- \;\rightarrow\; 2\,H_2\,(g)$

$$\text{Ecuación global:} \qquad 2\,H_2O\,(l) \;\rightarrow\; O_2\,(g) + 2\,H_2\,(g)$$

Esquema de los pasos para la resolución:

$$S_{transcurridos} \xrightarrow[\textcircled{1}]{Q=I\cdot t} C \xrightarrow[\textcircled{2}]{n_{e^-}=\frac{Q}{F}} mol\,e^- \xrightarrow[\textcircled{3}]{Estequiometría} mol\,O_2 \xrightarrow[\textcircled{4}]{m=n\cdot M_m} g\,O_2$$

① Culombios que intervien

Como conocemos la intensidad de corriente y el tiempo durante el cual está pasado la corriente, podemos calcular los culombios que intervienen:

$$Q = I \cdot t = 6\,A \cdot 7\,200\,s = 43\,200\,C$$

② Moles de e^- que intervienen

Puesto que $96\,500\,C$ (1 F) es la carga que transporta 1 mol de e^-:

$$n_{e^-} = \frac{Q}{F} = \frac{43\,200\,C}{96\,500\,C/mol\,e^-} = 0,448\,mol\,e^-$$

③ Moles de O_2 liberados

Según la estequiometría de la semirreacción de oxidación, por cada mol de O_2 liberado intervienen 4 mol de e^-. Por tanto:

$$\frac{4\,mol\,e^-}{1\,mol\,O_2} = \frac{0,448\,mol\,e^-}{x\,mol\,O_2}; \; x = 0,112\,mol\,O_2$$

④ Gramos de O_2 liberados

$$m = n \cdot M_m = 0,112\,mol \cdot 32\,\frac{g}{mol} = 3,58\,g\,O_2$$

b) Esquema de los pasos para la resolución:

$$mol\,O_2 \xrightarrow[\textcircled{1}]{Estequiometría} mol\,H_2 \xrightarrow[\textcircled{2}]{V=\frac{nRT}{p}} L\,H_2\,c.p\,y\,T$$

① Moles de H_2 liberados

Según la estequiometría del proceso global, se liberan el doble número de moles de dihidrógeno que de oxígeno. Por tanto, si se han liberado 0,114 mol de O_2, se habrán liberado también:

$$2 \cdot 0,114 = 0,228 \, \text{mol} \, H_2$$

② Litros de H_2 liberados

Despejamos el volumen, V, en la ecuación de los gases perfectos:

$$V = \frac{nRT}{p} = \frac{0,228 \, \text{mol} \cdot 0,082 \, \dfrac{\text{atm} \cdot \text{L}}{\text{K} \cdot \text{mol}} \cdot 300 \, \text{K}}{740 \, \text{mm Hg} \cdot \dfrac{1 \, \text{atm}}{760 \, \text{mm Hg}}} = 5,76 \, \text{L} \, H_2$$

Problema 11.25

Se hace pasar una corriente eléctrica de 6,5 amperios a través de una celda electrolítica que contiene NaCl fundido hasta que se obtiene 1,2 litros de Cl_2, medidos en condiciones normales. Calcule:
a) El tiempo que ha durado la electrólisis.
b) La masa de sodio depositado en el cátodo durante ese tiempo.
Datos: $F = 96\,500 \, \text{C}$. Masa atómica: Na = 23.

a) Al pasar la corriente eléctrica a través de la celda que contiene cloruro de sodio fundido a unos 800 °C, los aniones cloruro, Cl^-, se mueven hacia el ánodo, donde se descargan al dejar sus electrones. Los cationes sodio(1+), Na^+, se dirigen hacia el cátodo, donde se descargan recibiendo electrones. En el ánodo (+) los iones cloruro se oxidan a dicloro gaseoso, mientras que en el cátodo (−) los iones sodio(1+) se reducen a sodio líquido, que al ser menos denso que la sal fundida se eleva hasta la superficie.

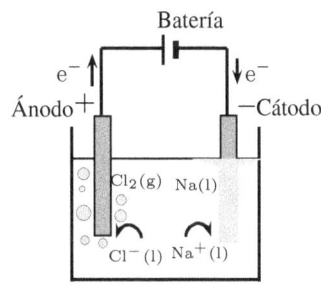

Las semiecuaciones de oxidación y reducción, así como la ecuación global del proceso son las siguientes:

S. oxidación (ánodo): $2\,Cl^- \, (l) \rightarrow Cl_2 \, (g) + 2\,e^-$

S. reducción (cátodo): $2\,Na^+ \, (l) + 2\,e^- \rightarrow 2\,Na \, (l)$

Ecuación global: $2\,Cl^- \, (l) + 2\,Na^+ \, (l) \rightarrow 2\,Na \, (l) + Cl_2 \, (g)$

Esquema de los pasos para la resolución:

$$\text{L Cl}_2 \text{ c.n.} \overset{n=\frac{V}{V_m}}{\underset{①}{\longrightarrow}} \text{mol Cl}_2 \overset{\text{Estequiometría}}{\underset{②}{\longrightarrow}} \text{mol e}^- \overset{Q=n_{e^-}\cdot F}{\underset{③}{\longrightarrow}} \text{C} \overset{t=\frac{Q}{I}}{\underset{④}{\longrightarrow}} \text{s}_{\text{transcurridos}}$$

① Moles de Cl_2 liberados

En condiciones normales de p y T un mol de cualquier gas ocupa $22,4$ L. Por tanto:

$$n = \frac{V}{V_m} = \frac{1,2\,\text{L}}{22,4\,\text{L/mol}} = 0,0536\,\text{mol Cl}_2$$

② Moles de e^- que intervienen

Según la estequiometría de la semirreacción de oxidación, por cada mol de Cl_2 desprendido intervienen 2 mol de e^-. Por tanto:

$$\frac{1\,\text{mol Cl}_2}{2\,\text{mol e}^-} = \frac{0,0536\,\text{mol Cl}_2}{x\,\text{mol e}^-}; \ x = 0,107\,\text{mol e}^-$$

③ Culombios que intervienen

Puesto que 1 mol de e^- transportan una carga de $96\,500$ C (1 F):

$$Q = n_{e^-} \cdot F = 0,107\,\text{mol e}^- \cdot \frac{96\,500\,\text{C}}{\text{mol e}^-} = 1,03 \cdot 10^4\,\text{C}$$

④ Segundos transcurridos

$$t = \frac{Q}{I} = \frac{1,03 \cdot 10^4\,\text{C}}{6,5\,A} = 1,58 \cdot 10^3\,\text{s}$$

b) Esquema de los pasos para la resolución:

$$\text{mol Cl}_2 \overset{\text{Estequiometría}}{\underset{①}{\longrightarrow}} \text{mol Na} \overset{m=n\cdot M_m}{\underset{②}{\longrightarrow}} \text{g Na}$$

① Moles de Cl_2 liberados

Según la estequiometría del proceso global, se forman 2 mol de Na por cada mol de Cl_2 que se desprende. Por tanto:

$$\frac{1\,\text{mol Cl}_2}{2\,\text{mol Na}} = \frac{0,0536\,\text{mol Cl}_2}{x\,\text{mol Na}}; \ x = 0,107\,\text{mol Na}$$

② Gramos de Na depositados

$$m = n \cdot M_m = 0,107\,\text{mol} \cdot 23\,\frac{\text{g}}{\text{mol}} = 2,46\,\text{g Na}$$

Capítulo 12

Algunas funciones orgánicas

Cuestión 12.1

Defina:
a) Serie homóloga.
b) Isomería de cadena.
c) Isomería geométrica.

---

a) Una serie homóloga es un conjunto de sustancias pertenecientes a la misma función química (poseen mismo grupo funcional), tienen idéntica fórmula general y difieren sólo en la longitud de la cadena; es decir, en el número de $-CH_2-$.

b) Isomería de cadena es aquella en la que los isómeros se diferencian en la disposición de los átomos de carbono en la cadena carbonada. Por ejemplo:

$$CH_3CH_2CH_2CH_2CH_3 \qquad CH_3CH_2CH(CH_3)CH_3$$
$$\text{pentano} \qquad\qquad \text{2-metilbutano}$$

c) Isomería geométrica es aquella que es debida a la existencia de enlaces que no tienen libertad de giro, como los dobles enlaces o los enlaces sencillos en un ciclo. Cada uno de los carbonos de ese enlace debe tener sustituyentes distintos. El isómero se llama *cis* o *trans*, si los sustituyentes iguales están en el mismo lado o en lados opuestos del enlace, respectivamente. Ejemplos:

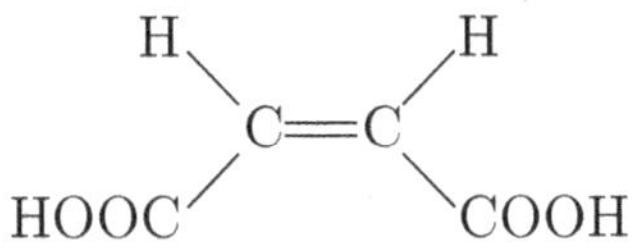

ácido *cis*-but-2-enodioico 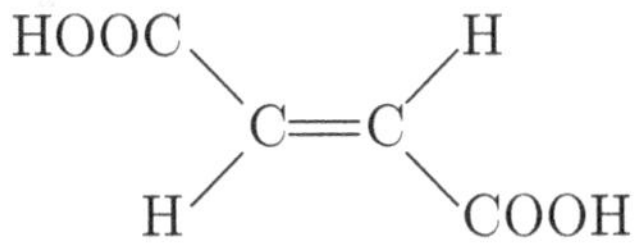   ácido *trans*-but-2-enodioico

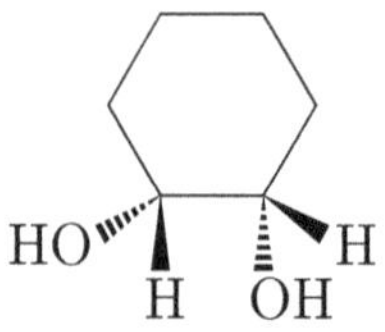

cis-ciclohexano-1,2-diol 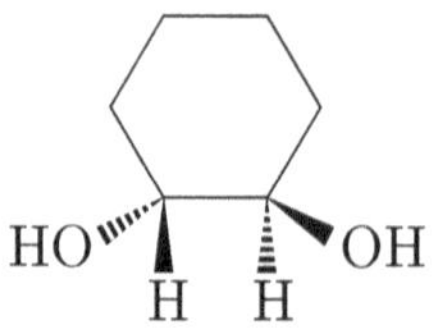   *trans*-ciclohexano-1,2-diol

---

Cuestión 12.2

a) Escriba las estructuras de los isómeros de posición del *n*-pentanol ($C_5H_{11}OH$).

b) Represente tres isómeros de fórmula molecular C_8H_{18}.

---

a) Las fórmulas estructurales de los isómeros de posición del *n*-pentanol (alcohol con cinco átomos de carbono de cadena lineal) son tres:

$$CH_3CH_2CH_2CH_2CH_2OH \quad \text{pentan-1-ol}$$
$$CH_3CH_2CH_2CHOHCH_3 \quad \text{pentan-2-ol}$$
$$CH_3CH_2CHOHCH_2CH_3 \quad \text{pentan-3-ol}$$

b) Las fórmulas de tres isómeros de fórmula molecular C_8H_{18} son:

$$CH_3CH_2CH_2CH_2CH_2CH_2CH_2CH_3 \quad \text{octano}$$
$$CH_3CH_2CH_2CH_2CH_2CH(CH_3)CH_3 \quad \text{2-metilheptano}$$
$$CH_3CH_2CH_2CH_2CH(CH_3)CH_2CH_3 \quad \text{3-metilheptano}$$

Cuestión 12.3

a) ¿Cuál es el alcano más simple que presenta isomería óptica?

b) Indique por qué la longitud del enlace entre los átomos de carbono en el benceno C_6H_6 es $1,40$ Å, sabiendo que en el etano C_2H_6 es $1,54$ Å y en el eteno es $1,34$ Å.

---

a) El alcano más sencillo que presenta isomería óptica es el 3-metilhexano. Esta isomería la presentan aquellas sustancias formadas por moléculas que no tienen un plano de simetría. Las moléculas que presentan un solo carbono asimétrico (carbono unido a cuatro sustituyentes distintos) poseen isomería óptica.

El carbono número 3 del 3-metilhexano es un carbono asimétrico. Los dos isómeros ópticos son imágenes especulares entre sí (uno es la imagen del otro en el espejo).

$$CH_2CH_2CH_3$$
$$CH_3CH_2\!-\!\overset{\displaystyle |}{\underset{\displaystyle |}{C^*}}\!-\!H$$
$$CH_3$$

$$\underset{CH_3CH_2CH_2}{CH_3CH_2}\overset{CH_3}{\underset{}{\diagup C \diagdown}} H$$

$$H \overset{CH_3}{\underset{}{\diagup C \diagdown}}\underset{CH_2CH_2CH_3}{CH_2CH_3}$$

Isómeros ópticos del 3-metilhexano

b) El benceno presenta una estructura cerrada en forma de hexágono regular en el que todos los átomos de carbono son equivalentes. Cada átomo de carbono tiene tres orbitales sp^2 dispuestos en ángulos de 120 º, y hace que se establezcan 6 enlaces σ entre los orbitales sp^2 de cada dos átomos de carbono adyacentes, y otros 6 enlaces σ entre el orbital sp^2 restante de cada átomo de carbono con un orbital s de un átomo de hidrógeno. Cada átomo de carbono dispone, además, de un orbital p orientado perpendicularmente al anillo bencénico. Estos orbitales se solapan por igual con los orbitales p de los átomos de carbono vecinos, y dan como resultado dos nubes electrónicas π continuas con forma de rosco, una por arriba y otra por debajo del anillo bencénico. La presencia de esta nube electrónica π en el benceno hace que la longitud de los enlaces carbono-carbono en esta molécula tenga un valor intermedio entre la longitud del enlace sencillo ($C - C$), caso del etano, y el doble enlace ($C = C$), como es el caso del eteno.

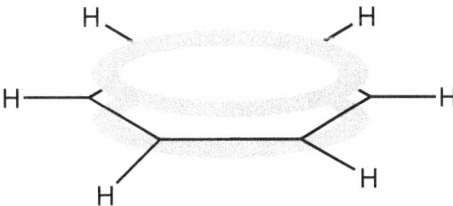

Figura 12.1: Estructura del benceno

Cuestión 12.4

a) Defina serie homóloga.
b) Escriba la fórmula de un compuesto que pertenezca a la misma serie homóloga de cada uno de los que aparecen a continuación: CH_3CH_3; $CH_3CH_2CH_2OH$; $CH_3CH_2NH_2$.

a) Una serie homóloga es un conjunto de sustancias pertenecientes a la misma función química (poseen mismo grupo funcional), tienen idéntica fórmula general y difieren sólo en la longitud de la cadena; es decir, en el número de $-CH_2-$.

b) Un compuesto de la misma serie homóloga que:

- CH_3CH_3 (etano) es $CH_3CH_2CH_3$ (propano). Ambos pertenecen a la serie homóloga de los alcanos. En este caso, no podemos decir que exista grupo funcional.

- $CH_3CH_2CH_2OH$ (propan-1-ol) es CH_3CH_2OH (etanol). Ambos pertenecen a la serie homóloga de los alcoholes. El grupo funcional presente en esta serie homóloga es el grupo $-OH$ (grupo hidroxilo), característico de la función alcohol.

- $CH_3CH_2NH_2$ (etilamina) es $CH_3CH_2CH_2CH_2NH_2$ (butilamina). Ambos pertenecen a la serie homóloga de las aminas primarias, ya que se diferencian en un $-CH_2$. El grupo funcional presente en esta serie homóloga es el grupo $-NH_2$ (grupo amino), característico de la función amina primaria.

Cuestión 12.5

Defina los siguientes conceptos y ponga un ejemplo de cada uno de ellos:
a) Isomería de función.
b) Isomería de posición.
c) Isomería óptica.

---

a) Isomería de función es aquella en los que los isómeros[1] se diferencian en que tienen distinto grupo funcional. Ejemplo:

$$CH_3 - O - CH_3 \quad CH_3CH_2OH$$
dimetil éter   etanol

El dimetil éter tiene el grupo funcional oxi, característico de los éteres, mientras que el etanol tiene el grupo funcional hidroxilo, característico de los alcoholes.

b) Isomería de posición es aquella en la que los isómeros se diferencian en la posición que ocupa el grupo funcional en una cadena hidrocarbonada. Ejemplo:

$$CH_3CH_2CH_2Cl \quad CH_3CHClCH_3$$
1-cloropropano   2-cloropropano

---

[1]Debemos recordar que los isómeros son sustancias que tienen la misma fórmula molecular pero diferente estructura molecular o diferente disposición espacial de los átomos. Como podemos observar, el dimetil éter y el etanol tienen la misma fórmula molecular, C_2H_6O.

En el 1-cloropropano el átomo de cloro está en el carbono 1, mientras que en el 2-cloropropano el cloro está en el carbono 2.

c) La isomería óptica (o enantiomería) es aquella en la que los isómeros se diferencian por su distinto comportamiento frente a la luz polarizada. Esta isomería la presentan las moléculas que no tienen un plano de simetría (moléculas quirales), esto hace posible la existencia de dos isómeros ópticos $(+)$ y $(-)$, imágenes especulares entre sí. La moléculas que tienen un carbono asimétrico (carbono unido a cuatro grupos distintos) son quirales. Así, el ácido 2-aminopropanoico presenta isomería óptica. A continuación, se representan los isómeros ópticos $(+)$ y $(-)$ del ácido 2-aminopropanoico (a la izquierda, en fórmulas tridimensionales, y a la derecha, mediante las proyecciones de Fischer[2] de esas fórmulas):

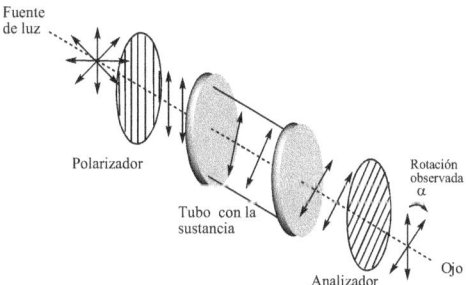

Una sustancia ópticamente activa es aquella que desvía el plano de la luz polarizada. La rotación de la luz polarizada se puede detectar con el polarímetro. Consta de una fuente luminosa, dos lentes polarizadoras y, entre ellas, un tubo con la sustancia para analizar su actividad óptica.

La luz ordinaria, cuya vibración ocurre en todos los planos, atraviesa primero una de las lentes, el polarizador, que la transforma en luz que vibra en un sólo plano; después pasa por el tubo y, a continuación, por la otra lente, el analizador. Para poner a cero el polarímetro, se dispone éste de tal manera que en ausencia de sustancia la intensidad de luz que se observa sea la máxima. En presencia de la sustancia ópticamente activa, hay que girar el analizador hasta que otra vez la intensidad sea máxima. Si tenemos que girar el analizador un cierto ángulo hacia la derecha, la sustancia es dextrógira $(+)$, y si tenemos que girarlo hacia la izquierda, levógira $(-)$.

---

[2]En las proyecciones de Fischer las líneas horizontales representan enlaces que salen del plano y las líneas verticales, enlaces que entran en el plano (son como el resultado de aplastar las fórmulas tridimensionales).

Cuestión 12.6

a) Indique los grupos funcionales presentes en las siguientes moléculas:

i) $CH_3CH_2CHOHCH_3$

ii) $CH_3CHOHCHO$

iii) CH_3CHNH_2COOH

b) Escriba un isómero de función de la molécula del apartado i).

c) Escriba un isómero de posición de la molécula del apartado ii).

a) Los grupos funcionales presentes en las moléculas dadas son:

i) La molécula $CH_3CH_2CHOHCH_3$ (butan-2-ol), un alcohol, contiene el grupo hidroxilo.

ii) La molécula $CH_3CHOHCHO$ (2-hidroxipropanal), un hidroxialdehído, contiene los grupos carbonilo (principal) e hidroxilo.

iii) La molécula CH_3CHNH_2COOH (ácido 2-aminopropanoico), un aminoácido, contiene los grupos carboxilo (principal) y amino.

La tabla siguiente muestra el grupo atómico característico de cada uno de los grupos funcionales:

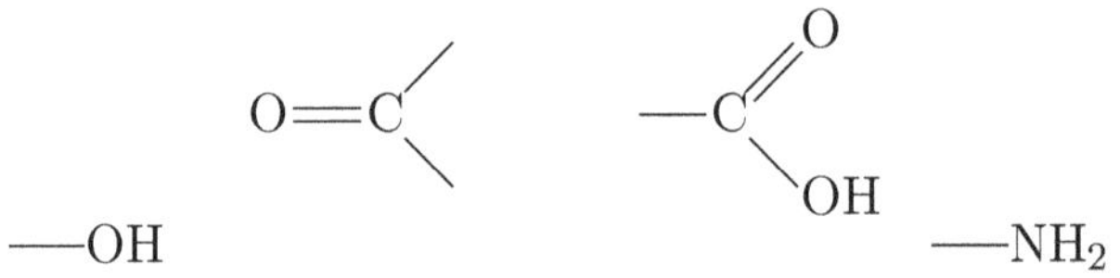

hidroxilo   carbonilo   carboxilo   amino

b) Un isómero de función de i) es el $CH_3CH_2OCH_2CH_3$, dietil éter, un éter.

c) Un isómero de posición de ii) es el CH_2OHCH_2CHO, 3-hidroxipropanal.

Cuestión 12.7

a) Defina carbono asimétrico.

b) Señale el carbono asimétrico, si lo hubiere, en los siguientes compuestos:

$CH_3CHOHCOOH$; $CH_3CH_2NH_2$; $CH_2 = CClCH_2CH_3$; $CH_3CHBrCH_2CH_3$

a) Un carbono asimétrico[3] es aquel que tiene cuatro sustituyentes distintos. Las sustancias que tienen un carbono asimétrico son quirales[4], esto es, no tienen ningún plano de simetría y presentan isomería óptica. Los isómeros ópticos son imágenes especulares entre sí:

$$
\begin{array}{c}
X \\
| \\
Y\!-\!\overset{*}{C}\!-\!H \\
| \\
Z
\end{array}
$$

b) El primer y el cuarto compuesto presentan un carbono asimétrico. El carbono número 2 del ácido 2-hidroxipropanoico es un carbono asimétrico, así como el carbono número 2 del 2-bromobutano.

$$
\begin{array}{cc}
\text{COOH} & \text{CH}_2\text{CH}_3 \\
| & | \\
\text{HO}\!-\!\overset{*}{C}\!-\!H & \text{Br}\!-\!\overset{*}{C}\!-\!H \\
| & | \\
\text{CH}_3 & \text{CH}_3
\end{array}
$$

ácido 2-hidroxipropanoico   2-bromobutano

Cuestión 12.8

Indique, razonadamente, si son verdaderas o falsas las siguientes afirmaciones:

a) Recibe el nombre de grupo funcional un átomo o grupo de átomos distribuidos de tal forma que la molécula adquiere unas propiedades químicas características.

b) Dos compuestos orgánicos que poseen el mismo grupo funcional siempre son isómeros.

c) Dos compuestos orgánicos con la misma fórmula molecular pero con distinta función nunca son isómeros.

a) Verdadera. En la mayoría de las moléculas orgánicas podemos diferenciar una parte poco reactiva, la cadena hidrocarbonada, representada por R, del grupo o grupos funcionales con cierta reactividad, que puede localizarse en los extremos de

---

[3]Se acostumbra a distinguir el carbono o los carbonos asimétricos en la fórmula de una molécula mediante un asterisco que se coloca a modo de superíndice.

[4]La palabra quiral proviene del griego khéir, 'mano'. Nuestras manos son quirales puesto que no tienen plano de simetría. No son superponibles y una es con respecto a la otra su imagen especular.

la cadena o su interior. Así, por ejemplo, en el ácido propanoico, CH_3CH_2COOH, la cadena hidrocarbonada, R, es un grupo etilo, mientras que el grupo funcional es el grupo carboxilo, $-COOH$.

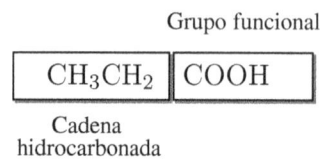

Por este motivo, una manera conveniente de estudiar la química del carbono es mediante el estudio de cada una de las funciones químicas (función alcohol, función cetona, etc.), cuyas propiedades son debidas a la presencia de un determinado grupo funcional (grupo hidroxilo, carbonilo, etc.).

b) Falsa. No siempre son isómeros. Para que dos compuestos orgánicos que tengan el mismo grupo funcional sean isómeros deben tener la misma fórmula molecular. En este caso, se trataría de isómeros de posición o de cadena.

c) Falsa. Dos compuestos con la misma fórmula molecular pero con distinta función son isómeros. Se dice, en este caso, que son isómeros de función. Para que dos compuestos sean isómeros sólo tienen que cumplir un requisito: tener la misma fórmula molecular.

Cuestión 12.9

Dados los siguientes compuestos:
$CH_3COOCH_2CH_3$, CH_3CONH_2, $CH_3CHOHCH_3$ y $CH_3CHOHCOOH$
a) Identifique los grupos funcionales presentes en cada uno de ellos.
b) ¿Posee alguno átomos de carbono asimétrico? Razone su respuesta.

a) Los grupos funcionales presentes en las sustancias dadas son:

- La sustancia $CH_3COOCH_2CH_3$ (etanoato de etilo), un éster, contiene el grupo alcoxicarbonilo.

- La sustancia CH_3CONH_2 (etanamida), una amida, contiene el grupo carboxiamida.

- $CH_3CHOHCH_3$ (propan-2-ol), un alcohol, contiene el grupo hidroxilo.

- $CH_3CHOHCOOH$ (ácido-2-hidroxipropanoico o ácido láctico), un hidroxiácido, contiene los grupos carboxilo (principal) e hidroxilo.

La tabla siguiente muestra el grupo atómico característico de cada uno de los grupos funcionales:

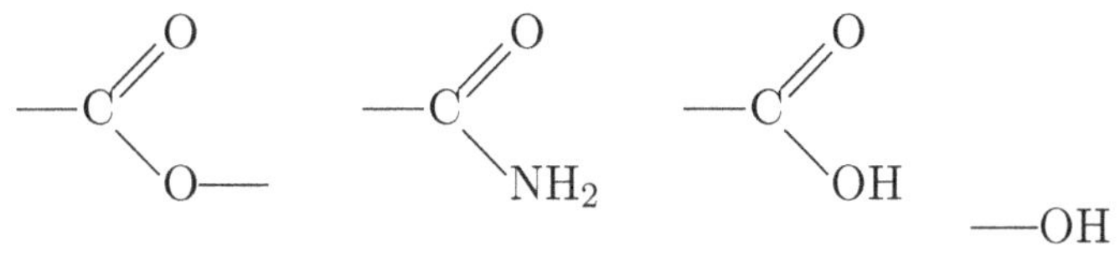

| alcoxicarbonilo | carboxiamida | carboxilo | hidroxilo |

b) Sí, el ácido 2-hidroxipropanoico, ya que posee un carbono asimétrico. Un carbono asimétrico es aquel que tiene cuatro sustituyentes distintos. Las sustancias que tienen un carbono asimétrico son quirales (no tienen ningún plano de simetría), lo que hace posible la existencia de dos isómeros ópticos $(+)$ y $(-)$, imágenes especulares entre sí:

Isómeros ópticos del ácido 2-hidroxipropanoico

Cuestión 12.10

Señale el tipo de isomería existente entre los compuestos de cada uno de los siguientes apartados:
a) $CH_3CH_2CH_2OH$ y $CH_3CHOHCH_3$
b) CH_3CH_2OH y CH_3OCH_3
c) $CH_3CH_3CH_2CHO$ y $CH_3CH(CH_3)CHO$

---

a) $CH_3CH_2CH_2OH$ y $CH_3CHOHCH_3$ presentan isomería de posición. Isomería de posición es aquella en la que los isómeros se diferencian por la posición que ocupa el grupo funcional en una cadena hidrocarbonada. En este caso, en el primer isómero el grupo hidroxilo está en el carbono 1, mientras que en el segundo isómero el grupo hidroxilo está en el carbono 2.

b) CH_3CH_2OH y CH_3OCH_3 presentan isomería de función. Isomería de función es aquella en la que los isómeros se diferencian porque tienen distinto grupo funcional. El primer isómero es un alcohol (tiene el grupo funcional hidroxilo, $-OH$), mientras que el segundo es un éter (tiene el grupo funcional oxi, $-O-$).

c) $CH_3CH_2CH_2CHO$ y $CH_3CH(CH_3)CHO$ presentan isomería de cadena. Isomería de cadena es aquella en la que la disposición de los átomos de carbono de la cadena carbonada es distinta. En el primer isómero, los átomos de carbono forman una cadena lineal, mientras que en el segundo forman una cadena ramificada.

Cuestión 12.11

Para cada compuesto, formule:
a) Los isómeros *cis − trans* de $CH_3CH_2CH{=}CHCH_3$.
b) Un isómero de función de CH_3OCH_3.
c) Un isómero de posición del derivado bencénico $C_6H_4Cl_2$.

---

a) Los isómeros *cis − trans*[5] de pent-2-eno son:

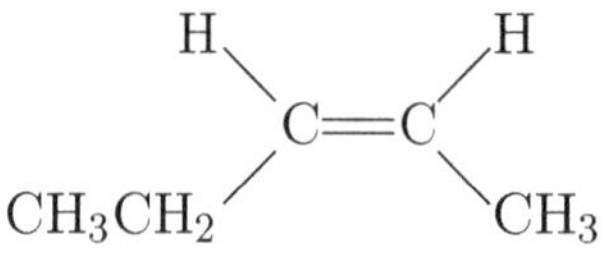

cis-pent-2-eno 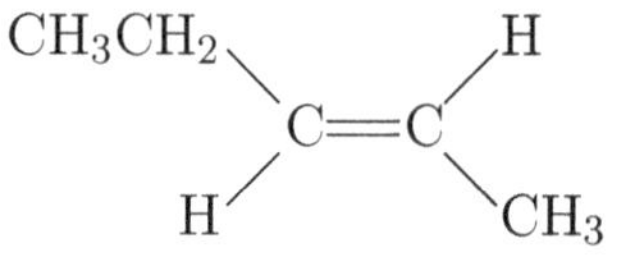   *trans*-pent-2-eno

b) El único isómero de función de CH_3OCH_3, el dimetil éter (isómero con la función éter) es CH_3CH_2OH, el etanol (isómero con la función alcohol).

c) Uno de los isómeros de posición del derivado bencénico $C_6H_4Cl_2$ es el:

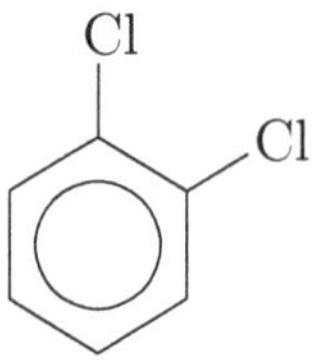

1,2-diclorobenceno

---

[5]Para que se presente esta isomería, cada uno de los carbonos del doble enlace debe tener los dos sustituyentes distintos.

Cuestión 12.12

Escriba:
a) Un isómero de cadena de $CH_3CH_2CH=CH_2$.
b) Un isómero de función de $CH_3OCH_2CH_3$.
c) Un isómero de posición de $CH_3CH_2CH_2CH_2COCH_3$.

---

a) Un isómero de cadena del but-1-eno es $(CH_3)_2C=CH_2$, el metilpropeno.

b) Un isómero de función del etil metil éter es $CH_3CH_2CH_2OH$, el propan-1-ol.

c) Un isómero de posición de la hexan-2-ona es $CH_3CH_2COCH_2CH_2CH_3$, la hexan-3-ona.

Cuestión 12.13

Dados los compuestos: butan-2-ol, $CH_3CHOHCH_2CH_3$, y 3-metilbutan-1-ol, $CH_3CH(CH_3)CH_2CH_2OH$, responda, razonadamente, a las siguientes cuestiones:
a) ¿Son isómeros entre sí?
b) ¿Presenta alguno de ellos isomería óptica?

---

a) No. Para que dos o más compuestos sean isómeros entre sí tienen que tener la misma fórmula molecular. La fórmula molecular del butan-2-ol es $C_4H_{10}O$ y la fórmula molecular del 3-metilbutan-1-ol es $C_5H_{12}O$.

b) Si, el butan-2-ol. El carbono número 2 del butan-2-ol es un carbono asimétrico (sus cuatro sustituyentes son distintos). Representamos sus isómeros ópticos mediante fórmulas tridimensionales y sus correspondientes proyecciones de Fisher:

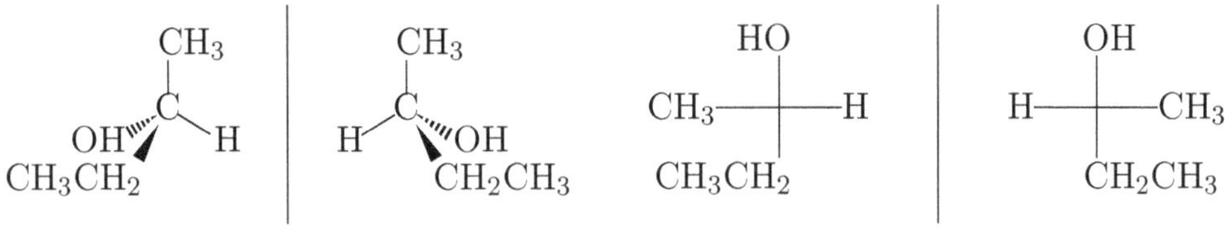

Cuestión 12.14

Explique uno de los tipos de isomería que pueden presentar los siguientes compuestos y represente los correspondientes isómeros.
a) CH_3COCH_3
b) $CH_3CH_2CH_2CH_3$
c) $CH_3CHFCOOH$

a) CH_3COCH_3 (propanona), una cetona, puede presentar isomería de función. Su isómero de función es CH_3CH_2CHO (propanal), un aldehído. Los isómeros de función tienen diferentes grupos funcionales.

b) $CH_3CH_2CH_2CH_3$ (butano), un hidrocarburo lineal, puede presentar isomería de cadena. Un isómero de cadena es $CH_3CH(CH_3)CH_3$ (metilpropano), un hidrocarburo ramificado. Los isómeros de cadena tienen dispuestos de forma diferente los átomos de carbono de la cadena carbonada.

c) $CH_3CHFCOOH$ (ácido 2-fluoropropanoico) puede presentar isomería óptica. Esta isomería la presentan las moléculas que no tienen plano de simetría (moléculas quirales). El caso más frecuente de ausencia de plano de simetría se debe a la presencia de algún carbono asimétrico (carbono unido a cuatro sustituyentes distintos).

El carbono número 2 del ácido 2-fluoropropanoico es un carbono asimétrico. Los isómeros ópticos (o enantiómeros) se diferencian por su comportamiento distinto frente a la luz polarizada. El enantiómero $(+)$ desvía el plano de la luz polarizada hacia la derecha y el enantiómero $(-)$ lo desvía hacia la izquierda. Los enantiómeros de esta sustancia son el $(+)$ y $(-)$ ácido 2-fluoropropanoico, que son imágenes especulares entre sí. Representamos sus isómeros ópticos mediante fórmulas tridimensionales y sus correspondientes proyecciones de Fisher:

Cuestión 12.15

Escriba:
a) Dos hidrocarburos saturados que sean isómeros de cadena entre sí.
b) Dos alcoholes que sean entre sí isómeros de posición.
c) Un aldehído que muestre isomería óptica.

---

a) Dos hidrocarburos saturados isómeros entre sí son:

$$CH_3CH_2CH_2CH_2CH_2CH_3 \qquad CH_3CH_2CH_2CH(CH_3)CH_3$$
$$\text{hexano} \qquad\qquad\qquad \text{2-metilpentano}$$

b) Dos alcoholes isómeros de posición entre sí son :

$$CH_3CH_2CH_2CH_2OH \quad CH_3CH_2CHOHCH_3$$
butan-1-ol $\qquad\qquad$ butan-2-ol

c) Un aldehído que muestra isomería óptica es:

$$CH_3CHOHCHO$$
2-hidroxipropanal

Los isómeros ópticos de este compuesto son:

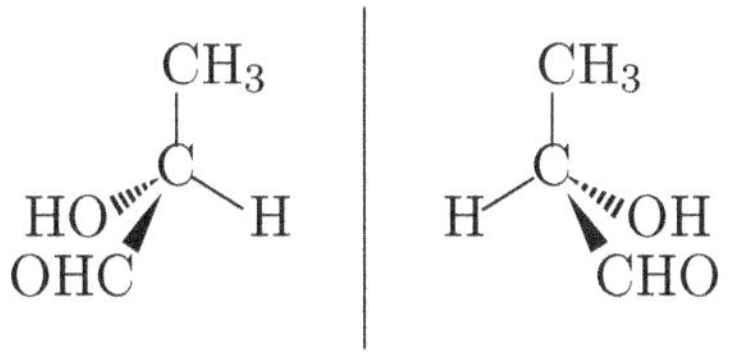

Cuestión 12.16

Dados los compuestos:

$$(CH_3)_2CHCOOCH_3; \quad CH_3OCH_3; \quad CH_2{=}CHCHO$$

a) Identifique y nombre la función que presente cada uno.
b) Indique si presentan isomería *cis-trans*. Razónelo.
c) Indique, justificadamente, si presentan isomería óptica.

---

a) La función y el nombre de la misma de cada uno de ellos es la siguiente:

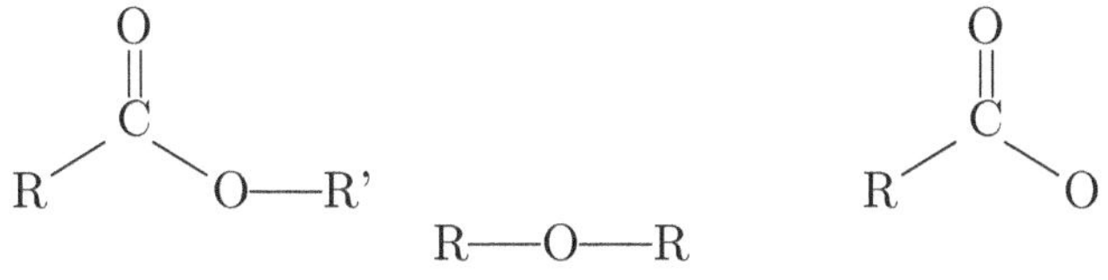

éster $\qquad\qquad$ éter $\qquad\qquad$ aldehído

b) Ninguno de los compuestos presenta isomería *cis − trans*. La isomería *cis − trans* es aquella que es debida a la existencia de enlaces carbono-carbono que no pueden girar, como es el caso del doble enlace en los alquenos. Se distingue entre el isómero *cis* (los sustituyentes están en el mismo lado del doble enlace) y el isómero *trans* (los sustituyentes están en lados opuestos). El único que podría presentarla es el propenal por tener un doble enlace, pero no la presenta, ya que uno de los carbonos del doble enlace tiene los dos sustituyentes iguales (dos hidrógenos). Como se observa a continuación, las estructuras son equivalentes:

$$\begin{array}{ccc} H & & CHO \\ & \diagdown \quad \diagup & \\ & C{=}C & \\ & \diagup \quad \diagdown & \\ H & & H \end{array} \qquad\qquad \begin{array}{ccc} H & & H \\ & \diagdown \quad \diagup & \\ & C{=}C & \\ & \diagup \quad \diagdown & \\ H & & CHO \end{array}$$

propenal (estructuras equivalentes)

c) Ninguno de ellos presenta isomería óptica, ya que ninguno tiene un carbono asimétrico (carbono unido a cuatro sustituyentes distintos).

Cuestión 12.17

Utilizando un alqueno como reactivo, escriba:
a) La reacción de adición de HBr.
b) La reacción de combustión ajustada.
c) La reacción que produzca el correspondiente alcano.

---

a) La ecuación correspondiente a la adición de bromuro de hidrógeno al propeno es la siguiente:

$$CH_3CH{=}CH_2 + HBr \rightarrow CH_3CHBrCH_3$$

Se obtiene uno de los dos derivados halogenados posibles, de acuerdo con la regla empírica propuesta por Markovnikov: " cuando un reactivo asimétrico (XH, HOH, etc.) se adiciona a un alqueno o alquino asimétrico, el fragmento más positivo (generalmente, el H) se une al que ya están unidos un mayor número de átomos de hidrógeno".

b) La ecuación correspondiente a la combustión[6] de propeno es la siguiente:

$$2\,C_3H_6 + 9\,O_2 \rightarrow 6\,CO_2 + 6\,H_2O$$

c) La ecuación correspondiente a una reacción que produzca propano a partir de propeno (hidrogenación) es la siguiente:

$$CH_3CH{=}CH_2 + H_2 \xrightarrow{Pt} CH_3CH_2CH_3$$

---

[6]La ecuación general de combustión de un hidrocarburo es la siguiente:

$$Hidrocarburo + O_2 \rightarrow CO_2 + H_2O$$

Cuestión 12.18

Para el compuesto $CH_3CH=CHCH_3$, escriba:

a) La reacción con HBr.

b) La reacción de combustión.

c) Una reacción que produzca $CH_3CH_2CH_2CH_3$.

---

a) La ecuación correspondiente a la adición de bromuro de hidrógeno al but-2-eno es la siguiente:

$$CH_3CH=CHCH_3 + HBr \rightarrow CH_3CHBrCH_2CH_3$$

b) La ecuación correspondiente a la combustión del but-2-eno es la siguiente:

$$C_4H_8 + 6\,O_2 \rightarrow 4\,CO_2 + 4\,H_2O$$

c) La ecuación correspondiente a una reacción que produzca butano a partir de but-2-eno (hidrogenación de un doble enlace) podría ser la siguiente:

$$CH_3CH=CHCH_3 + H_2 \xrightarrow{Pt} CH_3CH_2CH_2CH_3$$

Cuestión 12.19

Las fórmulas moleculares de tres hidrocarburos lineales son: C_3H_6, C_4H_{10} y C_5H_{12}. Indique si son verdaderas o falsas las siguientes afirmaciones. Razone su respuesta.

a) Los tres pertenecen a la misma serie homóloga.

b) Los tres presentan reacciones de adición.

c) Los tres poseen átomos de carbono con hibridación sp^3.

---

a) Falsa. No tienen la misma fórmula molecular general. Una serie homóloga es un conjunto de sustancias pertenecientes a la misma función química con idéntica fórmula molecular general. La fórmula molecular general de C_3H_6 es C_nH_{2n}, propia de los alquenos, mientras que la fórmula general de C_4H_{10} y C_5H_{12} es C_nH_{2n+2}, propia de los alcanos.

b) Falsa. Sólo la presenta C_3H_6. Las sustancias que pueden presentar reacciones de adición son aquellas que tienen alguna insaturación (doble o triple enlace). C_3H_6, propeno, tiene un doble enlace.

c) Verdadera. Todas presentan hibridación sp^3, ya que todas tienen, al menos, un enlace sencillo $C - C$. Los átomos de carbono que presentan la hibridación sp^2 y *sp* son los de los dobles enlaces C=C de los alquenos y los de los triples enlaces C ≡ C de los alquinos, respectivamente.

Cuestión 12.20

Considere las siguientes moléculas:

$$CH_3CHOHCH_3, \; CH_3COCH_3, \; CH_3CONH_2 \; y \; CH_3COOCH_3$$

a) Identifique sus grupos funcionales.

b) ¿Cuál de estos compuestos daría propeno mediante reacción de eliminación?

---

a) Los grupos funcionales presentes en las moléculas dadas son:

- La molécula $CH_3CHOHCH_3$ (propan-2-ol), un alcohol, presenta el grupo hidroxilo.

- La molécula CH_3COCH_3 (propanona), una cetona, presenta el grupo carbonilo.

- La molécula CH_3CONH_2 (etanamida), una amida, presenta el grupo carboxiamida.

- La molécula CH_3COOCH_3 (etanoato de metilo), un éster, presenta un grupo alcoxicarbonilo.

La tabla siguiente muestra el grupo atómico característico de cada uno de los grupos funcionales:

—OH	$O=C\big\langle$	$-C\big\langle{}^{O}_{NH_2}$	$-C\big\langle{}^{O}_{O-}$
hidroxilo	carbonilo	carboxiamida	alcoxicarbonilo

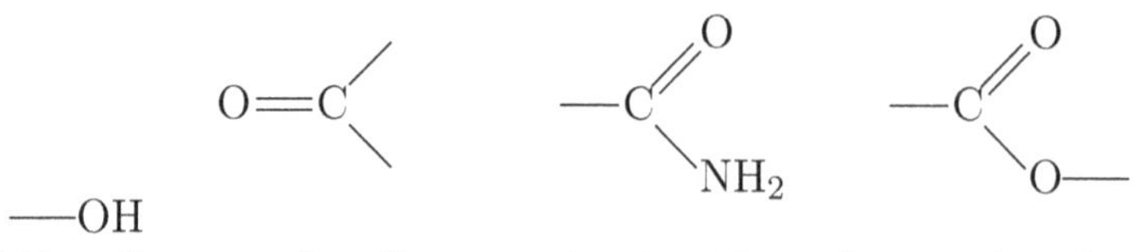

b) El propan-2-ol. Cuando se calienta con un agente deshidratante (H_2SO_4 concentrado) experimenta una deshidratación intramolecular, produciendo propeno y eliminando agua:

$$CH_3CHOHCH_3 \xrightarrow{calor,\,H_2SO_4} CH_3CH=CH_2 + H_2O$$

Cuestión 12.21

Complete las siguientes reacciones orgánicas e indique de qué tipo son:

a) $CH_4 + Cl_2 \xrightarrow{luz}$

b) $CH_2CH = CH_2 + H_2 \xrightarrow{catalizador}$

c) $CH_3CH_2CH_2Br \xrightarrow{KOH/EtOH}$

a) $CH_4 + Cl_2 \xrightarrow{luz} CH_3Cl + CH_2Cl_2 + CHCl_3 + CCl_4 + HCl$ (sin ajustar)

Se trata de una reacción de sustitución mediante radicales libres. Mediante esta reacción, se sustituye un átomo de hidrógeno por un átomo de halógeno. Para que se inicie este tipo de reacciones, éstas necesitan alcanzar temperaturas muy altas, una descarga eléctrica o radiación UV[7]. Una vez iniciadas, ocurre una reacción en cadena entre los distintos radicales. La reacción se detendrá cuando se consumen los radicales en las reacciones de terminación. Con cloro en exceso, se pueden dar todos los derivados halogenados del cloro.

b) $CH_2CH = CH_2 + H_2 \xrightarrow{catalizador} CH_3CH_2CH_3$

Se trata de una reacción de adición de dihidrógeno a un doble enlace (hidrogenación), originándose un alcano. Estas reacciones transcurren mediante el uso de catalizadores como Pt, Ni o Pd.

c) $CH_3CH_2CH_2Br \xrightarrow{KOH/EtOH} CH_3CH = CH_2 + HBr$

Se trata de una reacción de eliminación de bromuro de hidrógeno.

El hidrógeno que se elimina es el del carbono adyacente; si hubiera varias po-

---

[7]La reacción tiene las siguientes etapas:
Iniciación:

$$Cl - Cl \xrightarrow{luz} 2\,Cl\dot{}$$

Propagación:

$$CH_4 + \ Cl\dot{} \ \rightarrow \ CH_3\dot{} \ + H - Cl; \qquad CH_3\dot{} \ + Cl - Cl \rightarrow CH_3Cl + \ Cl\dot{}$$

Terminación:

$$Cl\dot{} \ + \ Cl\dot{} \ \rightarrow Cl - Cl; \ \ CH_3\dot{} \ + \ Cl\dot{} \ \rightarrow CH_3 - Cl; \ \ CH_3\dot{} \ + \ CH_3\dot{} \ \rightarrow CH_3 - CH_3$$

sibilidades, se eliminaría el hidrógeno del carbono menos hidrogenado (regla de Saytzeff). Por ejemplo:

$$CH_3CHBrCH_2CH_3 \xrightarrow{KOH/EtOH} CH_3CH=CHCH_3 + HBr$$

Cuestión 12.22

Ponga un ejemplo de cada uno de los siguientes tipos de reacciones:
a) Reacción de adición a un alqueno.
b) Reacción de sustitución en un alcano.
c) Reacción de eliminación de HCl en un cloruro de alquilo.

---

a) $CH_2CH=CH_2 + H_2 \xrightarrow{Pd} CH_3CH_2CH_3$

b) $CH_4 + Cl_2 \xrightarrow{luz} CH_3Cl + CH_2Cl_2 + CHCl_3 + CCl_4 + HCl$ (sin ajustar)

c) $CH_3CHClCH_3 \xrightarrow{KOH/Etanol} CH_3CH=CH_2 + HCl$

Cuestión 12.23

Complete las siguientes reacciones orgánicas e indique el tipo al que pertenecen:
a) $CH\equiv CH + HCl \longrightarrow$
b) $BrCH_2CH_2Br \xrightarrow{KOH/Etanol} 2\,HBr+$
c) $CH_3CH_2CH_3 + Cl_2 \xrightarrow{h\nu} HCl+$

---

a) $CH\equiv CH + HCl \longrightarrow CH_2=CHCl$

Se trata de una reacción de adición de un haluro de hidrógeno a un triple enlace.

b) $BrCH_2CH_2Br \xrightarrow{KOH/Etanol} 2\,HBr + CH\equiv CH$

Se trata de una reacción de eliminación de 2 moléculas de HBr de un dihaluro vecinal.

c) $CH_3CH_2CH_3 + Cl_2 \xrightarrow{h\nu} CH_3CH_2CH_2Cl + CH_3CH_2CHCl_2 + ... + HCl$

Se trata de una reacción de sustitución de un halógeno en un alcano. Con un exceso de halógeno, se obtiene una mezcla de distintos derivados halogenados.

437

Cuestión 12.24

Complete las siguientes reacciones orgánicas e indique de qué tipo de reacción se trata:
a) $CH_3COOH + CH_3CH_2OH \longrightarrow$
b) $CH_2{=}CH_2 + Br_2 \longrightarrow$
c) $C_4H_{10} + O_2 \longrightarrow$

---

a) $CH_3COOH + CH_3CH_2OH \longrightarrow CH_3COOCH_2CH_3 + H_2O$

Se trata de una reacción de esterificación, esto es, la formación de un éster a partir de un un ácido orgánico y un alcohol.

El éster se forma por eliminación de agua entre las moléculas del ácido y del alcohol (el $-H$ procede del ácido y el $-OH$ del alcohol). Se utiliza ácido sulfúrico como catalizador y deshidratante, y requiere temperaturas elevadas; aún así, la reacción es lenta:

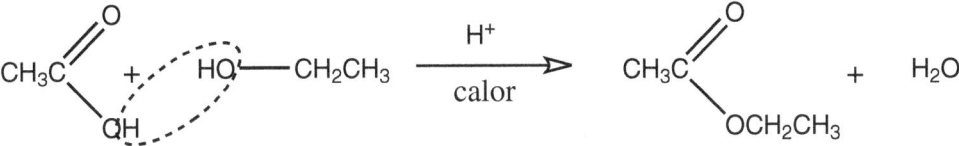

Figura 12.2: Síntesis del acetato de etilo

b) $CH_2{=}CH_2 + Br_2 \longrightarrow CH_2BrCH_2Br$

Se trata de una reacción de adición de un halógeno a un alqueno.

c) $2\,C_4H_{10} + 13\,O_2 \longrightarrow 8\,CO_2 + 10\,H_2O$

Se trata de una reacción de combustión.

Cuestión 12.25

Complete las siguientes reacciones e indique de qué tipo son:
a) $CH_3CH_3 + Cl_2 \xrightarrow{luz}$
b) $C_3H_8 + O_2 \longrightarrow$
c) $CH_3CH_2CH_2Br \xrightarrow{H_2SO_4,calor}$

---

a) $CH_3CH_3 + Cl_2 \xrightarrow{luz} CH_3CH_2Cl + CH_3CHCl_2 + CH_3CCl_3 + ... + HCl$

Se trata de una reacción de sustitución de un halógeno en un alcano. Con un exceso de halógeno, se obtiene una mezcla de distintos derivados halogenados.

b) $C_3H_8 + 5\,O_2 \longrightarrow 3\,CO_2 + 4\,H_2O$

Se trata de una reacción de combustión. Con una chispa puede iniciarse.

c) $CH_3CH_2CH_2Br \xrightarrow{H_2SO_4,\,calor} CH_3CH = CH_2 + HBr$

Se trata de una reacción de eliminación de un haluro de hidrógeno en un halogenuro de alquilo. Es un procedimiento para obtener alquenos.

Cuestión 12.26

Complete las siguientes reacciones orgánicas e indique de qué tipo de reacción se trata:

a) $CH_2 = CH_2 + H_2O \xrightarrow{H_2SO_4}$

b) $CH_2 = CH_2 + HCl \longrightarrow$

c) $C_6H_6 \text{ (benceno)} + Cl_2 \xrightarrow{AlCl_3}$

---

a) $CH_2 = CH_2 + H_2O \xrightarrow{H_2SO_4} CH_3CH_2OH$

Se trata de una reacción de adición de agua a un alqueno.

b) $CH_2 = CH_2 + HCl \longrightarrow CH_3 = CH_2Cl$

Se trata de una reacción de adición de un haluro de hidrógeno a un doble enlace.

c)

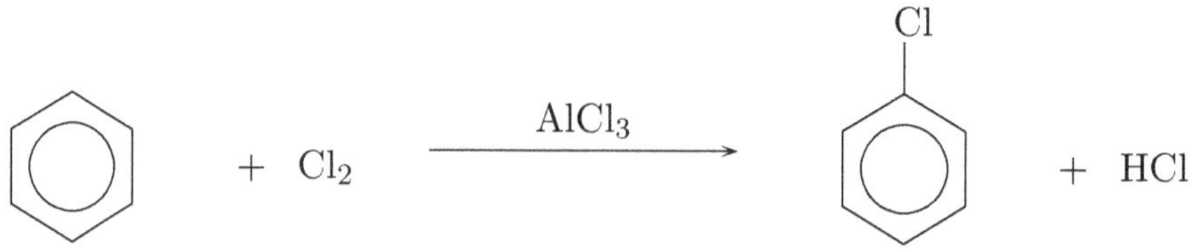

Se trata de una reacción de sustitución aromática electrofílica. Concretamente, se sustituye un hidrógeno del benceno por un cloro (cloración). El benceno sólo da reacciones de sustitución y nunca reacciones de adición de átomos a un doble enlace. Esta diferencia es debida a la gran estabilidad de los electrones del anillo bencénico. La deslocalización de los electrones −su participación en varios enlaces− en nubes electrónicas π por encima y por debajo del anillo es la que estabiliza la molécula.

Cuestión 12.27

Complete las siguientes reacciones e indique de qué tipo son:
a) $CH_3CH=CH_2 + HBr \longrightarrow$
b) $CH_3CH_2CH_3 + Cl_2 \xrightarrow{h\nu}$
c) $CH\equiv CH + H_2 \xrightarrow{Pd/Pt}$

---

a) $CH_3CH=CH_2 + HBr \longrightarrow CH_3CHBrCH_3$

Se trata de una reacción de adición de un haluro de hidrógeno a un alqueno. El hidrógeno se une al carbono más hidrogenado, de acuerdo con la regla empírica de Markovnikov.

b) $CH_3CH_2CH_3 + Cl_2 \xrightarrow{h\nu} CH_3CH_2CH_2Cl + CH_3CH_2CHCl_2 + ... + HCl$

Se trata de una reacción de sustitución de un halógeno en un alcano. Con un exceso de halógeno, se obtiene una mezcla de distintos derivados halogenados. Este tipo de reacciones pueden iniciarse con una radiación muy energética, como la radiación ultravioleta.

c) $CH\equiv CH + H_2 \xrightarrow{Pd/Pt} CH_2=CH_2$

Se trata de la reacción de adición de dihidrógeno a un alquino. Este tipo de reacciones tiene lugar mediante el uso de catalizadores heterogéneos, como el paladio o el platino.

Con hidrógeno en exceso, el alqueno resultante puede transformarse en un alcano:

$$CH_2=CH_2 + H_2 \xrightarrow{Pd/Pt} CH_3CH_3$$

Cuestión 12.28

Para los siguientes compuestos: CH_3CH_3, $CH_2=CH_2$ y CH_3CH_2OH
a) Indique cuál o cuáles son hidrocarburos.
b) Indique, justificadamente, cuál será más soluble en agua.
c) Explique cuál sería el compuesto con mayor punto de ebullición.

---

a) El etano, CH_3CH_3, y el eteno, $CH_2=CH_2$, son hidrocarburos ya que son sustancias formadas exclusivamente por carbono e hidrógeno.

b) De los tres compuestos el único soluble en agua es el etanol. El etanol es soluble en agua debido a que las dos sustancias presentan enlaces de hidrógeno que pueden intercambiarse. Son, de hecho, solubles en cualquier proporción. Ni el etano ni el eteno son solubles en agua, debido a que las únicas fuerzas intermoleculares presentes, por ser sustancias apolares, son las fuerzas de Van der Waals de dispersión, muy distintas y menos intensas que los enlaces de hidrógeno.

c) El etanol, líquido a temperatura ambiente, es la sustancia que presenta mayor punto de ebullición. La causa es la presencia de enlaces de hidrógeno entre sus moléculas, que son fuerzas muy intensas que impiden que la agitación térmica las separe por debajo de su temperatura de ebullición.

El eteno y el etano son gases a temperatura ambiente, debido a que las fuerzas de Van der Waals de dispersión son muy débiles por el pequeño tamaño de las moléculas, y la simple agitación térmica de las mismas puede romperlas.

Cuestión 12.29

Para el eteno ($CH_2 = CH_2$), indique:
a) La geometría de la molécula.
b) La hibridación que presentan los orbitales de los átomos de carbono.
c) Escriba la reacción de combustión ajustada de este compuesto.

---

a) La molécula es plana (los seis átomos que la forman están en un mismo plano).

b) La hibridación que presentan los átomos de carbono en el eteno es sp^2. Cada uno de los orbitales híbridos sp^2 de los átomos de carbono establece un enlace σ con el otro átomo de carbono, y dos enlaces σ con los orbitales s de sendos átomos de hidrógeno. Los orbitales p_z puros de los carbonos establecen un enlace π alrededor del eje internuclear $C - C$.

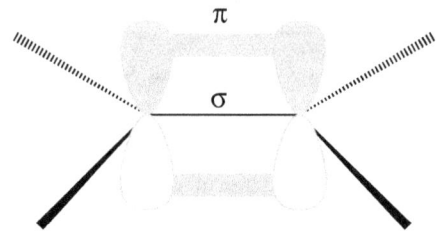

Figura 12.3: Enlaces σ y π en el eteno.

c) La ecuación ajustada correspondiente a la combustión del eteno es:

$$C_2H_4 + 3\,O_2 \rightarrow 2\,CO_2 + 2\,H_2O$$

Cuestión 12.30

Conteste a las siguientes cuestiones. Razone sus respuestas.
a) ¿Puede adicionar halógenos un alcano?
b) ¿Pueden experimentar reacciones de adición de haluros de hidrógeno los alquenos?
c) ¿Cuáles serían los posibles derivados diclorados del benceno?

---

a) No, los alcanos no pueden adicionar halógenos; sólo la presentan los alquenos y los alquinos. Las reacciones de adición son aquellas en las que una molécula se fragmenta en dos, y se une cada parte a un carbono de un doble o triple enlace. Puesto que los alcanos no tienen insaturaciones, no pueden presentar reacciones de adición.

b) Si, los alquenos pueden experimentar reacciones de adición de haluros de hidrógeno (HX). Se forma el correspondiente haluro de alquilo (R − X).

Si el doble enlace del alqueno está en posición asimétrica, el hidrógeno se adiciona al carbono del alqueno con más números de hidrógenos, según la regla empírica de Markovnikov:

$$CH_3CH = CH_2 + HX \rightarrow CH_3CHXCH_3$$

c) Los derivados diclorados del benceno son:

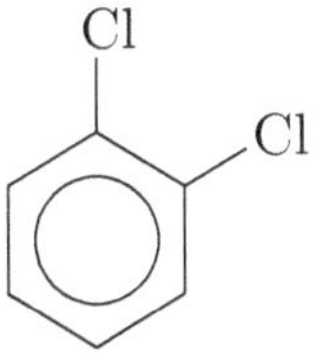

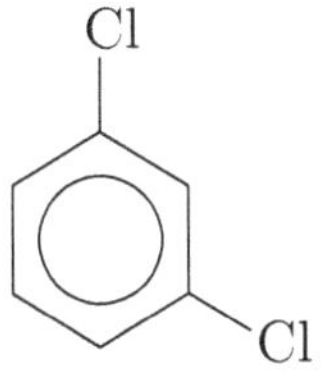

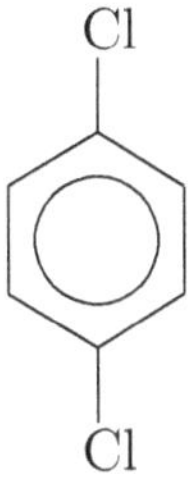

1,2-diclorobenceno   1,3-diclorobenceno   1,4-diclorobenceno

Cuestión 12.31

Dadas las moléculas CH_4, C_2H_2, C_2H_4, diga si las siguientes afirmaciones son verdaderas o falsas. Razone sus respuestas.

a) En la molécula C_2H_4 los dos átomos de carbono presentan hibridación sp^3.

b) El átomo de carbono de la molécula CH_4 posee hibridación sp^3.

c) La molécula de C_2H_2 es lineal.

a) Falsa. La molécula de eteno, C_2H_4, es plana, y los dos átomos de carbono presentan hibridación sp^2. Los tres orbitales híbridos sp^2 se disponen formando un ángulo de 120°.

b) Verdadera. La molécula de metano, CH_4, es tetraédrica y el átomo de carbono presenta hibridación sp^3. Los cuatro orbitales híbridos sp^3 se disponen orientados en la dirección de los vértices de un tetraedro.

c) Verdadera. La molécula de etino, C_2H_2, es lineal, como se deduce experimentalmente. La teoría sobre hibridación de orbitales lo explica suponiendo que los átomos de carbono presentan una hibridación sp. Los dos orbitales híbridos sp se disponen formando un ángulo de 180°.

Cuestión 12.32

Dados los compuestos CH_3OH, $CH_3CH=CH_2$ y $CH_3CH=CHCH_3$, indique, razonadamente:

a) Los que puedan experimentar reacciones de adición.

b) Los que puedan presentar enlaces de hidrógeno.

c) Los que puedan presentar isomería geométrica.

a) El propeno ($CH_3CH=CH_2$) y el but-2-eno ($CH_3CH=CHCH_3$) pueden presentar reacciones de adición, ya que poseen un doble enlace. En estas reacciones la molécula que se adiciona se fragmenta en dos, y cada fragmento se une a un átomo de carbono del doble enlace.

La molécula de propeno tiene el doble enlace en posición asimétrica. Si adiciona un reactivo asimétrico (HX, HOH, etc.), el hidrógeno se une al carbono con más hidrógenos, según la regla empírica de Markovnikov (cuanto más tengan más consiguen –refiriéndose a los átomos de hidrógeno–).

La molécula de but-2-eno tiene el doble enlace en posición simétrica. En este caso, no importa que el reactivo sea o no asimétrico, ya que se formará el mismo compuesto.

b) El metanol (CH_3OH) presenta enlaces de hidrógeno. Para que un compuesto presente enlaces de hidrógeno sus moléculas deben tener un átomo de hidrógeno unido a un átomo de un elemento muy electronegativo y pequeño como el oxígeno, el nitrógeno o el flúor; y, además, deben tener un átomo de un elemento electronegativo y pequeño con pares de electrones solitarios como el oxígeno, el nitrógeno o el flúor. Así, el hidrógeno unido al oxígeno de una molécula de metanol, sobre el que recae una intensa carga positiva, puede interaccionar con los pares de electrones del oxígeno de otra molécula de metanol, estableciendo un enlace de hidrógeno.

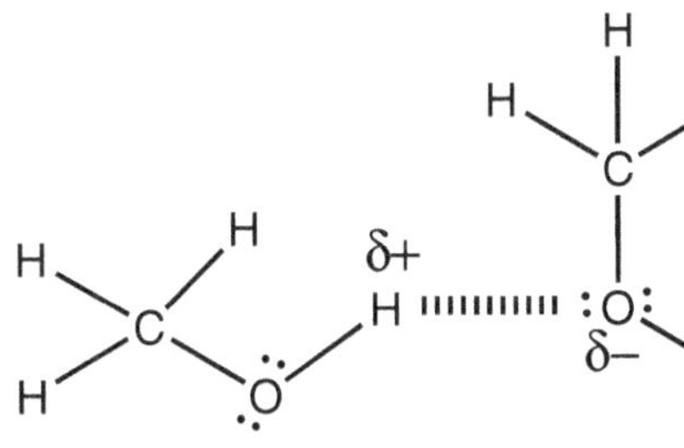

Figura 12.4: Enlace de hidrógeno en el metanol

c) El but-2-eno. Los isómeros *cis* − *trans* del but-2-eno son:

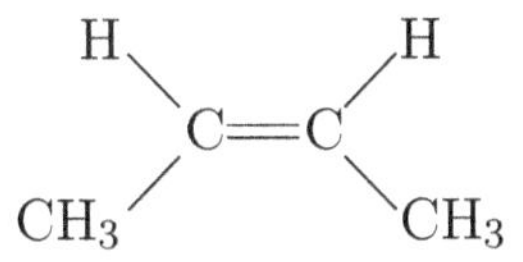

cis-but-2-eno

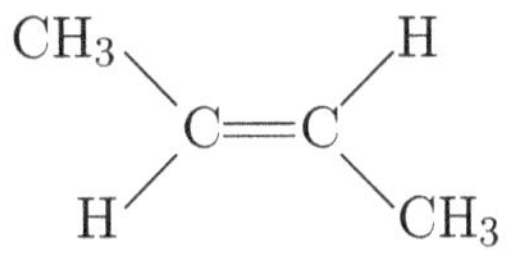

trans-but-2-eno

El propeno no presenta isómeros *cis* − *trans*, porque uno de los carbonos unidos al doble enlace está unido a dos átomos de hidrógeno.

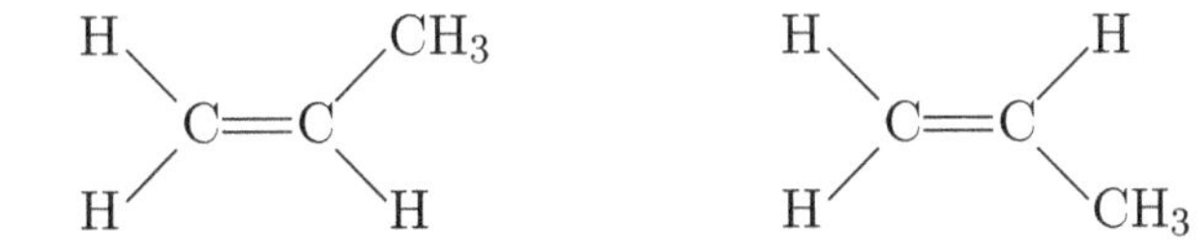

propeno (estructuras equivalentes)

Cuestión 12.33

Diga si son verdaderas o falsas las siguientes afirmaciones. Razone sus respuestas.

a) El punto de ebullición del butano es menor que el de butan-1-ol.

b) El etano es más soluble en agua que el etanol.

c) La molécula $CHCl_3$ posee una geometría tetraédrica con el átomo de carbono ocupando la posición central.

a) Verdadera. La temperatura de ebullición del butan-1-ol es mayor, porque los enlaces intermoleculares más importantes entre sus moléculas son enlaces de hidrógeno, que son más fuertes que las fuerzas de Van der Waals de dispersión que se establecen entre las moléculas de butano.

b) Falsa. Para que se disuelva una sustancia molecular en otra, las fuerzas intermoleculares deben ser del mismo tipo y de parecida intensidad con objeto de que puedan intercambiarse (que puedan romperse las uniones entre moléculas de la misma sustancia y se formen uniones nuevas entre las moléculas de una y otra sustancia).

El etanol es soluble en agua, debido a que las dos sustancias presentan enlaces de hidrógeno que pueden intercambiarse. Son solubles en cualquier proporción. El etano no es soluble en agua, ya que las únicas fuerzas intermoleculares presentes son las fuerzas de Van der Waals de dispersión, muy distintas y menos intensas que los enlaces de hidrógeno.

c) Verdadera. Mediante la estructura de Lewis observamos que el triclorometano tiene cuatro zonas de alta densidad electrónica en torno al átomo central. Si representamos estas cuatro zonas de tal manera que la repulsión sea mínima y consideramos la disposición de los núcleos de los átomos presente en la molécula, llegamos a la conclusión de que la molécula es tetraédrica.

Molécula	Estructura de Lewis	Zonas de alta densidad	Orientación de los pares de electrones	Geometría
$CHCl_3$ (Tipo AB_4) 4 pares de e^- de enlace		4		Tetraédrica

---

Cuestión 12.34

a) ¿Qué hidrocarburo tiene un mayor número de isómeros, C_4H_8 o C_4H_{10}? Justifique la respuesta.

b) Escriba todos los isómeros posibles de cada uno de ellos.

---

a) Tiene más isómeros C_4H_8. Además de los isómeros de cadena (con posibilidad de cadenas cerradas), tiene isómeros de posición, debido al doble enlace, así como isómeros geométricos $cis - trans$. C_4H_{10} sólo puede tener isómeros de cadena abierta.

b) Los isómeros del C_4H_{10} son:

$$CH_3CH_2CH_2CH_3 \qquad CH_3CH(CH_3)CH_3$$
$$\text{butano} \qquad\qquad \text{metilpropano}$$

Los isómeros del C_4H_8 son:

Isómeros estructurales:

$$CH_2 = CHCH_2CH_3 \quad CH_2 = C(CH_3)_2 \quad CH_3CH = CHCH_3$$
$$\text{but-1-eno} \qquad\qquad \text{metilpropeno} \qquad\qquad \text{but-2-eno}$$

CH₃

metilciclopropano   ciclobutano

Isómeros geométricos:

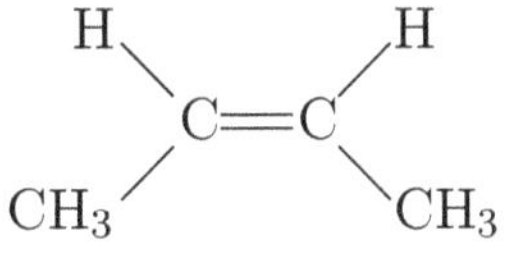

cis-but-2-eno 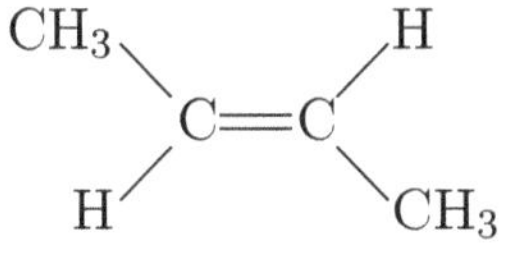   *trans*-but-2-eno

---

Cuestión 12.35

Indique el tipo de hibridación que presenta cada uno de los átomos de carbono en las siguientes moléculas:

a) $CH_3C\equiv CCH_3$.

b) $CH_3CH = CHCH_3$.

c) $CH_3CH_2CH_2CH_3$.

a) En la molécula $CH_3C \equiv CCH_3$ (but-2-ino) los átomos de carbono 1 y 4 presentan hibridación sp^3, los átomos de carbono 2 y 3, hibridación sp.

b) En la molécula $CH_3CH = CHCH_3$ (but-2-eno) los átomos de carbono 1 y 4 presentan hibridación sp^3, los átomos de carbono 2 y 3, hibridación sp^2.

c) En la molécula $CH_3CH_2CH_2CH_3$ todos los átomos de carbono presentan una hibridación sp^3.

Capítulo 13

Formulación y nomenclatura

En las fórmulas de compuestos inorgánicos el tipo de nomenclatura utilizado es:

- Compuestos binarios metal + no metal: nomenclatura de composición mediante números romanos.

$FeCl_2$	Ag_2O	AuH_3	HgO_2
cloruro de hierro(II)	óxido de plata	hidruro de oro(III)	peróxido de mercurio(II)

- Compuestos binarios no metal + no metal: nomenclatura de composición mediante prefijos multiplicadores. Algunos hidruros tienen nombres tradicionales.

BCl_3	OCl_2	H_2S	NH_3
tricloruro de boro	dicloruro de oxígeno	sulfuro de hidrógeno	amoniaco
			trihidruro de nitrógeno

- Hidróxidos: nomenclatura de comprosición mediante números romanos.

$NaOH$	$Pb(OH)_4$	$HgOH$
hidróxido de sodio	hidróxido de plomo(IV)	hidróxido de mercurio(I)

- Oxoácidos y oxosales: nombres tradicionales.

H_2SO_4	$HClO$	$CaCO_3$	NaH_2PO_4
ácido sulfúrico	ácido hipocloroso	carbonato de calcio	dihidrogenofosfato de sodio

En las fórmulas de compuestos orgánicos, el localizador del grupo funcional se pospone al prefijo que indica el número de átomos de la cadena carbonada.

$CH_2=CHCH_2CH_3$	$CH_3CH_2COCH_2CH_2CH_3$	$CH_3CHOHCH_2OH$
but $-1-$ eno	hexan $-3-$ ona	propano $-1,2-$ diol

447

Cuestión 13.1

Formule o nombre los compuestos siguientes:
a) ácido perclórico; b) selenuro de hidrógeno; c) pent-4-en-2-ol; d) LiH;
e) OsO_4; f) CH_3CHO.

a) $HClO_4$

b) H_2Se

c) $CH_2{=}CHCH_2CHOHCH_3$

d) hidruro de litio

e) óxido de osmio(VIII)

f) etanal

Cuestión 13.2

Formule o nombre los compuestos siguientes:
a) peróxido de bario; b) fluoruro de plomo(II); c) metano; d) Bi_2O_3;
e) H_2SO_3; f) $HCONH_2$.

a) BaO_2

b) PbF_2

c) CH_4

d) óxido de bismuto(III)

e) ácido sulfuroso

f) metanamida

Cuestión 13.3

Formule o nombre los compuestos siguientes:
a) óxido de cromo(III); b) nitrato de magnesio; c) fenilamina; d) HgS;
e) H_3BO_3; f) $CHCl_3$.

a) Cr_2O_3

b) $Mg(NO_3)_2$

c)

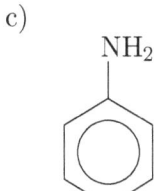

NH$_2$

d) sulfuro de mercurio(ii)

e) ácido bórico

f) triclorometano

Cuestión 13.4

Formule o nombre los compuestos siguientes:
a) hipobromito de sodio; b) ácido fosfórico; c) 1,3-dimetilbenceno; d) FeO;
e) SiI$_4$; f) CH$_2$=CHCH=CH$_2$.

---

a) NaBrO

b) H$_3$PO$_4$

c)

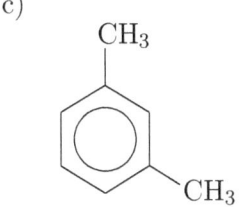

CH$_3$

CH$_3$

d) óxido de hierro(ii)

e) tetrayoduro de silicio

f) buta-1,3-dieno

Cuestión 13.5

Formule o nombre los compuestos siguientes:
a) sulfito de calcio; b) hidróxido de estroncio; c) metanal; d) PtI$_2$; e) HPO$_3$;
f) CH ≡ CCH=CH$_2$.

---

a) CaSO$_3$

b) $Sr(OH)_2$

c) HCHO

d) yoduro de platino(II)

e) ácido metafosforoso

f) but-1-en-3-ino

Cuestión 13.6

Formule o nombre los compuestos siguientes:
a) permanganato de cobalto(III); b) cianuro de hidrógeno;
c) 2-metilpentano; d) NaOH; e) KH_2PO_4; f) $(CH_3)_3N$.

---

a) $Co(MnO_4)_3$

b) HCN

c) $CH_3CH(CH_3)CH_2CH_2CH_3$

d) hidróxido de sodio

e) dihidrogenofosfato de potasio

f) trimetilamina

Cuestión 13.7

Formule o nombre los compuestos siguientes:
a) óxido de platino(II); b) nitrato de hierro(III); c) 1,2-dicloroetano;
d) NaH; e) HBrO; f) $CH_3CH_2COCH_3$;

---

a) PtO

b) $Fe(NO_3)_3$

c) CH_2ClCH_2Cl

d) hidruro de sodio

e) ácido hipobromoso

f) butanona

Cuestión 13.8

Formule o nombre los compuestos siguientes:
a) hidruro de magnesio; b) sulfato de potasio; c) 3-metilhexano; d) Sb_2O_3;
e) HIO_3; f) CH_3CHFCH_3.

a) MgH_2

b) K_2SO_4

c) $CH_3CH_2CH(CH_3)CH_2CH_2CH_3$

d) trióxido de diantimonio

e) ácido yódico

f) 2-fluoropropano

Cuestión 13.9

Formule o nombre los compuestos siguientes:
a) nitrito de hierro(II); b) sulfuro de hidrógeno; c) but-3-en-1-ol; d) As_2O_3;
e) $Cr(OH)_3$; f) HCOOH.

a) $Fe(NO_2)_2$

b) H_2S

c) $CH_2{=}CHCH_2CH_2OH$

d) trióxido de diarsénico

e) hidróxido de cromo(III)

f) ácido metanoico

Cuestión 13.10

Formule o nombre los compuestos siguientes:
a) cromato de plata; b) telururo de hidrógeno; c) bencenocarbaldehído;
d) CaH_2; e) NO_2; f) CH_3CH_2OH.

a) Ag_2CrO_4

b) H_2Te

c)

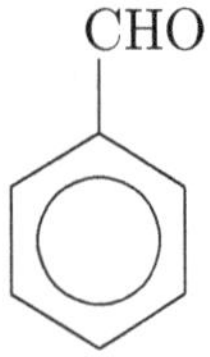

CHO

d) hidruro de calcio

e) dióxido de nitrógeno

f) etanol

Cuestión 13.11

Formule o nombre los compuestos siguientes:
a) óxido de oro(II); b) nitrito de zinc; c) o-bromofenol; d) $Al(HSO_4)_3$;
e) $SiCl_4$; f) $CH_3CH_2COOCH_3$.

---

a) Au_2O_3

b) $Zn(NO_2)_2$

c)

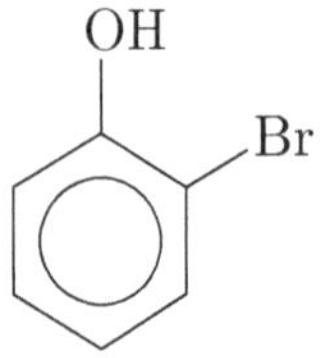

OH

Br

d) hidrgenosulfato de aluminio

e) tetracloruro de silicio

f) propanoato de metilo

Cuestión 13.12

Formule o nombre los compuestos siguientes:
a) nitrito de sodio; b) hidrogenocarbonato de potasio;
c) ácido 2-hidroxibutanoico; d) NH_4Cl; e) SeO_2; f) $CH_3CH_2NO_2$.

---

a) $NaNO_2$

b) $KHCO_3$

c) $CH_3CH_2CHOHCOOH$

d) cloruro de amonio

e) dióxido de selenio

f) nitroetano

Cuestión 13.13

Formule o nombre los compuestos siguientes:
a) óxido de dinitrógeno; b) cromato de estaño(IV); c) butan-2-ol;
d) Li_2SO_4; e) $AgOH$; f) CH_3CHBr_2.

---

a) N_2O

b) $Sn(CrO_4)_2$

c) $CH_3CH_2CHOHCH_3$

d) sulfato de litio

e) hidróxido de plata

f) 1,1-dibromoetano

Cuestión 13.14

Formule o nombre los compuestos siguientes:
a) hidróxido de berilio; b) ácido clórico; c) dietilamina; d) $CuBr_2$;
e) $Na_2Cr_2O_7$; f) CH_3CHO

---

a) $Be(OH)_2$

b) $HClO_3$

c) $(CH_3CH_2)_2NH$

d) bromuro de cobre(II)

e) dicromato de sodio

f) etanal

Cuestión 13.15

Formule o nombre los compuestos siguientes:
a) dihidruro de berilio; b) permanganato de sodio; c) ácido propenoico;
d) N_2O_3; e) $Ca(BrO_2)_2$; f) CH_3OCH_3.

a) BeH_2

b) $NaMnO_4$

c) $CH_2 = CHCOOH$

d) trióxido de dinitrógeno

e) bromito de calcio

f) dimetil éter

Cuestión 13.16

Formule o nombre los compuestos siguientes:
a) Sulfato de aluminio; b) hidróxido de mercurio(II); c) 2-metilhexan-3-ol;
d) HNO_3; e) O_5Cl_2; f) $CH_3CH_2CH_2OCH_2CH_2CH_3$.

a) $Al_2(SO_4)_3$

b) $Hg(OH)_2$

c) $CH_3CH(CH_3)CHOHCH_2CH_2CH_3$

d) ácido nítrico

e) dicloruro de pentaoxígeno

f) dipropil éter

Cuestión 13.17

Formule o nombre los compuestos siguientes:
a) cloruro de hidrógeno; b) hidróxido de oro(III); c) benzoato de sodio;
d) OCl_2; e) $Ni(BrO_3)_3$; f) $CH_3CH_2CH = CHC \equiv CH$.

a) HCl

b) $Au(OH)_3$

c)

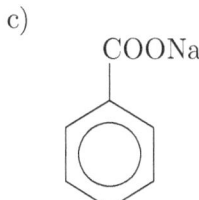

COONa

d) dicloruro de oxígeno

e) bromato de níquel(III)

f) hex-3-en-1-ino

Cuestión 13.18

Formule o nombre los compuestos siguientes:
a) sulfito de aluminio; b) hidróxido de calcio; c) but-1-ino; d) WO_3;
e) NH_4F; f) $CH_2{=}CHCH(CH_3)CH_3$.

a) $Al_2(SO_3)_3$

b) $Ca(OH)_2$

c) $CH{\equiv}CCH_2CH_3$

d) óxido de wolframio(VI)

e) fluoruro de amonio

f) 3-metilbut-1-eno

Cuestión 13.19

Formule o nombre los compuestos siguientes:
a) hidróxido de magnesio; b) yodato de bario; c) ácido propanoico;
d) H_3PO_3; e) K_2O_2; f) CH_3CH_2CHO.

a) $Mg(OH)_2$

b) $Ba(IO_3)_2$

c) CH_3CH_2COOH

d) ácido fosforoso

e) peróxido de potasio

f) propanal

Cuestión 13.20

Formule o nombre los compuestos siguientes:
a) hidrogenosulfato de potasio; b) óxido de aluminio; c) metilbutano;
d) SF_4; e) HIO; f) $CH_3CHOHCH_3$.

---

a) $KHSO_4$

b) Al_2O_3

c) $CH_3CH(CH_3)CH_2CH_3$

d) tetrafluoruro de azufre

e) ácido hipoyodoso

f) propan-2-ol

Cuestión 13.21

Formule o nombre los compuestos siguientes:
a) sulfuro de cobre(II); b) hidróxido de níquel(III); c) metilbenceno (to-
lueno); d) AsH_3; e) $CaHPO_4$; f) $(CH_3)_2CHCOCH_3$.

---

a) CuS

b) $Ni(OH)_3$

c)

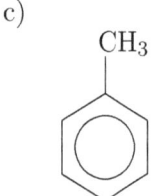

d) trihidruro de arsénico o arsano

e) hidrogenofosfato de calcio

f) 3-metilbutan-2-ona

Cuestión 13.22

Formule o nombre los compuestos siguientes:
a) ácido perclórico; b) óxido de titanio(IV); c) propano-1,2,3-triol;
d) $PbCl_4$; e) NH_4HCO_3; f) CH_3COOCH_3.

---

a) $HClO_4$

b) TiO_2

c) $CH_2OHCHOHCH_2OH$

d) cloruro de plomo(IV)

e) hidrogenocarbonato de amonio

f) etanoato de metilo o acetato de metilo

Cuestión 13.23

Formule o nombre los compuestos siguientes:
a) óxido de sodio; b) dicromato de potasio; c) 1,3,5-trimetilbenceno;
d) $Pb(ClO_3)_2$; e) HF; f) $CH_2{=}CHCH_2CH_3$.

---

a) Na_2O

b) $K_2Cr_2O_7$

c)

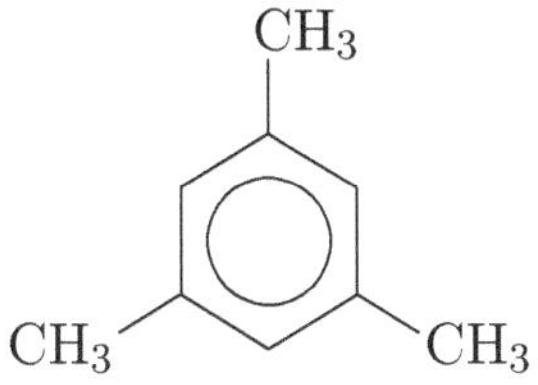

d) clorato de plomo(II)

e) fluoruro de hidrógeno

f) but-1-eno

Cuestión 13.24

Formule o nombre los compuestos siguientes:
a) cromato de estaño(IV); b) fluoruro de vanadio(III); c) *p*-nitrofenol;
d) Na_2HPO_4; e) Tl_2O_3; f) $CH_3CH=CHCH_2CH_3$.

---

a) $Sn(CrO_4)_2$

b) VF_3

c)

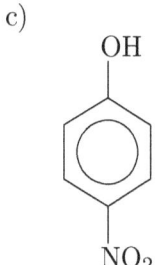

d) hidrogenofosfato de sodio

e) óxido de talio(III)

f) pent-2-eno

Cuestión 13.25

Formule o nombre los compuestos siguientes:
a) yoduro de oro(III); b) peróxido de hidrógeno; c) penta-1,3-dieno;
d) $KMnO_4$; e) H_2CO_3; f) CH_3COCH_3.

---

a) AuI_3

b) H_2O_2

c) $CH_2=CHCH=CHCH_3$

d) permanganato de potasio

e) ácido carbónico

f) propanona

Índice general